U0541488

科学人文名著译丛

The Origin of Species

Charles Darwin

物种起源

〔英〕达尔文 著

周建人 叶笃庄 方宗熙 译

叶笃庄 修订

Charles Darwin

M.A.LLD.,F.R.S.

THE ORIGIN OF SPECIES

By Means of Natural Selection or
the Preservation of Favoured Races
in the Struggle for Life
(Sixth Edition,January 1872)

JOHN MURRY

London,1911

(据伦敦约翰·穆瑞书店1911年第6版译出)

Ch. Darwin

科学人文名著译丛
出版说明

当今时代，科学对人类生活的影响日增，它在极大丰富认识和实践领域的同时，也给人类自身的存在带来了前所未有的挑战。科学是人类文明的重要组成部分，有其深刻的哲学、宗教和文化背景。我馆自20世纪初开始，就致力于引介优秀的科学人文著作，至今已蔚为大观。为了系统展现科学文化经典的全貌，便于广大读者理解科学原著的旨趣、追寻科学发展的历史、探讨关于科学理论与实践的哲学，从而真正理解科学，我馆推出《科学与人文名著译丛》，遴选对于人类文明产生过巨大推动作用、革新人类对于世界认知的科学与人文经典，既包括作为科学发展里程碑的科学原典，也收入了从不同维度研究科学的经典，包括科学史、科学哲学和科学与文化等领域的名著。欢迎海内外读书界、学术界不吝赐教，帮助我们不断充实和完善这套丛书。

目 录

本书第一版刊行前,有关物种起源的见解的发展史略 / 1
绪论 / 15
第一章　家养状况下的变异 / 20
第二章　自然状况下的变异 / 55
第三章　生存斗争 / 75
第四章　自然选择;即最适者生存 / 94
第五章　变异的法则 / 150
第六章　学说的难点 / 185
第七章　对于自然选择学说的种种异议 / 230
第八章　本能 / 277
第九章　杂种性质 / 316
第十章　论地质记录的不完全 / 355
第十一章　论生物在地质上的演替 / 389
第十二章　地理分布 / 421
第十三章　地理分布(续前) / 455
第十四章　生物的相互亲缘关系:形态学、胚胎学、残迹器官 / 481
第十五章　复述和结论 / 533
修订后记 / 566

本书第一版刊行前,有关物种起源的见解的发展史略

关于物种起源的见解的发展情况,我将在这里进行扼要叙述。直到最近,大多数博物学者仍然相信物种(species)是不变的产物,并且是分别创造出来的。许多作者巧妙地支持了这一观点。另一方面,有些少数博物学者已相信物种经历着变异,而且相信现存生物类型都是既往生存类型所真正传下来的后裔。古代学者[①]只是影射地谈论到这个问题,姑置不论,近代学者能以科学精神讨论

[①] 亚里士多德(Aristole)在《听诊术》(*Physicæ Auscultationes*)中,论述了降雨不是为了使谷物生长,也不是为了毁坏农民的室外脱了粒的谷物,然后他以同样的论点应用于有机体;他接着说道(此系克莱尔·格雷斯〔Clair Grece〕先生所译,他首先把这一节示我):"有什么会阻止身体的不同部分去发生自然界中这种偶然的关系呢?例如,牙齿为了需要而生长了,门齿锐利,适于切食物,臼齿平钝,适于咀嚼食物,它们不是为了这等作用而形成的,这不过是偶然的结果而已。身体的其他部分亦复如此,它们的存在似乎是适应一定目的的。因此,所有一切构造(即一个个体的所有部分)都好像为了某种目的而被形成的,这一切经过内在的自发力量而适当组合之后,就被保存下来了;凡不是如此组合而成的,就灭亡了,或趋于灭亡。"从这里,我们看到了自然选择原理的萌芽,但亚里士多德对这一原理还没有充分的了解,从他论牙齿的形成即可看出。

这个问题的，首推布丰(Buffon)①，但他的见解在不同时期变动很大，也没有讨论到物种变异的原因和途径，所以无须在此详述。

拉马克②是第一个人，他对这个问题的结论，激起了广泛的注意。这位名副其实的卓越的博物学者在1801年第一次发表了他的观点；1809年在《动物学的哲学》(*Philosophie Zoologique*)里，1815年又在《无脊椎动物志》(*Hist. Nat. des Animaux Sans Vertebres*)里大大地扩充了他的观点。在这些著作中他主张包括人类在内的一切物种都是从其他物种传衍下来的原理。他的卓越工作最初唤起了人们注意到这种可能性，即有机界以及无机界的一切变化都是根据法则发生的，而不是神灵干预的结果。拉马克关于物种渐变的结论，似乎主要是根据物种和变种的难于区分、

---

① Georges Louis Leclerc de Buffon，1707—1788年，法国博物学家、哲学家，进化思想的先驱者。曾任法国皇家植物园园长。研究宇宙和物种的起源，主张生物是可变的，倡导生物转变论，并提出"生物的变异是根据环境的影响而发生的"。曾在法兰西学院宣读《风格论》，提出"风格即人"的观点，著有自然史三十六卷。

他还提出地球是由于彗星落到太阳上，把太阳打下一个碎块，冷却之后而形成的，反对上帝创世说。

但是，在教会和宗教分子的迫害下，他未能坚持住自己的正确观点，1751年他在巴黎大学公开宣称："我没有任何反对《圣经》的意图，我绝对相信《圣经》里所说的关于创造世界的时间或事实。我宣布，我放弃所有在我的著作里关于地球形成的说法，放弃所有和摩西故事相抵触的说法。"——译者

② Jean Baptiste Larmarck，1744—1829年。这位法国大革命时代的杰出的博物学家是布丰的学生。他接受了布丰的观点，广泛宣传布丰关于物种演变和生物从简单发展到复杂的观点。拉马克提出，外部环境的影响是引起生物体变异的直接原因，主张器官"用进废退"说，他还认为后天获得性是遗传的。拉马克深刻地批判了林纳的物种不变论和特创论，同当时仍然占统治地位的物种不变论者进行了激烈斗争。

主要著作有《法国植物志》、《无脊椎动物的系统》，1809年发表了著名的《动物学的哲学》，在书中他明确表达了进化论思想，甚至不顾《圣经》教义，第一次提出了人类起源于"四手类"（猿类）的理论；他认为人类的各种特性可能是通过猿的习性的改变而逐渐形成的。《动物学的哲学》第八章专门论述了这个问题。——译者

某些类群中具有几近完全级进的类型,以及家养生物的相似而做出的。他把变异的途径,一部分归因于物理的生活条件的直接作用,一部分归因于既往生存类型的杂交,更重要的归因于使用和不使用,即习性的作用。他似乎把自然界中的一切美妙适应都归因于使用和不使用的作用;——例如长颈鹿的长颈是由于伸颈取食树叶所致。但同时他还相信"向前发展"(progressive development)的法则;既然一切生物都是向前发展的,那么为了解释今日简单生物的存在,他乃主张这些类型都是现在自然发生的。①

圣提雷尔(Geoffroy Saint-Hilaire)②,依据其子给他写的"传

---

① 我所记的拉马克学说最初发表的日期,是根据小圣提雷尔(Irid. Geoffroy Saint-Hilaire)所著的《博物学通论》(Hist. Nat. Générale)第二卷 405 页(1859 年),关于这个问题的历史情况,书中有极精辟的论述。这部书对布丰关于同一问题的结论也有充分的记载。奇怪的是,我的祖父伊拉兹马斯·达尔文医生(Dr. Erasmus Darwin)在 1974 年出版的《动物学》(Zoonomia, 第一卷, 500—510 页)里已经何等相似地持有拉马克关于这个问题的观点及其错误见解。根据小圣提雷尔的意见,歌德(Goethe)无疑也是主张同一观点的最有力者。歌德的主张见于 1794 和 1795 年他的著作的引言中,但这些著作在此后很久才发表。他曾突出地提出,今后博物学者的问题,在于牛怎样获得它的角,而不是怎样使用它的角(梅丁博士[Dr. Karl Meding]:《作为博物学者的歌德[Goethe als Naturforscher]》,34 页)。这是一个奇特的事例:相似的观点发生在差不多同一个期间内,这就是说,歌德在德国,达尔文医生在英国,圣提雷尔(我们就要谈到他)在法国,于 1794—1795 年这一期间内,关于物种起源做出了相同的结论。

② Geoffroy Saint-Hilaire,1772—1844 年,法国博物学家。他根据比较解剖学的观察,得出这样一个结论,认为动物界只有一个统一的构造图案,并且可以用脊椎动物的构造作为基本模式,其他各种动物都只是有不同的变异而已。

1830 年 2 月,圣提雷尔和他的青年时代的好友灾变论者居维叶(Geoges Cuvier, 1769—1832 年)展开了一场进化论和神造论的论战,这场论战是由两个青年科学家的一篇论文引起的。这篇论文论证了乌贼的构造和狗的构造相同,也就是说,软体动物是加倍复杂的脊椎动物。这篇论文提交给了法国科学院。圣提雷尔同意这篇论文的观点。居维叶否定了这篇论文,认为软体动物和脊椎动物是两种完全不同的类型,二者之间毫无关系。这场论战一直持续到同年六月。圣提雷尔的有机界统一的观点虽然本质上是正确的,但缺少科学的事实作为证据,结果失败了。

记"①，早在1795年就推想我们所谓的物种是同一类型的各种转变物。直到1828年，他才发表他的信念，认为自从万物初现以来，同一类型没有永存不灭的。圣提雷尔似乎认为变化的原因主要在于生活条件，即"周围世界"(monde ambiant)。他慎于做结论，并不相信现在的物种还在进行着变异。正如其子所追记的，"假设未来必须讨论这一问题，这将是完全留给未来的一个问题。"

1813年，H.C.韦尔斯博士（Dr.H.C.Wells）在皇家学会宣读过一篇论文，题为《一位白种妇女的局部皮肤类似一个黑人皮肤的报告》，但这篇论文直到他的著名著作《关于复视和单视的两篇论文》发表之后方才问世。在这篇论文里他明确地认识了自然选择的原理，这是最早对自然选择的认识；但他仅把这一原理应用于人种，而且只限于某些性状。当指出黑人和黑白混血种人对某些热带疾病具有免疫力之后，他说，第一，一切动物在某种程度上都有变异的倾向；第二，农学家们利用选择来改进他们的家养动物；于是他接着说道，"人工选择所曾完成的，自然也可以同样有效地做到，以形成人类的一些变种，适应于它们所居住的地方，只不过自然选择比人工选择来得徐缓而已。最初散住在非洲中部的少数居民中，可能发生一些偶然的人类变种，其中有的人比其他人更适于抗拒当地的疾病。结果，这个种族的繁衍增多，而其他种族则将衰减；这不仅由于他们无力抗拒疾病的打击，同时也由于他们无力同较为强壮的邻族进行竞争。如上所述，我认为这个强

---

① 这部"传记"的原名为"Vie, Travdux et Doctrine Scientifique d'Etienne Geoffroy Saint-Hilaire"，1847。

壮种族的肤色当然是黑的。但是，形成这些变种的同一倾向依然存在，于是随着时间的推移，一个愈来愈黑的种族就出现了：既然最黑的种族最能适应当地的气候，那么最黑的种族在其发源地，即使不是唯一的种族，最终也会变成最占优势的种族"。然后他又把同样的观点引申到居住在气候较冷的白种人。我感谢美国罗利(Rowley)先生，他通过布雷思(Brace)先生使我注意到韦尔斯先生著作中的上述一段。

赫伯特牧师(Rev. W. Herbert)，后来曾任曼彻斯特教长，在1822年《园艺学报》(*Horticultural Transactions*)第四卷和他的著作《石蒜科》(*Amaryllidaceæ*)一书(1937年，19，339页)中宣称，"园艺试验不可反驳地证明了植物学上的物种不过是比较高级和比较稳定的变化而已"。他把同一观点引申到动物方面。这位教长相信，每一个属的单一物种都是在原来可塑性很大的情况下被创造出来的；这些物种主要由于杂交，而且也由于变异，产生了现存的一切物种。

1862年，葛兰特(Grant)教授在其讨论《淡水海绵》(*Spongilla*)的著名论文的结尾一段中(《爱丁堡科学学报》〔*Endinburg Philosophical Journal*〕，第四卷，283页)明确宣称他相信物种是由其他物种传下来的，并且在变异过程中得到了改进。1834年在《医学周刊》(Lancet)上发表的他的第五十五次讲演录中论述了同一观点。

1831年，帕特里克·马修(Patrick Mathew)先生发表了《造船木材及植树》的著作，他在这部著作中所明确提出的关于物种起源的观点同华莱士(Wallace)先生和我自己在《林纳学报》

（*Linnean Journal*）上所发表的观点（下详）以及本书所扩充的这一观点恰相吻合。遗憾的是，马修先生的这一观点只是很简略地散见于一篇著作的附录中，而这篇著作所讨论的却是不同的问题，所以直到马修先生本人在1860年7月4日的《艺园者纪录》（*Gardener's Chronicle*）中郑重提出这一观点之前，并没有引起人们的注意。马修先生的观点和我的观点之间的差异，是无关紧要的：他似乎认为世界上的栖息者在陆续的时期内几近灭绝，其后又重新充满了这个世界；他还指出"没有先前生物的模型或胚种"，也可能产生新类型。我不敢说对全文的一些章节毫无误解，但看来他似乎认为生活条件的直接作用具有重大的影响。无论怎样说，他已清楚地看到了自然选择原理的十足力量。

著名的地质学家和博物学家冯巴哈（Von Buch）在《加那利群岛自然地理描述》（*Description Physique des Isles Canaries*，1836年，147页）这一优秀著作中明确地表示相信，变种可以慢慢到变为永久的物种，而物种就不能再进行杂交了。

拉菲奈斯鸠（Rafinesque）在他1836年出版的《北美洲新植物志》（*New Flora of North America*）第六页里写道："一切物种可能曾经一度都是变种，并且很多变种由于呈现固定的和特殊的性状而逐渐变为物种"；但是往下去到了18页他却写道："原始类型、即属的祖先则属例外。"

1843—1844年，霍尔德曼（Haldeman）教授在《美国波士顿博物学学报》（*Boston Journal of Nat. Hist. U. States*，第四卷，468页）上对物种的发展和变异巧妙地举出了赞成和反对的两方面论点，他似乎倾向于物种有变异那一方面的。

1844年,《创造的痕迹》(Vestiges of Creation)一书问世。在大事修订的第十版(1853年)里,这位匿名的作者①写道:"经过仔细考察之后,我决定主张生物界的若干系统,从最简单的和最古老的达到最高级的和最近代的过程,都是在上帝的意旨下,受着两种冲动所支配的结果:第一是生物类型被赋予的冲动,这种冲动在一定时期内,依据生殖,通过直到最高级双子叶植物和脊椎动物为止的诸级体制,使生物前进,这些级数并不多,而且一般有生物性状的间断作为标志,我们发现这些生物性状的间断在确定亲缘关系上是一种实际的困难。第二是与生活力相连结另一种冲动,这种冲动代复一代地按照外界环境、食物、居地的性质以及气候的作用使生物构造发生变异,这就是自然神学所谓的'适应性'。"作者显然相信生物体制的进展是突然的、跳跃式的,但生活条件所产生的作用则是逐渐的。他根据一般理由极力主张物种并不是不变的产物。但我无法理解这两种假定的冲动如何在科学意义上去阐明我们在整个自然界里所看到的无数而美妙的相互适应,例如,我们不能依据这种说法去理解啄木鸟何以变得适应于它的特殊习性。这一著作在最初几版中所显示的正确知识虽然很少,而且极其缺少科学上的严谨,但由于它的锋利而瑰丽的风格,还是立即广为流传的。我认为这部著作在英国已经做出了卓越的贡献,因为它唤起了人们对这一问题的注意,消除了偏见,这样就为接受类似的观点准备下基础。

---

① 这位作者的真名为Robert Chambers,经营Chambers出版社,编纂有数种著作,被认为有很高的学术价值。同著名的苏格兰诗人及小说家瓦尔特·司各脱(Walter Scott)来往密切。——译者

1846年,经验丰富的地质学家M.J.得马留斯·达罗(d'Omalius d'Halloy)在一篇短而精湛的论文(《布鲁塞尔皇家学会学报》,*Bulletins de l'Acad.Roy.Buxelles*,第十三卷,581页)里表达了他的见解,认为新的物种由演变而来的说法似较分别创造的说法更为确实可信;这位作者在1831年首次发表了这一见解。

欧文(Owen)教授在1849年写道(《四肢的性质》,*Nature of Limbs*):"原始型(archetype)的观念,远在实际例示这种观念的那些动物存在之前,就在这个行星上生动地在种种变态下而被表示出来了。至于这等生物现象的有次序的继承和进展依据什么自然法则或次级原因,我们还一无所知。"1858年他在"英国科学协会"(British Association)演讲时曾谈到,"创造力的连续作用,即生物依规定而形成的原理"(第51页)。当谈到地理分布之后,他进而接着说,"这些现象使我们对如下的信念发生了动摇,即新西兰的无翅鸟(Apteryx)和英国的红松鸡(Red grouse)是各自在这些岛上或为了这些岛而被分别创造出来的。还有,应该永远牢记,动物学者所谓的'创造'的意思就是'他不知道这是一个什么过程'。"他以如下的补充对这一观念做了进一步阐述,他说,当红松鸡这样的情形"被动物学者用来作为这种鸟在这些岛上和为了这些岛而被特别创造的例证"时,他主要表示了他不知道红松鸡怎样在那里发生的,而且为什么专门限于在那里发生;同时这种表示无知的方法也表示了他如下的信念:无论鸟和岛的起源都是由于一个伟大的第一"创造原因"。如果我们把同一演讲中这些词句逐一加以解释,看来这位著名学者在1858年对下述情况的信念已经发生了动摇,即他不知道无翅鸟和红松鸡怎样在它们各自的乡土上发生,也就是说,不知道它们的发生过程。

欧文教授的这一演讲是在华莱士先生和我的关于物种起源的论文在林纳学会宣读(下详)之后发表的。当本书第一版刊行时,我和其他许多人士一样,完全被"创造力的连续作用"所蒙蔽,以致我把欧文教授同其他坚定相信物种不变的古生物学者们放在一起,但后来发现这是我的十分荒谬的误解(《脊椎动物的解剖》〔*Anat. of Vertebrates*〕,第三卷,796页)。在本书第五版里,我根据以"无疑的基本型(type-form)"为开始的那一段话(同前书,第一卷,35页),推论欧文教授承认自然选择对新种的形成可能起过一些作用,至今我依然认为这个推论是合理的;但根据该书第三卷798页,这似乎是不正确的,而且缺少证据。我也曾摘录过欧文教授和《伦敦评论报》(*London Review*)编辑之间的通信,根据这篇通信该报编辑和我本人都觉得欧文教授是申述,在我之前他已发表了自然选择学说;对于这一申述我曾表示过惊奇和满意;但根据我能理解的他最近发表的一些章节(同前书,第三卷,798页)看来,我又部分地或全部地陷入了误解。使我感到安慰的是,其他人也像我那样地发现欧文教授的引起争论的文章是难于理解的,而且前后不一致。至于欧文教授是否在我之前发表自然选择学说,并无关紧要,因为在这章《史略》里已经说明,韦尔斯博士和马修先生早已走在我们二人的前面了。

小圣提雷尔(M. Isidore Geoffroy Saint-Hilaire)在1850年的讲演中(这一讲演的提要曾在《动物学评论杂志》〔*Revue et Mag. de Zoolog.*〕;1851年7月〕上发表)简略地说明他为什么相信物种的性状"处于同一状态的环境条件下会保持不变,如果周围环境有所变化,则其性状也要随之变化"。他又说,"总之,我们对野生动物的观察已经阐明了物种的有限的变异性。我们对野生动物变为家养动物以及家养动物返归野生状态的经验,更明确地证明了这一点。这些经验还证实了如此发生的变异具有属的价值"。他在《博物学通论》(1859年,第二卷,430页)中又扩充了相似的结论。

根据最近出版的一份通报,看来弗瑞克(Freke)博士在1851年就提出了如下的学说,认为一切生物都是从一个原始类型传下来的(《都柏林医学通讯》〔Dublin Medical Press,322页〕)。他的信念的根据以及处理这一问题的方法同我的完全不同;现在(1861年)弗瑞克博士发表了一篇论文,题为《依据生物的亲缘关系来说明物种起源》,那么再费力地叙述他的观点,对我来说就是多余的了。

赫伯特·斯潘塞(Herbert Spencer)先生在一篇论文(原发表于《领导报》〔Leader〕,1852年3月。1858年在他的论文集中重印)里非常精辟而有力地对生物的"创造说"和"发展说"进行了对比。他根据家养生物的对比,根据许多物种的胚胎所经历的变化,根据物种和变种的难于区分,以及根据生物的一般级进变化的原理,论证了物种曾经发生过变异;并把这种变异归因于环境的变化。这位作者还根据每一智力和智能都必然是逐渐获得的原理来讨论心理学。

1852年,著名的植物学家 M.诺丁(Naudin)在一篇讨论物种起源的卓越论文(原发表于《园艺学评论》〔Revue Horticole〕,102页,后重刊于《博物馆新报》〔Nouvelles Archives du Muséum〕,第一卷,171页)明确地表达了自己的信念,认为物种形成的方式同变种在栽培状况下形成的方式是类似的;他把后一形成过程归因于人类的选择力量。但他没有阐明选择在自然状况下是怎样发生作用的。就像赫伯特教长那样地,他也相信物种在初生时,其可塑性比现在物种的可塑性较大。他强调他所谓的目的论(principle of finality),他说,这是"一种神秘的、无法确定的力量,对某些生物而言,它是宿命的;对另外一些生物而言,它乃是上帝的意志。为了所属类族的命运,这一力量对生物所进行的持续作用,便在世界存在的全部时期内决定了各个生物的形态、大小和寿命。正是这一力量促成了个体和整体的和谐,使其适应于它在整个自然机构中所担负的功能,这就是它之所以存在的原因。"①

1853年,著名的地质学家凯萨林伯爵(Count Keyserling)提出(《地质学会会报》〔Bulletin de la Soc. Géolog〕,第二编,第十卷,357页),假定由瘴气所引起的新病曾经发生而且传遍全球,那么现存物种的胚在某一时期内,也可能从其周围的具有特殊性质的分子那里受到化学影响,而产生新类型。

同年,即1853年,沙福赫生(Schaaffhausen)博士发表了一本内容精辟的小册子(《普鲁士莱茵地方博物学协会讨论会纪要》

---

① 根据勃龙写的《进化法则的研究》(Untersuchungen über die Entwickelungs-Gesetze)所载:"看来植物学家和古生物学家翁格(Unger)在1852年就发表了他的信念,认为物种经历着发展和变异。多尔顿(Dalton)以及潘德尔和多尔顿合著的《树懒化石》(1821年)表示了相似的信念。众所周知,奥根(Oken)所著的神秘的《自然哲学》(Natur Philosophie)中也表达了相似的观点。根据戈德龙(Godron)所写的《论物种》(Sur l'Espece),看来圣•文森特(Bory Saint-Vincent)、布达赫(Burdach)、波伊列(Poiret)和弗利斯(Fries)都承认新种在不断地产生。

〔*Verhand. des Naturhist. Vereins der Preuss Rheinlands*〕),在那里,他主张地球上的生物类型是发展的。他推论许多物种长期保持不变,而少数物种则发生了变异。他以各级中间类型的毁灭来说明物种的区分。"现在生存的植物和动物并非由于新的创造而脱离了绝灭的生物,而可以看做是绝灭生物的继续繁殖下来的后裔。"

法国的知名植物学家 M. 勒考克(Lecoq.)在 1854 年写道(《植物地理学研究》〔*Etudes sur Géograph. Bot.*〕,第一卷,250 页)"我们对物种的固定及其变化的研究直接引导我们走入了二位卓越学者圣提雷尔和歌德所提倡的思想境地"。散见于勒考克的这部巨著中的一些其他章节使人有点怀疑,他在物种变异方面究竟把他的观点引申到怎样地步。

巴登·鲍惠尔(Baden Powell)牧师在《大千世界统一性论文集》(*Essays on Unity of Worlds*,1855 年)中以巧妙的方法对"创造的哲学"进行了讨论。其中最动人的一点是,他指出新种的产生是一种"有规律的而不是偶然的现象",或者,有如约翰·赫谢尔(John Herschel)爵士所表示的,这是"一种自然的过程,同神秘的过程正相反"。

《林纳学会学报》刊载了华莱士[①]先生和我的论文,这是在 1858 年 7 月 1 日同时宣读的。正如本书绪论中所说的,华莱士先

---

① Alfred Russel Wallace,1823—1913 年。英国博物学家,曾在马来群岛各地旅行,进行生物区系的比较研究。1858 年独立提出自然选择学说,与达尔文的进化学说论文同时在林纳学会宣读。但他后来堕落为一个降神术的虔诚信奉者,一个唯灵论者,竟然认为人类是上帝创造的。——译者

生以可称赞的说服力清晰地传播了自然选择学说。

深受所有动物学者尊敬的冯贝尔(Von Baer)约在1859年发表了他的信念,认为现在完全不同的类型是从单独一个祖先类型传下来的(参阅鲁道夫·瓦格纳〔Rodolph Wagner〕教授的著作《动物学的人类学研究》〔*Zoologisch-Anthropologische Untersuchungen*〕,51页,1861年),他的信念主要是以生物的地理分布法则为依据的。

1859年6月,赫胥黎[①](Huxley)教授在皇家科学普及会(Royal Institution)做过一次报告,题为"动物界的永久型"(Persistent Types of Animal Life)。关于这些情形,他说,"如果我们假定每一物种或每一个大类,都是出于创造力的特殊作用,在长年累月的间隔时期内,被个别地形成于和被安置于地球上,那么,就很难理解永久型这等事实的意义;想一想下述情况是有益的,即这种假定既没有传统的也没有圣经的支持,而且也和自然界的一般类推法相抵触。相反地,如果我们假定生活在任何时代的物种都是以前物种逐渐变异的结果,同时以此假定来考虑'永久型',那么,这些永久型的存在似乎阐明了,生物在地质时期中所发生的变异量,和他们所遭受的整个一系列变化比较起来,

---

① Thomas Henry Huxley,1825—1895年。英国博物学家,著名的进化论者,达尔文学说的热烈拥护者和宣传者,自命为"达尔文的猎犬"。他首先把达尔文的进化论应用到人身上;并且认为,已知的全部科学事实都证明人类和类人猿最相似,强调人和类人猿之间的差异比类人猿和猴类之间的差异还要小。他第一次提出人猿同祖论。不过在哲学上自称为"不可知论者",认为人们只能认识感觉现象,"物质实体"和上帝、灵魂一样,都是不可知的。"不可知论"就是他首先提出的。著有《人类在自然界中的位置》、《动物分类学导论》、《进化论与伦理学及其他论文》等。严复译的《天演论》就是最后一书的前两章。——译者

是微不足道的。这种假定即使没有得到证明,而且又被它的某些支持者可悲地损害了,但它依然是生物学所能支持的唯一假定。"

1859年12月,胡克(Hooker)博士的《澳洲植物志绪论》(Introduction to the Australian Flora)出版。在这部巨著的第一部分他承认物种的传续和变异是千真万确的,并且用许多原始观察材料来支持这一学说。

1859年10月24日,本书第一版问世,1860年1月7日第二版刊行。

绪　　论

当我以博物学者的身份参加贝格尔号皇家军舰航游世界时，我曾在南美洲看到有关生物的地理分布以及现存生物和古代生物的地质关系的某些事实，这些事实深深地打动了我。正如本书以后各章所要论述的那样，这些事实似乎对于物种起源提出了一些说明——这个问题曾被我们最伟大的哲学家之一称为神秘而又神秘的。归国以后，在1837年我就想到如果耐心地搜集和思索可能与这个问题有任何关系的各种事实，也许可以得到一些结果。经过五年工作之后，我专心思考了这个问题，并写出一些简短的笔记；1844年我把这些简短的笔记扩充为一篇纲要，以表达当时在我看来大概是确实的结论。从那时到现在，我曾坚定不移地追求同一个目标。我希望读者原谅我讲这些个人的琐事，我之所以如此，是为了表明我并没有草率地做出结论。

现在（1859年）我的工作已将近结束，但要完成它还需要许多年月，而且我的健康很坏，因此朋友们劝我先发表一个摘要。特别导致我这样做的原因，是正在研究马来群岛自然史的华莱士先生对于物种起源所做的一般结论，几乎和我的完全一致。1858年他曾寄给我一份有关这个问题的论文，嘱我转交查尔斯·莱尔

（Charles Lyell）爵士，莱尔爵士把这篇论文送给林纳学会，刊登在该会第三卷会报上。莱尔爵士和胡克博士都知道我的工作，胡克还读过我写的1844年的纲要，他们给我以荣誉，认为把我的原稿的若干提要和华莱士先生的卓越论文同时发表是可取的。

我现在发表的这个摘要一定不够完善。在这里我无法为我的若干论述提出参考资料和根据；我期望读者对于我的论述的正确性能有所信任。虽然我一向小心从事，只是信赖可靠的根据，但错误的混入，无疑地仍难避免。在这里我只能陈述我得到的一般结论，用少数事实来做实例，我希望在大多数情况下这样做就足够了。今后把我的结论所根据的全部事实和参考资料详细地发表出来是必要的，谁也不会比我更痛切感到这种必要性了；我希望在将来的一部著作①中能完成这一愿望。这是因为我清楚地认识到，本书所讨论的几乎没有一点不能用事实来作证，而这些事实又往往会引出直接同我的结论正相反的结论。只有对于每一个问题的正反两面的事实和论点充分加以叙述和比较，才能得出公平的结论；但在这里要这样做是不可能的。

许许多多博物学者慷慨地赐予帮助，其中有些是不相识的；我非常抱歉的是，由于篇幅的限制，我不能对他们一一表示谢意。然而我不能失去这个机会不对胡克博士表示深切的感谢，最近十五年来，他以丰富的知识和卓越的判断力在各方面给了我以可能的帮助。

关于物种起源，完全可以想象得到的是，一位博物学者如果

---

① 《动物和植物在家养下的变异》（*The Variation of Animals and Plants under Domestication*），中译本，科学出版社，叶笃庄、方宗熙译。——译者

对生物的相互亲缘关系、胚胎关系、地理分布、地质演替以及其他这类事实加以思考,那么他大概会得出如下结论:物种不是被独立创造出来的,而和变种一样,是从其他物种传下来的。尽管如此,这样一个结论即使很有根据,还不能令人满意,除非我们能够阐明这个世界的无数物种怎样发生了变异,以获得应该引起我们赞叹的如此完善的构造和相互适应性。博物学者们接连不断地把变异的唯一可能原因归诸于外界条件,如气候、食物等。从某一狭义来说,正如以后即将讨论到的,这种说法可能是正确的;但是,譬如说,要把啄木鸟的构造、它的脚、尾、喙,如此令人赞叹地适应于捉取树皮下的昆虫,也仅仅归因于外界条件,则是十分荒谬的。在槲寄生的场合下,它从某几种树木吸取营养,它的种子必须由某几种鸟传播,而且它是雌雄异花,绝对需要某几种昆虫的帮助才能完成异花授粉,那么,要用外界条件、习性或植物本身的意志的作用,来说明这种寄生生物的构造以及它和几种不同生物的关系,也同样是十分荒谬的。

因此,搞清楚变异和适应的途径是十分重要的。在我观察这个问题的初期,就觉得仔细研究家养动物和栽培植物对于弄清楚这个难解的问题,可能提供一个最好的机会。果然没有使我失望,在这种和所有其他错综复杂的场合下,我总是发现有关家养下变异的知识即使不完善,也能提供最好的和最可靠的线索。我愿大胆地表示,我相信这种研究具有高度价值,虽然它常常被博物学者们所忽视。

根据这等理由,我把本书的第一章用来讨论家养下的变异。这样,我们将看到大量的遗传变异至少是可能的;同等重要或更加重要的是，我们将看到，在积累连续的微小变异方面人类通过选择的力量是何等之大。然后，我将进而讨论物种在自然状况下的变异；然而不幸的是，我不得不十分简略地讨论这个问题，因为只有举出长篇的事实才能把这个问题处理得妥当。无论如何，我们还是能够讨论什么环境条件对变异是最有利的。下一章要讨论的是，全世界所有生物之间的生存斗争，这是它们依照几何级数高度增值的不可避免的结果。这就是马尔萨斯（Malthus）学说在整个动物界和植物界的应用。每一物种所产生的个体，远远超过其可能生存的个体，因而便反复引起生存斗争，于是任何生物所发生的变异，无论多么微小，只要在复杂而时常变化的生活条件下以任何方式有利于自身，就会有较好的生存机会，这样便被自然选择了。根据强有力的遗传原理，任何被选择下来的变种都会有繁殖其变异了的新类型的倾向。

　　自然选择的基本问题将在第四章里详加论述；到那时我们就会看到，自然选择怎样几乎不可避免地致使改进较少的生物大量绝灭，并且引起我所谓的"性状分歧"（Divergence of Churacter）。在下一章我将讨论复杂的、所知甚少的变异法则。在接着以下的五章里，将对接受本学说所存在的最明显、最重大的难点加以讨论；即：第一，转变的难点，也就是说一个简单生物或一个简单器官怎么能够变化成和改善成高度发展的生物或构造精密的器官。第二，本能的问题，即动物的精神能力。第三，杂交现象，即物种间杂交的不育性和变种间杂交的能育性。第四，地质记录的不完全。在第十一章，我将考察生物在时间上从始至终的地质演替。在第十二章和第十三章，将讨论生物在全部空间上的地理分布。

在第十四章，将论述生物的分类或相互的亲缘关系，包括成熟期和胚胎期。在最后一章，我将对全书做一扼要的复述以及简短的结束语。

如果我们适当地估量对生活在我们周围许多生物之间的相互关系是深刻无知的，那么，关于物种和变种的起源至今还保持着暧昧不明的状况，就不应该有人觉得奇怪了。谁能解释某一个物种为什么分布范围广而且为数众多，而另一个近缘物种为什么分布范围狭而为数稀少？然而这等关系具有高度的重要性，因为它们决定着这个世界上的一切生物现在的繁盛，并且我相信也决定着它们未来的成功和变异。至于世界上无数生物在地史的许多既往地质时代里的相互关系，我们所知的就更少了。虽然许多问题至今暧昧不明，而且在今后很长时期里还会暧昧不明，但经过我能做到的精密研究和冷静判断，我毫无疑虑地认为，许多博物学家直到最近还保持着的和我以前所保持过的观点——即每一物种都是独立被创造出来的观点——是错误的。我完全相信，物种不是不变的，那些所谓同属的物种都是另一个普通已经绝灭的物种的直系后裔，正如任何一个物种的世所公认的变种乃是那个物种的后裔一样。而且，我还相信自然选择是变异的最重要的、虽然不是唯一的途径。

第一章　家养状况下的变异

变异性的诸原因——习性和器官的使用和不使用的效果——相关变异——遗传——家养变种的性状——区别物种和变种的困难——家养变种起源于一个或一个以上的物种——家鸽的种类，它们的差异和起源——古代所依据的选择原理及其效果——家养生物的未知的起源——有计划的选择和无意识的选择——人工选择的有利条件。

变异性的诸原因

就较古的栽培植物和家养动物来看，把它们的同一变种或亚变种的各个体进行比较，最引起我们注意的要点之一，便是它们相互间的差异，一般比自然状况下的任何物种或变种的个体间的差异为大。栽培植物和家养动物是形形色色的，它们长期在极不相同的气候和管理下生活，因而发生了变异，如果我们对此加以思索，势必会得出这样的结论：即此种巨大的变异性，是由于我们的家养生物所处的生活条件，不像亲种在自然状况下所处的生活条件那么一致，并且与自然条件有些不同。又如奈特（Andrew Knight）提出的观点，亦有若干可能性；他认为这种变异性也许与食料过剩有部分的关系。似乎很明显,生物必须在新条件下生长数世代才能发生大量变异;并且,生物体制一经开始变异,一般能够在许多世代中继续变异下去。一种能变异的有机体,在培育下停止变异的例子,在记载上还没有见过。最古的栽培植物,例如小麦,至今还在产生新变种;最古的家养动物,至今还能迅速地改进或变异。

经过长久研究这问题之后,据我所能判断的来说,生活条件显然以两种方式发生作用——即直接作用于整个体制或只作用于某些部分,以及间接作用于生殖系统。关于直接作用,我们必须记住,在各种情形下,如近来魏斯曼教授(Prof. Weismann)所主张的,以及我在《家养状况下的变异》里所偶然提到的,它有两种因素:即生物的本性和条件的性质。前者似乎更重要;因为,据我们所能判断的来说,在不相似的条件下有时能发生几乎相似的变异;另一方面,在几乎一致的条件下却能发生不相似的变异。这些效果对于后代或者是一定的,或者是不定的。如果在若干世代中生长在某些条件下的个体的一切后代或差不多一切后代,都按照同样的方式发生变异,那么,这效果就可看作是一定的。但是对于这样一定地诱发出来的变化范围,要下任何结论则极端困难。然而许多细微的变化,例如由食物量所得到的大小,由食物性质所得到的色泽,由气候所得到的皮肤和毛的厚度等,则几乎无可怀疑。我们在鸡的羽毛中看到的无数变异的每一变异,必有某一有效的原因;如果同样的原因,经历许多世代,同样地作用于许多个体,那么所有这些个体大概都会按照一样的方式进行变异。制造树瘿的昆虫的微量毒液一注射到植物体内,必然会产生复杂的和异常的树瘿，这事实向我们指出：在植物中树液的性质如果起了化学变化，其结果便会发生何等奇特的改变。

不定变异性比起一定变异性，更常常是改变了的条件的更普通的结果，同时在我们家养族的形成上，它大概会起更重要的作用。我们在无穷尽的微小的特征中看到不定变异性，这些微小的特征区别了同一物种内的各个个体，不能认为这些特征是由亲代或更远代的祖先遗传下来的。甚至同胎中的幼体，以及由同蒴中萌发出来的幼苗，有时彼此也会表现出极其显著的差异。在长久的期间内，在同一个地方，在用差不多同样食料所饲养的数百万个体中，会出现可以叫作畸形的极其显著的构造差异；但是畸形和比较微小的变异之间并不存在明显的界线。一切此等构造上的变化，无论是极微细的或者是极显著的，出现于生活在一起的许多个体中，都可认为是生活条件作用于每一个体的不定的效果，这与寒冷对于不同的人所发生的不同影响几乎是一样的，由于他们身体状况或体质的不同，而会引起咳嗽或感冒，风湿症或一些器官的炎症。

关于我所谓的改变了的外界条件的间接作用，即对生殖系统所起的作用，我们可以推论这样诱发出来的变异性，一部分是由于生殖系统对于外界条件任何变化的极端敏感，还有一部分，如开洛鲁德等所指出的，是由于不同物种间杂交所产生的变异与植物和动物被饲养在新的或不自然的条件下所发生的变异是相似的。许多事实明确地指出，生殖系统对于周围条件极轻微的变化表现了何等显著的敏感。驯养动物是最容易的事，但是要使它们在槛内自由生育，即使雌雄交配，也是最困难的事。有多少动物，即使在原产地养，在几乎自由的状态下，也不能生育！一般把这种情形归因于本能受到了损害，但这是错误的。许多栽培植物表现得极其茁壮，却极少结实，或从不结实！在少数场合中已发现一种很微小的变化，如在某一个特殊生长期内，水分多些或少些，便能决定植物结实或不结实。关于这个奇妙的问题，我所搜集的详细事实已在他处发表，不拟在此叙述。但要说明，决定槛中动物生殖的法则是何等奇妙，我愿意说一说食肉动物即使是从热带来的，也能很自由地在英国槛内生育；只有蹠行兽即熊科动物不在此例，它们极少生育；然而食肉鸟，除极少数例外，几乎都不会产出受精卵。许多外来的植物，同最不能生育的杂种一样，它们的花粉是完全无用的。一方面，我们看到多种家养的动物和植物，虽然常常体弱多病，却能在槛内自由生育；另一方面，我们看到一些个体虽然自幼就从自然界中取来，已经完全驯化，而且长命和强健（关于这点，我可以举出无数事例），然而它们的生殖系统由于未知原因却受到了严重影响，以致失去作用；这样，当生殖系统在槛中发生作用时，它的作用不规则，并且所产生出来的后代同它的双亲多少不相像，这就不足为奇了。我还要补充说明一点，有些生物能在最不自然的条件下（例如养在箱内的兔及貂）自由生育，这表明它们的生殖器官不易受影响；所以有些动物和植物能够经受住家养或栽培，而且变化很轻微——恐怕不比在自然状况下所发生的变化为大。

有些博物学者主张，一切变异都同有性生殖的作用相关联；但这种说法肯定是错误的；我在另一著作中，曾把园艺家叫作"芽变植物"(Sporting plants)的列成一个长表：——这种植物会突然生出一个芽,与同株的其他芽不同,它具有新的有时是显著不同的性状。它们可以称为芽的变异,可用嫁接、插枝等方法来繁殖,有时候也可用种子来繁殖。它们在自然状况下很少发生,但在栽培状况下则不罕见。既然在一致条件下的同一株树上,从年年生长出来的数千个芽中,会突然出现一个具有新性状的芽;而且,既然不同条件下的不同树上的芽,有时会产生几乎相同的变种——例如,桃树上的芽能生出油桃(nectarines),普通蔷薇上的芽能生出苔蔷薇(moss roses),因此我们可以清楚地看出,在决定每一变异的特殊类型上,外界条件的性质和生物的本性相比,其重要性仅居于次位;——或者不会比能使可燃物燃烧的火花性质,在决定火焰性质上更为重要。

习性和器官的使用和不使用的效果;相关变异;遗传

习性的改变能产生遗传的效果,如植物从一种气候下被迁移到另一种气候下,它的开花期便发生变化。关于动物,身体各部分的常用或不用则有更显著的影响;例如我发现家鸭的翅骨在其与全体骨骼的比重上,比野鸭的翅骨轻,而家鸭的腿骨在其与全体骨骼的比例上,却比野鸭的腿骨重;这种变化可以稳妥地归因于家鸭比其野生的祖先少飞多走。牛和山羊的乳房,在惯于挤奶的地方比在不挤奶的地方发育得更好,而且这种发育是遗传的,这大概是使用效果的另一例子。我们的家养动物在有些地方没有一种不是具有下垂的耳朵的;有人认为耳朵的下垂是由于动物很少受重大惊恐而耳朵肌肉不被使用的缘故,这种观点大概是可能的。

许多法则支配着变异,可是我们只能模糊地理解少数几条,以后当略加讨论。在这里我只准备把或可称为相关变异的说一说。胚胎或幼虫如发生重要变化,大概会引起成熟动物也发生变化。在畸形生物里,十分不同的部分之间的相关作用是很奇妙的;关于这个问题,在小圣·提雷尔的伟大著作里记载了许多事例。饲养者们都相信,长的四肢几乎经常伴随着长的头。有些相关的例子十分奇怪;例如毛色全白和具有蓝眼睛的猫一般都聋;但最近泰特先生(Mr.Tait)说,这种情形只限于雄猫。体色和体质特性的关联,在动物和植物中有许多显著的例子。据霍依兴格(Heusinger)所搜集的事实来看,白毛的绵羊和猪吃了某些植物,会受到损害,而深色的个体则可避免;怀曼教授(Prof.Wyman)最近写信告诉我关于这种实情的一个好例子;他问维基尼亚地方的一些农民为什么他们养的猪全是黑色的,他们告诉他说,猪吃了赤根(Lachnanthes),骨头就变成了淡红色,除了黑色变种外,猪蹄都会脱落;维基尼亚的一个放牧者又说,"我们在一胎猪仔中选取黑色的来养育,因为只有它们才有好的生存机会"。无毛的狗,牙齿不全;长毛和粗毛的动物,据说有长角或多角的倾向;毛脚的鸽,外趾间有皮;短嘴的鸽,脚小;长嘴的鸽,脚大。所以人如果选择任何特性,并因此加强这种特性,那么由于神秘的相关法则,几乎必然会在无意中改变身体其他部分的构造。

各种不同的、未知的或仅模糊理解的变异法则的结果是无限复杂和多种多样的。对于几种古老的栽培植物如风信子(hyacinth)、马铃薯,甚至大理花等的论文,进行仔细研究是很值得的;看到变种和亚变种之间在构造和体质的无数点上的彼此轻微差异;确会使我们感到惊奇。生物的全部体制似乎变成为可塑的了,并且以很轻微的程度偏离其亲类型的体制。

各种不遗传的变异,对于我们无关紧要。但是能遗传的构造上的差异,不论是轻微的,或是在生理上有相当重要性的,其数量和多样性实在是无限的。卢卡斯博士(Dr.Prosper Lucas)的两大卷论文,是关于这个问题的最充实的和最优秀的著作。没有一个饲养者会怀疑遗传倾向是何等的强有力;类生类(Like produces like)是他们的基本信念;只有空谈理论的著作家们才对于这个原理有所怀疑。当任何构造上的偏差常常出现,并且见于父和子的时候,我们不能说这是否由于同一原因作用于二者的结果;但是,任何很罕见的偏差,由于环境条件的某种异常结合,在数百万个体中,偶然出现于亲代并且又重现于子代,这时纯机会主义就几乎要迫使我们把它的重现归因于遗传。每个人想必都听到过皮肤变白症(albinism)、刺皮及身上多毛等出现在同一家庭中几个成员身上的情况。如果奇异的和稀少的构造偏差确是遗传的,那么不大奇异的和较普通的偏差,当然也可以被认为是遗传的了。把各种性状的遗传看作是规律,把不遗传看作是异常,大概是观察这整个问题的正确途径。

支配遗传的诸法则,大部分是未知的。没有人能说明同种的不同个体间或者异种间的同一特性,为什么有时候能遗传,有时候不能遗传;为什么子代常常重现祖父或祖母的某些性状,或者重视更远祖先的性状;为什么一种特性常常从一性传给雌雄两性,或只传给一性,比较普通的但并非绝对的是传给相同的一性。出现于雄性家畜的特性,常常绝对地或者极大程度地传给雄性,这对我们是一个相当重要的事实。有一个更重要的规律,我想这是可以相信的,即一种特性不管在生命的哪一个时期中初次出现,它就倾向于在相当年龄的后代里重现,虽然有时候会提早一些。在许多场合中这种情形非常准确;例如,牛角的遗传特性,仅在其后代快要成熟的时期才会出现;我们知道蚕的各种特性,各在相当的幼虫期或蛹期中出现。但是,能遗传的疾病以及其他一些事实,使我相信这种规律可以适用于更大的范围,即一种特性虽然没有显明的理由应该在一定年龄出现,可是这种特性在后代出现的时期,是倾向于在父代初次出现的同一时期。我相信这一规律对解释胚胎学的法则是极其重要的。这些意见当然是专指特性的初次出现这一点,并非指作用于胚珠或雄性生殖质的最初原因而言;短角母牛和长角公牛交配后,其后代的角增长了,这虽然出现较迟,但显然是由于雄性生殖质的作用。

我已经讲过返祖问题,我愿在这里提一提博物学家们时常论述的一点——即,我们的家养变种,当返归到野生状态时,就渐渐地但必然地要重现它们原始祖先的性状。所以,有人曾经辩说,不能从家养族以演绎法来推论自然状况下的物种。我曾努力探求,人们根据什么确定的事实而如此频繁地和大胆地作出上项论述,但失败了。要证明它的真实性确是极其困难的:我们可以稳妥地断言,极大多数异常显著的家养变种大概不能在野生状况下生活。在许多场合中,我们不知道原始祖先究竟什么样子,因此我们也就不能说所发生的返祖现象是否近乎完全。为了防止杂交的影响，大概必需只把单独一个变种养在它的新家乡。虽然如此，因为我们的变种，有时候的确会重现祖代类型的某些性状，所以我觉得以下情形大概是可能的：如果我们能成功地在许多世代里使若干族，例如甘蓝（cabbage）的若干族在极瘠薄土壤上（但在这种情形下，有些影响应归因于瘠土的一定的作用）归化或进行栽培，它们的大部或甚至全部都会重现野生原始祖先的性状。这试验无论能否成功，对于我们的论点并不十分重要；因为试验本身就已经使生活条件改变了。如果能阐明，当我们把家养变种放在同一条件下，并且大群地养在一起，使它们自由杂交，通过相互混合以防止构造上任何轻微的偏差，这样，如果它们还显示强大的返祖倾向——即失去它们的获得性，那么在这种情形下，我会同意不能从家养变种来推论自然界物种的任何事情。但是有利于这种观点的证据，简直连一点影子也没有：要断定我们不能使我们的驾车马和赛跑马、长角牛和短角牛、鸡的各个品种、食用的各种蔬菜，无数世代地繁殖下去，是违反一切经验的。

家养变种的性状；区别变种和物种的困难；家养变种起源于一个或一个以上的物种

当我们观察家养动物和栽培植物的遗传变种、即族，并且把它们同亲缘密切近似的物种相比较时，我们一般会看出各个家养族，如上所述，在性状上不如真种（true species）那样一致。家养族的性状常常多少是畸形的；这就是说，它们彼此之间、它们和同属的其他物种之间，虽然在若干方面差异很小，但是，当它们互相比较时，常常在身体的某一部分表现了极大程度的差异，特别是当它们同自然状况下的亲缘最近的物种相比较时，更加如此。除了畸形的性状之外（还有变种杂交的完全能育性——这一问题以后要讨论到），同种的家养族的彼此差异，和自然状况下同属的亲缘密切近似物种的彼此差异是相似的，但是前者在大多数场合中，其差异程度较小。我们必须承认这一点是千真万确的，因为某些有能力的鉴定家把许多动物和植物的家养族，看作是原来不同的物种的后代，还有一些有能力的鉴定家们则仅仅把它们看作是一些变种。如果一个家养族和一个物种之间存在着显著区别，这个疑窦便不致如此持续地反复发生了。有人常常这样说，家养族之间的性状差异不具有属的价值。我们可以阐明这种说法是不正确的；但博物学家们当确定究竟什么性状才具有属的价值时，意见颇不一致；所有这些评价目前都是从经验来的。当属怎样在自然界里起源这一点得到说明时，就会知道，我们没有权利期望在我们的家养族中常常找到像属那样的差异量。

在试图估计近似的家养族之间的构造差异量时，由于不知道它们究竟是从一个或几个亲种传下来的，我们就会立刻陷入疑惑之中。如果能弄清楚这一点，是有趣的；例如，如果能够阐明，众所周知的纯真繁殖它们后代的长躯跑狗（greyhound）、嗅血警犬（bloodhound）、狸（terrier）①、长耳猎狗（spaniel）和斗牛狗（bull-dog），都是某一物种的后代，那么，此等事实就会严重地影响我们，使我们对于栖息在世界各地的许多密切近似的自然种——例

---

① 狸，一名猛犬，形小，可作助猎之用。——译者

如许多狐的种类——是不变的说法产生极大疑惑。我并不相信，如我们就要讲到的，这几个狗的种类的全部差异都是由于家养而产生出来的；我相信有小部分差异是由于从不同的物种传下来的。关于其他一些家养物种的特性显著的族，却有假定的，甚至有力的证据可以表明它们都是从一个野生亲种传下来的。

有人常常设想，人类选择的家养动物和家养植物都具有极大的遗传变异的倾向，都能经受住各种气候。这些性质曾大大地增加了大多数家养生物的价值，对此我并不争辩，但是，未开化人最初驯养一种动物时，怎么能知道那动物是否会在连续的世代中发生变异，又怎么能知道它是否能经受住别种气候呢？驴和鹅的变异性弱，驯鹿的耐热力小，普通骆驼的耐寒力也小，难道这会阻碍它们被家养吗？我不能怀疑，若从自然状况中取来一些动物和植物，其数目、产地及分类纲目都相当于我们的家养生物，同时假定它们在家状况下繁殖同样多的世代，那么它们平均发生的变异要会像现存家养生物的亲种所曾经发生的变异那样大。

大多数从古代就家养的动物和植物，究竟是从一个还是从几个野生物种传下来的，现在还不能得到任何明确的结论。那些相信家养动物是多源的人们的论点，主要依据我们在上古时代，在埃及的石碑上和在瑞士的湖上住所里所发现的家畜品种是极其多样的；并且其中有些与现今还生存着的种类十分相像，甚至相同。但这不过是把文明的历史推到更远，并且阐明动物的被家养比从来所设想的更为悠久罢了。瑞士的湖上居民栽培过几个种类的小麦和大麦、豌豆、罂粟（制油用）以及亚麻；并且他们还拥有数种家养动物。他们还同其他民族进行贸易。这些都明显地指出,如希尔(Heer)所说的,他们在这样的早期,已有很进步的文明;这也暗示了在此之前还有过文明稍低的一个长久连续时期,在那时候,各部落在各地方所养的动物大概已发生变异,并且产生了不同的族。自从在世界上许多地方的表面地层内发现燧石器具以来,所有地质学者们都相信未开化人在非常久远的时期就已存在;并且我们知道,今天几乎没有一个种族尚未开化到至少连狗也不饲养的。

大多数家养动物的起源,也许会永远暧昧不明。但我可以在此说明,我研究过全世界的家狗,并且苦心搜集了所有的既知事实,然后得出这样一个结论:狗科的几个野生种曾被驯养,它们的血在某些情形下曾混合在一起,流在我们家养品种的血管里。关于绵羊和山羊,我还不能形成决定性的意见。布莱斯先生(Mr. Blyth)写信告诉过我印度瘤牛的习性、声音、体质及构造,从这些事实看来,差不多可以确定它们的原始祖先和欧洲牛是不同的;并且某些有能力的鉴定家相信,欧洲牛有两个或三个野生祖先——但不知它们是否够得上称为物种。这一结论,以及关于瘤牛和普通牛的种间区别的结论,其实已被卢特梅耶教授(Prof. Rütimeyer)的可称赞的研究所确定了。关于马,我同几个作家的意见相反,我大体相信所有的马族都属于同一个物种,理由无法在这里提出。我饲养过几乎所有的英国鸡的品种,使它们繁殖和交配,并且研究它们的骨骼,我觉得几乎可以确定地说,这一切品种都是野生印度鸡(Gallus bankiva)的后代;同时这也是布莱斯先生和别人在印度研究过这种鸡的结论。关于鸭和兔,有些品种彼此差异很大,证据清楚地表明,它们都是从普通的野生鸭和野生兔传下来的。

　　某些著者把若干家养族起源于几个原始祖先的学说，荒谬地夸张到极端的地步。他们相信每一个纯系繁殖的家养族，即使它们可区别的性状极其轻微，也各有其野生的原始型。照此说来，只在欧洲一处，至少必须生存过二十个野牛种，二十个野绵羊种，数个野山羊种，就在英国一地也必须有几个物种。还有一位著者相信，先前英国所特有的绵羊竟有十一个野生种之多！如果我们记得英国现在已没有一种特有的哺乳动物，法国只有少数哺乳动物和德国的不同，匈牙利、西班牙等也是这样，但此等国度各有好几种特有的牛、绵羊等品种，所以我们必须承认，许多家畜品种一定起源于欧洲；否则它们是从哪里来的呢？在印度也是这样。甚至全世界的家狗品种（我承认它们是从几个野生种传下来的），无疑也有大量的遗传变异；因为，意大利长躯猎狗、嗅血警犬、逗牛狗、巴儿狗（Pug-dog）或布莱尼姆长耳猎狗（Blenheim spaniel）等等同一切野生狗科动物如此不相像，有谁会相信同它们密切相似的动物曾经在自然状态下生存过呢？有人常常随意地说，所有我们的狗族都是由少数原始物种杂交而产生的；但是我们只能从杂交获得某种程度介于两亲之间的一些类型；如果用这一过程来说明我们的几个家养族的起源，我们就必须承认一些极端类型，如意大利长躯猎狗、嗅血猎狗、逗牛狗等，曾在野生状态下存在过。何况我们把杂交产生不同族的可能性过于夸张了。见于记载的许多事例指出，假如我们对于一些表现有我们所需要的性状的个体进行仔细选择，就可帮助偶然的杂交使一个族发生变异；但是要想从两个十分不同的族，得到一个中间性的族，则是很困难的。

西布赖特爵士（Sir.J.Sebright）特意为了这一目的进行过实验，结果失败了。两个纯系品种第一次杂交后所产生的子代，其性状有时相当地一致（如我在鸽子中所发现的那样），于是一切情形似乎很简单了；但是当我们使这些杂种互相进行数代杂交之后，其后代简直没有两个是彼此相像的，这时的工作显然就很困难了。

家鸽的品种，它们的差异和起源

我相信用特殊类群进行研究是最好的方法，经过慎重考虑之后，便选取了家鸽。我饲养了每一个我能买到的或得到的品种，并且我从世界好多地方得到了热心惠赠的各种鸽皮，特别是尊敬的埃里奥特（Hon.W.Elliot）从印度、尊敬的默里（Hon.C.Murray）从波斯寄来的。关于鸽类曾用几种不同文字发表过许多论文，其中有些是很古老的，所以极关重要。我曾和几位有名的养鸽家交往，并且被允许加入两个伦敦的养鸽俱乐部。家鸽品种之多，颇可惊异。从英国传书鸽（English carrier）和短面翻飞鸽（Short-facedtumbler）的比较中，可以看出它们在喙部之间的奇特差异，以及由此所引起的头骨的差异。传书鸽，特别是雄的，头部周围的皮具有奇特发育的肉突；与此相伴随的还有很长的眼睑、很大的外鼻孔以及阔大的口。短面翻飞鸽的喙部外形差不多和鸣鸟类（finch）的相像；普通翻飞鸽有一种奇特的遗传习性，它们密集成群地在高空飞翔并且翻筋斗。侏儒鸽（runt）身体巨大，喙粗长，足亦大；有些侏儒鸽的亚品种，项颈很长；有些翅和尾很长，有些尾特别短。巴巴利鸽（barb）和传书鸽相近似，但嘴不长，却短而阔。突胸鸽（pouter）的身体、翅、腿特别的长，嗉囊异常发达，当它得意地膨胀时，可以令人惊异，甚至发笑。浮羽鸽（turbit）的喙短，呈圆锥形，胸下有倒生的羽毛一列，它有一种习性，可使食管上部不断地微微胀大起来。毛领鸽（jacobin）的羽毛沿着颈的背面向前倒竖而成兜状；从身体的大小比例看来，它的翅羽和尾羽颇长。喇叭鸽（trumpeter）和笑鸽（laughter）的叫声，正如它们的名字所表示的，与别的品种的叫声极不相同。扇尾鸽（fantail）有三十枝甚至四十枝尾羽，而不是十二或十四枝——这是庞大鸽科一切成员的尾羽的正常数目；他们的尾部羽毛都是展开的，并且竖立，优良的品种竟可头尾相触，脂肪腺十分退化。此外还可举出若干差异比较小的品种。

　　有这几个品种的骨骼，其面骨的长度、阔度、曲度的发育大有差异。下颚的枝骨形状以及阔度和长度，都有高度显著的变异。尾椎和荐椎的数目有变异；肋骨的数目也有变异，它们的相对阔度和突起的有无，也有变异。胸骨上的孔的大小和形状有高度的变异；叉骨两枝的开度和相对长度也是如此。口裂的相对阔度，眼睑、鼻孔、舌（并不永远和喙的长度有严格的相关）的相对长度，嗉囊和上部食管的大小；脂肪腺的发达和退化；第一列翅羽和尾羽的数目；翅和尾的彼此相对长度及其和身体的相对长度；腿和脚的相对长度；趾上鳞板的数目，趾间皮膜的发达程度，这一切构造都是易于变异的。羽毛完全出齐的时期有变异，孵化后雏鸽的绒毛状态也是如此。卵的形状和大小有变异。飞的姿势及某些品种的声音和性情都有显著差异。最后，还有某些品种，雌雄间彼此微有差异。

总共至少可以选出二十种鸽，如果把它们拿给鸟学家去看，并且告诉他，这些都是野鸟，他一定会把它们列为界限分明的物种的。还有，我不相信任何鸟学家在这样情形下会把英国传书鸽、短面翻飞鸽、侏儒鸽、巴巴利鸽、突胸鸽以及扇尾鸽列入同属；特别是把每一个这些品种中的几个纯粹遗传的亚品种，——这些他会叫作物种——指给他看，尤其如此。

鸽类品种间的差异固然很大，但我充分相信博物学家们的一般意见是正确的，即它们都是从岩鸽（Columba livia）传下来的，在岩鸽这个名称之下，还包含几个彼此差异极细微的地方族，即亚种。因为使我具有这一信念的一些理由在某种程度上也可以应用于其他情形，所以我要在这里把这些理由概括地说一说。如果说这几个品种不是变种，而且不是来源于岩鸽，那么它们至少必须是从七种或八种原始祖先传下来的；因为比此为少的数目进行杂交，不可能造成现今这样多的家养品种的；例如使两个品种进行杂交，如果亲代之一不具有嗉囊的性状，怎能够产生出突胸鸽来呢？这些假定的原始祖先，必定都是岩鸽，它们不在树上生育，也不喜欢在树上栖息。但是，除却这种岩鸽和它的地理亚种外，所知道的其他野岩鸽只有二三种，而它们都不具有家养品种的任何性状。因此，所假定的那些原始祖先有两种可能：或者在鸽子最初家养化的那些地方至今还生存着，只是鸟学家不知道罢了；但就它们的大小、习性和显著的性状而言，似乎不会不被知道的；或者它们在野生状态下一定都绝灭了。但是，在岩崖上生育的和善飞的鸟，不像是会绝灭的；具有家养品种同样习性的普通岩鸽，即使在几个英国的较小岛屿上或在地中海的海岸上，也都没有绝灭。因此,假定具有家养品种的相似习性的这样多的物种都已绝灭,似乎是一种轻率的推测。还有,上述几个家养品种曾被运送到世界各地,所以必然有几种会被带回原产地的;但是,除了鸠鸽(dovecotpigeon)——这是稍微改变的岩鸽——在数处地方变为野生的以外,没有一个品种变为野生的。再者,一切最近的经验阐明,使野生动物在家养状况下自由繁育是困难的事情;然而,根据家鸽多源说,则必须假定至少有七八个物种在古代已被半开化人彻底家养,并且能在笼养下大量繁殖。

有一个有力的并且可应用于其他几种情形的论点是,上述各品种虽然在体制、习性、声音、颜色以及大部分构造方面一般皆同野生岩鸽相一致,但是一些其他部分肯定是高度异常的;我们在鸠鸽类的整个大科里,找不到一种像英国传书鸽的,或短面翻飞鸽的,或巴巴利鸽的喙;像毛领鸽的倒羽毛;像突胸鸽的嗉囊;像扇尾鸽的尾羽。因此必须假定,不但半开化人成功地彻底驯化了几个物种,而且他们也有意识地或者偶然地选出了特别畸形的物种;此外,还必须假定,这些物种以后都完全绝灭了或者湮没无闻了。看来这许多奇怪的意外之事是完全不会有的。

有关鸽类颜色的一些事实值得考察。岩鸽是石板青色的,腰部白色;但是印度的亚种——斯特里克兰的青色岩鸽(C.intermedia)的腰部却是青色的,岩鸽的尾端有一暗色横带,外侧尾羽的外缘基部呈白色。翅膀上有两条黑带。一些半家养的品种和一些真正的野生品种,翅上除有两条黑带之外,更杂有黑色方斑。全科的任何其他物种都不同时具有这几种斑纹。在任何一个家养品种里,只要是充分养得好的鸽子,所有上述斑纹,甚至外尾羽的白边,有时都是充分发达的。而且,当两个或几个不同品种的鸽子进行杂交后,虽然它们不具有青色或上述斑纹,但其杂种后代却很容易突然获得这些性状。现在把我观察过的几个例子之一述说于后:我用几只极其纯粹繁殖的白色扇尾鸽同几只黑色巴巴利鸽进行杂交——巴巴利鸽的青色变种是如此稀少,我不曾听到过在英国有一个这样事例——它们的杂种是黑色、褐色和杂色的。我又用一只巴巴利鸽同斑点鸽(spot)进行杂交,斑点鸽是白色的,尾红色,额部有一红色斑点,这是众所周知的极其纯粹繁殖的品种;而它们的杂种却呈暗黑色并具斑点。随后我用巴巴利鸽和扇尾鸽之间一个杂种,同巴巴利鸽和斑点鸽之间的一个杂种进行杂交,它们产生了一只鸽子,具有任何野生岩鸽一样美丽的青色、白腰、两条黑色的翼带以及具有条纹和白边的尾羽!假如说一切家养品种都是从岩鸽传下来的,根据熟知的返祖遗传原理,我们就能够理解这些事实了。但是,如果我们不承认这一点,我们就必须采取下列两个完全不可能的假设之一。第一,所有想象的几个原始祖先,都具有岩鸽那样的颜色和斑纹,所以各个品种可能都有重现同样颜色和斑纹的倾向,可是没有一个别的现存物种具有这样的颜色和斑纹。第二,各品种,即使是最纯粹的,也曾在十二代,或至多二十代之内同岩鸽交配过:我说在十二代或二十代之内,是因为不曾见到一个例子表明杂种后代能够重现二十代以上消失了的外来血统的祖代性状。在只杂交过一次的品种里,重现从这次杂交中得到的任何性状的倾向,自然会变得愈来愈小,因为在以后各代里外来血统将逐渐减少;但是,如果不曾杂交过,则在这个品种里,就有重现前几代中已经消失了的性状的倾向，因为我们可以看出，这一倾向同前一倾向正好完全相反，它能不减弱地遗传到无数代。论述遗传问题的人们常常把这两种不同的返祖情形混淆在一起了。

最后，根据我自己对于最不同的品种所作的有计划的观察，我可以说，所有鸽的品种间杂种都是完全能育的。然而两个十分不同的动物种的种间杂种，几乎没有一个例子能够确切证明，它们是完全能育的。有些著者相信，长期继续的家养能够消除种间不育性的强烈倾向。根据狗以及其他一些家养动物的历史来看，如果把这一结论应用于彼此密切近似的物种，大概是十分正确的。但是，如果把它扯得那么远，以假定那些原来就具有像今日的传书鸽、翻飞鸽、突胸鸽和扇尾鸽那样显著差异的物种，还可以在它们之间产生完全能育的后代，那就未免过于轻率了。

根据这几个理由——人类先前不可能曾使七个或八个假定的鸽种在家养状况下自由地繁殖；——这些假定的物种从未在野生状态下发现过，而且它们也没有在任何地方变为野生的；——这些物种，虽然在多方面如此像岩鸽，但同鸽科的其他物种比较起来，却显示了某些极变态的性状；——无论是在纯粹繁育或杂交的情况下，一切品种都会偶尔地重现青色和各种黑色斑纹；——最后，杂种后代完全能生育；——把这些理由综合起来，我们可以稳妥地论断，一切家养品种都是从岩鸽及其地理亚种传下来的。

为了支持上述观点，我补充如下：第一，已经发现野生岩鸽在欧洲和印度能够家养；并且它们在习性和大多数构造的特点上和一切家养品种相一致。第二，虽然英国传书鸽或短面翻飞鸽在某些性状上和岩鸽大不相同，然而，把这两个族的几个亚品种加以比较，特别是把从远地带来的亚品种加以比较，我们可以在它们和岩鸽之间造成一条几乎完整的系列；在其他场合里我们也能做到这样，但不是在一切品种里都能做到这样。第三，每一品种的主要赖以区别的性状都是显著容易变异的，如传书鸽的肉垂和喙的长度，翻飞鸽的短喙，扇尾鸽的尾羽数目；对于这一事实的解释，等我们论到"选择"的时候便会明白了。第四，鸽类曾受到许多人极细心的观察、保护和爱好。它们在世界的若干地方被饲育了数千年；关于鸽类的最早记载，如来普修斯教授（Prof. Lepsius）曾经向我指出的，约在公元前 3000 年埃及第五皇朝的时候；但伯奇先生（Mr. Birch）告诉我说，在此之前的一个皇朝已有鸽名记载在菜单上了。在罗马时代，照普利尼（Pliny）所说的，鸽的价格极高；"而且，他们已经达到了这种地步，他们已经能够核计它们的谱系和族了"。印度亚格伯汗（Akbar Khan）非常重视鸽，大约在 1600 年，养在宫中的鸽就不下两万只。宫廷史官写道："伊朗王和都伦王曾送给他一些极稀有的鸽"；又写道："陛下使各种类进行杂交，前人从未用过这方法，这把它们改良到可惊的程度。"差不多在这同一时代，荷兰人也像古罗马人那样也爱好鸽子。这些考察对解释鸽类所发生的大量变异是无上重要的，我们以后讨论"选择"时就会明白了。同时我们还可知道，为什么这几个品种常常具有畸形的性状。雄鸽和雌鸽容易终身相配，这也是产生不同品种的最有利条件；这样，就能把不同品种饲养在一个鸟槛里了。

我已对家养鸽的可能起源作了若干论述，但还是十分不够的；因为当我最初养鸽并注意观察几类鸽子的时候，清楚地知道了它们能够多么纯粹地进行繁育，我也充分觉得很难相信它们自从家养以来都起源于一个共同祖先，这正如任何博物学者对于自然界中的许多雀类的物种或其他类群的鸟，要作出同样的结论，有同样的困难。有一种情形给我印象很深，就是几乎所有的各种家养动物的饲养者和植物的栽培者（我曾经和他们交谈过或者读过他们的文章），都坚信他们所养育的几个品种是从很多不同的原始物种传下来的。像我曾经询问过的那样，请你也向一位知名的赫里福德（Hereford）的饲养者问一问：他的牛是否从长角牛传下来的，或是二者是否都来自一个共同祖先，其结果将受到嘲笑。我从未遇见过一位鸽、鸡、鸭或兔的饲养者，不充分相信各个主要品种是从一个特殊物种传下来的。凡蒙斯（Van Mons）在他的关于梨和苹果的论文里，全然不信几个种类，如"立孛斯东·皮平"（Ribston-Pippin）苹果或"考得林"苹果（Codlin-apple），能够从同一株树上的种子生出来。其他例子不胜枚举。我想，解说是简单的：根据长期不断的研究，他们对几个族间的差异获得了强烈的印象；他们熟知各族微有变异，因为他们选择此等轻微差异而得到了奖赏，但是他们对于一般的论点却是一无所知，而且也不肯在头脑里把许多连续世代累积起来的轻微差异综合起来。那些博物学者所知道的遗传法则，比饲养者所知道的还少得多，同时对于悠长系统中的中间环节的知识也不比饲养者知道得多些，可是他们都承认许多家养族是从同一祖先传下来的——当他们嘲笑自然状态下的物种是其他物种的直系后代这个观念时，难道不应该学一学谨慎这一课吗？

古代所依据的选择原理及其效果

现在让我们对于家养族是从一个物种或从几个近似物种产生出来的步骤简要地讨论一下。有些效果可以归因于外界生活条件的直接和一定的作用,有些效果可以归因于习性;但是如果有人用这等作用来说明驾车马和赛跑马、长驱猎狗和嗅血警犬、传书鸽和翻飞鸽之间的差异,那就未免冒失了。我们的家养族的最显著的特色之一,是我们所看到的它们确实不是适应动物或植物自身的利益,而是适应人的使用或爱好。有些于人类有用的变异大概是突然发生的,即一步跃进的;例如,许多植物学者相信,生有刺钩的起绒草(fuller's teasel)——这些刺钩是任何机械装置所不及的——只是野生川续断草(Dipsacus)的一个变种而已,而且这种变化可能是在一株实生苗突然发生的。矮脚狗(turnspit dog)大概也是这样起源的;我们知道安康羊(Ancon sheep)的情形也是如此。但是,当我们比较驾车马和赛跑马、单峰骆驼和双峰骆驼、适于耕地和适于山地牧场的,以及毛的用途各异的不同种类的绵羊时;当我们比较以各种用途为人类服务的许多狗品种时,当我们比较如此顽强争斗的斗鸡和很少争斗的品种时,比较斗鸡和从来不孵卵的卵用鸡时,比较斗鸡和极其小形而美丽的矮鸡(bantam)时,当我们比较无数的农艺植物、蔬菜植物、果树植物以及花卉植物的族时,它们在不同的季节和不同的目的上最有益于人类,或者如此美丽非凡而赏心悦目;我想,我们必须于变异性之外,作更进一步的观察。我们无法想象一切品种都是突然产生的,而一产生就像今日我们所看到的那样完善和有用;的确,在许多情形下,我们知道它们的历史并不是这样的。这关键就在于人类的积累选择的力量;自然给予了连续的变异,人类在对他们自己有用的一定方向上积累了这些变异。在这种意义上,才可以说人类为自己制造了有用的品种。

这种选择原理的伟大力量不是臆想的。确实有几个优秀的饲养者,甚至在一生的时间里,就大大地改变了他们的牛和绵羊品种。要充分理解他们所干的是些什么,阅读若干关于这个问题的论文,和实际观察那些动物,几乎是必要的。饲养者习惯地说动物的体制好像是可塑性的东西,几乎可以随意塑造。如果有篇幅,我能从极其有才能的权威者的著作中引述许多关于这种效果的记载。尤亚特(Youatt)对农艺家们的工作,可能比几乎任何别人更为通晓,而且他自己就是一位极优秀的动物鉴定者,他说选择的原理"可以使农学家不仅能够改变他的畜群性状,而且能够使它们发生完全的变化。选择是魔术家的魔杖,用这支魔杖,可以随心所欲地把生物塑造成任何类型和模式"。萨默维尔勋爵(Lord Somer-ville)谈到饲养者养羊的成就时,曾说:"好像他们用粉笔在壁上画出了一个完美的形体,然后使它变成为活羊。"在撒克逊,选择原理对于美利奴羊(merino sheep)的重要性已被充分认识,以致人们把选择当作一种行业:把绵羊放在桌子上,研究它,就像鉴赏家鉴定绘画那样;在几个月期间内,一共举行三次,每次在绵羊身上都作出记号并进行分类,以便最后选择出最优良的,作为繁育之用。

英国饲养者所得到的实际成就,可以从价格高昂的优良谱系的动物来证明；这些优良动物几乎被运送到世界各地去。这种改良，一般绝不是由于不同品种的杂交；一切最优秀的饲养者都强烈地反对这样的杂交，除了有时行于密切近似的亚品种之外。而且在杂交进行以后，严密的选择甚至比在普通场合更不可缺少。如果选择仅仅在于分离出某些很独特的变种，使它繁殖，那么这一原理很明显地就几乎不值得注意了；但它的重要性却在于使未经训练过的眼睛所绝对觉察不出的一些差异——我就觉察不出这些差异——在若干连续世代里，向一个方向累积起来而产生出极大的效果。在一千人里不见得有一个具有准确的眼力和判断力，能成为一个卓越的饲养家。如果赋有此等品质，并且多年研究他的课题，同时以不屈不挠的耐性终生从事这一工作，他就会得到成功，而且能作出巨大改进；如果他一点也不具有这些品质，则必定要失败。很少人会立即相信，甚至要成为一个熟练的养鸽者，也必须有天赋的才能和多年的经验。

园艺家也依据相同的原理；但植物比动物的变异常常更是突发的。没有人会假定我们最精选的生物，是从原始祖先由一次变异而产生的。在若干场合我们有正确的记录可做证明；如普通醋栗（common gooseberry）的大小是逐渐增加的，就是一个很小的例证。把今日的花同仅仅二十年或三十年前所画的花相比较，我们就可看到花卉栽培家对许多花做出了可惊的改进。当一个植物的族一旦很好地固定下来以后，种子繁育者并不是采选那些最好的植株，而仅仅是巡视苗床，拔除那些"无赖汉"，他们把那些脱离固有标准型的植株叫作无赖汉。对于动物，事实上也同样采用这种选择方法；无论何人，都不会这样粗心大意，用最劣的动物去进行繁殖。

关于植物，还有另一种方法可以观察选择的累积效果——就是在花园里比较同种的不同变种的花所表现的多样性；在菜园里把植物的叶、荚、块茎或任何其他有价值部分，在与同一变种的花相比较时所表现的多样性；在果园里把同种的果实在与同种的一些变种的叶和花相比较时所表现的多样性。看看甘蓝的叶是何等相异，而花又是何等极其相似；三色堇的花是何等相异，而叶又是何等相似；各类醋栗果实的大小、颜色、形状、茸毛是何等相异，而它们的花所表现的差异却极其微小。这并不是说在某一点上差异很大的变种就在一切其他各点上就全无差异；我经过慎重观察之后才说这种情形是绝无仅有的。相关变异法则的重要性绝不可忽视，它能保证某些变异的发生；但是，按照一般法则，我们无论对于叶、花还是对于果实的微小变异进行连续选择，就会产生出主要在这些性状上有所差异的族，这是无可怀疑的。

选择原理成为有计划的实践差不多只有七十五年的光景，这种说法也许有人反对。近年来对于选择的确比以前更加注意，并且关于这一问题，发表了许多论文，因而其成果也相应地出得快而且重要。但是，要说这一原理是近代的发见，就未免与真实相距甚远了。我可以引用古代著作中若干例证来说明那时已经认识了这一原理的充分重要性。在英国历史上的蒙昧未开化时代，常有精选的动物输入，并且制定过防止输出的法律；明令规定，马的体格在一定尺度之下就要加以消灭，这同艺园者拔除植物的

"无赖汉"可以相比。我看到一部中国古代的百科全书①清楚记载着选择原理。有些罗马古代著作家们已经拟定了明确的选择规则。从《创世记》的记载里，可以清楚地知道在那样早的时期已经注意到家养动物的颜色了。未开化人现在有时使他们的狗和野生狗类相杂交，以改进狗的品种，他们从前也曾这样做过，这可以在普利尼的文章里得到证实。南非洲的未开化人依据挽牛的颜色使它们交配，有些爱斯基摩人对于他们的驾车狗也这样做。利文斯登（Livingstone）说，未曾与欧洲人接触过的非洲内地的黑人极重视优良的家畜。某些这种事实虽然并不表示真正的选择已在实行，但它们表示了在古代已经密切注意到家养动物的繁育，而且现今的最不开化的人也同样注意这一点。既然好品质和坏品质的遗传如此明显，要是对于动、植物的繁育还不加注意，那的确是一件奇怪的事了。

无意识的选择

目前，优秀的饲养者们都按照一种明确的目的，试图用有计划的选择来形成优于国内一切种类的新品系或亚品种。但是，为了我们的讨论目的，还有一种选择方式，或可称为无意识的选择，

---

① 潘吉星考证：早在 1840—1850 年达尔文起草《物种起源》时，就已看到了全面介绍中国情况的法文巨著《中国纪要》（*Mémoires concernanr les Chinois*），该书 1776—1814 年出齐，共十六巨册。达尔文阅读了其中有关中国科学技术的一些卷，并通过此书了解了北魏贾思勰著的《齐民要术》中关于人工选择的思想，而且予以引用和高度评价。潘氏通过研究《中国纪要》法文原著、达尔文著作的英文原著及《齐民要术》汉文原著后，加以综合对比，从而肯定了达尔文此处所谓的《中国古代百科全书》即为《齐民要术》。参阅潘吉星：《达尔文与〈齐民要术〉》，《农业考古》，1990 年，第二期。——译者

更为重要。每个人都想拥有最优良的个体动物并繁育它们，这就引起了这种选择。例如，要养向导狗（pointer）的人自然会竭力搜求优良的狗，然后用他自己拥有的最优良的狗进行繁育，但他并没有持久改变这一品种的要求或期待。然而，我们可以推论，如果把这一程序继续若干世纪，将会改进并且改变任何品种，正如贝克韦尔（Bakewell）、科林斯（Collins）等等根据同样的程序，只是进行得更有计划些，便能在他们一生的时期内大大地改变了他们的牛的体型和品质。除非在很久以前，对问题中的品种就进行正确的计量或细心的描绘，以供比较，缓慢而不易觉察的变化就永远不能被辨识。然而，在某些情形下，同一品种的没有变化的或略有变化的个体生存在文明落后的地区也是有的，在那里品种是很少改进的。有理由相信，查理斯王的长耳猎狗自从那一朝代以来已经无意识地大大被改变了。某些极有才能的权威家相信，侦犬（setter）直接来自长耳猎狗，大概是在徐徐改变中产生的。我们知道英国的向导狗在上一世纪内发生了重大变化，并且人们相信这种变化的发生主要是和猎狐狗（fox hound）杂交所致；但是和我们的讨论有关系的是：这种变化是无意识地、缓慢地进行着的，然而效果却非常显著，虽然以前的西班牙向导狗确实是从西班牙传来的，但博罗先生（Mr. Borrow）告诉我说，他没有看见过一只西班牙本地狗和我们的向导狗相像。

经过同样的①选择程序和细心的训练，英国赛跑马的体格和

---

① Watts & Co. 的"Thinker's Library"版本为"Simple"（简单的），而不是"Similar"（同样的）。大杉荣日译本和小泉丹日译本以及马君武中译本均译作"简单的"。——译者

速度都已超过了亲种阿拉伯马,所以,依照古特坞赛马的规则,阿拉伯马的载重量被减轻了。斯潘塞勋爵和其他人曾经指出,英格兰的牛同先前养在这个国家的原种相比较,其重量和早熟性都大大增加了。把各种旧论文中论述不列颠、印度、波斯的传书鸽、翻飞鸽的过去和现在的状态加以比较,我们便可以追踪出它们极缓慢地经过的各个阶段,通过这些阶段,而到达了和岩鸽如此大不相同的地步。

尤亚特举了一个最好的例证说明一种选择过程的效果,这可以看作是无意识的选择,因为饲养者没有预期过的,或甚至没有希望过的结果产生了。这就是说,产生了两个不同的品系。尤亚特先生说,巴克利先生(Mr. Buckley)和伯吉斯先生(Mr. Burgess)所养的两群莱斯特绵羊(Leicester sheep)"都是从贝克韦尔先生的原种纯正繁殖下来的,论时间已在五十年以上"。熟悉这一问题的任何人都完全不会怀疑,上述任何一个所有者曾在任何情况下把贝克韦尔先生的羊群的纯粹血统搞乱,但是这二位先生的绵羊彼此间的差异却如此之大,以致它们的外貌就像完全不同的变种。

如果现在有一种未开化人,很野蛮,甚至从不考虑家养动物后代的遗传性状,然而当他们常常遇到饥馑或其他灾害时,他们还会把合乎任何特殊目的的特别对他们有用的动物小心地保存下来。这样选取出来的动物比起劣等动物一般都会留下更多的后代;所以这样,一种无意识的选择便在进行了。我们知道,甚至火地岛(Tierra del Fuego)①的未开化人也重视他们的动物,在饥

---

① 位于南美洲的群岛。——译者

荒的时候，他们甚至杀吃年老妇女，在他们看来，这些年老妇女的价值并不比狗高。

　　在植物方面，通过最优良个体的偶然保存可以逐渐得到改进，不论它们在最初出现时是否有足够的差异可被列入独特的变种，也不论是否由于杂交把两个或两个以上的物种或族混合在一起，都可以清楚地辨识出这种改进过程。我们现在所看到的诸如三色堇、蔷薇、天竺葵、大理花以及其他植物的一些变种，比起旧的变种或它们的亲种，在大小和美观方面都有所改进。从来没有人会期望从野生植株的种子得到上等的三色堇或大理花。也没有人会期望从野生梨的种子培育出上等软肉梨，即使他可能把野生的瘦弱梨苗培育成佳种，如果这梨苗本来是从栽培系统来的。在古代虽有梨的栽培，但据普利尼的描述看来，它们的果实品质是极劣的。我曾看到园艺著作中对于园艺者的惊人技巧表示惊叹，他们能从如此低劣的材料里产生出如此优秀的结果。不过这技术是简单的，就其最终结果来说，几乎都是无意识地进行的。这就在于永远是把最有名的变种拿来栽培，播种它的种子，当碰巧有稍微较好的变种出现时，便进行选择，并且这样继续进行下去。但是，我们的最优良果实在某种很小程度上虽然有赖于古代艺园者自然地进行选择和保存他们所能寻得的最优良品种，然而他们在栽培那些可能得到的最好梨树时，却从未想到我们要吃到什么样的优良果实。

　　正如我所相信的，这样缓慢地和无意识地累积起来的大量变化，解释了以下的熟知事实：即在许多情形下，我们对于花园和菜园里栽培悠久的植物，已无法辨认其野生原种。我们大多数的植物改进到或改变到现今于人类有用的标准需要数百年或数千年，因此我们就能理解为什么无论澳大利亚、好望角或十分未开化人所居住的地方，都不能向我们提供一种值得栽培的植物。拥有如此丰富物种的这些地区，并非由于奇异的偶然而没有任何有用植物的原种，只是因为该地植物还没有经过连续选择而得到改进，以达到像古文明国家的植物所获得的那样完善的程度。

关于未开化人所养的家养动物，有一点不可忽略，就是它们至少在某些季节里，几乎经常要为自己的食物而进行斗争。在环境极其不同的两个地区，体质上或构造上微有差异的同种个体，在这一地区常常会比在另一地区生活得好些；这样，由于以后还要加以更充分说明的"自然选择"的过程，便会形成两个亚品种。这种情形或者可以部分地说明为什么未开化人所养的变种，如某些著者说过的，比在文明国度里所养的变种，具有更多的真种性状。

根据上述人工选择所起的重要作用来看，即刻可以明了我们家养族的构造或习性为什么会适应于人类的需要或爱好。我想，我们还能进一步理解，我们家养族为什么会屡屡出现畸形的性状，为什么外部性状所表现的差异如此巨大，而相对地内部器官所表现的差异却如此微小。除了可以看得见的外部性状外，人类几乎不能选择，或只能极其困难地选择构造上的任何偏差；其实他们对内部器官的偏差是很少注意的。除非自然首先在一定程度上向人类提供一些轻微变异，人类绝不能进行选择。在一个人看到一只鸽子尾巴在某种轻微程度上已发育成异常状态，他不会试图育出一种扇尾鸽；在他看到一只鸽的嗉囊的大小已经有些异乎寻常之前，他也不会试图育出一种突胸鸽；任何性状，在最初发现时愈畸形或愈异常，就愈能引起人的注意。但是，我毫不怀疑要用人类试图育出扇尾鸽的这样说法，是完全不正确的。最初选择一只尾巴略大的鸽子的人，绝不会梦想到那只鸽子的后代经过长期连续的、部分是无意识选择和部分是有计划选择之后，会变成什么样子。一切扇尾鸽的始祖恐怕只有略微展开的十四枝尾羽，就像今日的爪哇扇尾鸽那样，或者像其他独特品种的个体那样地具有十七枝尾羽。最初的突胸鸽嗉囊的膨胀程度并不比今日浮羽鸽食管上部膨胀程度为大，而浮羽鸽的这种习性并不被一切养鸽者所注意，因为它不是这个品种的主要特点之一。

不要以为只有某种构造上的大偏差才能引起养鸽者的注意，他能觉察极小的差异，而且人类本性就在于对他的所有物的任何新奇，即使是轻微的，也会予以重视。绝不可用几个品种已经固定后的现今价值标准，去对以前同一物种诸个体的轻微差异所给予的价值进行判断。我们知道鸽现在还会发生许多轻微的变异，不过此等变异却被当作各品种的缺点，或离开完善标准的偏差而遭舍弃。普通鹅没有产生过任何显著的变种；图卢兹（Toulouse）鹅和普通鹅只在颜色上有所不同，而且这种性状极不稳定，但近来却被当作不同品种在家禽展览会上展览了。

这些观点，对于时常说起的——即我们几乎不知道任何家畜的起源或历史的说法，似乎可以给予解释了。但是实际上，一个品种好像语言里的一种方言一样，几乎无法说它有明确的起源。人保存了和繁育了构造上微有偏差的个体，或者特别注意了他们的优良动物的交配，这样，便改进了它们，并且已改进的动物便慢慢地会传布到邻近的地方去。但是它们很少有一定的名称,而且对于它们的价值也很少重视,所以它们的历史就要遭到忽视。当通过同样的缓慢而逐渐的过程得到进一步改进的时候,它们将传布得更远,并且会被认为是特殊的和有价值的种类,在这时它们大概才开始得到一个地方名称。在半文明的国度里,交通还不太发达,新亚品种的传布过程是缓慢的,一旦有价值的各点被人认识后,我称之为无意识选择的原理就会常常倾向于慢慢地增加这一品种的特性,不论那特性是什么;品种的盛衰依时尚而定,恐怕在某一时期养得多些,在另外时期养得少些;依照居民的文明状态,恐怕在某一地方养得多些,在另外一地方养得少些。但是,关于这种缓慢的、不定的、不易觉察的变化的记载,很少有机会被保留下来。

人工选择的有利条件

我现在要稍微谈谈人工选择的有利的或不利的条件。高度的变异性显然是有利的,因为它能大量地向选择供给材料,使之顺利发生作用;即使仅仅是个体差异,也是充分够用的,如能给予极其细心的注意,也能向着几乎任何所希望的方向积累起大量变异。但是,因为对于人们显著有用的或适合他们爱好的变异只是有时偶然出现,所以个体如果饲养得愈多,变异出现的机会也就愈多。因此,数量对于成功来说,是高度重要的。马歇尔(Marshall)曾依据这一原理对约克郡各地的绵羊作过如下叙述:"因为绵羊一般为穷人所有,并且大都只是小群的,所以它们从来不能改进。"与此相反,艺园者们栽培着大量的同样植物,所以他们在培育有价值的新变种方面，就比业余者一般能得到更大的成功。一种动物或植物的大群个体，只有在有利于它们繁殖的条件下才能被培育起来。如果个体稀少，不管它们的品质怎样，都得让其全部繁育，这就会有效地妨碍选择。但最重要的因素大概是，人类必须高度重视动物或植物的价值，以致对品质或构造上的最微小偏差都会给予密切注意；要是没有这样的注意，就不会有什么成效了。我曾见到人们严肃地指出，正好在艺园者开始注意草莓的时候，它开始变异了，这就是极大的幸运。草莓自被栽培以来，无疑是经常发生变异的，不过对微小的变异未曾给予注意罢了。然而，一旦艺园者选出一些个体植株，它们具有稍微大些的、稍微早熟些的或稍微好些的果实，然后从它们培育出幼苗，再选出最好的幼苗，并用它们进行繁育，于是（多少在种间杂交的帮助下），许多可赞美的草莓变种就被培育出来了，这就是近半世纪来所培育出的草莓变种。

在动物方面，防止杂交是形成新族的重要因素，至少在已有其他动物族的地方是如此。关于这一点，把土地封闭起来是有作用的。漂泊的未开化人，或者开阔平原上的居住者，所饲养的同一物种很少有超过一个品种的。鸽能终身配合，这对于养鸽者大有便利。因此，它们虽混养在一个鸽槛里，许多族还能改进并能保纯；这样条件一定大有利于新品种的形成。我可以补充地说，鸽能大量而迅速地被繁殖，把劣等的鸽杀掉以供食用，自然就把它们淘汰了。相反地，猫由于有夜间漫游的习性，不容易控制它们的交配，虽然妇女和小孩喜爱它，但很少看到一个独特的品种能够长久保存；我们有时看到的那些独特品种，几乎都是从外国输入的。虽然我并不怀疑某些家养动物的变异少于另外一些家养动物的变异,然而猫、驴、孔雀、鹅等的独特品种的稀少或竟然没有,则主要是由于选择未曾起作用:猫,由于难控制其交配;驴,由于只有少数为穷人所饲养,并且很少注意它们的繁育;但是近年来在西班牙和美国的某些地方,因为仔细地进行了选择,这种动物已意外地变化了和改进了;孔雀,由于不很容易饲养,而且也没有大群的饲养;鹅,由于只在两种目的上有价值,即供食用和取羽毛,特别是由于对鹅有无独特的种类不感兴趣;但是鹅,在家养时所处的条件下,如我在他处所说的,虽有微小的变异,但似乎具有特别不易变化的体质。

有些著者主张,家养动物的变异量很快就会达到一定的极限,以后绝不能再超越这极限了。在任何场合里,如果断定已经达到了极限,未免有些轻率;因为几乎一切我们的动物和植物,近代以来都在许多方面大大地改进了;这就意味着变异仍在进行。如果断定现今已经达到了极限的那些性状,在许多世纪保持了固定以后,就不能在新的生活条件下再行变异,将是同样的轻率。没有疑问,正如华莱士先生所指出的,极限最终是会达到的,这种说法很合乎实际。例如,任何陆栖动物的行动速度必有一个极限,因为其速度决定于所要克服的摩擦力,身体的重量,以及肌肉纤维的收缩力。但是同我们的讨论有关的问题是,同种的家养变种在受到人类注意因而被选择的几乎每一个性状上的彼此差异,要比同属的异种间的彼此差异为大。小圣·提雷尔曾就动物身体的大小证明了这一点,在颜色方面也是如此,在毛的长度方面大概也是这样。至于速度,则决定于许多身体上的性状,如"伊克立普斯"(Eclipse)马跑得最快,驾车马体力强大无与伦比,同属的任何两个自然种都无法同这两种性状相比。植物也是这样,豆和玉蜀黍的不同变种的种子,在大小的差异方面,大概比这二科中任何一属的不同物种的种子更大。这种意见对于李树的几个变种的果实也是适用的,对于甜瓜以及在其他许多类似场合中则更加适用。

现在把有关家养动物和植物的起源总结一下。生活条件的变化,在引起变异上具有高度的重要性,它既直接作用于体制,又间接影响及生殖系统。要说变异性在一切条件下都是天赋的和必然的事,大概是不确实的。遗传和返祖的力量之大小决定着变异是否继续发生。变异性是由许多未知的法则所支配的,其中相关生长大概最为重要。有一部分,可以归因于生活条件的一定作用,但究竟有多大程度,我们还不知道。有一部分,或者是很大的一部分,可以归因于器官的增强使用和不使用。这样,最终的结果便成为无限复杂的了。在某些例子中,不同原种的杂交,在我们的品种的起源上,似乎起了重要的作用。在任何地方,当若干品种一经形成后,它们的偶然杂交,在选择的帮助下,无疑对于新亚品种的形成大有帮助;但对于动物和实生植物,杂交的重要性就曾被过分地夸张了。对于用插枝、芽接等方法进行暂时繁殖的植物,杂交的重要性是极大的;因为栽培者在这里可以不必顾虑杂种和混种的极度变异性以及杂种的不育性;可是非实生的植物对于我们不甚重要,因为它们的存在只是暂时的。选择的累积作用,无论是有计划地和迅速地进行的,或者是无意识地和缓慢地但更有效地进行的,都超出这些变化的原因之上,它似乎是最占优势的"力量"。

第二章　自然状况下的变异

变异性——个体差异——可疑的物种——分布广的、分散大的和普通的物种变异最多——各地大属的物种比小属的物种变异更频繁——大属里许多物种，正如变种那样，有很密切的，但不均等的相互关系，并且有受到限制的分布区域。

把前章所得到的各项原理应用到自然状况下的生物之前，我们必须简单地讨论一下，自然状况下的生物是否容易发生变异。要充分讨论这一问题，必须举出一长列枯燥无味的事实；不过我准备在将来的著作里再来发表这些事实。我也不在这里讨论加于"物种"这个名词之上的各种不同的定义。没有一项定义能使一切博物学者都满意；然而各个博物学者当谈到物种的时候，都能够模糊地知道它是什么意思。这名词一般含有所谓特殊创造作用这一未知因素。关于"变种"这个名词，几乎也是同样地难下定义；但是它几乎普遍地含有共同系统的意义，虽然这很少能够得到证明。还有所谓畸形也难以解释，但它们逐渐走入变种的领域。我认为畸形是指构造上某种显著偏差而言，对于物种一般是有害的，或者是无用的。有些著者是在专门意义上来使用"变异"这一名词的，它的含义是直接由物理的生活条件所引起的一种变化；这种意义的"变异"被假定为不能遗传的；但是波罗的海半咸水里的贝类的矮化状态、阿尔卑斯山顶上的矮化植物，或者极北地区的动物的较厚毛皮，谁能说在某些情形下至少不遗传少数几代呢？我认为在这种情形下，这些类型是可以称为变种的。

在我们的家养动物里，特别是在植物里，我们偶尔看到的那些突发的和显著的构造偏差，在自然状况下能否永久传下去，是值得怀疑的。几乎每一生物的每一器官和它的复杂生活条件都有如此美妙的关联，以致似乎很难相信，任何器官会突然地、完善地产生出来，就像人们完善地发明一具复杂的机器那样。在家养状况下有时会发生畸形，它们和那些大不相同的动物的正常构造相似。例如，猪有时生下来就具有一种长吻，如果同属的任何野生物种天然地具有这种长吻，那么或许可以说它是作为一种畸形而出现的；不过我经过努力探讨，并不曾发现畸形和极其密切近似物种的正常构造相似的例子，而只有这种畸形才和这个问题有关系。如果这种畸形类型确曾在自然状况中出现过，并且能够繁殖（事实不永远如此），那么，由于它们的发生是稀少的和单独的，所以必须依靠异常有利的条件才能把它们保存下来。同时，这些畸形在第一代和以后的若干代中将与普通类型相杂交，这样，它们的畸形性状就几乎不可避免地要失掉。关于单独的或偶然的变异的保存和延续，我将在下一章进行讨论。

个 体 差 异

在同一父母的后代中所出现的许多微小差异，或者在同一局限区域内栖息的同种诸个体中所观察到的,而且可以设想也是在同一父母的后代中所发生的许多微小差异,都可叫作个体差异。没有人会假定同种的一切个体都是在一个相同的实际模型里铸造出来的。这等个体差异,对于我们的讨论具有高度重要性,因为,众所周知,它们常常是能够遗传的;并且这等变异为自然选择提供了材料,供它作用和积累,就像人类在家养生物里朝着一定方向积累个体差异那样。这等个体差异,一般是在博物学者们认为不重要的那些部分出现的;但是我可以用一连串事实阐明,无论从生理学的或分类学的观点来看,都必须称为重要的那些部分,有时在同种诸个体中也会发生变异。我相信经验最丰富的博物学者也会对变异的事例之多感到惊奇;他在若干年内根据可靠的材料,如同我所搜集到的那样,搜集到有关变异的大量事例,即使在构造的重要部分中也能做到这样。必须记住,分类学家很不高兴在重要性状中发现变异,而且很少有人愿意辛勤地去检查内部的和重要的器官,并在同种的许多个体间去比较它们。大概从来不曾预料到,昆虫的靠近大中央神经节的主干神经分支,在同一个物种里会发生变异;人们大概认为这种性质的变异只能缓慢地进行;然而卢伯克爵士(Sir Lubbock)曾经阐明,介壳虫(coccus)的主干神经的变异程度,几乎可以用树干的不规则分枝来比拟。我可以补充地说,这位富有哲理的博物学者还曾阐明,某些昆虫的幼虫的肌肉很不一致。当著者说重要器官绝不变异的时候,他们往往是循环地进行了论证;因为正是这些著者实际上把不变异的部分当作重要的器官(如少数博物学者的忠实自白);在这种观点下,自然就不能找到重要器官发生变异的例子了；但在任何其他观点下，却可以在这方面确凿地举出许多例子来的。

同个体差异相关连的，有一点极使人困惑：我所指的即是被称为"变形的"（protean）或"多形的"（polymorphic）那些属，在这些属里物种表现了异常大的变异量。关于许多这些类型究应列为物种还是变种，几乎没有两个博物学者的意见是一致的。我们可以举植物里的悬钩子属（Rubus）、蔷薇属（Rosa）、山柳菊属（Hieracium）以及昆虫类和腕足类的几属为例。在大多数多形的属里，有些物种具有稳定的和一定的性状。除了少数例外，在一处地方为多形的属，似乎在别处也是多形的，并且从腕足类来判断，在早先的时代也是这样的。这些事实很使人困惑，因为它们似乎阐明这种变异是独立于生活条件之外的。我猜想我们所看到的变异，至少在某些多形的属里，对于物种是无用的或无害的变异，因此，自然选择对于它们就不会发生作用，而不能使它们确定下来，正如以后还要说明的那样。

众所周知，同种的个体，在构造上常呈现和变异无关的巨大差异，如在各种动物的雌雄间、在昆虫的不育性雌虫即工虫的二、三职级（castes）间，以及在许多下等动物的未成熟状态和幼虫状态间所表现的巨大差异。又如在动物和植物里还有二形性和三形性的例子。近来注意到这一问题的华莱士先生曾阐明，马来群岛某种蝴蝶的雌性有规则地表现出两个或甚至三个显著不同的类型，其间并没有中间变种连接着。弗里茨·米勒（Fritz Müller）描述了某些巴西甲壳类的雄性也有类似的但更异常的情形：例如异足水虱(Tanais)①的雄性有规则地表现了两个不同的类型：一个类型生有强壮的和不同形状的钳爪，另一个类型生有极多嗅毛的触角。虽然在大多数的这些例子中，无论动物和植物，在两个或三个类型之间并没有中间类型连接着，但它们大概曾经一度有过这样连接的。例如华莱士先生曾描述过同一岛上的某种蝴蝶，它们呈现一长系列的变种，由中间连锁连接着，而这条连锁的两极端的类型，同栖息在马来群岛其他部分的一个近似的二形物种的两个类型极其相像。蚁类也是这样，工蚁的几种职级一般是十分不同的；但在某些例子中，我们随后还要讲到，这些职级是被分得很细的级进的变种连接在一起的。正如我自己所观察过的，某些二形性植物也是这样。同一雌蝶具有一种能力，它在同一时间内可以产生三个不同的雌性类型和一个雄性类型；一株雌雄同体的植物能在同一个种子蒴里产生出三个不同的雌雄同体的类型，而包含有三种不同的雌性和三种或甚至六种不同的雄性。这些事实乍一看确是极其奇特，然而，这些例子只不过是下面所说的一种普通事实的夸大而已：即雌性所产生的雌雄后代，其彼此差异有时会达到惊人的地步。

可疑的物种

有些类型，在相当程度上具有物种的性状，但同其他类型如此密切相似，或者由中间级进如此紧密地同其他类型连接在一

---

① 异足水虱，节足动物，甲壳类，体小形，约在一毫米以内，栖息于深海中。——译者

起，以致博物学者们不愿把它们列为不同的物种；而这些类型在若干方面对于我们的讨论却是极其重要的。我们有各种理由可以相信，这些可疑的和极其相似的类型有许多曾在长久期间内持续地保有它们的性状；因为据我们所知道的，它们和良好的真种一样长久地保持了它们的性状。实际上，当一位博物学者能够用中间连锁把任何两个类型连接在一起的时候，他就把一个类型当作另一类型的变种；他把最普通的一个，但常常是最初记载的一个类型作为物种，而把另一个类型作为变种。可是在决定是否可以把一个类型作为另一类型的变种时，甚至这两个类型被中间连锁紧密地连接在一起，也是有严重困难的，我并不准备在这里把这些困难列举出来；即使中间类型具有一般所假定的杂种性质，也常常不能解决这种困难。然而在很多情形下，一个类型之所以被列为另一类型的变种，并非因为确已找到了中间连锁，而是因为观察者采用了类推的方法，使得他们假定这些中间类型现在确在某些地方生存着，或者它们从前可能曾经在某些地方生存过；这样一来，就为疑惑或臆测打开了大门。

因此，当决定一个类型究应列为物种还是列为变种的时候，有健全判断力和丰富经验的博物学者的意见，似乎是应当遵循的唯一指针。然而在许多场合里，我们必须依据大多数博物学者的意见来作决定，因为很少有一个特征显著而熟知的变种，至少不曾被几位有资格的鉴定者列为物种的。

具有这种可疑性质的变种所在皆是，已是无可争辩的了。把各植物学者所作的大不列颠的、法兰西的、美国的几种植物志比较一下，就可以看出有何等惊人数目的类型，往往被某一位植物学者列为良好的物种，而被另一个植物学者仅仅列为变种。多方帮助我而使我感激万分的沃森先生(Mr.H.C.Watson)告诉我说，有182种不列颠植物现在一般被识为是变种，但是所有这些过去都曾被植物学者列为物种；当制作这张表时，他除去了许多细小的变种，然而这些变种也曾被植物学者列为物种，此外他把几个高度多形的属完全除去了。在包含着最多形的类型的属之下，巴宾顿先生(Mr.Babington)列举了251个物种，而本瑟姆先生(Mr.Bentham)只列举了112个物种，——就是说二者有139个可疑类型之差！在每次生育必须交配的和具有高度移动性的动物里，有些可疑类型，被某一位动物学者列为物种，而被另一位动物学者列为变种，这些可疑类型在同一地区很少看到，但在隔离的地区却很普通。在北美洲和欧洲，有多少鸟和昆虫，彼此差异很微，曾被某一位优秀的博物学者列为无可怀疑的物种，却被别的博物学者列为变种，或常把它们称为地理族！华莱士先生对栖息在大马来群岛的动物，特别是鳞翅类动物，写过几篇有价值的论文，在这些论文里他指出该地动物可以分为四类：即变异类型、地方类型、地理族即地理亚种以及真正的、具有代表性的物种。第一类，变异类型，在同一个岛的范围内变化极多。地方类型，相当稳定，而在各个隔离的岛上则有区别；但是把几个岛的一切类型放在一起比较的时候，就可以看出，差异是这样微小和逐渐，以致无法区别它们和描述它们，虽然同时在极端类型之间有着充分的区别，也是如此。地理族即地理亚种是完全固定的、孤立的地方类型；但因为它们彼此在极其显著的和主要的性状上没有差异，所以"没有标准的区别法，而只能凭个人的意见去决定何者应被视为物种，何者应被视为变种"。最后，具有代表性的物种在各个岛的自然机构中占据着与地方类型和亚种同样的地位；但是因为它们彼此间的区别比地方类型或亚种之间的差异量较大，博物学者们几乎普遍地把它们列为真种。虽然如此，我们还不可能提出一个用来辨认变异类型、地方类型、亚种以及具有代表性的物种的确切标准。

许多年前，我曾比较过并且看到别人比较过加拉帕戈斯群岛中邻近诸岛的鸟的异同，以及这些鸟与美洲大陆的鸟的异同，我深深感到物种和变种之间的区别是何等的暧昧和武断。小马得拉群岛的小岛上有许多昆虫，在沃拉斯顿先生（Mr. Wollaston）的可称赞的著作中把它们看作变种，但许多昆虫学者一定会把它们列为不同的物种。甚至在爱尔兰也有少数动物，曾被某些①动物学者看作物种，但现在一般却把它们看作变种。若干有经验的鸟类学者认为不列颠的红松鸡只是一个挪威种的特性显著的族，然而大多数人则把它列为大不列颠所特有的无疑的物种。两个可疑类型的原产地如果相距辽远，就会导致许多博物学者把它们列为不同的物种；但是，曾经这样很好地问过，多少距离是足够的呢，如果美洲和欧洲间的距离是足够的话，那么欧洲和亚佐尔群岛或马得拉群岛或加那利群岛②之间的距离，或此等小群岛的几个小岛之间的距离是否足够呢？

---

① 本书所据原著中的此字为"same"，而非"some"，按文内原义应为后者。日译本译者小泉丹和大杉荣，也是这样译的。——译者

② 亚佐尔群岛（Azores），位于北大西洋。马得拉群岛（Maderia），位于大西洋，在摩洛哥之西。加那利群岛（Canaries），位于非洲西北海岸。——译者

美国杰出的昆虫学者沃尔什先生（Mr.B.D.Walsh）曾经描述过他所谓的植物食性的昆虫变种和植物食性的昆虫物种。大多数的植物食性的昆虫以一个种类或一个类群的植物为生；还有一些昆虫无区别地吃许多种类的植物，但并不因此而发生变异。然而，在几个例子里，沃尔什先生观察到以不同植物为生的昆虫，在幼虫时代或成虫时代，或在这两个时代中，其颜色、大小或分泌物的性质，表现了轻微而一定的差异。在某些例子里，只有雄性才表现微小程度的差异；在另外一些例子里，雌雄二性都表现微小程度的差异。如果差异很显著，并且雌雄两性和幼虫与成虫时期都受影响，所有昆虫学者就会把这些类型列为良好的物种。但是没有一位观察者能为别人决定哪些植物食性的类型应当叫作物种，哪些应当叫作变种，即使他可以为自己做出这样的决定。沃尔什先生把那些假定可以自由杂交的类型列为变种；把那些看来已经失去这种能力的列为物种。因为此等差异的形成系由于昆虫长期吃了不同的植物所致，所以现在已不能期望再找出连接于若干类型之间的中间连锁了。这样，博物学者在决定把可疑的类型列为变种还是列为物种时便失去了最好的指导。栖息在不同大陆或不同岛屿的密切近似的生物必定也会发生同样的情形。另一方面，当一种动物或植物分布于同一大陆或栖息在同一群岛的许多岛上，而在不同地区呈现了不同类型的时候，就经常会有良好机会去发现连接于两极端状态的中间类型；于是这些类型便被降为变种的一级。

少数博物学者主张动物绝没有变种；于是这些博物学者便把极轻微的差异也看作具有物种的价值；如果在两个地区里或两个

地层中偶然发现了两个相同的类型，他们还相信这是两个不同的物种藏在同一外衣下面的。这样，物种便成为一个无用的抽象名词，而意味着并且假定着分别创造的作用。的确有许多被卓越的鉴定者认为是变种的类型，在性状上是这样完全地类似物种，以致它们被另外一些卓越的鉴定者列为物种。但在物种和变种这些名词的定义还没有得到普遍承认之前，就来讨论什么应该称为物种，什么应该变种，乃是徒劳无益的。

许多关于特征显著的变种或可疑的物种的例子，十分值得考虑；因为在试图决定它们的级位上，从地理分布、相似变异、杂交等方面已经展开了几条有趣的讨论路线；但是由于篇幅的限制，不允许我在这里讨论它们。在许多情形下，精密的研究，无疑可以使博物学者们对可疑类型的分类取得一致的意见。然而必须承认在研究得最透彻的地区，我们所见到的可疑类型的数目也最多。下列的事实引起我极大的注意，即如果在自然状况下的任何动物或植物于人高度有用，或为了任何原因，进而能密切地引起人们的注意，那么它的变种就几乎普遍地被记载下来了。而且这些变种常常被某些著者列为物种。看看普通的栎树（oak），它们已被研究得何等精细；然而，一位德国著者竟从其他植物学者几乎普遍认为是变种的类型中确定了十二个以上的物种；在英国，可以举出一些植物学的最高权威和实际工作者，有的认为无梗的和有梗的栎树是良好的独特物种，有的仅仅认为它们是变种。

我愿意在这里提一提得康多尔（A.de Candolle）最近发表的论全世界栎树的著名报告。从来没有一个人像他那样在辨别物种上拥有如此丰富的材料，也从来没有一个人像他那样热心地、敏锐地研究过它们。他首先就若干物种详细地列举了构造的许多方面的变异情况,并用数字计算出变异的相对频数(relative frequency)。他举出了甚至在同一枝条上发生变异的十二种以上的性状,这些变异有时是由于年龄和发育的情况,有时则没有可以归因的理由。这等性状当然不具有物种的价值,但正如阿沙·格雷(Asa Gray)评论这篇报告时所说的,这等性状一般已带有物种的定义。接着得康多尔继续说道,他给予物种等级的那些类型,其差异系根据在同一株树上绝不变异的那些性状,而且这些类型绝没中间状态相联系。经过这番讨论——这是他辛勤劳动的成果——以后,他强调地说道:"有些人反复地说我们的绝大部分的物种有明确的界限,而可疑物种只是屈指可数,这种说法是错误的。只有一个属还没有被完全被了解,而且它的物种是建筑在少数标本上,换言之,当它们是假定的时候,上述那种说法似乎才是正确的。但是当我们更好地了解它们之后,中间类型就不断涌出,那么对于物种界限的怀疑就增大了。"他又补充地说:正是我们熟知的物种,才具有最大数目的自发变种(spontaneous varieties)和亚变种。譬如夏栎(Quercus robur),有二十八个变种,其中除去六个变种以外,其他变种都环绕在有梗栎(Q. pedunculata)、无梗栎(sessiliflora)及毛栎(pubescens)这三个亚种的周围。连接于这三个亚种之间的类型是比较稀少的;又如阿萨·格雷所说的,这些连接的类型,目前已经稀少,如果完全绝灭,之后,这三个亚种的相互关系,就完全和紧密环绕在典型夏栎周围的那四五个假定的物种的关系一样。最后,得康多尔承认,在他的"序论"里所列举的栎科的300物种中,至少有三分之二是假定的物种，这就是说，并不严格知道它们是否适合于上述的真种定义的。应该补充说明，得康多尔已不复相信物种是不变的创造物，而断定"转生学说"（derivative theory）是最合乎自然的学说，"并且和古生物学、植物地理学、动物地理学、解剖学以及分类学的既知事实最相符合"。

当一位青年博物学者开始研究一个十分陌生的生物类群时，首先使他最感困惑的就是决定什么差异可作为物种的差异，什么差异可作为变种的差异；因为他一点也不知道这个生物类群所发生的变异量和变异种类；这至少可以表示生物发生某种变异是多么一般的情况。但是，如果他把注意力集中于一个地区里的某一类生物，他就会很快地决定如何去排列大部分的可疑类型。他的一般倾向将会定出许多物种，这是因为正如以前讲过的养鸽爱好者和养鸡爱好者那样，他所不断研究着的那些类型的差异量将会给他深刻的印象；同时在其他地区和其他生物类群的相似变异方面他很缺少一般知识，以致不能用来校正他的最初印象。等到他扩大了他的观察范围之后，他就会遇到更多困难；因为他将遇到数目更多的密切近似类型。但是，如果进一步扩大他的观察范围，最后他将有所决定；不过他要在这方面获得成就，必须肯于承认大量变异，然而承认这项真理常常会遇到其他博物学者的争辩。如果从现今已不连续的地区找来近似类型，加以研究，他就没有希望从其中找到中间类型，于是几乎不得不完全依赖类推的方法，这就会使他的困难达到极点。

有些博物学者认为亚种已很接近物种，但还没有完全达到物种那一级；在物种和亚种之间，确还没有划出过明确的界限；还有，在亚种和显著的变种之间，在较不显著的变种和个体差异之间，也未曾划出过明确的界线。这些差异被一条不易觉察的系列彼此混合在一起，而这条系列会使人觉得这是演变的实际途径。

因此，我认为个体差异，虽然分类学家对它兴趣很少，但对我们却有高度的重要性，因为这等差异是走向轻度变种的最初步骤，而这些轻度变种在博物学著作中仅仅是勉强值得加以记载的。同时我认为，在任何程度上较为显著的和较为永久的变种是走向更显著的和更永久的变种的步骤；并认为变种是走向亚种，然后走向物种的步骤。从一阶段的差异到另一阶段的差异，在许多情形里，大概是由于生物的本性和生物长久居于不同物理条件之下的简单结果；但是关于更重要的和更能适应的性状，从一阶段的差异到另一阶段的差异，可以稳妥地归因于以后还要讲到的自然选择的累积作用，以及器官的增强使用和不使用的效果。所以一个显著的变种可以叫作初期的物种；但是这种信念是否合理，必须根据本书所举出的各种事实和论点的价值加以判断。

不要以为一切变种或初期物种都能达到物种的一级。它们也许会绝灭，或者长时期地停留在变种的阶段，如沃拉斯顿先生所指出的马得拉地方某些化石陆地贝类的变种，以及得沙巴达（Gaston de Saporta）所指出的植物，便是这样。如果一个变种很繁盛，而超过了亲种的数目，那么，它就会被列为物种，而亲种就被当作变种了；或者它会把亲种消灭，而代替了它；或者两者并存，都被排列为独立的物种。我们以后还要回头来讨论这一问题。

从上述可以看出，我认为物种这个名词是为了便利而任意加于一群互相密切类似的个体的，它和变种这个名词在本质上并没有区别，变种是指区别较少而彷徨较多的类型。还有，变种这个名词和个体差异比较，也是为了便利而任意取用的。

分布广的、分散大的和普通的物种变异最多

根据理论的指导，我曾经这样想过，如果将几种编著优良的植物志中的一切变种排列成表，对于变化最多的物种的性质和关系，也许能够获得一些有趣的结果。起初看来，这似乎是一件简单的工作；但是，不久沃森先生使我相信其中有许多难点，我深深感谢他在这个问题方面给予我的宝贵忠告和帮助，以后胡克博士也曾这么说，甚至更强调其词。这些难点和各变异物种的比例数目表，我将留在将来的著作里再予讨论。当胡克博士详细阅读了我的原稿，并且检查了各种表格之后，他允许我补充说明，他认为下面的论述是很可以成立的。整个问题，在这里虽然必须讲得很简单，而实在是相当复杂的，并且它不能不涉及以后还要讨论到的"生存斗争"、"性状的分歧"，以及其他一些问题。

得康多尔和别人曾阐明，分布很广的植物一般会出现变种；这是可以意料到的，因为它们暴露在不同的物理条件之下，并且因为它们还须和各类不同的生物进行竞争（这一点，以后我们将看到，乃是同样的或更重要的条件）。但是我的表进一步阐明，在任何一个有限制的地区里，最普通的物种，即个体最繁多的物种，以及在它们自己的区域内分散最广的物种（这和分布广的意义不同，和"普通"亦略有不同），最常发生变种，而这些变种有足够显

著的特征,足以使植物学者认为有记载的价值。因此,最繁盛的物种,或者可称为优势的物种,——它们分布最广,在自己区域内分散最大,个体亦最多——最常产生显著的变种,或如我所称的,初期的物种。这恐怕是可以预料到的一点;因为变种如要在任何程度上变成永久,必定要和这个区域内的其他居住者相斗争;已经得到优势的物种,最适于产生后代,这些后代的变异程度虽轻微,还是遗传了双亲胜于同地生物的那些优点。这里所讲的优势,必须理解为只指那些互相进行斗争的类型,特别是指同属的或同纲的具有极其相似生活习性的那些成员而言。关于个体的数目,或物种的普通性,其比较当然只指同一类群的成员而言。如有一种高等植物,和生活在差不多相同条件下的同区域内的其他植物比较起来,前者的个体数目更多,分散更广,那么就可以说它占了优势。这样的植物,并不因在本地的水里的水绵(conferva)或一些寄生菌的个体数目更多,分布更广,而减少它的优势。但是如果水绵和寄生菌在上述各点上都胜于它们的同类,那么它们在自己这一纲中就占有优势了。

各地大属的物种比小属的物种变异更频繁

如果把记载在任何植物志上的某一地方的植物分作相等的二群,把大属(即含有许多物种的属)的植物放在一边,小属的植物放在另一边,当可看出大属里含有很普通的、极分散的物种或优势物种的数目较多。这大概是可以预料到的;因为,仅仅在任何地域内栖息着同属的许多物种这一事实,就可阐明,该地的有机的和无机的条件必定在某些方面有利于这个属；结果，我们就可以预料在大属里，即含有许多物种的属里，发现比例数目较多的优势物种。但是有如此多的原因可使这种结果暧昧不明，以致我奇怪我的表甚至指出了大属这一边的优势物种只是稍稍占有多数。我在这里只准备讲一讲两个暧昧的原因。淡水产的和喜盐的植物，一般分布很广，且极分散，但这情形似乎和它们居住地方的性质有关系，而和该物种所归的属之大小很少关系或没有关系。还有，体制低级的植物一般比高级的植物分散得更加广阔；而且这里和属的大小也没有密切关联。体质低级的植物分布广的原因当在"地理分布"那一章里进行讨论。

由于我把物种看作只是特性显著而且界限分明的变种，所以我推想各地大属的物种应比小属的物种更常出现变种；因为，在许多密切近似物种（即同属的物种）已经形成的地区，按照一般规律，应有许多变种即初期的物种正在形成。在许多大树生长的地方，我们可以期望找到幼树。在一属中许多物种因变异而被形成的地方，各种条件必于变异有利；因此，我们可以期望这些条件一般还会继续有利于变异。相反地，我们如果把各个物种看作是分别创造出来的，我们就没有明显的理由来说明为什么含有多数物种的类群比含有少数物种的类群会发生更多的变种。

为了验证这种推想是否真实，我把十二个地区的植物及两个地区的鞘翅类昆虫排列为差不多相等的两群，大属的物种排在一边，小属的物种排在另一边；这确实证明了，大属一边比小属一边产生变种的物种在比例数上较多。还有，产生任何变种的大属的物种，永远比小属的物种所产生的变种在平均数上较多。如果采用另一种分群方法,把只有一个物种到四个物种的最小属都不列入表内,也得到了上述同样的两种结果。这些事实对于物种仅是显著而永久的变种这个观点有明显的意义;因为在同属的许多物种曾经形成的地方,或者我们也可以这样说,在物种的制造厂曾经活动的地方,一般我们还可以看到这些工厂至今仍在活动,特别是因为我们有充分的理由可以相信新种的制造是一个缓慢的过程。如果把变种看作初期的物种,上述这一点肯定是正确的;因为我的表作为一般规律清楚地阐明了,在一个属的许多物种曾经形成的任何地方,这个属的物种所产生的变种(即初期的物种)就会在平均数以上。这并不是说一切大属现在变异都很大,因而都在增加它们的物种数量,也不是说小属现在都不变异而且不增加物种数量;果真如此,则我的学说就要受到致命的打击;地质学明白地告诉我们:小属随着时间的推移常常会大事增大;而大属常常已经达到顶点,而衰落,而灭亡。我们所要阐明的仅仅是:在一个属的许多物种曾经形成的地方,一般说来,平均上有许多物种还在形成着;这肯定合乎实际情况。

大属里许多物种,正如变种那样,有很密切的但不均等的相互关系,并且有受到限制的分布区域

大属里的物种和大属里的有记载的变种之间,有值得注意的其他关系。我们已经看到,物种和显著变种的区别并没有正确无误的标准;当在两个可疑类型之间没有找到中间连锁的时候,博

物学者就不得不依据它们之间的差异量来作决定，用类推的方法来判断其差异量是否足够把一方或双方升到物种的等级里去。因此，差异量就成为解决两个类型究竟应该列为物种还是变种的一个极其重要的标准。弗里斯（Fries）曾就植物，韦斯特伍得（Westwood）曾就昆虫方面说明，在大属里物种之间的差异量往往非常小。我曾努力以平均数来验证这种情形，我得到的不完全的结果，证明这种观点是对的。我又询问过几位敏锐的和富有经验的观察家，他们经过详细的考虑之后，也赞同这种意见。所以，在这方面，大属的物种比小属的物种更像变种。这种情形或者可用另一种方法来解释，这就是说，在大属里（在那里有超过平均数的变种即初期物种现在还在制造中），许多已经制造成的物种在某种范围内还是和变种相似的，因为这些物种彼此间的差异不及普通的差异量那样大。

还有，大属内物种的相互关系，同任何一个物种的变种的相互关系是相似的。没有一位博物学者会说，一属内的一切物种在彼此区别上是相等的；一般地可以把它们区分为亚属、级（section）或更小的类群。弗里斯明白说过，一小群物种普通就像卫星似的环绕在其他物种的周围。因此，所谓变种，其实不过是一群类型，它们的彼此关系不均等，环绕在某些类型——即环绕在其亲种的周围。变种和物种之间，无疑存在着一个极重要的不同之点，即变种彼此之间的差异量，或变种与它们的亲种之间的差异量，比起同属的物种之间的差异量要小得多。但是，当我们讨论到我称为"性状的分歧"的原理时，将会看到怎样解释这一点，以及怎样解释变种之间的小差异如何会增大为物种之间的大差异。

还有值得注意的一点。变种的分布范围一般都受到了很大限制；这确是不讲自明的，因为，如果我们发现一个变种比它的假定亲种有更广阔的分布范围，那么就应该把它们的名称倒转过来了。但是也有理由可以相信，同别的物种密切相似的并且类似变种的物种，常常有极受限制的分布范围。例如，沃森先生曾把精选的《伦敦植物名录》（第四版）内的63种植物指给我看，这些植物在那里被列为物种，但沃森先生认为它们同其他物种如此相似，以致怀疑它们的价值。根据沃森先生所作的大不列颠区划，这63个可疑物种的分布范围平均为6.9区。在同一个《名录》里，记载着53个公认的变种，它们的分布范围为7.7区；而此等变种所属的物种的分布范围为14.3区。所以公认的变种和密切相似的类型具有几乎一样的受到限制的平均分布范围，这些密切相似类型就是沃森先生告诉我的所谓可疑物种，但是这些可疑物种几乎普遍地被大不列颠的植物学者们列为良好的、真实的物种了。

提　要

最后，变种无法和物种区别，——除非，第一，发现有中间的连锁类型；第二，两者之间具有若干不定的差异量；因为两个类型，如果差异很小，一般会被列为变种，虽然它们并没有密切的关系；但是需要如何大的差异量才能把任何两个类型纳入物种的地位，却无法确定。在任何地方，含有超过平均数的物种的属，它们的物种亦有超过平均数的变种。在大属里，物种密切地但不均等地相互近似，形成小群，环绕在其他物种的周围。与其他物种密切近似的物种显然有受到限制的分布范围。从上述这些论点看来，大属的物种很像变种。如果物种曾经一度作为变种而生存过，并且是由变种来的，我们便可以明白理解此等类似性了；然而，如果说物种是被独立创造的，我们就完全不能解释此等类似性。

我们也曾看到，在各个纲里，正是大属的极其繁盛的物种，即优势的物种，平均会产生最大数量的变种；而变种，我们以后将看到，有变成新的和明确的物种的倾向。因此大属将变得更大；并且在自然界中，现在占优势的生物类型，由于留下了许多变异了的和优势的后代，将愈益占有优势。但是经过以后要说明的步骤，大属也有分裂为小属的倾向。这样，全世界的生物类型就在类群之下又分为类群了。

第三章　生存斗争

生存斗争和自然选择的关系——当作广义用的生存斗争这一名词——按几何比率的增加——归化的动物和植物的迅速增加——抑制个体增加的性质——斗争的普遍性——气候的影响——个体数目的保护——一切动物和植物在自然界里的复杂关系——同种的个体间和变种间生存斗争最剧烈；同属的物种间的斗争也往往剧烈——生物和生物的关系是一切关系中最重要的。

在没有进入本章的主题之前，我必须先说几句开场白，以表明生存斗争对于"自然选择"有什么关系。前一章已经谈到，在自然状况下的生物是有某种个体变异的；我的确不知道对于这一点曾经有过争论。把一群可疑类型叫作物种或亚种或变种，对于我们的讨论是无关紧要的；例如，只要承认有些显著变种存在，那么把不列颠植物中两三百个可疑类型无论列入哪一级都没有什么关系。但是，仅仅知道个体变异和某些少数显著变种的存在，虽然作为本书的基础是必要的，但很少能够帮助我们去理解物种在自然状况下是怎样发生的。体制的这一部分对于另一部分及其对于生活条件的一切巧妙适应，以及这一生物对于另一生物的一切巧妙适应，是怎样完成的呢？关于啄木鸟和槲寄生，我们极其明显地看到了这种美妙的相互适应；关于附着在兽毛或鸟羽之上的最下等寄生物，关于潜水甲虫的构造，关于在微风中飘荡着的具有冠毛的种子，我们只是稍微不明显地看到了这种适应；简而言之，无论在任何地方和生物界的任何部分，都能看到这种美妙的适应。

再者，可以这样问，变种，即我所谓的初期物种，终于怎样变成为良好的、明确的物种呢？在大多数情形下，物种间的差异，显然远远超过了同一物种的变种间的差异。那些组成所谓不同属的种群间的差异比同属的物种间的差异为大，这些种群是怎样发生的呢？所有这些结果，可以说都是从生活斗争中得来的，下章将要更充分地讲到。由于这种斗争，不管怎样轻微的，也不管由于什么原因所发生的变异，只要在一个物种的一些个体同其他生物的，以及同生活的物理条件的无限复杂关系中多少有利于它们，这些变异就会使这样的个体保存下来，并且一般会遗传给后代。后代也因此而有了较好的生存机会，因为任何物种按时产生的许多个体，其中只有少数能够生存。我把每一个有用的微小变异被保存下来的这一原理称为"自然选择"，以表明它和人工选择的关系。但是，斯潘塞先生所常用的措辞"最适者生存"，更为确切，并且有时也同样方便。我们已经看到，人类利用选择，确能产生伟大的结果，并且通过累积"自然"所给予的微小而有用的变异，他们就能使生物适合于自己的用途。但是"自然选择"，我们以后将看到，是一种不断活动的力量，它无比地优越于微弱的人力，其差别正如"自然"的工作和"人工"相比一样。

现在我们将对生存斗争稍加详细讨论。在我的将来的另一著作里，还要大事讨论这个问题，它是值得大事讨论的。老得康多尔[①]和莱尔已经渊博地而且富于哲理性地阐明了一切生物都暴露在剧烈的竞争之中。关于植物，曼彻斯特区教长赫伯特以无比的气魄和才华对这个问题进行了讨论，显然这是由于他具有渊博的园艺学知识的缘故。至少我认为，口头上承认普遍的生存斗争这一真理是再容易不过的事情，但是要在思想里时时刻刻记住这一结论，却没有比它更困难的。然而，除非在思想里彻底体会这一点，我们就会对包含着分布、稀少、繁盛、绝灭以及变异等万般事实的整个自然组成，认识模糊或完全误解。我们看见自然界的外貌焕发着喜悦的光辉，我们常常看见过剩的食物；我们却看不见或者竟忘记了安闲地在我们周围唱歌的鸟，多数是以昆虫或种子为生的，因而它们经常地在毁灭生命；或者我们竟忘记了这些唱歌的鸟，或它们的蛋，或它们的小鸟，有多少被食肉鸟和食肉兽所毁灭；我们并非经常记得，食物虽然现在是过剩的，但并不见得每年的所有季节都是这样。

当作广义用的生存斗争这一名词

我应当先讲明白，是以广义的和比喻的意义来使用这一名词的，其意义包含着这一生物对另一生物的依存关系，而且，更重要

[①] 老得康多尔（Augustine Pyramus de Candolle，1778—1841），为瑞士的植物学者，系植物地理学的奠基者。本书中另一有名的植物学者，Alphonse de Candolle 为此人之子，生于巴黎。——译者

的，也包含着个体生命的保持，以及它们能否成功地遗留后代。两只狗类动物，在饥饿的时候，为了获得食物和生存，可以确切地说，就要互相斗争。但是，生长在沙漠边缘的一株植物，可以说是在抵抗干燥以争生存，虽然更适当地应该说，它是依存于湿度的。一株植物，每年结一千粒种子，但平均其中只有一粒种子能够开花结子，这可以更确切地说，它在和已经覆被在地面上的同类和异类植物相斗争。槲寄生依存于苹果树和少数其他的树，如果强说它在和这些树相斗争，也是可以的，因为，如果一株树上生有此等寄生物过多，那株树就会衰弱而死去。但是如果几株槲寄生的幼苗密集地寄生在同一枝条上，那么可以更确切地说，它们是在互相斗争。因为槲寄生的种子是由鸟类散布的，所以它的生存便决定于鸟类；这可以比喻地说，在引诱鸟来吃它的果实借以散布它的种子这一点上，它就是在和其他果实植物相斗争了。在这几种彼此相通的意义中，为了方便，我采用了一般的名词——"生存斗争"。

按几何比率的增加

一切生物都有高速率增加的倾向，因此不可避免地就出现了生存斗争。各种生物在其自然的一生中都会产生若干卵或种子，在它的生命的某一时期、某一季节，或者某一年，它们一定要遭到毁灭，否则按照几何比率增加的原理，它的数目就会很快地变得非常之多，以致没有地方能够容纳。因此，由于产生的个体比可能生存的多，在各种情况下一定要发生生存斗争，或者同种的这一个体同另一个体斗争，或者同异种的个体斗争，或者同物理的生活条件斗争。这是马尔萨斯的学说以数倍的力量应用于整个的动物界和植物界；因为在这种情形下，既不能人为地增加食物，也不能谨慎地限制交配。虽然某些物种，现在可以多少迅速地增加数目，但是所有的物种并不能这样，因为世界不能容纳它们。

各种生物都自然地以如此高速率增加着，以致它们如果不被毁灭，则一对生物的后代很快就会充满这个地球，这是一条没有例外的规律。即使生殖慢的人类，也能在二十五年间增加一倍，照这速率计算，不到一千年，他们的后代简直就没有立脚余地了。林纳（Linnaeus）曾计算过，如果一株一年生的植物只生二粒种子，它们的幼株翌年也只生二粒种子，这样下去，二十年后就会有一百万株这种植物了；然而实际上并没有生殖力这样低的植物。像在一切既知的动物中被看作是生殖最慢的动物，我曾尽力去计算它在自然增加方面最小的可能速率；可以最稳定地假定，它在三十岁开始生育，一直生育到九十岁，在这一时期中共生六只小象，并且它能活到一百岁；如果的确是这样的话，在 740—750 年以后，就应该有近一千九百万只象生存着，并且它们都是从第一对象传下来的。

但是，关于这个问题，除了仅仅是理论上的计算外，我们还有更好的证明，无数的事例表明，自然状况下的许多动物如遇环境对它们连续两三季都适宜的话，便会有可惊的迅速增加。还有更引人注意的证据是从许多种类的家养动物在世界若干地方已返归野生状态这一事实得来的；生育慢的牛和马在南美洲以及近年来在澳洲的增加率的记载，如果不是确有实据，将令人难以置信。植物也是这样；以外地移入的植物为例，在不满十年的期间，它们便布满了全岛,而成为普通的植物了。有数种植物如拉普拉塔①(La Plata)的刺叶蓟(cardoon)和高蓟(tall thistle)原来是从欧洲引进的,现在在那里的广大平原上已是最普通的植物了,它们密布于数平方英里的地面上,几乎排除了一切他种植物。还有,我听福尔克纳博士(Dr. Falconer)说,在美洲发现后从那里移入到印度的一些植物,已从科摩林角②(Cape Comorin)分布到喜马拉雅了。在这些例子中,并且在还可以举出的无数其他例子中,没有人会假定动物或植物的能育性以任何能够觉察的程度突然地和暂时地增加了。明显的解释是,因为生活条件在那里是高度适宜的,结果,老的和幼的都很少毁灭,并且几乎一切幼者都能长大而生育。它们按几何比率的增加——其结果永远是可惊的——简单地说明了它们在新乡土上为什么会异常迅速地增加和广泛地分布。

在自然状况下,差不多每一充分成长的植株每年都产生种子,同时就动物来说,很少不是每年交配的。因此我们可以确信地断定,一切植物和动物都有按照几何比率增加的倾向,——凡是它们能在那里生存下去的地方,每一处无不被迅速充满,——并且此种几何比率增加的倾向必定因在生命某一时期的毁灭而遭到抑制。我们对于大型家养动物是熟悉的,我想,这会把我们引入误解之途:我们没有看到它们遭遇到大量毁灭,但是我们忘记了每年有成千上万只被屠杀以供食用;同时我们也忘记了,在自然状况下也有相等的数目由于种种原因而被处理掉。

---

① 拉普拉塔,位于阿根廷东部。——译者
② 科摩林角,位于印度的南端。——译者

生物有每年生产卵或种子数以千计的,也有只生产极少数卵或种子的,二者之间仅有的差异是,生殖慢的生物,在适宜的条件下需要较长的年限才能分布于整个地区,假定这地区是很大的。一支南美秃鹰(condor)产生两个卵,一支鸵鸟(ostrich)产生二十个卵,然而在同一个地区,南美秃鹰可能比鸵鸟多得多;一支管鼻鹱(Fulmer petrel)只生一个卵,然人们相信,它是世界上最多的鸟。一只家蝇生数百个卵,其他的蝇,如虱蝇(hippobosea)只生一个卵;但生卵的多少,并不能决定这两个物种在一个地区内有多少个体可以生存下来。依靠食物量的变动而变动的物种,产生多数的卵是相当重要的,因为生物充足时可以使它们迅速增多数目。但是产生多数的卵或种子的真正重要性却在于补偿生命某一时期的严重毁灭;而这个时期大多数是生命的早期。如果一个动物能够用任何方法来保护它们的卵或幼小动物,少量生产仍然能够充分保持它的平均数量;如果多数的卵或幼小动物遭到毁灭,那么就必须大量生产,否则物种就要趋于绝灭。假如有一种树平均能活一千年,如果在一千年中只有一粒种子产生出来,假定这粒种子绝不会被毁灭掉,又能恰好在适宜的地方萌发,那么这就能充分保持这种树的数目了。所以在一切场合里,无论哪一种动物或植物,它的平均数目只是间接地依存于卵或种子的数目的。

观察"自然"的时候,常常记住上述的论点是极其必要的——切勿忘记每一个生物可以说都在极度努力于增加数目;切勿忘记每一种生物在生命的某一时期,依靠斗争才能生活;切勿忘记在每一世代中或在间隔周期中,大的毁灭不可避免地要降临于幼者或老者。抑制作用只要减轻，毁灭作用只要少许缓和，这种物种的数目几乎立刻就会大大增加起来。

抑制增加的性质

各个物种增加的自然倾向都要受到抑制，其原因极其难以解释。看一看最强健的物种，它们的个体数目极多，密集成群，它们进一步增多的倾向也随之强大。关于抑制增多的原因究竟是什么，我们连一个事例也无法确切知道。这本来是不足为怪的事，无论谁只要想一想，便可知道我们对于这一问题是何等无知，甚至我们对于人类远比对于任何其他动物所知道的都多，也是如此。关于抑制增加这一问题，已有若干著者很好地讨论过了，我期望在将来的一部著作里讨论得详细些，特别是对于南美洲的野生动物要进行更详细的讨论。这里我只略微谈一谈，以便引起读者注意几个要点罢了。卵或很幼小动物一般似乎受害最多，但绝非一概如此。植物的种子被毁灭的极多，但依据我所做的某些观察，得知在已布满他种植物的地上，幼苗在发芽时受害最多。同时，幼苗还会大量地被各种敌害所毁灭，例如，有一块三英尺长二英尺宽的土地，耕后进行除草，那里不会再受其他植物的抑制，当我们的土著杂草生出之后，我在所有它们的幼苗上做了记号，得知357株中，不下295株被毁灭了，主要是被蛞蝓（slugs）和昆虫毁灭的。在长期刈割过的草地，如果让草任意自然生长，那么较强壮的植物逐渐会把较不强健的消灭掉，即使后者已经充分成长，也会如此；被四脚兽细细吃过的草地，其情形也是这样；在刈割过的一小块草地上(三英尺乘四英尺)生长着二十个物种,其中九个物种由于其他物种的自由生长,都死亡了。

每个物种所能吃到的食物数量,当然为各物种的增加划了一个极限;但决定一个物种的平均数,往往不在于食物的获得,而在于被他种动物所捕食。因此,在任何大块领地上的鹧鸪、松鸡、野兔的数目主要决定于有害动物的毁灭,对此似乎很少疑问。如果今后的二十年中在英格兰不射杀一个猎物①,同时也不毁灭一个有害的动物,那么,猎物绝对可能比现在还要来得少,虽然现在每年要射杀数十万只。相反地,在某些情形下,例如象,是不会被食肉兽杀害的;因为甚至印度的虎也极少敢于攻击被母兽保护的小象。

在决定物种的平均数方面,气候有重要的作用,并且极端寒冷或干旱的周期季节似乎在一切抑制作用中最有效。1854—1855年冬季,我计算(主要根据春季鸟巢数目的大量减少)在我居住的地方,被毁灭的鸟达五分之四;这真是重大的毁灭,我们知道,如果人类因传染病而死去百分之十时便成为异常惨重的死亡了。最初看来,气候的作用似乎同生存斗争是完全没有关系的;而气候的主要作用在于减少食物,从这一点来说,它便促进了同种的或异种的个体间进行最激烈的斗争,因为它们依靠同样食物以维持生存,甚至当气候,例如严寒直接发生作用时,受害最大的还是那些最不健壮的个体,或者那些在冬季获得食物最少的个体。我们如从南方旅行到北方,或从湿润地区到干燥地区,必定

---

① 猎物(gam animal),指松鸡、野兔等常被猎杀的动物。——译者

会看出某些物种渐次稀少，终至绝迹；气候的变化是明显的，因此我们不免把这整个的效果归因于气候的直接作用。但这种见解是错误的；我们忘记了各个物种，即使在其最繁盛的地方，也经常在生命的某一时期由于敌害的侵袭或同一地方同一食物的竞争而被大量毁灭；只要气候有些许改变，而稍有利于这些敌害或竞争者，它们的数目便会增加；并且由于各个地区都已布满了生物，其他物种必定要减少。如果我们向南旅行，看见某一物种在减少着数量，我们可以觉察到必定是因为别的物种得到了利益，而这个物种便受到了损害。我们向北旅行的情形亦复如此，不过程度较差，因为各类的物种数量向北去都在减少，所以竞争者也减少了；因此当向北旅行或登高山时，比之于向南旅行或下山时，我们见到的植物通常比较矮小，这是由于气候的直接有害作用所致。当我们到达北极区，或积雪的山顶，或纯粹的沙漠时，可以看到生物几乎完全要同自然环境进行生存斗争了。

花园里巨大数量的植物完全能够忍受我们的气候，但是永远不能归化，因为它们不能和我们的本地植物进行斗争，而且也不能抵抗本地动物的侵害，由此可以清楚地看出，气候主要是间接有利于其他物种的。

如果一个物种，由于高度适宜的环境条件，在一个小区内，过分增加了它们的数目，常常会引起传染病的发生，至少我们的猎物一般是如此。这里，有一种同生存斗争无关的限制生物数量的抑制。但是，有些所谓传染病的发生，是由于寄生虫所致，这些寄生虫由于某些原因，部分地可能是由于在密集动物中易于传播，而特别有利；这里就发生了寄生物和寄主间的斗争。

另一方面，在许多情形下，同种的个体和它们的敌害相比，绝对需要极大的数量，才得以保存。这样，我们就能容易地在田间收获大量的谷物和油菜子等等，因为它们的种子和吃它们的鸟类数量相比，占有绝大的多数。鸟在这一季里虽然有异常丰富的食物，但它们不能按照种子供给的比例而增加数量，因为它们的数量在冬季要受到抑制。凡是做过试验的人都知道，要想从花园里的少数小麦或其他这类植物获得种子是何等麻烦；我曾在这种情形下失去每一粒种子。同种的大群个体对于它们的保存是必要的，这一观点，我相信可以解释自然界中某些奇特的事实：例如极稀少的植物有时会在它们所生存的少数地方生长得极其繁盛；某些丛生性的植物，甚至在分布范围的边际，还能丛生，这就是说，它们的个体是繁盛的。在这种情形下，我们可以相信，只有在多数个体能够共同生存的有利生活条件下，一种植物才能生存下来，这样才能使这个物种免于全部覆灭。我还要补充说，杂交的优良效果，近亲交配的不良效果，无疑地会在此等事例中表现出它的作用；不过我在这里不预备详述这一问题。

在生存斗争中一切动物和植物相互之间的复杂关系

许多记载下来的例子阐明，在同一地方势必进行斗争的生物之间的抑制作用和相互关系，是何等的复杂和出人意外。我只准备举一个例子，虽然是一个简单的例子，但使我感到兴趣。在斯塔福德郡（Staffordshire）我的一位亲戚有一片领地，我有充分的机会在那里进行研究。那里有一大块极度荒芜的荒地，从来没有耕种过；但有数英亩①性质完全一致的土地，曾在二十五年前被围起来，种上了苏格兰冷杉。这片荒地上种植部分的土著植物群落发生了极显著的变化，其变化的程度比在两片完全不同的土壤上一般可以见到的变化程度更为显著：不但荒地植物的比例数完全改变了，且有十二个不见于荒地的植物种（禾本草类及莎草类除外）在植树区域内繁生。对于昆虫的影响必然更大些，因为有六种不见于荒地的食虫鸟，在植树区域内很普遍；而经常光顾荒地的却是两三种另外不同食虫鸟。在这里我们看到，只是引进一种树便会发生何等强大的影响，当时所做的不过是把土地围了起来，以防止牛进去而已，此外什么也没有做。但是，把一处地方围起来这种因素的重要性，我曾在萨里（Surrey）的费勒姆（Farnham）②邻近地方清楚地看到了。那里有大片的荒地，远处小山顶上生有少数几片老龄苏格兰冷杉：在最近十年内，大块地方已被围起来了，于是由自然散布的种子生出了无数小枞树，它们如此紧密相接以致不能全部成长起来。当我确定这些幼树并非人工播种或栽植的时候，我对于它们的数量之多，感到十分惊异，于是我又检查了数处地方，在那里我观察了未被围起来的数百英亩荒地，除了旧时种植的老龄冷杉外，可以说简直看不到一株这种幼树。但当我仔细地在荒地灌木的茎干之间观察时，我发现那里有许多幼苗和小树经常被牛吃掉而长不起来。离一片老龄冷杉一

---

① John Murray 版为"数百英亩"，Watts & Co. 的 Thinker's Library 作"数英亩"，马君武译本及小泉丹和大杉荣的日译本皆为"数英亩"。——译者

② 恐系 Fareham 之误。——译者

百码地方，我在一方码的地上计算一下，共有三十二株小树；其中一株，有二十六圈年轮，许多年来，它曾试图把树顶伸出荒地灌木的树干之上，但没有成功。所以无怪荒地一经被围起来，便有生气勃勃的幼龄冷杉密布在它的上面了。可是这片荒地如此极端荒芜而且辽阔，以致没有人会想象到牛竟能这样细心地来寻求食物而且有所得。

由此我们可以看出，牛绝对地决定着苏格兰冷杉的生存；但在世界上，有若干地方，昆虫决定着牛的生存。大概巴拉圭在这方面可以提供一个最奇异的事例；因为那里从来没有牛、马或狗变成野生的，虽然南去及北往都有这些动物在野生状态下成群游行；亚莎拉（Azara）和伦格（Rengger）曾阐明，这是由于巴拉圭的某种蝇过多所致，当此等动物初生时，这种蝇就在它们的脐中产卵。此蝇虽多，但它们的数量的增加，必定经常要遇到某种抑制，大概要受其他寄生性昆虫的抑制。因此，如果巴拉圭某种食虫鸟减少了，寄生性昆虫大概就要增多；因而会使在脐中产卵的蝇减少，——于是牛和马便可能成为野生的了，而这一定会使植物群落大为改变（我确曾在南美洲一些地方看到过这种现象）；同时植物的改变又会大大地影响昆虫；从而又会影响食虫鸟，恰如我们在斯塔福德郡所见到的那样，这种复杂关系的范围便继续不断的扩大。其实自然界里的各种关系绝不会这样简单。战争之中还有战争，必定连绵反复，成败无常；然而从长远看，各种势力是如此协调地平衡，以致自然界可以长期保持一致的面貌；虽然最微细的一点差异肯定能使一种生物战胜另一种生物，其结果亦复如此。然而我们是何等极度的无知，又是何等喜作过度的推测，一听到一种生物的绝灭，就要大惊小怪；又因不知道它的原因，就祈求灾变来解释世界的毁灭，或者创造出一些法则来说明生物类型的寿命！

我愿再举一个事例，以说明在自然界等级中相距甚远的植物和动物，如何被复杂的关系网联结在一起。我以后还有机会阐明，在我的花园中有一种外来植物亮毛半边莲(Lobelia fulgens)，从来没有昆虫降临过它，结果，由于它的特殊构造，从不结子。差不多我们的一切兰科植物都绝对需要昆虫的降临，以带走它们的花粉块，从而使它们受精。我从试验里发现三色堇几乎必须依靠土蜂来受精，因为别的蜂类都不来访这种花。我又发现有几种三叶草(clover)必须依靠蜂类的降临来受精，例如白三叶草(Trifolium repens)约 20 个头状花序结了 2,290 粒种子，而被遮盖起来不让蜂接触的另外 20 个头状花序就不结一粒种子。又如，红三叶草(T.pratense)的 100 个头状花序结了 2,700 粒种子，但被遮盖起来的同样数目的头状花序，却不结一粒种子。只有土蜂才访红三叶草，因为别的蜂类都不能触到它的蜜腺。有人曾经说过，蛾类可能使各种三叶草受精；但我怀疑它们能否使红三叶草受精，因为它们的重量不能把红三叶草的翼瓣压下去。因此，我们可以很确定地推论，如果英格兰的整个土蜂属都绝灭了或变得极稀少，三色堇和红三叶草也会变得极稀少或全部灭亡。任何地方的土蜂数量大部是由野鼠的多少来决定的，因为野鼠毁灭它们的蜜房和蜂窝。纽曼上校(Col.Newman)长期研究过土蜂的习性，他相信"全英格兰三分之二以上的土蜂都是这样被毁灭的"。至于鼠的数量，众所周知，大部分是由猫的数量来决定的；纽曼上校说："在村庄和小镇的附近，我看见土蜂窝比在别的地方多得多，我把这一点归因于有大量的猫在毁灭着鼠的缘故。"因此，完全可以相信，如果一处地方有多数的猫类动物，首先通过鼠再通过蜂的干预，就可以决定那地区内某些花的多少！

每一个物种在不同的生命时期、不同的季节和年份，大概有多种不同的抑制对其发生作用；其中某一种或者某少数几种抑制作用一般最有力量；但在决定物种的平均数或甚至它的生存上，则需要全部抑制作用共同发挥作用。在某些情形里可以阐明，同一物种在不同地区内所受到的抑制作用极不相同。当我们看到密布在岸边的植物和灌木时，我们很容易把它们的比例数和种类归因于我们所谓的偶然的机会。但这是何等错误的一个观点！谁都听到过，当美洲的一片森林被斫伐以后，那里便有很不同的植物群落生长起来；但人们已经看到，在美国南部的印第安的废墟上，以前一定把树木清除掉了，可是现在那里同周围的处女林相似，呈现了同样美丽的多样性和同样比例的各类植物来。在悠长的若干世纪中，在每年各自散播成千种子的若干树类之间，必定进行了何等激烈的斗争；昆虫和昆虫之间进行了何等激烈的斗争——昆虫、蜗牛、其他动物和鸟、兽之间又进行了何等剧烈的斗争——，它们都努力增殖，彼此相食，或者吃树，或者吃树的种子和幼苗，或者吃最初密布于地面而抑制这些树木生长的其他植物！将一把羽毛向上掷去，它们都依照一定的法则落到地面上；但是每枝羽毛应落到什么地方的问题，比起无数植物和动物之间的关系，就显得非常简单了，它们的作用和反作用在若干世纪的过程中决定了现今生长在古印第安废墟上各类树木的比例数和树木的种类。

生物彼此的依存关系，有如寄生物之于寄主，一般是在系统颇远的生物之间发生的。有时候系统远的生物，严格地说，彼此之间也有生存斗争，例如飞蝗类和食草兽之间的情形便是这样。不过同种的个体之间的所进行的斗争几乎必然是最剧烈的，因为它们居住在同一区域内，需要同样的食物，并且还遭遇同样的危险。同种的变种之间的斗争一般差不多是同等剧烈的，并且我们时常看到争夺很快就会得到解决：例如把几个小麦变种播在一起，然后把它们的种子再混合起来播在一起，于是那些最适于该地土壤和气候的，或者天然就是繁殖力最强的变种，便会打败别的变种，产生更多的种子，结果少数几年之后，就会把别的变种排斥掉。甚至那些极度相近的变种，如颜色不同的香豌豆，当混合种植时，必须每年分别采收种子，播种时再照适当的比例混合，否则，较弱种类的数量便会不断地减少而终至消灭。绵羊的变种也是这样；有人曾断言某些山地绵羊变种能使另外一些山地绵羊变种饿死，所以它们不能养在一处。把不同变种的医用蛭养在一处，也有这样的结果。假如让我们的任何家养植物和动物的一些变种，像在自然状况下那样地任意进行斗争，并且每年不按照适当比例把它们的种子或幼者保存下来，那么，这些变种是否具有如此完全同等的体力、习性和体质，以致一个混合群（禁止杂交）的原来比例还能保持到六代之久，这甚至是可以怀疑的。

同种的个体间和变种间生存斗争最剧烈

因为同属的物种通常在习性和体质方面，并且永远在构造方面，是很相似的（虽然不是绝对如此），所以它们之间的斗争，一般要比异属的物种之间的斗争更为剧烈。我们可以从以下事实了解这一点，近来有一个燕子种在美国的一些地方扩展了，因而致使另一个物种的数量减少。近来苏格兰一些地方吃槲寄生种子的槲鸫（misselthrush）增多了，因而致使善鸣鸫的数量减少了。我们不是常常听说，在极端不同的气候下一个鼠种代替了另一鼠种！在俄罗斯，小型的亚洲蟑螂入境之后，到处驱逐大型的亚洲蟑螂。在澳洲，蜜蜂输入后，很快就把小形的、无刺的本地蜂消灭了。一个野芥菜（charlock）种取代了另一个物种；种种相似事例所在皆是。我们大致能够理解，在自然组成中几乎占有相同地位的近似类型之间的斗争，为什么最为剧烈；但我们却一点也不能确切说明，在伟大的生存斗争中一个物种为什么战胜了另一个物种。

从上述可以得出高度重要的推论，即每一种生物的构造，以最基本的然而常常是隐蔽的状态，和一切其他生物的构造相关联，这种生物和其他生物争夺食物或住所，或者它势必避开它们，或者把它们吃掉。虎牙或虎爪的构造明显地阐明了这一点；盘附在虎毛上的寄生虫的腿和爪的构造也明显地阐明了这一点。但是蒲公英的美丽的羽毛种子和水栖甲虫的扁平的生有排毛的腿，最初一看似乎仅仅和空气和水有关系。然而羽毛种子的优点，无疑和密布着他种植物的地面有最密切的关系；这样，它的种子才能广泛地散布开去，并且落在空地上。水栖甲虫的腿的构造，非常适于潜水，使它可以和其他水栖昆虫相竞争，以捕食食物，并逃避其他动物的捕食。

许多植物种子里贮藏的养料,最初一看似乎和其他植物没有任何关系。但是这样的种子——例如豌豆和蚕豆的种子——被播在高大的草类中间时,所产生出来的幼小植株就能健壮生长,由此可以推知,种子中养料的主要用途是为了有利于幼苗的生长,以便和四周繁茂生长的其他植物相斗争。

看一看生长在分布范围中央的一种植物吧,为什么它的数量没有增加到二倍或四倍呢?我们知道它对于稍热或稍冷,稍潮湿或稍干燥,都能完全抵抗,因为它能分布到稍热或稍冷的、稍湿或稍干的其他地方。在这种情形下,我们可以明显看出,如果我们要幻想使这种植物有能力增加它的数量,我们就必须使它占些优势,以对付竞争者和吃它的动物。在它的地理分布范围内,如果体质由于气候而发生变化,这显然有利于我们的植物;但我们有理由相信:所以只有少数的植物或动物能分布得非常之远。以致为严酷的气候所消灭。还没有到达生活范围的极限,如北极地方或荒漠的边缘时,斗争是不会停止的。有些地面可能是极冷或极干的,然而在那里仍有少数几个物种或同种的个体为着争取最暖的或最湿的地点而彼此进行斗争。

由此可见,当一种植物或动物若被放置在新的地方而处于新的竞争者之中时,虽然气候可能和它的原产地完全相同,但它的生活条件一般在本质上已发生了改变。如果要使它在新地方增加它的平均数,我们就不能再用在其原产地使用过的方法,而必须使用不同的方法来改变它;因为我们必须使它对于一系列不同的竞争者和敌害占些优势。

这样的幻想,去使任何一个物种比另一个物种占有优势,固然是好的，但是在任何一个事例中，我们大概都不知道应该如何去做。这应使我们相信，我们对于一切生物之间的相互关系实在无知；此种信念是必要的，同样是难以获得的。我们所能做到的，只是牢牢记住，每一种生物都按照几何比率努力增加；每一种生物都必须在它的生命的某一时期，一年中的某一季节，每一世代或间隔的时期，进行生存斗争，而大量毁灭。当我们想到此种斗争的时候，我们可以用如下的坚强信念引以自慰，即自然界的战争不是无间断的，恐惧是感觉不到的，死亡一般是迅速的，而强壮的、健康的和幸运的则可生存并繁殖下去。

第四章　自然选择；即最适者生存

自然选择——它的力量和人工选择力量的比较——它对于不重要性状的力量——它对于各年龄和雌雄两性的力量——性选择——论同种的个体间杂交的普遍性——对自然选择的结果有利和不利的诸条件，即杂交、隔离、个体数目——缓慢的作用——自然选择所引起的绝灭——性状的分歧，与任何小地区生物的分歧的关联以及与归化的关联——自然选择，通过性状的分歧和绝灭，对于一个共同祖先的后代的作用——一切生物分类的解释——生物体制的进步——下等类型的保存——性状的趋同——物种的无限繁生——提要。

前章简单讨论过的生存斗争，对于变异究竟怎样发生作用呢？在人类手里发生巨大作用的选择原理，能够应用于自然界吗？我想我们将会看到，它是能够极其有效地发生作用的。让我们记住，家养生物有无数轻微变异和个体差异，自然状况下的生物也有程度较差的无数轻微变异和个体差异；同时也要记住遗传倾向的力量。在家养状况下，可以确切地说，生物的整个体制在某种程度上变为可塑性的了。我们几乎普遍遇见的家养生物的变异，正如胡克和阿萨·格雷所说的，不是由人力直接产生出来的；人类不能创造变种，也不能防止它们的发生；他只能把已经发生了的变种加以保存和累积罢了。人类在无意中把生物放在新的和变化中的生活条件下,于是变异发生了;但是生活条件的相似的变化可以而且确实在自然状况下发生。我们还应记住,生物的相互关系及其对于生活的物理条件的关系是何等复杂而密切;因而无穷分歧的构造对于生活在变化的条件下的生物总会有些用处。既然对于人类有用的变异肯定发生过,那么在广大而复杂的生存斗争中,对于每一生物在某些方面有用的其他变异,难道在连续的许多世代过程中就不可能发生吗?如果这样的变异确能发生(必须记住产生的个体比可能生存的为多),那么较其他个体更为优越(即使程度是轻微的)的个体具有最好的机会以生存和繁育后代,这还有什么可以怀疑的呢?另一方面,我们可以确定,任何有害的变异,即使程度极轻微,也会严重地遭到毁灭。我把这种有利的个体差异和变异的保存,以及那些有害变异的毁灭,叫作"自然选择",或"最适者生存"。无用也无害的变异则不受自然选择的作用,它或者成为彷徨的性状,有如我们在某些多形的物种里所看到的,或者终于成为固定的性状,这是由生物的本性和外界条件来决定的。

有几位著者误解了或者反对"自然选择"这一用语。有些人甚至想象自然选择可以诱发变异,其实它只能保存已经发生的、对生物在其生活条件下有利的那些变异而已。没有人反对农学家所说的人工选择的巨大效果;不过在这种情形下,必须先有自然界发生出来的个体差异,然后人类才能依照某种目的而加以选择。还有一些人反对选择这一用语,认为它含有这样的意义:被改变的动物能够进行有意识的选择;甚至极力主张植物既然没有意志作用，自然选择就不能应用于它们！照字面讲，没有疑问，自然选择这一用语是不确切的；然而谁曾反对过化学家所说的各种元素有选择的亲和力呢？严格地实在不能说一种酸选择了它愿意化合的那种盐基。有人说我把自然选择说成为一种动力或"神力"；然而有谁反对过一位著者说万有引力控制着行星的运行呢？每一个人都知道这种比喻的言辞包含着什么意义；为了简单明了起见，这种名词几乎是必要的。还有，避免"自然"一词的拟人化是困难的；但我所谓的"自然"，只是指许多自然法则的综合作用及其产物而言，而法则则是我们所确定的各种事物的因果关系。只要稍微熟习一下，这些肤浅的反对论调就会被忘在脑后了。

对正在经历着某些轻微物理变化、如气候变化的一处地方加以研究，我们将会极好地理解自然选择的大致过程。气候一发生变化，那里的生物比例数几乎即刻就要发生变化，有些物种大概会绝灭。从我们所知道的各地生物的密切而复杂的关系看来，可以得出如下的结论：即使撇开气候的变化不谈，生物的比例数如果发生任何变化，也会严重地影响其他生物。如果那地区的边界是开放的，则新类型必然要迁移进去，这就会严重地扰乱某些原有生物间的关系。请记住：从外地引进来一种树或一种哺乳动物的影响是何等有力；对此已有所阐明。但是，在一个岛上，或在一处被障碍物部分环绕的地方，如果善于适应的新类型不能自由移入，则该处的自然组成中就会腾出一些地位，这时如果某些原有生物按照某种途径发生了改变，它们肯定会把那里填充起来；因为如果那区域允许自由移入，则外来生物早该取得那里的地位了。在这种情形下，凡轻微的变异，只要在任何方面对任何物种的个体有利，使它们能够更好地去适应改变了的外界条件,就有被保存下来的倾向;于是自然选择在改进生物的工作上就有余地了。

正如第一章所阐明的,我们有充足的理由可以相信,生活条件的变化,有使变异性增加的倾向;在上节所述的情形中,外界条件既变,有利变异发生的机会便会渐多,这对自然选择显然大大有利。如果没有有利变异发生,自然选择便不能发生作用。切勿忘记,"变异"这一名词所包含的仅仅是个体差异。人类把个体差异按照任何既定的方向积累起来,就能使家养的动物和植物产生巨大的结果,同样地,自然选择也能够这样做,而且容易得多,因为它有不可比拟的长久期间去发生作用。我不相信必须有任何巨大的物理变化,例如气候的变化,或者高度的隔离以阻碍移入,借以腾出一些新的空位,然后自然选择才能改进某些变异着的生物,而使它们填充进去。因为各地区的一切生物都以严密的平衡力量互相斗争着,一个物种的构造或习性发生了极细微的变异,常会使它比别种生物占优势;只要这个物种继续生活在同样的生活条件下,并且以同样的生存和防御的手段获得利益,则同样的变异就会愈益发展,而常常会使其优势愈益增大。还没有一处地方,在那里一切本地生物现已完全相互适应,而且对于它们所生活于其中的物理条件也完全适应,以致它们之中没有一个不能适应得更好一些或改进得更多一些;因为在一切地方,外来生物常常战胜本地生物,并且坚定地占据这片土地。外来生物既能这样在各地战胜某些本地生物,我们就可以稳妥地断言:本地生物也会发生有利的变异,以便更好地抵抗那些侵入者。

人类用有计划的和无意识的选择方法,能够产生出而且的确已经产生了伟大的结果，为什么自然选择不能发生效果呢？人类只能作用于外在的和可见的性状："自然"——如果允许我把自然保存或最适者生存加以拟人化——并不关心外貌，除非这些外貌对于生物是有用的。"自然"能对各种内部器官、各种微细的体质差异以及生命的整个机构发生作用。人类只为自己的利益而进行选择："自然"则只为被她保护的生物本身的利益而进行选择。各种被选择的性状，正如它们被选择的事实所指出的，都充分地受着自然的锻炼。人类把多种生长在不同气候下的生物养在同一个地方；他很少用某种特殊的和适宜的方法来锻炼各个被选择出来的性状；他用同样的食物饲养长喙和短喙的鸽；他不用特别的方法去训练长背的或长脚的四足兽；他把长毛的和短毛的绵羊养在同一种气候里。他不允许最强壮的诸雄体进行斗争，去占有雌性。他并不严格地把一切劣等品质的动物都毁灭掉，而在力之所及的范围内，在各个不同季节里，保护他的一切生物。他往往根据某些半畸形的类型，开始选择；或者至少根据某些足以引起他注意的显著变异，或明显对他有利的变异，才开始选择。在自然状况下，构造上或体质上的一些极微细的差异，便能改变生活斗争的微妙的平衡，因此它就被保存下来了。人类的愿望和努力只是片刻的事啊！人类的生涯又是何等短暂啊！因而，如与"自然"在全部地质时代的累积结果相比较，人类所得的结果是何等贫乏啊！这样，"自然"的产物比人类的产物必然具有更"真实"得多的性状，更能无限地适应极其复杂的生活条件，并且明显地表现出更加高级的技巧，对此还有什么值得我们惊奇的呢？

我们可以比喻地说，自然选择在世界上每日每时都在仔细检查着最微细的变异,把坏的排斥掉,把好的保存下来加以积累;无论什么时候,无论什么地方,只要有机会,它就静静地、极其缓慢地进行工作,把各种生物同有机的和无机的生活条件的关系加以改进。这种缓慢变化的进行,我们无法觉察出来,除非有时间流逝的标志。然而我们对于过去的悠久地质时代所知有限,我们能看出的也只是现在的生物类型和先前的并不相同罢了。

一个物种要实现任何大量的变异,就必须在变种一旦形成之后,大概经过一段长久期间,再度发生同样性质的有利变异或个体差异;而这些变异必须再度被保存下来,如此,一步一步地发展下去。由于同样种类的个体差异反复出现,这种设想就不应被看作没有根据。但这种设想是否正确,我们只能看它是否符合并且能否解释自然界的一般现象来进行判断。另一方面,普通相信变异量是有严格限度的,这种信念同样也是一种不折不扣的设想。

虽然自然选择只能通过并为各生物的利益而发生作用,然而对于我们往往认为极不重要的那些性状和构造,也可以这样发生作用。当我们看见吃叶子的昆虫是绿色的,吃树皮的昆虫是斑灰色的;高山的松鸡在冬季是白色的,而红松鸡是石南花色的,我们必须相信这种颜色是为了保护这些鸟和昆虫来避免危险。松鸡如果不在一生的某一时期被杀害,必然会增殖到无数;我们知道它们大量受到食肉鸟的侵害;鹰依靠目力追捕猎物——鹰的目力这样锐利,以致欧洲大陆某些地方的人相戒不养白色的鸽,因为它们极容易受害。因此,自然选择便表现了如下的效果:给予各种松鸡以适当的颜色,当它们一旦获得了这种颜色,自然选择就使这种颜色纯正地而且永久地保存下来。我们不要以为偶然除掉一只特别颜色的动物所产生的作用很小；我们应当记住，在一个白色绵羊群里，除掉一只略见黑色的羔羊是何等重要。前面已经谈到，吃"赤根"的维基尼亚的猪，会由它们的颜色来决定生存或死亡。至于植物，植物学者们把果实的茸毛和果肉的颜色看作是极不重要的性状；然而我们听到一位优秀的园艺学者唐宁（Downing）说过，在美国，一种象鼻虫（Curculio）对光皮果实的危害，远甚于对茸毛果实的危害；某种疾病对紫色李的危害远甚于对黄色李的危害；而黄色果肉的桃比别种果肉颜色的桃更易受某种病害。如果借助于人工选择的一切方法，这等微小差异会使若干变种在栽培时产生巨大差异，那么，在自然状况下，一种树势必同一种树和大量敌害作斗争，这时，这种感受病害的差异就会有力地决定哪一个变种——果皮光的或有毛的，果肉黄色的或紫色的——得到成功。

观察物种间的许多细小的差异时（以我们有限的知识来判断，这些差异似乎十分不重要），我们不可忘记气候、食物等等对它们无疑能产生某种直接的效果。还必须记住，由于相关法则的作用，如果一部分发生变异，并且这变异通过自然选择而被累积起来，其他变异将会随之发生，并且常常具有意料不到的性质。

我们知道，在家养状况下，在生命的任何特殊期间出现的那些变异，在后代往往于相同期间重现，——例如，蔬菜和农作物许多变种的种子的形状、大小及风味；家蚕变种的幼虫期和蛹期，鸡的蛋和雏鸡的绒毛颜色，绵羊和牛靠近成年时的角，都是如此。同样地在自然状况下，自然选择也能在任何时期对生物发生作用，并使其改变，之所以能如此，是由于自然选择可以把这一时期的有利变异累积起来，并且由于这些有利变异可以在相应时期遗传下去。如果一种植物因种子被风吹送得很远而得到利益，那么通过自然选择就会实现这一点，其困难不会大于植棉者用选择的方法来增长和改进蒴内的棉绒。自然选择能使一种昆虫的幼虫发生变异而适应成虫所遇不到的许多偶然事故；这些变异，通过相关作用，可以影响到成虫的构造。反过来也是这样，成虫的变异也能影响幼虫的构造；但在一切情况下，自然选择将保证那些变异不是有害的，因为如果有害，这个物种就要绝灭了。

自然选择能使子体的构造根据亲体发生变异，也能使亲体的构造根据子体发生变异。在社会性的动物里，自然选择能使各个体的构造适应整体的利益；如果这种被选择出来的变异有利于整体。自然选择所不能做的是：改变一个物种的构造，而不给它一点利益，却是为了另一个物种的利益。虽然在一些博物学著作中谈到过这种效果，但我还没有找到一个值得研究的事例。动物一生中仅仅用过一次的构造，如果在生活上是高度重要的，那么自然选择就能使这种构造发生很大的变异；例如某些昆虫专门用以破茧的大颚，或者未孵化的雏鸟用以啄破蛋壳的坚硬喙端等皆是。有人说过：最好的短嘴翻飞鸽死在蛋壳里的比能够破蛋孵出来的要多得多；所以养鸽者在孵化时要给予帮助。那么，假使"自然"为了鸽子自身的利益，使充分成长的鸽子生有极短的嘴，则这种变异过程大概是极缓慢的，同时蛋内的雏鸽也要受到严格选择，被选择的将是那些具有最坚强鸽喙的雏鸽，因为一切具有弱喙的雏鸽必然都要死亡；或者，那些蛋壳较脆弱而易破的将被选择，我们知道，蛋壳的厚度也像其他各种构造一样，是变异的。

在这里说明以下一点，可能是有好处的：一切生物一定都会偶然地遭到大量毁灭，但这对于自然选择的过程影响很小，或者根本没有影响。例如，每年都有大量的蛋或种子被吃掉，只有它们发生某种变异以避免敌人的吞食，它们才能通过自然选择而改变。然而许多这等蛋或种子如果不被吃掉，成为个体，它们也许比任何碰巧生存下来的个体对于生活条件适应得更好些。再者，大多数成长的动物或植物，无论善于适应它们的生活条件与否，也必定每年由于偶然的原因而遭到毁灭；虽然它们的构造和体质发生了某些变化，在另外一些方面有利于物种，但这种偶然的死亡也不会有所缓和。但是，即使成长的生物被毁灭的如此之多，如果在各地区内能够生存的个体数没有由于这等偶然原因而全部被淘汰掉，——或者，即使蛋或种子被毁灭的如此之多，只有百分之一或千分之一能够发育，——那么在能够生存的那些生物中的最适应的个体，假使向着任何一个有利的方向有所变异，它们就比适应较差的个体能够繁殖更多的后代。如果全部个体都由于上述原因而被淘汰，如在实际中常常见到的，那么自然选择对某些有利方向也就无能为力了。但不能因此就反对自然选择在别的时期和别的方面的效力；因为我们实在没有任何理由可以假定许多物种曾经在同一时期和同一区域内都发生过变异而得到改进。

性　选　择

在家养状况下，有些特性常常只见于一性，而且只由这一性遗传下去；在自然状况下，无疑也是这样的。这样，如有时所看到的，可能使雌雄两性根据不同生活习性通过自然选择而发生变异，或者，如普通所发生的，这一性根据另一性而发生变异。这引导我对于我称为"性选择"的略加阐述。这种选择的形式并不在于一种生物对于其他生物或外界条件的生存斗争上，而在于同性个体间的斗争，这通常是雄性为了占有雌性而起的斗争。其结果并不是失败的竞争者死去，而是它少留后代，或不留后代。所以性选择不如自然选择来得剧烈。一般地说，最强壮的雄性，最适于它们在自然界中的位置，它们留下的后代也最多。但在许多情况下，胜利并不全靠一般的体格强壮，更多地还是靠雄性所生的特种武器。无角的雄鹿或无距的公鸡很少有机会留下大量的后代。性选择，总是容许胜利者繁殖，因此它确能增强不挠的勇气、距的长度、翅膀拍击距脚的力量，这种选择同残酷的斗鸡者的选择差不多是同样的，它们总是把最会斗的公鸡仔细选择下来。在自然界中下降到哪一等级，才没有性选择，我不知道；但有人描述雄性鳄鱼（alligator）[①]当要占有雌性的时候，它战斗、叫嚣、环走，就像印第安人的战争舞蹈一样；有人观察雄性鲑鱼（salmon）整日在战斗；雄性锹形甲虫（stag-beetle）[②]常常带着伤痕，这是别的雄虫用巨型大颚咬伤的；无与伦比的观察者法布尔（M.Fabre）屡屡看到某些膜翅类的雄虫专门为了一个雌虫而战，她停留在旁边，好像漠不关心地看着，然后与战胜者一同走开。多妻动物的雄性

[①] 鳄鱼，本类栖息在美国南部诸州的为 A.misissippiensis，栖息在扬子江的为 A. sinensis。——译者

[②] 锹螂，学名为 Macrodorcus rectus，Motsch。——译者

之间的战争大概最为剧烈，这等雄性动物，常生有特种武器。雄性食肉动物本已很好地被武装起来了；但它们和别的动物，通过性选择的途径还可以生出特别的防御武器来，如狮子的鬃毛和雄性鲑鱼的钩曲颚就是这样；因为盾牌在获得胜利上，也像剑和矛一样重要。

在鸟类里，这种斗争的性质，常常比较和缓。一切对这问题有过研究的人都相信，许多种鸟的雄性之间的最激烈竞争是用歌唱去引诱雌鸟。圭亚那的岩鸫、极乐鸟以及其他一些鸟类，聚集在一处，雄鸟一个个地把美丽的羽毛极其精心地展开，并且用最好的风度显示出来；它们还在雌鸟面前做出奇形怪状，而雌鸟作为观察者站在旁边，最后选择最有吸引力的做配偶。密切注意笼中鸟的人们都明确知道，它们对于异性个体的好恶常常是不同的：例如赫伦爵士（Sir R.Heron）曾经描述过一只斑纹孔雀多么突出地吸引了它的全部孔雀。我在这里不能讨论一些必要的细节；但是，如果人类能在短时期内，依照他们的审美标准，使他们的矮鸡获得美丽和优雅的姿态，我实在没有充分的理由来怀疑雌鸟依照他们的审美标准，在成千上万的世代中，选择鸣声最好的或最美丽的雄鸟，由此而产生了显著的效果。关于雄鸟和雌鸟的羽毛不同于雏鸟羽毛的某些著名法则，可用性选择对于不同时期内发生的，并且在相当时期内单独遗传给雄性或遗传给雌雄两性的变异所起的作用，来作部分的解释；但我在这里没有篇幅来讨论这个问题了。

这样，任何动物的雌雄二者如果具有相同的一般生活习性，但在构造、颜色或装饰上有所不同，我相信这种差异主要是由性选择所引起的：这就是由于一些雄性个体在它们的武器、防御手段或者美观方面，比别的雄性略占优势，而这些优越性状在连续世代中又只遗传给雄性后代。然而我不愿把一切性的差异都归因于这种作用：因为我们在家养动物里看到有一些特性出现并为雄性所专有，这些特性分明不是通过人工选择而增大了的。野生的雄火鸡(turkey-cock)胸前的毛丛，没有任何用处，这在雌火鸡眼中是否是一种装饰，却是一个疑问；——不错，如果在家养状况下出现此种毛丛，是会被称为畸形的。

自然选择，即最适者生存的作用的事例

为了弄清楚自然选择如何起作用，请允许我举出一两个想象的事例。让我们以狼为例，狼捕食各种动物，有些是用狡计获取的，有些是用体力获取的，也有些是用敏捷的速度获取的。我们假设：在狼捕食最困难的季节里，最敏捷的猎物，例如鹿，由于那个地区的任何变化，增加了它们的数量，或者是其他猎物减少了它们的数量。在这样的情况下，只有速度最敏捷的和体躯最细长的狼才有最好的生存机会，因而被保存或被选择下来，——假使它们在不得不捕食其他动物的这个或那个季节里，仍保持足以制服它们的猎物的力量。我看不出有任何理由可以怀疑这种结果，这正如人类通过仔细的和有计划的选择，或者通过无意识的选择（人们试图保存最优良的狗但完全没有想到来改变这个品种），就能够改进长躯猎狗的敏捷性是一样的。我补充地说一下：据皮尔斯先生(Mr. Pierce)说，在美国的卡茨基尔山(Catskill Mountains)栖息着狼

的两个变种，一种类型像轻快的长躯猎狗那样，它追捕鹿，另一种身体较庞大，腿较短，它们常常袭击牧人的羊群。

必须注意，在上面所讲的事例中，我所说的是体躯最细长的个体狼被保存下来，而不是说任何单独的显著变异被保存下来。在本书的以前几版里，我曾说到，后一种情形好像也常常发生。我看到个体差异的高度重要性，这就使我对人类的无意识选择的结果进行充分讨论，这种选择在于把多少具有一些价值的个体保存下来，并把最坏的个体毁灭掉。我还看到，在自然状况下，某些偶然的构造偏差的保存，例如畸形的保存，是罕见的事；即使在最初被保存下来了，其后由于同正常个体杂交，一般也消失了。虽然这样说，直到我读了在《北部英国评论》(*North British Review*，1867年)上刊登的一篇有力的和有价值的论文后，我才知道单独的变异，无论是微细的或显著的，能够长久保存的是何等稀少。这位作者用一对动物为例，它们一生中共生产了二百个后代，大多数由于各种原因被毁灭了，平均只有二个后代能够生存以繁殖它们的种类。对大多数高等动物来说，这固然是极高的估计，但对许多低等动物来说绝非如此。于是他指出，如果有一个单独个体产生下来，它在某一方面发生了变异，使它比其他个体的生存机会多二倍，然而因为死亡率高，还有一些机会强烈地阻止其生存。假定它能够生存而且繁殖，并且有一半后代遗传了这种有利的变异；如这位评论者所继续指出的，幼者生存和繁殖的机会不过是稍微好一点而已；而且这种机会还会在以后各代中继续减少下去。我想这种论点的正确性，是无可置辩的。例如，假设某一种类的一只鸟，由于喙的钩曲能够比较容易地获得食物，并且假设有一只鸟生来就具有非常钩曲的喙，因而繁盛起来了，然而这一个体要排除普通的类型以延续其种类的机会还是极其少的；但是不容置疑，根据我们在家养状况下所发生的情形来判断，在许多世代中如果我们保存了或多或少地具有钩曲喙的大多数个体，并且还毁灭了具有最直喙的更大多数的个体，是可以招致上述结果的。

但是，不可忽视，由于相似的体制受着相似的作用，某些十分显著的变异——没有人把这种变异视为只是个体的差异——就会屡屡重现。关于这种事实，我们可以从家养生物中举出很多事例。在这种情形里，即使变异的个体不把新获得的性状在目前传递给后代，只要生存条件保持不变，它无疑迟早还会把按照同样方式变异的而且更为强烈的倾向遗传给后代。同样也无可怀疑，按照同样方式进行变异的倾向常是如此之强，以致同种的一切个体，没有任何选择的帮助，也会同样地发生改变。或者只有三分之一、五分之一或十分之一的个体受到这样的影响，关于这样的事实，也可以举出若干事例来。例如葛拉巴(Graba)计算非罗群岛上有五分之一的海鸠(Guillemot)，是被一个特征如此显著的变种组成的，以致从前竟把它列为一个独立的物种，而被称为 *Uria lacrymans*。在这种情形下，如果变异是有利的，通过最适者生存，原有的类型很快就会被变异了的类型所代替。

关于杂交可以消除一切种类变异的作用，将在以后再讨论；但这里可以说明，大多数的动物和植物都固守在本乡本土，没有必要时，不会在外流动；甚至候鸟也是这样，它们几乎一定要回到原处来的。因此，各个新形成的变种，在最初一般仅局限于一个地方,对自然状况下的变种来说,这似乎是一条普遍的规律;所以发生同样变异的诸个体很快就会聚集成一个小团体,常常在一起繁育。如果新变种在生存斗争中胜利了,它便会从中心区域慢慢地向外扩展,不断地把圈子扩大,并且在边界上向未曾变化的个体进行斗争,而战胜它们。

举出另一个关于自然选择作用的更复杂的事例是有好处的。有些植物分泌甜液,分明是为了从体液里排除有害的物质:例如,某些荚果科(Leguminosæ)①植物的托叶基部的腺就分泌这种液汁,普通月桂树(laurel)的叶背上的腺也分泌这种液汁。这种液汁,分量虽少,但昆虫贪婪地去寻求它;不过昆虫的来访,对于植物却没有任何利益。现在让我们假设,假如任何一个物种的有一定数量的植株,从其内部分泌这种液汁即花蜜。寻找花蜜的昆虫就会沾上花粉,并常常把它从这一朵花带到另一朵花上去。同种的两个不同个体的花因此而杂交;这种杂交,正如可以充分证明的,能够产生强壮的幼苗,这些幼苗因此得到繁盛和生存的最好机会。凡是植物的花具有最大的腺体即蜜腺,它们就会分泌最多的蜜汁,也就会最常受到昆虫的访问,并且最常进行杂交;如此,从长远的观点来看,它就占有优势,并且形成为一个地方变种。如果花的雄蕊和雌蕊的位置同前来访问的特殊昆虫的身体大小和习性相适合,而在任何程度上有利于花粉的输送,那么这些花也同样会得到利益。我们用一个不是吸取花蜜而是采集花粉的往来花间的昆虫为例:花粉的形成专是为了受精之用,所以它的

---

① 荚果科,亦译豆科,今照字义译出。——译者

毁坏,对于植物来说分明是一种纯粹的损失;然而如果有少许花粉被吃花粉的昆虫从这朵花带到那朵花去,最初是偶然的,后来乃成为惯常的,如果因此达到杂交,虽然十分之九的花粉被毁坏了,那么,这对于被盗去花粉的植物还是大有益处的,于是那些产生愈来愈多花粉的、和具有更大花粉囊的个体就会被选择下来。

当植物长久地继续上述过程之后,它们就变得能够高度吸引昆虫,昆虫便会不知不觉地按时在花与花之间传带花粉;根据许多显著的事实,我能容易地阐明昆虫是可以有效地从事这一工作的。我只举一个例子,同时它还可以说明植物雌雄分化的一个步骤。有些冬青树(holly-tree)只生雄花,它们有四枚雄蕊,只产生很少量的花粉,同时它还有一个残迹的雌蕊;另外一些冬青树只生雌花,它们有充分大小的雌蕊,但四枚雄蕊上的花粉囊却都萎缩了,在那里找不出一粒花粉。在距离一株雄树足有六十码远的地方,我找到一株雌树,我从不同的枝条上取下二十朵花,把它们的柱头放在显微镜下观察,没有例外,在所有柱头上都有几粒花粉,而且在几个柱头上有很多花粉。几天以来,风都是从雌树吹向雄树,因此花粉当然不是由风传带过来;天气很冷且有狂风暴雨,所以对于蜂是不利的。纵使这样,我检查过的每一朵雌花,都由于往来树间找寻花蜜的蜂而有效地受精了。现在回到我们想象中的场合:当植物一到能够高度吸引昆虫的时候,花粉便会由昆虫按时从这朵花传到那朵花,于是另一个过程开始了。没有一个博物学者会怀疑所谓"生理分工"(physiological division of labour)的利益的;所以我们可以相信,一朵花或全株植物只生雄蕊,而另一朵花或另一株植物只生雌蕊,对于一种植物是有利益的。植物在栽培下或放在新的生活条件下，有时候雄性器官，有时候雌性器官，多少会变为不稔的。现在如果我们假定，在自然状况下也有这种情况发生，不论其程度多么轻微，那么，由于花粉已经按时从这朵花被传到那朵花，并且由于按照分工的原则植物的较为完全的雌雄分化是有利的，所以愈来愈有这种倾向的个体，就会继续得到利益而被选择下来，最终达到两性的完全分化。各种植物的性别分离依据二型性和其他途径现在显然正在进行中，不过要说明性别分离所采取的这等步骤，未免要浪费太多篇幅。我可以补充地说，北部美洲的某些冬青树，根据爱萨·葛雷所说的，正好处于一种中间状态，他说，这多少是杂性异株的。

现在让我们转来谈谈吃花蜜的昆虫，假定由于继续选择使得花蜜慢慢增多的植物是一种普通植物；并且假定某些昆虫主要是依靠它们的花蜜为食。我们可以举出许多事实，来说明蜂怎样急于节省时间：例如，它们有在某些花的基部咬一个洞来吸食花蜜的习性，虽然它们只要稍微麻烦一点就能从花的口部进去。记住这些事实，就可以相信，在某些环境条件下，如吻的曲度和长度等等个体差异，固然微细到我们不能觉察到的地步，但是对于蜂或其他昆虫可能是有利的，这样就使得某些个体比其他个体能够更快地得到食物；于是它们所属的这一群就繁盛起来了，并且生出许多遗传有同样特性的类群。普通红三叶草和肉色三叶草（*Tr. incarnatum*）的管形花冠的长度，粗看起来并没有什么差异；然而蜜蜂能够容易地吸取肉色三叶草的花蜜，却不能吸取普通红三叶草的花蜜，只有土蜂才来访问红三叶草；所以红三叶草虽遍布整个田野，却不能把珍贵的花蜜丰富地供给蜜蜂。蜜蜂肯定是极喜欢这种花蜜的；因为我屡次看见,只有在秋季,才有许多蜜蜂从土蜂在花管基部所咬破的小孔里去吸食花蜜。这两种三叶草的花冠长度的差异,虽然决定了蜜蜂的来访,但相差的程度确是极其微细的；因为有人对我说过,当红三叶草被收割后,第二茬的花略略小些,于是就有许多蜜蜂来访问它们了。我不知道这种说法是否准确；也不知道另外发表的一种记载是否可靠——据说意大利种的蜜蜂(Ligurian bee)(一般被认为这只是普通蜜蜂种的一个变种,彼此可以自由交配),能够达到红三叶草的泌蜜处去吸食花蜜,因此富有这种红三叶草的一个地区,对于吻略长些的,即吻的构造略有差异的那些蜜蜂会大有利益。另一方面,这种三叶草的受精绝对要依靠蜂类来访问它的花,在任何地区里如果土蜂稀少了,就会使花管较短的或花管分裂较深的植物得到大的利益,因为这样,蜜蜂就能够去吸取它的花蜜了。这样,我就能理解,通过连续保存具有互利的微小构造偏差的一切个体,花和蜂怎样同时地或先后慢慢地发生了变异,并且以最完善的方式来互相适应。

我十分明了,用上述想象的例子来说明自然选择的学说,会遭到人们的反对,正如当初莱尔的"地球近代的变迁,可用作地质学的解说"这种宝贵意见所遭到的反对是一样的；不过在运用现今依然活动的各种作用,来解说深谷的凿成或内陆的长形崖壁的形成时,我很少听到有人说这是琐碎的或不重要的了。自然选择的作用,只是把每一个有利于生物的微小的遗传变异保存下来和累积起来；正如近代地质学差不多排除了一次洪水能凿成大山谷的观点那样,自然选择也将把连续创造新生物的信念,或生物的构造能发生任何巨大的或突然的变异的信念排除掉的。

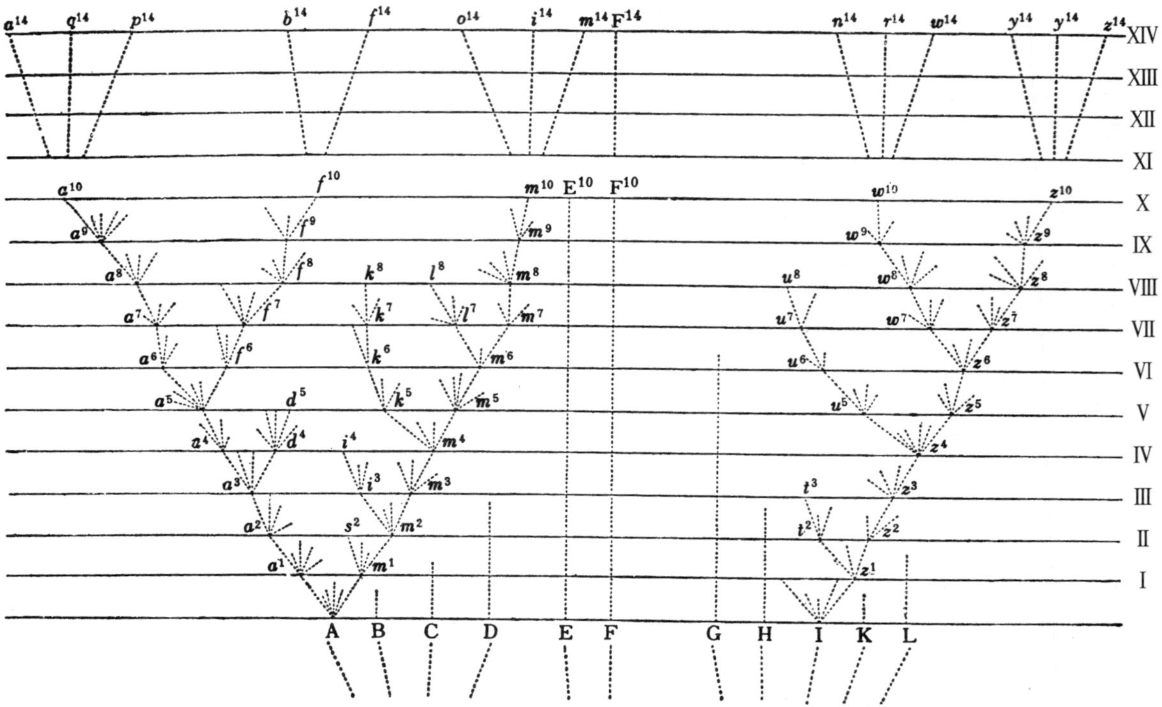

a14 q14 p14 b14 f14 o14 i14 m14 F14 n14 r14 w14 y14 y14 z14
XIV
XIII
XII
XI
a10 f10 m10 E10 F10 w10 z10
X
IX
VIII
VII
VI
V
IV
III
II
I
A B C D E F G H I K L

论个体的杂交

我在这里必须稍微讲一些题外的话。雌雄异体的动物和植物每次生育，其两个个体都必须交配（除了奇特而且不十分理解的单性生殖），这当然是很明显的事；但在雌雄同体的情况下，这一点并不明显。然而有理由可以相信，一切雌雄同体的两个个体或偶然地或习惯地亦营接合以繁殖它们的种类。很久以前，斯普伦格尔（Sprengel）、奈特及科尔路特就含糊地提出过这种观点了。不久我们就可以看到这种观点的重要性；但这里我必须把这个问题极简略地讲一下，虽然我有材料可作充分的讨论。一切脊椎动物，一切昆虫以及其他某些大类的动物，每次的生育都必须交配。近代的研究已经把从前认为是雌雄同体的数目大大减少了；大多数真的雌雄同体的生物也必须交配；这就是说，两个个体按时进行交配以营生殖，这就是我们所要讨论的一切。但是依然有许多雌雄同体的动物肯定不经常地进行交配，并且大多数植物是雌雄同株的。于是可问：有什么理由可以假定在这等场合里，两个个体为了生殖而进行交配呢？在这里详细来讨论这一问题是不可能的，所以我只能作一般的考察。

第一，我曾搜集过大量事实，并且做过许多实验，表明动物和植物的变种间的杂交，或者同变种而不同品系的个体间的杂交，可以提高后代的强壮性和能育性；与此相反，近亲交配可以减小其强壮性和能育性；这和饲养家们的近乎普遍的信念是一致的。仅仅这等事实就使我相信，一种生物为了这一族的永存，就不自营受精,这是自然界的一般法则;和另一个体偶然地——或者相隔一个较长的期间——进行交配,是必不可少的。

相信了这是自然法则,我想,我们才能理解下面所讲的几大类事实,这些事实,如用任何其他观点都不能得到解释。各个培养杂种的人都知道:暴露在雨下,对于花的受精是何等不利,然而花粉囊和柱头完全暴露的花是何等之多!尽管植物自己的花粉囊和雌蕊生的这么近,几乎可以保证自花受精,如果偶然的杂交是不可缺少的,那么从他花来的花粉可以充分自由地进入这一点,就可以解释上述雌雄蕊暴露的情况了。另一方面,有许多花却不同,它们的结籽器官是紧闭的,如蝶形花科即荚果科这一大科便是如此;但这些花对于来访的昆虫几乎必然具有美丽而奇妙的适应。蜂的来访对于许多蝶形花是如此必要,以致蜂的来访如果受到阻止,它们的能育性就会大大降低。昆虫从这花飞到那花,很少不带些花粉去的,这就给予植物以巨大利益。昆虫的作用有如一把驼毛刷子,这刷子只要先触着一花的花粉囊,随后再触到另一花的柱头就足可以保证受精的完成了。但不能假定,这样,蜂就能产生出大量的种间杂种来;因为,假如植物自己的花粉和从另一物种带来的花粉落在同一个柱头上,前者的花粉占有的优势如此之大,以至它不可避免地要完全毁灭外来花粉的影响,该特纳(Gärtner)就曾指出过这一点。

当一朵花的雄蕊突然向雌蕊弹跳,或者慢慢一枝一枝地向她弯曲,这种装置好像专门适应于自花受精;毫无疑问,这对于自花受精是有用处的。不过要使雄蕊向前弹跳,常常需要昆虫的助力,如科尔路特所阐明的小蘗(barberry)情形便是这样;在小蘗属里，似乎都有这种特别的装置以便利自花受精，众所周知，假如把密切近似的类型或变种栽培在近处，就很难得到纯粹的幼苗，这样看来，它们是大量自然进行杂交的。在许多其他事例里，自花受精就很不便利，它们有特别的装置，能够有效地阻止柱头接受自花的花粉，根据斯普伦格尔和别人的著作以及我自己的观察，我可以阐明这一点：例如，亮毛半边莲确有很美丽而精巧的装置，能够把花中相连的花粉囊里的无数花粉粒，在本花柱头还不能接受它们之前，全部扫除出去；因为从来没有昆虫来访这种花，至少在我的花园中是如此，所以它从不结籽。然而我把一花的花粉放在另一花的柱头上却能结籽，并由此培育成许多幼苗。我的花园中还有另一种半边莲，却有蜂来访问，它们就能够自由结籽。在很多其他场合里，虽然没有其他特别的机械装置，以阻止柱头接受同一朵花的花粉，然而如斯普伦格尔以及希尔德布兰德(Hildebrand)和其他人最近指出的，和我所能证实的：花粉囊在柱头能受精以前便已裂开，或者柱头在花粉未成熟以前已经成熟，所以这些叫作两蕊异熟的植物(dichogamous plants)，事实上是雌雄分化的，并且它们一定经常地进行杂交。上述二形性和三形性交替植物的情形与此相同。这些事实是何等奇异啊！同一花中的花粉位置和柱头位置是如此接近，好像专门为了自花受精似的，但在许多情形中，彼此并无用处，这又是何等奇异啊！如果我们用这种观点，即不同个体的偶然杂交是有利的或必需的，来解释此等事实，是何等简单啊！

假如让甘蓝、萝卜、洋葱以及其他一些植物的几个变种在相互接近的地方进行结籽，那么由此培育出来的大多数实生苗，我发现都是杂种：例如，我把几个甘蓝的变种栽培在一起，由此培育出233株实生苗，其中只有78株纯粹地保持了这一种类的性状，甚至在这78株中还有若干不是完全纯粹的。然而每一甘蓝花的雌蕊不但被自己的六个雄蕊所围绕，同时还被同株植物上的许多花的雄蕊所围绕；没有昆虫的助力各花的花粉也会容易地落在自己的柱头上；因为我曾发现，如果把花仔细保护起来，与昆虫隔离，它们也能结充分数量的籽。然而这许多变为杂种的幼苗是从哪里来的呢？这必定因为不同变种的花粉在作用上比自己的花粉更占优势的缘故；这是同种的不同个体互相杂交能够产生良好结果的一般法则的要素。如果不同的物种进行杂交，其情形正相反，因为这时植物自己的花粉往往要比外来的花粉占优势；关于这一问题，我们在以后一章里还要讲到。

在一株大树满开无数花的情况下，我们可以反对地说，花粉很少能从这株树传送到那株树，充其量只能在同一株树上从这朵花传送到那朵花而已；而且在一株树上的花，只有从狭义来说，才可被认为是不同的个体。我相信这种反对是恰当的，但是自然对于这事已大大地有所准备，它给予树以一种强烈的倾向，使它们生有雌雄分化的花。当雌雄分化了，虽然雄花和雌花仍然生在一株树上，可是花粉必须按时从这花传到那花；这样花粉就有偶然从这树被传送到他树的较为良好的机会。属于一切"目"(Orders)的树，在雌雄分化上较其他植物更为常见，我在英国所看到的情形就是这样；根据我的请求，胡克博士把新西兰的树列成了表，阿萨·葛雷把美国的树列成了表，其结果都不出我所料。另一方面，胡克博士告诉我说，这一规律不适用于澳洲；但是如果大多数的澳洲树木都是两蕊异熟的，那么，其结果就和它们具有雌雄分化的花的情形是一样的了。我对于树所作的这些简略叙述，仅仅为了引起对这一问题的注意而已。

现在略为谈谈动物方面：各式各样的陆栖种都是雌雄同体的，例如陆栖的软体动物和蚯蚓；但它们都需要交配。我还没有发见过一种陆栖动物能够自营受精。这种显著的事实，提供了与陆栖植物强烈不同的对照，采用偶然杂交是不可少的这一观点，它就是可以理解的了；因为，由于精子的性质，它不能像植物那样依靠昆虫或风作媒介，所以陆栖动物如果没有两个个体交配，偶然的杂交就不能完成。水栖动物中有许多种类是能自营受精的雌雄同体；水的流动显然可以给它们做偶然杂交的媒介。我同最高权威之一，即赫胥黎教授进行过讨论，希望能找到一种雌雄同体的动物，它的生殖器官如此完全地封闭在体内，以致没有通向外界的门径，而且不能接受不同个体的偶然影响，结果就像在花的场合中那样，我失败了。在这种观点指导之下，我以前长久觉得蔓足类是很难解释的一例；但是我遇到一个侥幸的机会，我竟能证明它们的两个个体，虽然都是自营受精的雌雄同体，确也有时进行杂交。

无论在动物或者植物里，同科中甚至同属中的物种，虽然在整个体制上彼此十分一致，却有些是雌雄同体的，有些是雌雄异体的，这种情形必会使大多数博物学者觉得很奇异。但是如果一切雌雄同体的生物事实上也偶然杂交，那么它们与雌雄异体的物种之间的差异，仅从机能上来讲，是很小的。

从这几项考察以及从许多我搜集的但不能在这里举出的一

些特别事实看来，动物和植物的两个不同个体间的偶然杂交，即使不是普遍的，也是极其一般的自然法则。

通过自然选择有利于产生新类型的诸条件

这是一个极为错综的问题。大量的变异（这一名词通常包括个体差异在内）显然是有利的。个体数量大，如果在一定时期内发生有利变异的机会也较多，即使每一个体的变异量较少也可得到补偿；所以我相信，个体数量大乃是成功的高度重要因素。虽然大自然可以给予长久的时间让自然选择进行工作，但大自然并不能给予无限的时间；因为一切生物都努力在自然组成中夺取位置，任何一个物种，如果没有随着它的竞争者发生相应程度的变异和改进，便是绝灭。有利的变异至少由一部分后代所遗传，自然选择才能发挥作用。返祖倾向可能常常抑制或阻止自然选择的作用；但是这种倾向既不能阻止人类用选择方法来形成许多家养族，那么它怎么能胜过自然选择而不使它发挥作用呢？

在有计划选择的情形下，饲养家为了一定的目的进行选择，如果允许个体自由杂交，他的工作就要完全归于失败，但是，有许多人，即使没有改变品种的意图，却有一个关于品种的近乎共同的完善标准，所有他们都试图用最优良的动物繁殖后代，这种无意识的选择，虽然没有把选择下来的个体分离开，肯定也会缓慢地使品种得到改进。在自然的状况下也是这样；因为在局限的区域内，其自然机构中还有若干地方未被完全占据，一切向正确方向变异的个体，虽然其程度有所不同，却都可以被保存下来。但如果地区辽阔,其中的几个区域几乎必然要呈现不同的生活条件;如果同一个物种在不同区域内发生了变异,那么这些新形成的变种就要在各个区域的边界上进行杂交。我们在第六章里将阐明,生活在中间区域的中间变种,在长久期间内通常会被邻近的诸变种之一所代替。凡是每次生育必须交配的、游动性很大的而且繁育不十分快的动物,特别会受到杂交的影响。所以具有这种本性的动物,例如鸟,其变种一般仅局限于隔离的地区内,我看到的情形正是如此。仅仅偶然进行杂交的雌雄同体的动物,还有每次生育必须交配但很少迁移而增殖甚快的动物,就能在任何一处地方迅速形成新的和改良的变种,并且常能在那里聚集成群,然后散布开去,所以这个新变种的个体常会互相交配。根据这一原理,艺园者常常喜欢从大群的植物中留存种子,因其杂交的机会由是减少了。

甚至在每次生育必须交配而繁殖不快的动物里,我们也不能认为自由杂交常常会消除自然选择的效果;因为我可以举出很多的事实来说明,在同一地区内,同种动物的两个变种,经过长久的时间仍然区别分明,这是由于栖息的地点不同,由于繁殖的季节微有不同,或者由于每一变种的个体喜欢同各自变种的个体进行交配的缘故。

使同一物种或同一变种的个体在性状上保持纯粹和一致,杂交在自然界中起着很重要的作用。对于每次生育必须交配的动物,这等作用显然更为有效;但是前面已经说过,我们有理由相信,一切动物和植物都会偶然地进行杂交。即使只在间隔一个长时间后才进行一次杂交,这样生下来的幼体在强壮和能育性方面都远胜于长期连续自营受精生下来的后代,因而它们就会有更好的生存并繁殖其种类的机会;这样,即使间隔的时期很长,杂交的影响归根到底还是很大的。至于极低等的生物,它们不营有性生殖,也不行接合,根本不可能杂交,它们在同一生活条件下,只有通过遗传的原理以及通过自然选择,把那些离开固有模式的个体消灭掉,才能使性状保持一致。如果生活条件改变了,类型也发生变异了,那么只有依靠自然选择对于相似的有利变异的保存,变异了的后代才能获得性状的一致性。

隔离,在自然选择所引起的物种变异中,也是一种重要的因素。在一个局限的或者隔离的地区内,如果其范围不十分大,则有机的和无机的生活条件一般几乎是一致的;所以自然选择就趋向于使同种的一切个体按照同样方式进行变异,而与周围地区内生物的杂交也会由此受到阻止。瓦格纳(Moritz Wagner)最近曾发表过一篇关于这个问题的有趣论文,他指出,隔离在阻止新形成的变种间的杂交方面所起的作用,甚至比我设想的还要大。但是根据上述理由,我绝不能同意这位博物学者所说的迁徙和隔离是形成新种的必要因素。当气候、陆地高度等外界条件发生了物理变化之后,隔离在阻止那些适应性较好的生物的移入方面,同样有很大重要性;因此这一区域的自然组成里的新场所就空出来了,并且由于旧有生物的变异而被填充起来。最后,隔离能为新变种的缓慢改进提供时间;这一点有时是非常重要的。但是,如果隔离的地区很小,或者周围有障碍物,或者物理条件很特别,生物的总数就会很小;这样,有利变异发生的机会便会减少,因而通过自然选择产生新种就要受到阻碍。

只是时间推移的本身并没有什么作用,这既不有利于自然选择,也不妨害它。我要说明这一点的原因,是因为有人误认为我曾假定时间这一因素在改变物种上有最重要的作用,好像一切生物类型由于某些内在法则必然要发生变化似的。时间的重要只在于:它使有利变异的发生、选择、累积和固定,有较好的机会,在这方面它的重要性是很大的。同样地,它也能增强物理的生活条件对于各生物体质的直接作用。

如果我们转向自然界来验证这等说明是否正确,并且我们所观察的只是任何一处被隔离的小区域,例如海洋岛,虽然生活在那里的物种数目很少,如我们在"地理分布"一章中所要讲到的;但是这些物种的极大部分是本地所专有的——就是说,它们仅仅产生在那里,而是世界别处所没有的。所以最初一看,好像海洋岛对于产生新种是大有利的。但这样我们可能欺骗了自己,因为我们如果要确定究竟是一个隔离的小地区,还是一个开放的大地区如一片大陆,最有利于产生生物新类型,我们就应当在相等的时间内来作比较;然而这是我们不可能做到的。

虽然隔离对于新种的产生极为重要,但从全面看来,我都倾向于相信区域的广大更为重要,特别是在产生能够经历长久时间的而且能够广为分布的物种尤其如此。在广大而开放的地区内,不仅因为那里可以维持同种的大量个体生存,因而使发生有利变异有较好的机会,而且因为那里已经有许多物种存在,因而外界条件极其复杂;如果在这许多物种中有些已经变异或改进了,那么其他物种势必也要相应程度地来改进,否则就要被消灭。每一新类型,当它们得到大大的改进以后,就会向开放的、相连的地区扩展，因而就会与许多其他类型发生斗争。还有，广大的地区，虽然现在是连续的，却因为以前地面的变动，往往呈现着不连接状态；所以隔离的优良效果，在某种范围内一般是曾经发生的。最后，我可总结，虽然小的隔离地区在某些方面对于新种的产生是高度有利的，然而变异的过程一般在大地区内要快得多，并且更重要的是，在大地区内产生出来的而且已经战胜过许多竞争者的新类型，是那些分布得最广远而且产生出最多新变种和物种的类型。因此它们在生物界的变迁史中便占有比较重要的位置。

根据这种观点，我们对于在"地理分布"一章里还要讲到的某些事实，大概就可以理解了；例如，较小的大陆，如澳洲，它的生物，现在和较大的欧亚区域的生物比较起来，是有逊色的。这样正是大陆的生物，在各处岛屿上到处归化。在小岛上，生活竞争比较不剧烈，那里的变异较少，绝灭的情形也较少。因此，我们可以理解，为什么马得拉的植物区系，据O.希尔（Oswald Heer）说，在一定程度上很像欧洲的已经灭亡的第三纪植物区系。一切淡水盆地，总的来说，与海洋或陆地相比较，只是一个小小的地区。结果，淡水生物间的斗争也不像在他处那样剧烈；于是，新类型的产生就较缓慢，而且旧类型的灭亡也要缓慢些。硬鳞鱼类（Ganoid fishes）以前是一个占有优势的目，我们在淡水盆地还可以找到它遗留下来的七个属；并且在淡水里我们还能找到现在世界上几种形状最奇怪的动物，如鸭嘴兽（Ornithorhynchus）和肺鱼（Lepidosiren），它们像化石那样，与现今在自然等级上相离很远的一些目多少相联系着。这种形状奇怪的动物可以叫作活化石；由于它们居住在局限的地区内，并且由于变异较少，因而斗争也较不剧烈，所以它们能够一直存留到今天。

就这极复杂的问题所许可的范围内，现在对通过自然选择产生新种的有利条件和不利条件总起来说一说。我的结论是，对陆栖生物来说，地面经过多次变动的广大地区，最有利于产生许多新生物类型，它们既适于长期的生存，也适于广泛的分布。如果那地区是一片大陆，生物的种类和个体都会很多，因而就要陷入严厉的斗争。如果地面下陷，变为分离的大岛，每个岛上还会有许多同种的个体生存着；在各个新种分布的边界上的杂交就要受到抑制；在任何种类的物理变化之后，迁入也要受到妨碍，所以每一岛上的自然组成中的新场所，势必由于旧有生物的变异而被填充；时间也能允许各岛上的变种充分地变异和改进。如果地面又升高，再变为大陆，那里就会再发生剧烈的斗争；最有利的或最改进的变种，就能够分布开去，改进较少的类型就会大部绝灭，并且新连接的大陆上的各种生物的相对比例数便又发生变化；还有，这里又要成为自然选择的优美的活动场所，更进一步地来改进生物而产生出新种来。

我充分承认，自然选择的作用一般是极其缓慢的。只有在一个区域的自然组成中还留有一些地位，可以由现存生物在变异后而较好地占有，这时自然选择才能发生作用。这种地位的出现常决定于物理变化，这种变化一般是很缓慢的。此外还决定于较好适应的类型的迁入受到阻止。少数旧有生物一发生变异，其他生物的互相关系就常被打乱；这就会创造出新的地位，有待适应较好的类型填充进去；但这一切进行得极其缓慢。虽然同种的一切个体在某种微小程度上互有差异，但是要使生物体制的各部分发生适宜的变化，则常需很长时间。这种结果又往往受到自由杂交所显著延滞。许多人会说这数种原因已足够抵消自然选择的力量了。我不相信会如此。但我确相信自然选择的作用一般是极其缓慢的，需经过长久的时间，并且只能作用于同一地方的少数生物。我进一步相信此等缓慢的、断续的结果，和地质学告诉我们的这世界生物变化的速度和方式很相符合。

选择的过程虽然是缓慢的，如果力量薄弱的人类尚能在人工选择方面多有作为，那么，在很长的时间里，通过自然力量的选择，即通过最适者的生存，我觉得生物的变异量是没有止境的，一切生物彼此之间以及与它们的物理的生活条件之间互相适应的美妙而复杂的关系，也是没有止境的。

因自然选择而绝灭

在"地质学"的一章里还要详细讨论这一问题；但因为它和自然选择有密切的关系，所以这里必须谈到它。自然选择的作用全在于保存在某些方面有利的变异，随之引起它们的存续。由于一切生物都按照几何比率高速度地增加，所以每一地区都已充满了生物；于是，有利的类型在数目上增加了，所以使得较不利的类型常常在数目上减少而变得稀少了。地质学告诉我们说，稀少就是绝灭的预告。我们知道只剩下少数个体的任何类型，遇到季候性质的大变动，或者其敌害数目的暂时增多，就很有可能完全绝灭。我们可以进一步地说，新类型既产生出来了，除非我们承

第四章 自然选择；即最适者生存

认具有物种性质的类型可以无限增加,那么许多老类型势必绝灭。地质学明白告诉我们说,具有物种性质的类型的数目并没有无限增加过;我们现在试行说明,为什么全世界的物种数目没有无限增加。

我们已经看到个体数目最多的物种,在任何一定期间内,有产生有利变异的最好机会。关于这一点我们已经得到证明,第二章所讲的事实指出,普通的、广布的即占优势的物种,拥有见于记载的变种最多。所以个体数目稀少的物种在任何一定期间内的变异或改进都是迟缓的;结果,在生存斗争中,它们就要遭遇到普通物种的已经变异了的和改进了的后代的打击。

根据这些论点,我想,必然会有如下的结果:新物种在时间的推移中通过自然选择被形成了,其他物种就会越来越稀少,而终至绝灭。那些同正在进行变异和改进中的类型斗争最激烈的,当然牺牲最大。我们在"生存斗争"一章里已经看到,密切近似的类型,——即同种的一些变种,以及同属或近属的一些物种,——由于具有近乎相同的构造、体质、习性,一般彼此进行斗争也最剧烈;结果,每一新变种或新种在形成的过程中,一般对于和它最接近的那些近亲的压迫也最强烈,并且还有消灭它们的倾向。我们在家养生物里,通过人类对于改良类型的选择,也可看到同样的消灭过程。我们可以举出许多奇异的例子,表明牛、绵羊以及其他动物的新品种,花卉的变种,是何等迅速地代替了那些古老的和低劣的种类。在约克郡,我们从历史中可以知道,古代的黑牛被长角牛所代替,长角牛"又被短角牛所扫除,好像被某种残酷的瘟疫所扫除一样"(我引用一位农业作者的话)。

性状的分歧

我用这个术语所表示的原理是极其重要的,我相信可以用它来解释若干重要的事实。第一,各个变种,即使是特征显著的那些变种,虽然多少带有物种的性质,——如在许多场合里,对于它们如何加以分类,常是难解的疑问——肯定的,它们彼此之间的差异,远比那些纯粹而明确的物种之间的差异为小。按照我的观点,变种是在形成过程中的物种,即曾被我称为初期的物种。变种间的较小差异怎样扩大为物种间的较大差异呢?这一过程经常发生,我们可以从下列事实推论出这一点:在自然界里,无数的物种都呈现着显著的差异,而变种——这未来的显著物种的假想原型和亲体——却呈现着微细的和不甚明确的差异。仅仅是偶然(我们可以这样叫它)或者可能致使一个变种在某些性状上与亲体有所差异,以后这一变种的后代在同一性状上又与它的亲体有更大程度的差异;但是仅此一点,绝不能说明同属异种间所表现的差异何以如此常见和巨大。

我的实践一向是从家养生物那里去探索此事的说明。在这里我们会看到相似的情形。必须承认,如此相异的族,如短角牛和赫里福德牛、赛跑马和驾车马,以及若干鸽的品种等等,绝不是在许多连续的世代里,只由相似变异的偶然累积而产生的。在实践中,例如,一个具有稍微短喙的鸽子引起了一个养鸽者的注意;而另一个具有略长喙的鸽子却引起了另一个养鸽者的注意;在"养鸽者不要也不喜欢中间标准,只喜欢极端类型"这一熟知的原则下,他们就都选择和养育那些喙愈来愈长的,或愈来愈短的鸽子(翻飞鸽的亚品种实际就是这样产生的)。还有,我们可以设想,在历史的早期,一个民族或一个区域里的人们需要快捷的马,而别处的人却需要强壮的和粗笨的马。最初的差异可能是极微细的;但是随着时间的推移,一方面连续选择快捷的马,另一方面却连续选择强壮的马,差异就要增大起来,因而便会形成两个亚品种。最后,经过若干世纪,这些亚品种就变为稳定的和不同的品种了。等到差异已大,具有中间性状的劣等马,即不甚快捷也不甚强壮的马,将不会用来育种,从此就逐渐被消灭了。这样,我们从人类的产物中看到了所谓分歧原理的作用,它引起了差异,最初仅仅是微小的,后来逐渐增大,于是品种之间及其与共同亲体之间,在性状上便有所分歧了。

但是可能要问,怎样才能把类似的原理应用于自然界呢?我相信能够应用而且应用得很有效(虽然我许久以后才知道怎样应用),因为简单地说,任何一个物种的后代,如果在构造、体质、习性上愈分歧,那么它在自然组成中,就愈能占有各种不同的地方,而且它们在数量上也就愈能够增多。

在习性简单的动物里,我们可以清楚地看到这种情形。以食肉的四足兽为例,它们在任何能够维持生活的地方,早已达到饱和的平均数。如果允许它的数量自然增加的话(在这个区域的条件没有任何变化的情形下),它只有依靠变异的后代去取得其他动物目前所占据的地方,才能成功地增加它们的数量:例如,它们当中有些变为能吃新种类的猎物,无论死的或活的;有些能住在新地方,爬树、涉水,并且有些或者可以减少它们的肉食习性。食肉动物的后代,在习性和构造方面变得愈分歧,它们所能占据的地方就愈多。能应用于一种动物的原理,也能应用于一切时间内的一切动物,——这就是说如果它们发生变异的话,——如果不发生变异,自然选择便不能发生任何作用。关于植物,也是如此。试验证明,如果在一块土地上仅播种一个草种,同时在另一块相像的土地上播种若干不同属的草种,那么在后一块土地上就比在前一块土地上能够生长更多的植物,收获更大重量的干草。如在两块同样大小的土地上,一块播种一个小麦变种,另一块混杂地播种几个小麦变种,也会发生同样的情形。所以,如果任何一个草种正在继续进行着变异,并且如果各变种被连续选择着,则它们将像异种和异属的草那样地彼此相区别,虽然区别程度很小,那么这个物种的大多数个体,包括它的变异了的后代在内,就能成功地在同一块土地上生活。我们知道每一物种和每一变种的草每年都要散播无数种子;可以这样说,它们都在竭力来增加数量。结果,在数千代以后,任何一个草种的最显著的变种都会有成功的以及增加数量的最好机会,这样就能排斥那些较不显著的变种;变种到了彼此截然分明的时候,便取得物种的等级了。

　　构造的巨大分歧性,可以维持最大量生物生活,这一原理的正确性已在许多自然情况下看到。在一块极小的地区内,特别是对于自由迁入开放时,个体与个体之间的斗争必定是极其剧烈的,在那里我们总是可以看到生物的巨大分歧性。例如,我看见有一片草地,其面积为三英尺乘四英尺,许多年来都暴露在完全同样的条件下,在它上面生长着二十个物种的植物,属于十八个属和八个目,可见这些植物彼此的差异是何等巨大。在情况一致的小岛上,植物和昆虫也是这样的;淡水池塘中的情形亦复如此。农民们知道,用极不同"目"的植物进行轮种,可以收获更多的粮食;自然界中所进行的可以叫作同时的轮种。密集地生活在任何一片小土地上的动物和植物,大多数都能够在那里生活(假定这片土地没有任何特别的性质),可以说,它们都百倍竭力地在那里生活;但是,可以看到,在斗争最尖锐的地方,构造的分歧性的利益,以及与其相随伴的习性和体质的差异的利益,按照一般规律,决定了彼此争夺得最厉害的生物,是那些属于我们叫作异属和异"目"的生物。

同样的原理,在植物通过人类的作用在异地归化这一方面,也可以看到。有人可能这样料想,在任何一块土地上能够变为归化的植物,一般都是那些和土著植物在亲缘上密切接近的种类;因为土著植物普通被看作是特别创造出来而适应于本土的。或者还有人会这样料想,归化的植物大概只属于少数类群,它们特别适应新乡土的一定地点。但实际情形却很不同;得康多尔在他的可称赞的伟大著作里曾明白说过,归化的植物,如与土著的属和物种的数目相比,则其新属要远比新种为多。举一个例子来说明,在阿萨·格雷博士的《美国北部植物志》的最后一版里,曾举出 260 种归化的植物,属于 162 属。由此我们可以看出这些归化的植物具有高度分歧的性质。还有,它们与土著植物大不相同,因为在 162 个归化的属中,非土生的不下 100 个属,这样,现今生存于美国的属,就大大增加了。

对于在任何地区内与土著生物进行斗争而获得胜利的并且在那里归化了的植物或动物的本性加以考察,我们就可以大体认识到，某些土著生物必须怎样发生变异，才能胜过它们的同住者；我们至少可以推论出，构造的分歧化达到新属差异的，是于它们有利的。

事实上，同一地方生物的构造分歧所产生的利益，与一个个体各器官的生理分工所产生的利益是相同的——米尔恩·爱德华兹（Milne Edwards）已经详细讨论过这一问题了。没有一个生理学家会怀疑专门消化植物性物质的胃，或专门消化肉类的胃，能够从这些物质中吸收最多的养料。所以在任何一块土地的一般系统中，动物和植物对于不同生活习性的分歧愈广阔和愈完善，则能够生活在那里的个体数量就愈大。一组体制很少分歧的动物很难与一组构造更完全分歧的动物相竞争。例如，澳洲各类的有袋动物可以分成若干群，但彼此差异不大，正如沃特豪斯先生（Mr. Waterhouse）及别人所指出的，它们隐约代表着食肉的、反刍的、啮齿的哺乳类，但它们是否能够成功地与这些发育良好的目相竞争，是可疑的。在澳洲的哺乳动物里，我们看到分歧过程还在早期的和不完全的发展阶段中。

自然选择通过性状的分歧和绝灭，对一个共同祖先的后代可能发生的作用

根据上面极压缩的讨论，我们可以假定，任何一个物种的后代，在构造上愈分歧，便愈能成功，并且愈能侵入其他生物所占据的地方。现在让我们看一看，从性状分歧得到这种利益的原理，与自然选择的原理和绝灭的原理结合起来之后，能起怎样的

作用。

本书所附的一张图表,能够帮助我们来理解这个比较复杂的问题。以 A 到 L 代表这一地方的一个大属的诸物种;假定它们的相似程度并不相等,正如自然界中的一般情形那样,也如图表里用不同距离的字母所表示的那样。我说的是一个大属,因为在第二章已经说过,在大属里比在小属里平均有更多的物种发生变异;并且大属里发生变异的物种有更多数目的变种。我们还可看到,最普通的和分布最广的物种,比罕见的和分布狭小的物种更多变异。假定 A 是普通的、分布广的、变异的物种,并且这个物种属于本地的一个大属。从 A 发出的不等长的、分歧散开的虚线代表它的变异的后代。假定此等变异极其微细,但其性质极分歧;假定它们不同时发生,而常常间隔一个长时间才发生;并且假定它们在发生以后能存在多久也各不相等。只有那些具有某些利益的变异才会被保存下来,或自然地被选择下来。这里由性状分歧能够得到利益的原理的重要性便出现了;因为,一般地这就会引致最差异的或最分歧的变异(由外侧虚线表示)受到自然选择的保存和累积。当一条虚线遇到一条横线,在那里就用一小数目字标出,那是假定变异的数量已得到充分的积累,因而形成一个很显著的并在分类工作上被认为有记载价值的变种。

图表中横线之间的距离,代表一千或一千以上的世代。一千代以后,假定物种(A)产生了两个很显著的变种,名为 a^1 和 m^1。这两个变种所处的条件一般还和它们的亲代发生变异时所处的条件相同,而且变异性本身是遗传的;结果它们便同样地具有变异的倾向,并且普通差不多像它们亲代那样地发生变异。还有,这两个变种，只是轻微变异了的类型，所以倾向于遗传亲代(A)的优点，这些优点使其亲代比本地生物在数量上更为繁盛；它们还遗传亲种所隶属的那一属的更为一般的优点，这些优点使这个属在它自己的地区内成为一个大属。所有这些条件对于新变种的产生都是有利的。

这时，如果这两个变种仍能变异，那么它们变异的最大分歧在此后的一千代中，一般都会被保存下来。经过这段期间后，假定在图表中的变种 a^1 产生了变种 a^2，根据分歧的原理，a^2 和(A)之间的差异要比 a^1 和(A)之间的差异为大。假定 m^1 产生两个变种，即 m^2 和 s^2，彼此不同，而和它们的共同亲代(A)之间的差异更大。我们可以用同样的步骤把这一过程延长到任何久远的期间；有些变种，在每一千代之后，只产生一个变种，但在变异愈来愈大的条件下，有些会产生两个或三个变种，并且有些不能产生变种。因此变种，即共同亲代(A)的变异了的后代，一般会继续增加它们的数量，并且继续在性状上进行分歧。在图表中，这个过程表示到一万代为止，在压缩和简单化的形式下，则到一万四千代为止。

但我在这里必须说明：我并非假定这种过程会像图表中那样有规则地进行(虽然图表本身已多少有些不规则性)，它的进行不是很规则的，而且也不是连续的，而更可能的是：每一类型在一个长时期内保持不变，然后才又发生变异。我也没有假定，最分歧的变种必然会被保存下来：一个中间类型也许能够长期存续，或者可能，也许不可能产生一个以上的变异了的后代；因为自然选择常常按照未被其他生物占据的或未被完全占据的地位的性质而发生作用;而这一点又依无限复杂的关系来决定。但是,按照一般的规律,任何一个物种的后代,在构造上愈分歧,愈能占据更多的地方,并且它们的变异了的后代也愈能增加。在我们的图表里,系统线在有规则的间隔内中断了,在那里标以小写数目字,小写数目字标志着连续的类型,这些类型已充分变得不同,足可以被列为变种。但这样的中断是想象的,可以插入任何地方,只要间隔的长度允许相当分歧变异量得以积累,就能这样。

因为从一个普通的、分布广的、属于一个大属的物种产生出来的一切变异了的后代,常常会共同承继那些使亲代在生活中得以成功的优点,所以一般地它们既能增多数量,也能在性状上进行分歧;这在图表中由(A)分出的数条虚线表示出来了。从(A)产生的变异了的后代,以及系统线上更高度改进的分支,往往会占据较早的和改进较少的分支的地位,因而把它们毁灭;这在图表中由几条较低的没有达到上面横线的分支来表明。在某些情形里,无疑地,变异过程只限于一枝系统线,这样,虽然分歧变异在量上扩大了,但变异了的后代在数量上并未增加。如果把图表里从(A)出发的各线都去掉,只留 a^1 到 a^{10} 的那一支,便可表示出这种情形。英国的赛跑马和英国的向导狗与此相似,它们的性状显然从原种缓慢地分歧,既没有分出任何新枝,也没有分出任何新族。

经过一万代后,假定(A)种产生了 a^{10}、f^{10} 和 m^{10} 三个类型,由于它们经过历代性状的分歧,相互之间及与共同祖代之间的区别将会很大,但可能并不相等。如果我们假定图表中两条横线间的变化量极其微小,那么这三个类型也许还只是十分显著的变种；但我们只要假定这变化过程在步骤上较多或在量上较大，就可以把这三个类型变为可疑的物种或者至少变为明确的物种。因此，这张图表表明了由区别变种的较小差异，升至区别物种的较大差异的各个步骤。把同样过程延续更多世代（如压缩了的和简化了的图表所示），我们便得到了八个物种，系用小写字母 a^{14} 到 m^{14} 所表示，所有这些物种都是从（A）传衍下来的。因而如我所相信的，物种增多了，属便形成了。

在大属里，发生变异的物种大概总在一个以上。在图表里，我假定第二个物种（I）以相似的步骤，经过一万世代以后，产生了两个显著的变种或是两个物种（w^{10} 和 z^{10}），它们究系变种或是物种，要根据横线间所表示的假定变化量来决定。一万四千世代后，假定六个新物种 n^{14} 到 z^{14} 产生了。在任何一个属里，性状已彼此很不相同的物种，一般会产生出最大数量的变异了的后代；因为它们在自然组成中拥有最好的机会来占有新的和广泛不同的地方；所以在图表里，我选取极端物种（A）与近极端物种（I），作为变异最大的和已经产生了新变种和新物种的物种。原属里的其他九个物种（用大写字母表示的），在长久的但不相等的时期内，可能继续传下不变化的后代；这在图表里是用不等长的向上虚线来表示的。

但在变异过程中，如图表中所表示的那样，另一原理，即绝灭的原理，也起重要的作用。因为在每一处充满生物的地方，自然选择的作用必然在于选取那些在生活斗争中比其他类型更为有利的类型，任何一个物种的改进了的后代经常有一种倾向：在系统的每一阶段中，把它们的先驱者以及它们的原始祖代驱逐出去和消灭掉。必须记住，在习性、体质和构造方面彼此最相近的那些类型之间，斗争一般最为剧烈。因此，介于较早的和较晚的状态之间的中间类型（即介于同种中改进较少的和改良较多的状态之间的中间类型）以及原始亲种本身，一般都有绝灭的倾向。系统线上许多整个的旁枝会这样绝灭，它们被后来的和改进了的枝系所战胜。但是，如果一个物种的变异了的后代进入了某一不同的地区，或者很快地适应于一个完全新的地方，在那里，后代与祖代间就不进行斗争，二者就都可以继续生存下去。

假定我们的图表所表示的变异量相当大，则物种（A）及一切较早的变种皆归灭亡，而被八个新物种（a^{14}到m^{14}）所代替；并且物种（I）将被六个新物种（n^{14}到z^{14}）所代替。

我们还可以再做进一步论述。假定该属的那些原种彼此相似的程度并不相等，自然界中的情况一般就是如此；物种（A）和B、C及D的关系比和其他物种的关系较近；物种（I）和G、H、K、L的关系比和其他物种的关系较近。又假定（A）和（I）都是很普通而且分布很广的物种，所以它们本来一定就比同属中的大多数其他物种占有若干优势。它们的变异了的后代，在一万四千世代时共有十四个物种，它们遗传了一部分同样的优点：它们在系统的每一阶段中还以种种不同的方式进行变异和改进，这样便在它们居住的地区的自然组成中，变得适应了许多和它们有关的地位。因此，它们极有可能，不但会取得亲种（A）和（I）的地位而把它们消灭掉，而且还会消灭某些与亲种最接近的原种。所以，能够传到第一万四千世代的原种是极其稀少的。我们可以假定与其他九个原种关系最疏远的两个物种（E与F）中只有一个物种

(F)，可以把它们的后代传到这一系统的最后阶段。

在我们的图表里,从十一个原种传下来的新物种数目现在是十五。由于自然选择造成分歧的倾向,a^{14}与z^{14}之间在性状方面的极端差异量远比十一个原种之间的最大差异量为大。还有,新种间的亲缘的远近也很不相同。从(A)传下来的八个后代中,a^{14}、q^{14}、p^{14}三者,由于都是新近从a^{10}分出来的,亲缘比较相近;b^{14}和f^{14}系在较早的时期从a^5分出来的,故与上述三个物种在某种程度上有所差别;最后o^{14}、i^{14}、m^{14}彼此在亲缘上是相近的,但是因为在变异过程的开端时期便有了分歧,所以与前面的五个物种大有差别,它们可以成为一个亚属或者成为一个明确的属。

从(I)传下来的六个后代将形成为两个亚属或两个属。但是因为原种(I)与(A)大不相同,(I)在原属里差不多站在一个极端,所以从(I)分出来的六个后代,只是由于遗传的缘故,就与从(A)分出来的八个后代大不相同;还有,我们假定这两组生物是向不同的方向继续分歧的。而连接在原种(A)和(I)之间的中间种(这是一个很重要的论点),除去(F),也完全绝灭了,并且没有遗留下后代。因此,从(I)传下来的六个新种,以及从(A)传下来的八个新种,势必被列为很不同的属,甚至可以被列为不同的亚科。

所以,我相信,两个或两个以上的属,是经过变异传衍,从同一属中两个或两个以上的物种产生的。这两个或两个以上的亲种又可以假定是从早期一属里某一物种传下来的。在我们的图表里,是用大写字母下方的虚线来表示的,其分支向下收敛,趋集一点;这一点代表一个物种,它就是几个新亚属或几个属的假定祖先。新物种F^{14}的性状值得稍加考虑,它的性状假定未曾大事分歧，仍然保存(F)的体型，没有什么改变或仅稍有改变。在这种情形里，它和其他十四个新种的亲缘关系，乃有奇特而疏远的性质。因为它系从现在假定已经灭亡而不为人所知的(A)和(I)两个亲种之间的类型传下来的，那么它的性状大概在某种程度上介于这两个物种所传下来的两群后代之间。但这两群的性状已经和它们的亲种类型有了分歧，所以新物种(F^{14})并不直接介于亲种之间，而是介于两群的亲种类型之间；每一个博物学者大概都能想到这种情形。

在这张图表里，各条横线都假定代表一千代，但它们也可以代表一百万或更多代；它还可以代表包含有绝灭生物遗骸的地壳的连续地层的一部分。我们在"地质学"一章里，还必须要讨论这一问题，并且，我想，在那时我们将会看到这张图表对绝灭生物的亲缘关系会有所启示，——这些生物虽然常与现今生存的生物属于同目、同科或同属，但是常常在性状上多少介于现今生存的各群生物之间；我们是能够理解这种事实的，因为绝灭的物种系生存在各个不同的辽远时代，那时系统线上的分支线还只有较小的分歧。

我看没有理由把现在所解说的变异过程，只限于属的形成。在图表中，如果我们假定分歧虚线上的各个连续的群所代表的变异量是巨大的，那么标着 a^{14} 到 p^{14}、b^{14} 和 f^{14} 以及 o^{14} 到 m^{14} 的类型，将形成三个极不相同的属。我们还会有从(I)传下来的两个极不相同的属，它们与(A)的后代大不相同。该属的两个群，按照图表所表示的分歧变异量，形成了两个不同的科，或不同的目。这两个新科或新目，是从原属的两个物种传下来的，而这两个物种又假定是从某些更古老的和不为人所知的类型传下来的。

我们已经看到，在各地，最常常出现变种即初期物种的，是较大属的物种。这确实是可以被预料到的一种情形；因为自然选择是通过一种类型在生存斗争中比其他类型占有优势而起作用的，它主要作用于那些已经具有某种优势的类型；而任何一个群之成为大群，就表明它的物种从共同祖先那里遗传了一些共通的优点。因此，产生新的、变异了的后代的斗争，主要发生在努力增加数目的一切大群之间。一个大群将慢慢战胜另一个大群，使它的数量减少，这样就使它继续变异和改进的机会减少。在同一个大群里，后起的和更高度完善的亚群，由于在自然组成中分歧出来并且占有许多新的地位，就经常有一种倾向，来排挤和消灭较早的、改进较少的亚群。小的和衰弱的群及亚群终归灭亡。瞻望未来，我们可以预言：现在巨大的而且胜利的，以及最少被击破的，即最少受到绝灭之祸的生物群，将能在一个很长时期内继续增加。但是哪几个群能够得到最后的胜利，却无人能够预言；因为我们知道有许多群从前曾是极发达的，但现在都绝灭了。瞻望更远的未来，我们还可预言：由于较大群继续不断地增多，大量的较小群终要趋于绝灭，而且不会留下变异了的后代；结果，生活在任何一个时期内的物种，能把后代传到遥远未来的只是极少数。我在"分类"一章里还要讨论这一问题，但我可以在这里再谈一谈，按照这种观点，由于只有极少数较古远的物种能把后代传到今日，而且由于同一物种的一切后代形成为一个纲，于是我们就能理解，为什么在动物界和植物界的每一主要大类里，现今存在的纲是如此之少。虽然极古远的物种只有少数留下变异了的后代，但在过去遥远的地质时代里，地球上也有许多属、科、目及纲的物种分布着，其繁盛差不多就和今天一样。

论生物体制倾向进步的程度

"自然选择"的作用完全在于保存和累积各种变异，这等变异对于每一生物，在其一切生活期内所处的有机和无机条件下都是有利的。这最后的结果是，各种生物对其外界条件的关系日益改进。这种改进必然会招致全世界大多数生物的体制逐渐进步。但我们在这里遇到了一个极复杂的问题，因为，什么叫作体制的进步，在博物学者间还没有一个满意的界说。在脊椎动物里，智慧的程度以及构造的接近人类，显然就表示了它们的进步。可以这样设想，从胚胎发育到成熟，各部分和各器官所经过的变化量的大小，似乎可以作为比较的标准；然而有些情形，例如，某些寄生的甲壳动物，它的若干部分的构造在成长后反而变得不完全，所以，这种成熟的动物不能说比它的幼虫更为高等。冯贝尔（Von Baer）所定的标准似乎可应用得最广而且也最好，这个标准是指同一生物的各部分的分化量，——这里我应当附带说明一句，是指成体状态而言——以及它们的不同机能的专业化程度；也就是米尔恩·爱德华所说的生理分工的完全程度。但是，假如我们观察一下，例如鱼类就可以知道这个问题是何等的晦涩不明了；有些博物学者把其中最接近两栖类的，如鲨鱼，列为最高等，同时，还有一些博物学者把普通的硬骨鱼列为最高等，因为它们最严格地呈现鱼形并和其他脊椎纲的动物最不相像。在植物方面，我们还可以更明确地看出这个问题的晦涩不明，植物当然完全不包含智慧的标准；在这里，有些植物学者认为花的每一器官，如萼片、花瓣、雄蕊、雌蕊充分发育的植物是最高等；同时，还有一些植物学者，却认为花的几种器官变异极大的而数目减少的植物是最高等，这种看法大概较为合理。

如果我们以成熟生物的几种器官的分化量和专业化量（这里包括为了智慧目的而发生的脑的进步）作为体制高等的标准，那么自然选择显然会指向这种标准的：因为所有生物学者都承认器官的专业化对于生物是有利的，由于专业化可以使机能执行得更好些；因此，向着专业化进行变异的积累是在自然选择的范围之内的。另一方面，只要记住一切生物都在竭力进行高速率的增加，并在自然组成中攫取各个未被占据或未被完全占据的地位，我们就可以知道，自然选择十分可能逐渐使一种生物适合于这样一种状况，在那里几种器官将会成为多余的或者无用的：在这种情形下，体制的等级就发生了退化现象。从最远的地质时代到现在，就全体说，生物体制是否确有进步，在"地质的演替"一章中来讨论将更为方便。

但是可以提出反对意见：如果一切生物，既然在等级上都是这样倾向上升，为什么全世界还有许多最低等类型依然存在？在每个大的纲里，为什么有一些类型远比其他类型更为发达？为什么更高度发达的类型，没有到处取代较低等类型的地位并消灭它们呢？拉马克相信一切生物都内在地和必然地倾向于完善化，因而他强烈地感到了这个问题是非常难解的，以致他不得不假定新的和简单的类型可以不断地自然发生。现在科学还没有证明这种信念的正确性,将来怎么样就不得而知了。根据我们的理论,低等生物的继续存在是不难解释的;因为自然选择即最适者生存,不一定包含进步性的发展——自然选择只利用对于生物在其复杂生活关系中有利的那些变异。那么可以问,高等构造对于一种浸液小虫(infusorian anin alcule)①,以及对于一种肠寄生虫,甚至对于一种蚯蚓,照我们所能知道的,究有什么利益?如果没有利益,这些类型便不会通过自然选择有所改进,或者很少有所改进,而且可能保持它们今日那样的低等状态到无限时期。地质学告诉我们,有些最低等类型,如浸液小虫和根足虫(rhizopods),已在极长久的时期中,差不多保持了今日的状态。但是,如果假定许多今日生存着的低等类型,大多数自从生命的黎明初期以来就丝毫没有进步,也是极端轻率的;因为每一个曾经解剖过现今被列为最低等生物的博物学者们,没有不被它们的确系奇异而美妙的体制所打动。

如果我们看一看一个大群里的各级不同体制,就可以知道同样的论点差不多也是可以应用的;例如,在脊椎动物中,哺乳动物和鱼类并存;在哺乳动物中,人类和鸭嘴兽并存;在鱼类中,鲨鱼和文昌鱼(Amphioxus)②并存,后一种动物的构造极其简单,与无脊椎动物很接近。但是,哺乳动物和鱼类彼此没有什么可以竞争

---

① 浸液小虫,指能在枯草等浸水中生长起来的小虫,如草履虫等,旧译滴虫。——译者

② 文昌鱼亦译蛞蝓鱼,现在的分类学已把它从鱼类分出。但我国又称它银枪鱼、扁担鱼等等。——译者

的；哺乳动物全纲进步到最高级，或者这一纲的某些成员进步到最高级，并不会取鱼的地位而代之。生理学家相信，脑必须有热血的灌注才能高度活动，因此必须进行空气呼吸；所以，温血的哺乳动物如果栖息于水中，就必须常到水面来呼吸，很不便利。关于鱼类，鲨鱼科的鱼不会有取代文昌鱼的倾向，因为我听弗里茨·米勒说过，文昌鱼在巴西南部荒芜沙岸旁的唯一伙伴和竞争者是一种奇异的环虫(annelid)。哺乳类中三个最低等的目，即有袋类、贫齿类和啮齿类，在南美洲和大量猴子在同一处地方共存，它们彼此大概很少冲突。总而言之，全世界生物的体制虽然都进步了，而且现在还在进步着，但是在等级上将会永远呈现许多不同程度的完善化；因为某些整个纲或者每一纲中的某些成员的高度进步，完全没有必要使那些不与它们密切竞争的类群归于绝灭。在某些情形里，我们以后还要看到，体制低等的类型，由于栖息在局限的或者特别的区域内，还保存到今日，它们在那里遭遇到的竞争较不剧烈，而且在那里由于它们的成员稀少，阻碍了发生有利变异的机会。

最后，我相信，许多体制低等的类型现在还生存在世界上，是有多种原因的。在某些情形里，有利性质的变异或个体差异从未发生，因而自然选择不能发生作用而加以积累。大概在一切情形里，人对于最大可能的发展量，没有足够的时间。在某些少数情形里，体制起了我们所谓的退化。但主要的原因是在于这样的事实，即在极简单的生活条件下，高等体制没有用处——或者竟会有害处，因为体制愈纤细，就愈不容易受调节，就愈容易损坏。

再来看一下生命的黎明初期,那时候一切生物的构造,我们可以相信都是极简单的,于是可以问:身体各部分的进步即分化的第一步骤是怎样发生的呢? 赫伯特·斯潘塞先生大概会答复说,当简单的单细胞生物一旦由于生长或分裂而成为多细胞的集合体时,或者附着在任何支持物体的表面时,他的法则"任何等级的同型单位,按照它们和自然力变化的关系,而比例地进行分化",就发生作用了。但是,既没有事实指导我们,只在这一题目上空想,几乎是没有什么用处的。但是,如果假定,在许多类型产生以前,没有生存竞争因而没有自然选择,就会陷入错误的境地:生长在隔离地区内的一个单独物种所发生的变异可能是有利的,这样,全部个体就可能发生变异,或者,两个不同的类型就可能产生。但我在"绪论"将结束时曾经说过,如果承认我们对于现今生存于世界上的生物间的相互关系极其无知,并且对于过去时代的情形尤其如此,那么关于物种起源问题还有许多不能得到解释的地方,便不会有人觉得奇怪了。

性状的趋同

H.C.沃森先生认为我把性状分歧的重要性估计得过高了(虽然他分明是相信性状分歧的作用的),并且认为所谓性状趋同同样也有一部分作用。如果有不同属的但系近属的两个物种,都产生了许多分歧新类型,那么可以设想,这些类型可能彼此很接近,以致可以把它们分类在一个属里;这样,两个不同属的后代就合二而成为一属了。就大不相同的类型的变异了的后代来说,把它们的构造的接近和一般相似归因于性状的趋同,在大多数场合里都是极端轻率的。结晶体的形态,仅由分子的力量来决定,因此,不同的物质有时会呈现相同的形态是没有什么奇怪的。但就生物来说,我们必须记住,每一类型都是由无限复杂的关系来决定的,即由已经发生了的变异来决定的,而变异的原因又复杂到难于究诘,——是由被保存的或被选择的变异的性质来决定的,而变异的性质则由周围的物理条件来决定,尤其重要的是由同它进行竞争的周围生物来决定的,——最后,还要由来自无数祖先的遗传(遗传本身就是彷徨的因素)来决定,而一切祖先的类型又都通过同样复杂的关系来决定。因此,很难相信,从本来很不相同的两种生物传下来的后代,后来是如此密接地趋同了,以致它们的整个体制变得近乎一致。如果这种事情曾经发生,那么在隔离极远的地层里,我们就可以看到毫无遗传联系的同一类型会重复出现,而衡量证据正和这种说法相反。

自然选择的连续作用,结合性状的分歧,就能产生无数的物种的类型,华生先生反对这种说法。如果单就无机条件来讲,大概有很多物种会很快地适应于各种很不相同的热度和湿度等等;但我完全承认,生物间的相互关系更为重要;随着各处物种的继续增加,则有机的生活条件必定变得愈益复杂。结果,构造的有利分歧量,初看起来,似乎是无限的,所以能够产生的物种的数量也应该是无限的。甚至在生物最繁盛的地区,是否已经充满了物种的类型,我们并不知道;好望角和澳洲的物种数量如此惊人,可是许多欧洲植物还是在那里归化了。但是,地质学告诉我们,从第三纪早期起,贝类的物种数量,以及从同时代的中期起,哺乳类的数量并没有大量增加,或根本没有增加。那么,抑制物种数量无限增加的是什么呢？一个地区所能维持的生物数量（我不是指物种的类型数量）必定是有限制的,这种限制是由该地的物理条件来决定的;所以,如果在一个地区内栖息着极多的物种,那么每一个物种或差不多每一个物种的个体就会很少;这样的物种由于季节性质或敌害数量的偶然变化就容易绝灭。绝灭过程在这种场合中是迅速的,而新种的产生永远是缓慢的。想象一下一种极端的情况吧,假如在英国物种和个体的数量一样多,一次严寒的冬季或极干燥的夏季,就会使成千上万的物种绝灭。在任何地方,如果物种的数量无限增加,各个物种就要变为个体稀少的物种,两个稀少的物种,由于常常提到的理由,在一定的期间内所产生的有利变异是很少的;结果,新种类型的产生过程就要受到阻碍。任何物种变为极稀少的时候,近亲交配将会促其绝灭;作者们以为立陶宛的野牛（Aurochs）、苏格兰的赤鹿、挪威的熊等等的衰颓,皆由于这种作用所致。最后,我以为这里还有一个最重要的因素,即一个优势物种,在它的故乡已经打倒了许多竞争者,就会散布开去,取代许多其他物种的地位。得康多尔曾经阐明,这些广为散布的物种一般还会散布得极广;结果,它们在若干地方就会取代若干物种的地位,而使它们绝灭,这样,就会在全世界上抑制物种类型的异常增加。胡克博士最近阐明,显然有许多侵略者由地球的不同地方侵入了澳洲的东南角,在那里,澳洲本地物种的类量就大大地减少了。这些论点究有多大价值,我还不敢说;但把这些论点归纳起来,就可知道它们一定会有在各地方限制物种无限增加的倾向。

本　章　提　要

在变化着的生活条件下，生物构造的每一部分几乎都要表现个体差异，这是无可争论的；由于生物按几何比率增加，它们在某年龄、某季节或某年代，发生激烈的生存斗争，这也确是无可争论的；于是，考虑到一切生物相互之间及其与生活条件之间的无限复杂关系，会引起构造上、体质上及习性上发生对于它们有利的无限分歧。假如说从来没有发生过任何有益于每一生物本身繁荣的变异，正如曾经发生的许多有益于人类的变异那样，将是一件非常离奇的事。但是，如果有益于任何生物的变异确曾发生，那么具有这种性状的诸个体肯定地在生活斗争中会有最好的机会来保存自己；根据坚强的遗传原理，它们将会产生具有同样性状的后代。我把这种保存原理，即最适者生存，叫作"自然选择"。"自然选择"导致了生物根据有机的和无机的生活条件得到改进；结果，必须承认，在大多数情形里，就会引起体制的一种进步。然而，低等而简单的类型，如果能够很好地适应它们的简单生活条件，也能长久保持不变。

根据品质在相应龄期的遗传原理，自然选择能够改变卵、种子、幼体，就像改变成体一样的容易。在许多动物里，性选择，能够帮助普通选择保证最强健的、最适应的雄体产生最多的后代。性选择又可使雄体获得有利的性状，以与其他雄体进行斗争或对抗；这些性状将按照普遍进行的遗传形式而传给一性或雌雄两性。

自然选择是否真能如此发生作用,使各种生物类型适应于它们的若干条件和生活处所,必须根据以下各章所举的证据来判断。但是我们已经看到自然选择怎样引起生物的绝灭;而在世界史上绝灭的作用是何等巨大,地质学已明白地说明了这一点。自然选择还能引致性状的分歧;因为生物的构造、习性及体质愈分歧,则这个地区所能维持的生物就愈多,——我们只要对任何一处小地方的生物以及外地归化的生物加以考察,便可以证明这一点。所以,在任何一个物种的后代的变异过程中,以及在一切物种增加个体数目的不断斗争中,后代如果变得愈分歧,它们在生活斗争中就愈有成功的好机会。这样,同一物种中不同变种间的微小差异,就有逐渐增大的倾向,一直增大为同属的物种间的较大差异,或者甚至增大为异属间的较大差异。

我们已经看到,变异最大的,在每一个纲中是大属的那些普通的、广为分散的,以及分布范围广的物种;而且这些物种有把它们的优越性——现今在本土成为优势种的那种优越性——传给变化了的后代的倾向。正如方才所讲的,自然选择能引致性状的分歧,并且能使改进较少的和中间类型的生物大量绝灭。根据这些原理,我们就可以解释全世界各纲中无数生物间的亲缘关系以及普遍存在的明显区别。这的确是奇异的事情,——只因为看惯了就把它的奇异性忽视了——即一切时间和空间内的一切动物和植物,都可分为各群,而彼此关联,正如我们到处所看到的情形那样,——即同种的变种间的关系最密切,同属的物种间的关系较疏远而且不均等,乃形成区(section)及亚属;异属的物种间关系更疏远,并且属间关系远近程度不同,乃形成亚科、科、目、亚纲及纲。任何一个纲中的几个次级类群都不能列入单一行列，然皆环绕数点，这些点又环绕着另外一些点，如此下去，几乎是无穷的环状组成。如果物种是独立创造的，这样的分类便不能得到解释；但是，根据遗传，以及根据引起绝灭和性状分歧的自然选择的复杂作用，如我们在图表中所见到的，这一点便可以得到解释。

同一纲中一切生物的亲缘关系常常用一株大树来表示。我相信这种比拟在很大程度上表达了真实情况。绿色的、生芽的小枝可以代表现存的物种；以往年代生长出来的枝条可以代表长期的、连续的绝灭物种。在每一生长期中，一切生长着的小枝都试图向各方分枝，并且试图遮盖和弄死周围的新枝和枝条，同样地，物种和物种的群在巨大的生活斗争中，随时都在压倒其他物种。巨枝为分大枝，再逐步分为愈来愈小的枝，当树幼小时，它们都曾一度是生芽的小枝；这种旧芽和新芽由分枝来联结的情形，很可以代表一切绝灭物种和现存物种的分类，它们在群之下又分为群。当这树还仅仅是一株矮树时，在许多茂盛的小枝中，只有两三个小枝现在成长为大枝了，生存至今，并且负荷着其他枝条；生存在久远地质时代中的物种也是这样，它们当中只有很少数遗下现存的变异了的后代，从这树开始生长以来，许多巨枝和大枝都已经枯萎而且脱落了；这些枯落了的、大小不等的枝条，可以代表那些没有留下生存的后代而仅处于化石状态的全目、全科及全属。正如我们在这里或那里看到的，一个细小的、孤立的枝条从树的下部分叉处生出来，并且由于某种有利的机会，至今还在旺盛地生长着，正如有时我们看到如鸭嘴兽或肺鱼之类的动物，它们由亲缘关系把生物的两条大枝联络起来，并由于生活在有庇护的地点，乃从致命的竞争里得到幸免。芽由于生长而生出新芽，这些新芽如果健壮，就会分出枝条遮盖四周许多较弱枝条，所以我相信，这巨大的"生命之树"(Tree of Life)在其传代中也是这样，这株大树用它的枯落的枝条填充了地壳，并且用它的分生不息的美丽的枝条遮盖了地面。

第五章　变异的法则

改变了的外界条件的效果——与自然选择相结合的使用和不使用；飞翔器官和视觉器官——气候驯化——相关变异——生长的补偿和节约——假相关——重复的、残迹的及低等体制的构造易生变异——发育异常的部分易于高度变异：物种的性状比属的性状更易变异：次级性征易生变异——同属的物种以类似的方式发生变异——长久亡失的性状的重现——提要。

我以前有时把变异——在家养状况下的生物里是如此普遍而且多样，在自然状况下的生物里其程度稍为差些——说得好像是由于偶然而发生的。当然这是一种完全不正确的说法，但是它足以表明我们对于各种特殊变异的原因的无知无识。某些作家相信，产生个体差异或构造的轻微偏差，就像使孩子像他的双亲那样，是生殖系统的机能。但是变异和畸形，在家养状况下比在自然状况下更常发生，并且分布广的物种的变异性，比分布狭的物种为大，这些事实便引导出一个结论，即变异性一般是与生活条件相关联的，而各个物种已经在这样的生活条件下生活了若干世代。在第一章里，我曾试图阐明，改变了的外界条件按照两种方式发生作用,即直接地作用于整个体制或只作用于体制的某几部分,和间接地通过生殖系统发生作用。在一切情形里,都含有两种因素,一是生物的本性,二者之中它最为重要,一是外界条件的性质。改变了的外界条件的直接作用产生了一定的或不定的结果。在后一种情形里,体制似乎变成可塑性的了,并且我们看到了很大的彷徨变异性。在前一种情形里,生物的本性是这样的,如果处于一定的条件下,它们容易屈服,并且一切个体,或者差不多一切个体都以同样的方式发生变异。

要决定外界条件的改变,如气候、食物等的改变,在一定方式下曾经发生了多大作用,是很困难的。我们有理由相信,在时间的推移中,它们的效果是大于明显事实所能证明的。但是,我们可以稳妥地断言,不能把构造的无数复杂的相互适应,如我们在自然界中的各种生物间所看到的,单纯归因于这种作用。在下面的几种情形中,外界条件似乎产生了一些微小的一定效果:福布斯(E.Forbes)断言,生长在南方范围内的贝类,并且如果是生活在浅水中的,其颜色比生活在北方的或深水中的同种贝类要来得鲜明;但也未必完全如此。古尔德先生(Mr.Gould)相信,同种的鸟,生活在明朗大气中的,其颜色比生活在海边或岛上的,要来得鲜明;沃拉斯顿相信,在海边生活,会影响昆虫的颜色。摩坤—丹顿(Moquin-Tandon)曾列出一张植物表,这张表所举的植物,当生长在近海岸处时,在某种程度上叶多肉质,虽然在别处并不如此。这些轻微变异的生物是有趣的,因为它们所表现的性状,与局限在同样外界条件下的同一物种所具有的性状是相似的。

当一种变异对于任何生物有极微小的用处时,我们就无法说出这一变异有多少应当归因于自然选择的累积作用，有多少应当归因于生活条件的一定作用。例如，皮货商人很熟悉，同种动物的生活的地方愈往北，它们的毛皮便愈厚而且愈好；但谁能说出这等差异，有多少是由于毛皮最温暖的个体在许多世代中得到了利益而被保存，有多少是由于严寒气候的作用呢？因为气候似乎对于我们家养兽类的毛皮是有某种直接作用的。

在分明不同的外界条件下的同一物种，能产生相似的变种；另一方面，在分明相同的外界条件下的同一物种，却产生不相似的变种，我们可以举出许多这样的事例。还有，有些物种虽然生活在极相反的气候下，仍能保持纯粹，或完全不变，无数这样的事例，对于每一个博物学者都是熟悉的。这种论点，便使我考虑到周围条件的直接作用比由于我们完全不知道的原因所引起的变异倾向较不重要。

就某种意义来说，生活条件不但能直接地或间接地引起变异，同样地也可以把自然选择包括在内，因为生活条件决定了这个或那个变种能否生存。但是当人类是选择的执行者时，我们就可以明显看出，变化的两种要素是差别分明的；变异性以某种方式被激发起来，但这是人的意志，它使变异朝着一定方向累积起来；后一作用相当于自然状况下最适者生存的作用。

受自然选择所控制的器官增加使用和不使用的效果

根据第一章里所讲的事实，在我们的家养动物里，有些器官因为使用而被加强和增大了，有些器官因为不使用而被缩小了，我想这是无可怀疑的；而且我认为这种变化是遗传的。在不受拘束的自然状况下，因为我们不晓得祖代的类型，所以我们没有比较的标准用来判别长久连续使用和不使用的效果；但是有许多动物所具有的构造，是能够依据不使用的效果而得到最好解释的。正如欧文教授所说的，在自然界里，没有比鸟不能飞更为异常的了；然而有若干鸟却是这样的。南美洲的大头鸭（logger-headed duck）只能在水面上拍动它的翅膀，它的翅膀几乎和家养的艾尔斯伯里鸭（Aylesbury duck）的一样；值得注意的事实是，据坎宁安先生（Mr.Cunningham）说，它们的幼鸟是会飞的，但到长大时就失去了这种能力。因为在地上觅食的大形鸟，除逃避危险以外，很少飞翔，所以说现今栖息在或不久之前曾经栖息在没有食肉兽的几个海岛上几种鸟的几乎没有翅膀的状态，大概是由于不使用的缘故。鸵鸟的确是栖息在大陆上的，它暴露在它不能用飞翔来逃脱的危险下，但是它能够像四足兽那样有效地以踢它的敌人来保护自己。我们可以相信，鸵鸟一属的祖先的习性原是和野雁相像的，但因为它的身体的大小和重量在连续的世代里增加了，它就更多地使用它的腿，而更少地使用它的翅膀了，终于变得不能飞翔。

科尔比（Kirby）曾经说过（我也曾看到过同样的事实），许多吃粪的雄性甲虫的前趾节，即前足常常会断掉；他检查了所采集的十七个标本，其中没有一个留有一点痕迹。阿佩勒蜣螂（Onites apelles）的前足跗节的亡失是如此惯常，以致这一昆虫被描述为不具有跗节。在某些其他属里，它们虽具有跗节，但只是一种残迹的状态而已。埃及人目为神圣的甲虫 Ateuchus，其跗节完全缺如。偶然的损伤能否遗传的问题目前虽然还不能决定；但是勃隆—税奎（Brown-Séquard）在豚鼠里观察到外科手术有遗传效果，这一显著事例应当使我们在反对这种遗传倾向时加以小心。因此，对于神圣甲虫的全然没有前足跗节，以及对于某些其他属仅仅留有跗节的残迹，最妥当的看法恐怕是不把它当作损伤的遗传，而把它看作是由于长久继续不使用的结果；因为许多吃粪的甲虫一般都失去了跗节，这种情形一定发生在它们的生命早期；所以，跗节对于此等昆虫不具有很大的重要性，或者不曾被它们多所使用。

在某些情形里，我们很容易把全部或主要由自然选择所引起的构造变异，看作是不使用的缘故。沃拉斯顿先生曾发现一件值得注意的事实，就是栖息在马得拉的 550 种甲虫（现在知道的更多）中，有 200 种甲虫的翅膀是如此的不完全，以致不能飞翔；并且在二十九个土著的属中，不下二十三个属的所有物种都是这样的情况！有几种事实，——即，世界上有许多地方的甲虫常常被风吹到海中溺死；在马得拉的甲虫，据沃拉斯顿的观察，隐蔽得很好，直到风和日丽的时候方才出来；无翅甲虫的比例数，在没有遮拦的德塞塔群岛（Desertas）比在马得拉更大；特别是还有一种异常的、为沃拉斯顿所特别重视的事实，就是绝对需要使用翅膀的某些大群甲虫，在其他各地非常多，但在这里却几乎完全没有；这几种考察使我们相信，这样多的马得拉甲虫之所以没有翅膀，主要的原因大概是与不使用结合在一起的自然选择的作用。因为在许多连续的世代中，有些甲虫个体或者由于翅膀发育得稍不完全,或者由于习性怠惰,飞翔最少,所以不会被风吹到海里去,因而获得最好的生存机会;反之,那些最喜欢飞翔的甲虫个体最常被风吹到海里去,因而遭到毁灭。

在马得拉也有不在地面上觅取食物的昆虫,如某些在花朵中觅取食物的鞘翅类和鳞翅类,它们必须经常地使用它们的翅膀以获取食物,据沃拉斯顿先生猜测,这些昆虫的翅膀不但一点也没有缩小,甚至会更加增大。这是完全符合自然选择的作用的。因为当一种新的昆虫最初到达这个岛上时,增大或者缩小它们翅膀的自然选择的倾向,将决定大多数个体或者胜利地和风战斗而被保存下来,或者放弃这种企图,少飞或竟不飞而被保存下来。譬如船在近海岸处破了,对于船员来说,善于游泳的如果能够游得愈远就愈好,不善于游泳的,还是攀住破船倒比较好些。

鼹鼠和某些穴居的啮齿类动物的眼睛是残迹的,并且在某些情形下,它们的眼睛完全被皮和毛所遮盖。眼睛的这种状态大概是由于不使用而渐渐缩小的缘故,不过这里恐怕还有自然选择的帮助。南美洲有一种穴居的啮齿动物,叫作吐科吐科(tuco-tuco),即 Ctenomys,它的深入地下的习性甚至有过于鼹鼠;一位常捉它们的西班牙人告诉我说,它们的眼睛多半是瞎的。我养过一只活的,它的眼睛的确是这种情形,解剖后才知道它的原因,是由于瞬膜发炎。因为眼睛常常发炎对于任何动物必定是有损害的,同时因为眼睛对于具有穴居习性的动物肯定不是必要的,所以在这种情形下,它们的形状缩小,上下眼睑粘连,而且有毛生在上面,可能是有利的;倘使有利,自然选择就会对不使用的效果有所帮助。

众所熟知，有几种属于极其不同纲的动物，栖息在卡尼鄂拉(Carniola)及肯塔基(Kentucky)①的洞穴里，是盲目的。某些蟹，虽然已经没有眼睛，而眼柄却依然存在；好像望远镜的透镜已经失去了，而望远镜的架子还依然存在。因为对于生活在黑暗中的动物来说，眼睛虽然没有用处，而会有什么害处是很难想象的，所以它们的亡失可以归因于不使用。有一种盲目动物，叫作洞鼠(Neotoma)，西利曼教授(Prof.Sillimàn)曾经在距洞口半英里的地点捉到了两只洞鼠，可见它们并非住在极深的处所，它们的两只眼睛大而有光；这种动物，据西利曼教授告诉我说，当被放在逐渐加强的光线下，大约一个月后，就能蒙眬地辨认面前的东西了。

很难想象，生活条件还有比在几乎相似气候下的石灰岩洞更为相似的了；所以按照盲目动物系为美洲和欧洲的岩洞分别创造出来的旧观点，可以预料到它们的体制和亲缘是极其相似的。如果我们对于这两处的整个动物群加以观察，显然并非如此；单是关于昆虫方面，希阿特(Schiödte)就曾说过："所以我们不能用纯粹地方性以外的眼光来观察全部现象，马摩斯洞穴(Mammoth cave)(在肯塔基)和卡尼鄂拉洞穴之间的少数类型的相似性，也不过是欧洲和北美洲的动物群之间所一般存在的类似性之明显表现而已。"依我看来，我们必须假定美洲动物在大多数情形下具有正常的视力，它们逐代慢慢地从外界移入肯塔基洞穴的愈来愈深的处所，就像欧洲动物移入欧洲的洞穴里那样。我们有这种习

---

① 卡尼鄂拉，位于意大利和南斯拉夫之间；肯塔基，位于美国中部。——译者

性渐变的某种证据；希阿特说过："所以我们把地下动物群看作是从邻近地方受地理限制的动物的小分支，它们一经扩展到黑暗中去，便适应于周围的环境了。最初从光明转入到黑暗的动物，与普通类型相距并不远。接着，构造适于微光的类型继之而起；最后是适于全然的黑暗的那些类型，它们的形成是十分特别的。"我们必须理解，希阿特的这些话并不适用于同一物种，而是适用于不同物种的。动物经过无数世代，达到最深的深处时，它们的眼睛因为不使用，差不多完全灭迹了，而自然选择常常会引起别的变化，如触角或触须的增长，作为盲目的补偿。尽管有这种变异，我们还能看出美洲的洞穴动物与美洲大陆别种动物的亲缘关系，以及欧洲的洞穴动物与欧洲大陆动物的亲缘关系。我听达纳教授(Prof.Dana)说过，美洲的某些洞穴动物确系如此，而欧洲的某些洞穴昆虫与其周围地方的昆虫极其密切相似。如果按照它们是被独立创造出来的普通观点来看，我们对于盲目的洞穴动物与该二大陆的其他动物之间的亲缘关系，就很难给予一个合理的解释。新旧两个世界的几种洞穴动物的亲缘应当是密切关联的，我们可从众所周知的这两个世界的大多数其他生物间的亲缘关系料想到。因为埋葬虫(Bathysica)①属里的一个盲目的物种，在离洞穴口外很远的阴暗的岩石下很多，这一属里的洞穴物种的视觉亡失，大概与其黑暗生活没有关系；这是很自然的，一种昆虫既已失去视官，就易于适应黑暗的洞穴了。另一盲目的盲步行虫属(Anophthalmus)②也具有这种显著的特性，据默里先生的观察，

---

① 鞘翅目的一属，日译豉豆虫。——译者
② 鞘翅目的一属。——译者

除却在洞穴里,没有在别处见到过这些物种;然而栖息在欧洲和美洲若干洞穴里的物种是不同的;可能这些物种的祖先,当没有失去视觉之前,曾广布于该二大陆上,后来除却那些隐居在洞穴里的,都绝灭了。有些穴居动物十分特别,这是没有什么值得奇怪的,如阿加西斯(Agassiz)说过的盲鳉(Amblyopsis),又如欧洲的爬虫类——盲目的盲螈(Proteus)①,都是很奇特的,我所奇怪的只是古生物的残余没有被保存得更多,因为住在黑暗处所的动物稀少,竞争是较不激烈的。

气候驯化

植物的习性是遗传的,如开花的时期,休眠的时间,种子发芽时所需要的雨量等等,我因此要略谈一下气候驯化。同属的不同物种的植物栖息在热地和寒地原是极其普通的,如果同属的一切物种确是由单一的亲种传下来的,那么气候驯化一定会容易地在传衍的长期过程中发生效用。众所周知,每一个物种都适应它的本土气候:从寒带甚至从温带来的物种不能忍受热带的气候,反过来也是一样。还有许多多汁的植物不能忍受潮湿的气候。但是一个物种对于它生活于其中的气候的适应程度,常常被估价过高。我们可从以下事实推论这一点:我们往往不能预知一种引进植物能否忍受我们的气候,而从不同地区引进的许多植物和动物却能在这里完全健康地生活。我们有理由相信,物种在自然状况

---

① 盲螈,今日动物学上归入两栖动物的有尾类,具四肢,终生有鳃,眼退化,皮白色,居洞穴中。——译者

下，由于与别种生物竞争，在分布上受到严格的限制，这作用和物种对于特殊气候的适应性十分相似，或者更大些。但是不管这种对气候的适应性在大多数情况下是否很密切，我们有证据可以证明某些少数植物在某种程度上变得自然习惯于不同的气温了；这就是说，它们变得驯化了：胡克博士从喜马拉雅山上的不同高度的地点，采集了同种的松树和杜鹃花属的种子，把它们栽培在英国，发现它们在那里具有不同的抗寒力。思韦茨先生（Mr. Thwaites）告诉我说，他在锡兰看到过同样事实；H.C.沃森先生曾把欧洲种的植物从亚速尔群岛（Azores）带到英国作过类似的观察；我还能举出一些别的例子来。关于动物，也有若干确实的事例可以引证，自从有史时期以来，物种大大地扩展分布范围，它们从较暖的纬度扩展到较冷的纬度，同时也有相反的扩展；但是我们不能肯定知道此等动物是否严格适应它们本土的气候，虽然在一般情形下我们认为是这样的；我们也不知道它们后来是否对于它们的新家乡变得特别驯化，比它们开始时能够更好地适应于这些地方。

我们可以推论家养动物最初是由未开化人选择出来的，因为它们有用，同时因为它们容易在幽禁状态下生育，而不是因为后来发现它们能够输送到遥远的地方去，因此，我们家养动物的共同的、非常的能力，不仅能够抵抗极其不同的气候，而且完全能够在那种气候下生育（这是非常严格的考验），根据这点，可以论证现今生活在自然状况下的动物多数能够容易地抵抗大不相同的气候的。然而我们千万不要把这一论点推论得太远，因为我们的家养动物可能起源于几个野生祖先；例如，热带狼和寒带狼的血统恐怕混合在我们的家养品种里的。鼠(rat)和鼷鼠(mouse)不能看作是家养动物,但是它们被人带到世界的许多地方去,现在分布之广,超过了其他任何啮齿动物;它们在北方生活于非罗(Faroe)①的寒冷气候下,在南方生活于福克兰(Falkland)②,并且还生活在热带的许多岛屿上。因此,对于任何特殊气候的适应性,可以看作是这样一种性质,它能够容易地移植于内在体质的广泛揉曲性里去,而这种性质是大多数动物所共有的。根据这种观点,人类自己和他们的家养动物对于极端不同气候的忍受能力,以及绝灭了的象和犀牛在以前曾能忍受冰河期的气候,而它们的现存种却具有热带和亚热带的习性,这些都不应被看作是异常的事情,而应看作是很普通的体质揉曲性在特殊环境条件下发生作用的一些例子。

物种对于任何特殊气候的驯化,有多少是单纯由于习性,有多少是由于具有不同内在体质的变种的自然选择,以及有多少是由于上述二者的结合,还是一个难解的问题。根据类推,以及根据农业著作甚至古代的中国百科全书的不断忠告,说把动物从此地运到彼地时必须十分小心,我必须相信习性或习惯是有一些影响的。因为人类并不见得能够成功地选择那么多的品种和亚品种,都具有特别适于他们地区的体质,我想,造成这种结果的,一定是由于习性。另一方面,自然选择必然倾向于保存那样一些个体,它们生来就具有最适于它们居住地的体质。在论述许多种栽培植物的论文里写道,某些变种比其他变种更能抵抗某种气候;

---

① 非罗群岛,位于北大西洋。——译者
② 福克兰群岛,位于南大西洋。——译者

美国出版的果树著作明显阐明,某些变种经常被推荐于北方,某些变种被推荐于南方;因为这些变种大多数都起源于近代,它们的体质差异不能归因于习性。菊芋(Jerusalem artichoke)在英国从来不用种子来繁殖,因而也没有产生过新变种,这个例子曾被提出来证明气候驯化是没有什么效果的,因为它至今还是像往昔一样的娇嫩! 又如,菜豆(kidney-bean)的例子也常常作为相同目的而被引证,并且更为有力;但是如果有人播种菜豆如此之早,以致它的极大部分被霜所毁灭,以后从少数的生存者中采集种子,并且注意防止它们的偶然杂交,然后他同样小心地再从这些幼苗采集种子,进行播种,如此继续二十代,才能说这个试验是做过了。我们不能假定菜豆实生苗的体质从来不产生差异,因为有一个报告说,某些实生苗确比其他实生苗具有很大的抗寒力;而且我自己就曾看到过这种显著的事例。

总之,我们可以得出这样的结论,即习性或者使用和不使用,在某些场合中,对于体质和构造的变异是有重要作用的;但这一效果,大都往往和内在变异的自然选择相结合,有时内在变异的自然选择作用还会支配这一效果。

相 关 变 异

所谓相关变异是说,整个体制在它的生长和发育中如此紧密地结合在一起,以致当任何一部分发生些微的变异,而被自然选择所累积时,其他部分也要发生变异。这是一个极其重要的问题,对于它的理解还极不够充分,而且完全不同种类的事实在这里无疑易于混淆在一起。我们不久将看到,单纯的遗传常会表现相关作用的假象。最明显的真实例子之一,就是幼龄动物或幼虫在构造上所发生的变异,自然地倾向于影响成年动物的构造。同源的、在胚胎早期具有相等构造的,而且必然处于相似外界条件下的身体若干部分显著地有按照同样方式进行变异的倾向:我们看到身体的右侧和左侧,按照同样方式进行变异;前脚和后脚,甚至颚和四肢同时进行变异,因为某些解剖学者相信,下颚和四肢是同源的。我不怀疑,这些倾向要或多或少地完全受着自然选择的支配;例如,只在一侧生角的一群雄鹿曾经一度存在过,倘这点对于该品种曾经有过任何大的用处,大概自然选择就会使它成为永久的了。

某些作者曾经说过,同源的部分有合生的倾向;在畸形的植物里常常看到这种情形:花瓣结合成管状是一种最普通的正常构造里同源器官的结合。坚硬的部分似乎能影响相连接的柔软部分的形态;某些作者相信鸟类骨盘形状的分歧能使它们的肾的形状发生显著的分歧。另外一些人相信,就人类来说,母亲的骨盘形状由于压力会影响胎儿头部的形状。就蛇类来说,按照施来格尔(Schlegel)的意见,身体的形状和吞食的状态能决定几种最重要的内脏的位置和形状。

这种结合的性质,往往不十分清楚。小圣·提雷尔先生曾强调指出,有些畸形常常共存,另外一些畸形则很少共存,我们实在举不出任何理由来说明这一点。关于猫,毛色纯白和蓝眼睛与耳聋的关系,龟壳色的猫与雌性的关系;关于鸽,有羽毛的脚与外趾间蹼皮的关系,初孵出的幼鸽绒毛的多少与将来羽毛颜色的关系；还有，土耳其裸狗的毛与牙的关系；虽然同源无疑在这里起着作用，难道还有比这些关系更为奇特的吗？关于上述相关作用的最后一例，哺乳动物中表皮最异常的二目，即鲸类和贫齿类（犰狳及穿山甲等），同样全部都有最异常的牙齿，我想这大概不能是偶然的；但是这一规律也有很多例外，如米伐特先生（Mivart）所说过的，所以它的价值很小。

据我所知，阐明和使用无关的，因而和自然选择无关的相关和变异法则的重要性，没有任何事例比某些菊科和伞形科植物的内花和外花的差异更为适宜的了。众所周知，例如雏菊的中央小花和射出花①是有差异的，这种差异往往伴随着生殖器官的部分退化或全部退化。但某些这类植物的种子在形状和刻纹上也有差异。人们有时把这些差异归因于总苞对于小花的压力，或者归因于它们的互相压力，而且某些菊科的射出花的种子形状与这一观念相符合；但是在伞形科，如胡克博士告诉我的，其内花和外花往往差异最大的，绝不是花序最密的那些物种。我们可以这样设想，射出花花瓣的发育是靠着从生殖器官吸收养料，这就造成了生殖器官的发育不全；但这不见得是唯一的原因，因为在某些菊科植物里，花冠并无不同，而内外花的种子却有差异。这些种子之间的差异可能与养料不同地流向中心花和外围花有关：至少我们知道，关于不整齐花，那些最接近花轴的最易变成化正花（peloria）②，即变为异常的相称花。关于这一事实，我再补充一个事例，亦可作为相关作用的一个显著例子，即在许多天竺葵属（Pel-

---

① 射出花，即舌状花。——译者
② 在本来开不整齐花的植物上所生出的整齐花。——译者

argonium)植物里,花序的中央花的上方二瓣常常失去浓色的斑点;如果发生这样情形,其附着的蜜腺即十分退化;因而中心花乃变为化正花即整齐花了。如果上方的二瓣中只有一瓣失去颜色,那么蜜腺并不是十分退化,而只是大大地缩短了。

关于花冠的发育,斯普伦格尔的意见是这样的,射出花的用处在于引诱昆虫,昆虫的媒介对于这些植物的受精是高度有利或者必需的,这一意见很合理;倘如此,则自然选择可能已经发生作用了。但是,关于种子,它们的形状差异,并不经常和花冠的任何差异相关,因而似乎不能有什么利益:在伞形科植物里,此等差异具有如此明显的重要性——外围花的种子的胚珠有时候是直生的,中心花的种子胚珠却是倒生的——以致老得康多尔主要用这些性状对此类植物进行分类。因此,分类学者们认为有高度价值的构造变异,也许全部由于变异和相关法则所致,据我们所能判断的,这对于物种并没有丝毫的用处。

物种的整个群所共有的,并且确实单纯由于遗传而来的构造,常被错误地归因于相关变异;因为一个古代的祖先通过自然选择,可能已经获得了某一种构造上的变异,而且经过数千代以后,又获得了另一种与上述变异无关的变异;这两种变异如果遗传给习性分歧的全体后代,那么自然会使我们想到它们在某种方式上一定是相关的。此外还有些其他相关情况,显然由于自然选择的单独作用所致。例如,得康多尔曾经说过,有翅的种子从来不见于不裂开的果实;关于这一规律,我可以作这样的解释:除非蒴裂开,种子就不可能通过自然选择而渐次变成有翅的;因为只有在蒴开裂的情况下,稍微适于被风吹扬的种子,才能比那些较不适于广泛散布的种子占优势。

生长的补偿和节约

老圣·提雷尔和歌德差不多同时提出生长的补偿法则即平衡法则；或者依照歌德所说的："为了要在一边消费，自然就被迫在另一边节约。"我想，这种说法在某种范围内对于我们的家养动物也是适用的：如果养料过多地流向一部分或一器官，那么流向另一部分的养料至少不会过多；所以要获得一只产乳多的而又容易肥胖的牛是困难的。同一个甘蓝变种，不会产生茂盛的滋养的叶，同时又结出大量的含油种子。当我们的水果的种子萎缩时，它们的果实本身却在大小和品质方面大大地改进了。家鸡，头上有一大丛冠毛的，一般都伴随着缩小的肉冠，多须的，则伴随着缩小的肉垂。对于在自然状态下的物种，很难普遍应用这一法则；但是许多优秀的观察者，特别是植物学者，都相信它的真实性。然而我不预备在这里列举任何例子，因为我觉得很难用什么方法来辨别以下的效果，即一方面有一部分通过自然选择而大大地发达了，而另一连接部分由于同样的作用或不使用却缩小了；另一方面，一部分的养料被夺取，实际是由于另一连接部分的过分生长。

我又推测，某些已提出过的补偿情形，以及某些其他事实，可以归纳在一个更为一般的原则里，即自然选择不断地试图来节约体制的每一部分。在改变了的生活条件下，如果一种构造，以前是有用的，后来用处不大了，这构造的缩小是有利的，因为这可使个体不把养料空费在建造一种无用的构造上去。我考察蔓足类时颇受打动,由此我理解了一项事实,而且类似的事例是很多的:即一种蔓足类如寄生在别一种蔓足类体内因而得到保护时,它的外壳即背甲便几乎完全消失了。雄性四甲石砌属(Ibla)就是这种情形,寄生石砌属(Proteolepas)确实更加如此:一切别的蔓足类的背甲都是极其发达的,它是由非常发达的头部前端的高度重要的三个体节所构成,并且具有巨大的神经和肌肉;但寄生的和受保护的寄生石砌,其整个的头的前部却大大地退化了,以致缩小到仅仅留下一点非常小的残迹,附着在具有捕捉作用的触角基部。如果大而复杂的构造成为多余时,把它省去,对于这个物种的各代个体都是有决定性的利益的;因为各动物都处于生存斗争之中,它们借着减少养料的浪费,来获得维持自己的较好机会。

因此我相信,身体的任何部分,一经通过习性的改变,而成为多余时,自然选择终会使它缩小,而毫不需要相应程度地使其他某一部分发达增大。相反地,自然选择可能完全成功地使一个器官发达增大,而不需要某一连接部分的缩小,以作为必要的补偿。

重复的、残迹的、体制低等的构造易生变异

正如小圣·提雷尔说过的,无论在物种和变种里,凡是同一个体的任何部分或器官重复多次(如蛇的脊椎骨,多雄蕊花中的雄蕊),它的数量就容易变异;相反地,同样的部分或器官,如果数量较少,就会保持稳定,这似乎已成为一条规律了。这位作者以及一些植物学家还进一步指出,凡是重复的器官,在构造上极易

发生变异。用欧文教授的用语来说，这叫作"生长的重复"（vegetative repetition），是低等体制的标示，所以前面所说的，在自然系统中低级的生物比高级的生物容易变异，是和博物学者们的共同意见一致的。我这里所谓低等的意思是指体制的若干部分很少专业化，以担任一些特殊机能；当同一器官势必担任多种工作时，我们大概能理解，它们为什么容易变异，因为自然选择对于这种器官形状上的偏差，无论保存或排斥，都比较宽松，不像对于专营一种功能的部分那样严格。这正如一把切割各种东西的刀子，差不多具有任何形状都可以；反之，专为某一特殊目的的工具，必须具有某一特殊的形状。永远不要忘记，自然选择只能通过和为了各生物的利益，才能发生作用。

正如一般所承认的，残迹器官高度容易变异。我们以后还要讲到这一问题；我在这里只补充一点，即它们的变异性似乎是由于它们毫无用处所引起的结果，因而也是由于自然选择无力抑制它们构造上的偏差所引起的结果。

任何一个物种的异常发达的部分，比起近似物种里的同一部分，有易于高度变异的倾向

数年前，我很被沃特豪斯的关于上面标题的论点所打动。欧文教授也似乎得出了近似的结论。要使人相信上述主张的真实性，如果不把我所搜集的一系列的事实举出来，是没有希望的，然而我不可能在这里把它们介绍出来。我只能说，我所相信的是一个极其普遍的规律。我考虑到可能发生错误的几种原因，但我希

望我已对它们加以斟酌了。必须理解,这一规律绝不能应用于任何身体部分,即使这是异常发达的部分;除非在它和许多密切近似物种的同一部分相比较下,显示出它在一个物种或少数物种里是异常发达时,才能应用这一规律。例如蝙蝠的翅膀,在哺乳动物纲中是一个最异常的构造,但在这里并不能应用这一规律,因为所有的蝙蝠都有翅膀;假如某一物种和同属的其他物种相比较,而具有显著发达的翅膀,那么只有在这种情况下,才能应用这一规律。在次级性征以任何异常方式出现的情况下,便可以大大地应用这一规律。亨特(Hunter)所用的"次级性征"这一名词,是指属于雌雄一方的性状,但与生殖作用并无直接关系。这一规律可应用于雄性和雌性,但可应用于雌性的时候比较少,因为它们很少具有显著的次级性征。这一规律可以很明显地应用于次级性征,可能是由于这些性状不论是否以异常的方式而出现,总是具有巨大变异性的——我想这一事实很少值得怀疑。但是这一规律并不局限于次级性征,在雌雄同体的蔓足类里明白地表示了这种情形;我研究这一目时,特别注意了沃德豪斯的话,我十分相信,这一规律几乎常常是适用的。我将在未来的著作里,把一切较为显著的事例列成一个表;这里我只举出一个事例以说明这一规律的最大的应用性。无柄蔓足类(岩藤壶)[①]的盖瓣,从各方面说,都是很重要的构造,甚至在不同的属里它们的差异也极小;但有一属,即在四甲藤壶属(Pyrgoma)的若干物种里,这些瓣却呈现很大的分歧;这种同源的瓣的形状有时在异种之间竟完全不同;

---

① 岩藤壶,属于蔓足目藤壶科(Balanidae)。——译者

而且在同种个体里其变异量也非常之大,所以我们如果说这些重要器官在同种各变种间所表现的特性差异,大于异属间所表现的,并不算夸张。

关于鸟类,栖息在同一地方的同种个体,变异极小,我曾特别注意到它们;这一规律的确似乎是适用于这一纲的。我还不能发现这一规律可以应用于植物,假如不是植物的巨大变异性使得它们变异性的相对程度特别困难于比较,我对这一规律真实性的信赖就要发生严重的动摇。

当我们看到一个物种的任何部分或器官以显著的程度或显著的方式而发达时,正当的假定是,它对于那一物种是高度重要的;然而正是在这种情况下,它是显著易于变异的。为什么会如此呢?根据各个物种是被独立创造出来的观点,即它的所有部分都像我们今天所看到的那样,我就不能找出什么解释。但根据各个物种群是从其他某些物种传下来并且通过自然选择而发生了变异的观点,我想我们就能得到一些说明,首先让我说明几点。如果我们对于家养动物的任何部分或整体不予注意,而不施任何选择,那么这一部分(例如,多径鸡〔Dorking fowl〕的肉冠),或整个品种,就不会再有一致的性状:可以说这一品种是退化了。在残迹器官方面,在对特殊目的很少专业化的器官方面,以及大概在多形的类群方面,我们可以看到几乎同样的情形;因为在这些情形下,自然选择未曾或者不能发生充分的作用,因此体制便处于彷徨的状态。但是这里特别和我们有关的是,在我们的家养动物里,那些由于连续的选择作用而现今正在迅速进行变化的构造也是显著于变异的。看一看鸽子的同一品种的一些个体吧,并且看一看翻飞鸽的嘴、传书鸽的嘴和肉垂、扇尾鸽的姿态及尾羽等等具有何等重大的差异量；这些正是目前英国养鸽家们主要注意的各点。甚至在同一个亚品种里，如短面翻飞鸽这个亚品种，要育成近乎完全标准的鸽子是极其困难的，多数都与标准距离甚远。因此可以确实地说，有一种经常的斗争在下述两方面之间进行着，一方面是回到较不完全的状态去的倾向，以及发生新变异的一种内在倾向，另一方面是保持品种纯真的不断选择的力量。最后还是选择获胜，因此我们不必担心会遭到如此失败，以致从优良的短面鸽品系里育出像普通翻飞鸽那样粗劣的鸽。在选择作用正在迅速进行的情况下，正在进行变异的部分具有巨大的变异性，是常常可以预料到的。

现在让我们转到自然界来。任何一个物种的一个部分如果比同属的其他物种异常发达，我们就可以断言，这一部分自那几个物种从该属的共同祖先分出的时期以来，已经进行了非常重大的变异。这一时期很少会十分久远，因为一个物种很少能延长到一个地质时代以上。所谓异常的变异量是指非常巨大的和长期连续的变异性而言，这种变异性是由自然选择为了物种的利益而被继续累积起来的。但是异常发达的部分或器官的变异性，既已如此巨大而且是在不很久远的时期内长久连续进行，所以按照一般规律，我们大概还可料想到，这些器官比在更长久时期内几乎保持稳定的体制的其他部分，具有更大的变异性。我相信事实就是这样。一方面是自然选择，另一方面是返祖和变异的倾向，二者之间的斗争经过一个时期会停止下来的；并且最异常发达的器官会成为稳定的，我觉得没有理由可以怀疑这一点。因此，一种器官，不管它怎样异常，既以近于同一状态传递给许多变异了的后代，如蝙蝠的翅膀，按照我们的理论来讲，它一定在很长久的时期内保持着差不多同样的状态；这样，它就不会比任何其他构造更易于变异。只有在变异是比较新近的，而且异常巨大的情况下，我们才能发现所谓发育的变异性（generative variability）依然高度存在。因为在这种情形下，由于对那些按照所要求的方式和程度发生变异的个体进行继续选择，以及由于对返归以前较少变异的状态进行继续排除，变异性很少被固定下来。

物种的性状比属的性状更易变异

前节所讨论的原理也可应用于现在这个问题。众所周知，物种的性状比属的性状更易变化。举一个简单的例子来说明：如果在一个大属的植物里，有些物种开蓝花，有些物种开红花，这颜色只是物种的一种性状；开蓝花的物种会变为开红花的物种，对此谁都不会感到惊奇，相反亦如是；但是，如果一切物种都是开蓝花的，这颜色就成为属的性状，而它的变异便是更异常的事情了。我选取这个例子的理由是因为多数博物学者所提出的解释不能在这里应用，他们认为物种的性状之所以比属的性状更易变异，是因为物种的分类所根据的那些部分，其生理重要性小于属的分类所根据的那些部分。我相信这种解释只是部分而间接地正确的；在"分类"一章里我还要讲到这一点。引用证据来支持物种的普通性状比属的性状更易变异的说法，几乎是多余的了；但关于重要的性状，我在博物学著作里一再注意到以下的事情，就是，当一位作者惊奇地谈到某一重要器官或部分在物种的大群中一般是极其固定的,但在亲缘密切的物种中差异却很大时,它在同种的个体中常常易于变异。这一事实指出,一般具有属的价值的性状,一经降低其价值而变为只有物种的价值时,虽然它的生理重要性还保持一样,但它却常常变为易于变异的了。同样的情形大概也可以应用于畸形:至少小圣·提雷尔无疑地相信,一种器官在同群的不同物种中,愈是正常地表现差异,在个体中就愈多受变态所支配。

按照各个物种是被独立创造的流俗观点来看,在独立创造的同属各物种之间,为什么构造上相异的部分比密切近似的部分更容易变异,我看对此无法做出任何说明。但是,按照物种只是特征显著的和固定的变种的观点来看,我们就可以预期常常看到,在比较近期内变异了的因而彼此有所差异的那些构造部分,还要继续变异。或者,可以用另一种方式来说明,凡是一个属的一切物种的构造彼此相似的,而与近缘属的构造相异的各点,就叫作属的性状。这些性状可以归因于共同祖先的遗传,因为自然选择很少能使若干不同的物种按照完全一样的方式进行变异,而这些不同的物种已经适于多少广泛不同的习性。所谓属的性状是在物种最初从共同祖先分出来以前就已经遗传下来了,此后它们没有发生什么变异,或者只出现了些许的差异,所以时至今日它们大概就不会变异了。另一方面,同属的某一物种与另一物种的不同各点就叫作物种的性状。因为这些物种的性状是在物种从一个共同祖先分出来以后,发生了变异并且出现了差异,所以它们大概还应在某种程度上常常发生变异,至少比那些长久保持稳定的那些体制的部分,更易变异。

第二性征易生变异。——我想无须详细讨论,博物学者们都会承认第二性征是高度变异的。他们还会承认,同群的物种彼此之间在第二性征上的差异,比在体制的其他部分上的差异更加广泛。例如,比较一下在第二性征方面有强烈表现的雄性鹑鸡类之间的差异量与雌性鹑鸡类之间的差异量,便可明了。这些性状的原始变异性的原因还不明显;但我们可以知道,为什么它们没有像其他性状那样地表现了固定性和一致性,因为它们是被性选择所积累起来的,而性选择的作用不及自然选择作用那样严格,它不致引起死亡,只是使较为不利的雄性少留一些后代而已。不管第二性征的变异性的原因是什么,因为它们是高度变异的,所以性选择就有了广阔的作用范围,因而也就能够成功地使同群的物种在第二性征方面比在其他性状方面表现较大的差异量。

同种的两性间第二性征的差异,一般都表现在同属各物种彼此差异所在的完全相同的那一部分,这是一个值得注意的事实。关于这一事实,我愿举出列在我的表中最前面的两个事例来说明;因为在这些事例中,差异具有非常的性质,所以它们的关系绝不是偶然的。甲虫足部跗节的同样的数目,是极大部分甲虫类所共有的一种性状;但是在木吸虫科(Engidæ)①里,如韦斯特伍得(Westwood)所说的,跗节的数目变异很大;并且在同种的两性间,这个数目也有差异。还有,在掘地性膜翅类里,翅脉是大部分所共有的性状,所以是一种高度重要的性状;但是在某些属里,翅

---

① 木吸虫科(Engidæ),是 Cryptophagidæ 的旧名。——译者

脉因物种不同而有差异,并且在同种的两性间也是如此。卢伯克爵士(Sir.J.Lubbock)近来指出,若干小形甲壳类动物极好地说明了这一法则。"例如,在角镖水蚤(Pontella)属里,第二性征主要是由前触角和第五对脚表现出来的:同时物种的差异也主要表现在这些器官方面。"这种关系对于我的观点有明显的意义:我认为同属的一切物种之必然由一个共同祖先传下来与任何一个物种的两性由一个共同祖先传下来是一样的。因此,不管共同祖先或它的早期后代的哪一部分成为变异的,则这一部分的变异极其可能要被自然选择或性选择所利用,以使若干物种在自然组成中适于各自位置,而且使同一物种的两性彼此适合,或者使雄性在占有雌性方面适于和其他雄性进行斗争。

最后,我可以总结,物种的性状,即区别物种之间的性状,比属的性状,即一切物种所具有的性状,具有更大的变异性;——一个物种的任何部分与同属其他物种的同一部分相比较,表现异常发达时,这一部分常常具有高度的变异性;一个部分无论怎样异常发达,如果这是全部物种所共有的,则其变异性的程度是轻微的;——第二性征的变异性是大的,并且在亲缘密切的物种中其差异是大的;第二性征的差异和通常的物种差异,一般都表现在体制的同一部分,——这一切原理都是紧密关联在一起的。这主要是由于,同一群的物种都是一个共同祖先的后代,这个共同祖先遗传给它们许多共同的东西,——由于晚近发生大量变异的部分,比遗传已久而未曾变异的部分,可能继续变异下去,——由于随着时间的推移,自然选择能够或多或少地完全克服返祖倾向和进一步变异的倾向，——由于性选择不及自然选择那样严格，——更由于同一部分的变异，曾经被自然选择和性选择所积累，因此就使它适应了第二性征的目的以及一般的目的。

不同的物种呈现相似的变异，所以一个物种的一个变种常常表现一个近似物种所固有的一种性状，或者复现一个早期祖代的某些性状。——观察一下我们的家养族，就会极其容易地理解这些主张。地区相隔辽远的一些极不相同的鸽的品种，呈现头生逆毛和脚生羽毛的亚变种——这是原来的岩鸽所不曾具有的一些性状；所以，这些就是两个或两个以上不同的族的相似变异。突胸鸽常有的十四枝或者甚至十六枝尾羽，可以被认为是一种变异，它代表了另一族即扇尾鸽的正常构造。我想不会有人怀疑，所有这些相似变异，系由于这几个鸽族都是在相似的未知影响下，从一个共同亲代遗传了相同的体质和变异倾向；在植物界里，我们也有一个相似变异的例子，见于"瑞典芜菁"（Swedish turnip）和芜菁甘蓝（Ruta baga）的肥大的茎（俗称根部）；若干植物学者把此等植物看作是从一个共同祖先培养出来的两个变种：如果不是这样，这个例子便成为在两个不同物种呈现相似变异的例子了；除此二者之外，还可加入第三者，即普通芜菁。按照每一物种是被独立创造的这一流俗观点，我们势必不能把这三种植物的肥大茎的相似性，都归因于共同来源的真实原因，也不能归因于按照同样方式进行变异的倾向，而势必归因于三种分离的而又密切关联的创造作用。诺丹曾在葫芦这一大科里、其他作家们曾在我们的谷类作物里观察到相似变异的同样事例。在自然状况下昆虫也发生同样的情形，最近曾被沃尔什先生很有才能地讨论过,他已经把它们归纳在他的"均等变异性"法则里去了。

但是关于鸽子,还有另外一种情形,即在一切品种里会偶尔出石板蓝色的鸽子,它们的翅膀上有两条黑带,腰部白色,尾端有一条黑带,外羽近基部的外缘呈白色。因为这一切颜色都属于亲种岩鸽的特性,我假定这是一种返祖的情形,而不是在若干品种中所出现的新的相似变异,这是不会有人怀疑的。我想,我们可以有信心地作出这样的结论,因为,如我们已经看到的,此等颜色的标志非常容易在两个不同的、颜色各异的品种的杂交后代中出现;在这种情形下,这种石板蓝色以及几种色斑的重现并不是由于外界生活条件的作用,而仅是依据遗传法则的杂交作用的影响。

有些性状已经失去许多世代或者甚至数百世代还能重现,无疑是一件很令人惊奇的事实。但是,当一个品种和其他品种杂交,虽仅仅一次,它的后代在许多世代中还会有一种倾向,偶尔发生复现外来品种的性状,——有些人说大约是十二代或多至二十代。从一个祖先得来的血(用普通的说法),在十二世代后,其比例只为 2048 比 1;然而,如我们所知道的,一般相信,返祖的倾向是被这种外来血液的残余部分所保持的。在一个未曾杂交过的,但是它的双亲已经失去了祖代的某种性状的一个品种里,重现这种失去了的性状的倾向,无论强或弱,如前面已经说过的,差不多可以传递给无数世代,即使我们可以看到相反的一面,也是如此。一个品种的已经亡失的一种性状,经过许多世代以后还重复出现,最近情理的假设是,并非一个个体突然又获得数百代以前的一个祖先所失去了的性状,而是这种性状在每一世代里都潜伏存在着，最后在未知的有利条件下发展起来了。例如，在很少产生一只蓝色鸽的排孛鸽里，大概每一世代都有产生蓝色羽毛的潜在倾向。通过无数世代传递下来的这种倾向，比十分无用的器官即残迹器官同样传递下来的倾向在理论的不可能性上不会更大。产生残迹器官的倾向有时的确是这样遗传下去的。

同属的一切物种既然假定是从一个共同祖先传下来的，那就可以料想到，它们偶尔会按照相似的方式进行变异；所以两个物种或两个以上的物种的一些变种会彼此相似，或者某一物种的一个变种在某些性状上会与另一不同的物种相似，——这另一个物种，按照我们的观点，只是一个特征显著而固定的变种而已。但是单纯由于相似变异而发生的性状，其性质大概是不重要，因为一切机能上的重要性状的保存，须依照这个物种的不同习性，通过自然选择而决定的。我们可以进一步料想到，同属的物种偶尔会重现长久失去的性状。然而，因为我们不知道任何自然类群的共同祖先，所以也就不能把重现的性状与相似的性状区别开来。例如，如果我们不知道亲种岩鸽不具毛脚或倒冠毛，我们就不能说在家养品种中出现这样的性状究系返祖现象抑仅仅是相似变异；但我们从许多色斑可以推论出，蓝色是一种返祖的例子，因为色斑和蓝色是相关联的，而这许多色斑大概不会从一次简单的变异中一齐出现。特别是当颜色不同的品种进行杂交时，蓝色和若干色斑如此常常出现；由此我们尤其可以推论出上述一点。因此，在自然状况下，我们一般无法决定什么情形是先前存在的性状的重现，什么情形是新的而又相似的变异，然而，根据我们的理论，我们有时会发现一个物种的变异着的后代具有同群的其他个体已经具有的相似性状。这是无可怀疑的一点。

识别变异的物种的困难，主要在于变种好像模仿同属中的其他物种。还有，介于两个类型之间的类型不胜枚举，而这两端的类型本身是否可以列为物种也还有疑问；除非我们把一切这些密切近似类型都认为是分别创造的物种，不然的话，上述一点就阐明了，它们在变异中已经获得了其他类型的某些性状。但是相似变异的最好证据还在于性状一般不变的部分或器官，不过这些器官或部分偶尔也发生变异，以致在某种程度上与一个近似物种的同一部分或器官相似。我搜集了一系列的此种事例；但在这里，和以前一样，我很难把它们列举出来。我只能重复地说，这种情形的确存在，而且在我看来是很值得注意的。

然而我要举出一个奇异而复杂的例子，这是一个任何重要性状完全不受影响的例子，但是它发生在同属的若干物种里——一部分是在家养状况下的，一部分是在自然状况下的。这个例子几乎可以肯定是返祖现象。驴的腿上有时有很明显的横条纹，和斑马腿上的相似：有人确定幼驴腿上的条纹最为明显，据我调查所得，我相信这是确实的。肩上的条纹有时是双重的，在长度和轮廓方面很易于变异。有一头白驴，这不是皮肤变白症，被描述为没有脊上和肩上的条纹：在深色的驴子里，此等条纹也很不明显或实际上完全失去了。据说由帕拉斯命名的野驴（koulan of Pallas）的肩上有双重的条纹。布莱斯先生曾经看见过一头野驴的标本具有明显的肩条纹，虽然它本应是没有的；普尔上校（Col. Poole）告诉我说，这个物种的幼驹，一般在腿上都有条纹，而在肩上的条纹却很模糊。斑驴（quagga）虽然在体部有斑马状的明显条纹,但在腿上却没有;然而格雷博士(Dr.Gray)所绘制的一个标本,却在后脚踝关节处有极清楚的斑马状条纹。

关于马,我在英国搜集了许多极其不同品种的和各种颜色的马在脊上生有条纹的例子:暗褐色和鼠褐色的马在腿上生有横条纹的并不罕见,在栗色马中也有过一个这样的例子;暗褐色的马有时在肩上生有不明显的条纹,而且我在一匹赤褐色马的肩上也曾看到条纹的痕迹。我的儿子为我仔细检查了和描绘了双肩生有条纹的和腿部生有条纹的一匹暗褐色比利时驾车马;我亲自看见过一匹暗褐色的德文郡矮种马在肩上生有三条平行条纹,还有人向我仔细描述过一匹小形的韦尔什矮种马(Welsh pony)在肩上也生有三条平行的条纹。

在印度西北部,凯替华品种(Kattywar breed)的马,通常都生有条纹,我听普尔上校说,他曾为印度政府查验过这个品种,没有条纹的马被认为是非纯粹的品种。它们在脊上都生有条纹;腿上也通常生有条纹,肩上的条纹也很普通,有时候是双重的,有时候是三重的;还有,脸的侧面有时候也生有条纹。幼驹的条纹常常最明显;老马的条纹有时完全消失了。普尔上校见过初生的灰色和赤褐色的凯替华马都有条纹。从 W.W.爱德华先生给我的材料中,我有理由推测,幼小的英国赛跑马在脊上的条纹比长成的马普遍得多。我自己近来饲养了一匹小马,它是由赤褐色雌马(是东土耳其雄马和佛兰德雌马的后代)和赤褐色英国赛跑马交配后产生的;这幼驹产下来一星期的时候,在它的臀部和前额生有许多极狭的、暗色的、斑马状的条纹,腿部也生有极轻微的条纹,但所有这些条纹不久就完全消失了。这里无须再详细地讲了。我可以说，我搜集了许多事例，表明不同地方的极其不同品种的马在腿上和肩上都生有条纹，从英国到中国东部，并且从北方的挪威到南方的马来群岛，都是如此。在世界各地，这种条纹最常见于暗褐色和鼠褐色的马；暗褐色这一名词，包括广大范围的颜色，从介于褐色和黑色中间的颜色起，一直到接近淡黄色止。

我知道曾就这个问题写过论文的史密斯上校（Col. H.Smith）相信，马的若干品种是从若干原种传下来的，——其中一个原种是暗褐色的而且生有条纹；并且他相信上述的外貌都因为在古代与暗褐色的原种杂交所致。但我们可以稳妥地驳斥这种意见；因为那壮大的比利时驾车马，韦尔什杂种马，挪威矮脚马，细长的凯替华马等等，都栖息在世界上相隔甚远的地方，要说它们都必须曾经与一个假定的原种杂交过，则是十分不可能的。

现在让我们来讲一讲马属中几个物种的杂交效果。罗林（Rollin）断言驴和马杂交所产生的普通骡子，在腿上特别容易生有条纹；按照戈斯先生（Mr.Gosse）的意见，美国某些地方的骡子，十分之九在腿上生有条纹。我有一次见过一匹骡子，腿上条纹如此之多，以致任何人都会想象它是斑马的杂种；W.C.马丁先生（Mr.Martin）在一篇有关马的优秀论文里，绘有一幅骡子图，与此相像。我曾见过四张驴和斑马的杂种彩色图，在它们的腿上所生的极明显条纹，远比身体其他部分为甚；并且其中有一匹在肩上生有双重条纹。莫顿爵士（Lord Morton）有一个著名的杂种，是从栗色雌马和雄斑驴育成的，这杂种，以及后来这栗色雌马与黑色亚拉伯马所产生的纯种后代，在腿上都生有比纯种斑驴还要更加明显的横条纹。最后，还有另一个极其值得注意的事例，格雷博士曾绘制过驴子和野驴的一个杂种（并且他告诉我说，他还知道有第二个事例）；虽然驴只偶尔在腿上生有条纹，而野驴在腿上并没有条纹，甚至在肩上也没有条纹，但是这杂种在四条腿上仍然生有条纹，并且像暗褐色的德文郡马与韦尔什马的杂种一样，在肩上还生有三条短条纹，甚至在脸的两侧也生有一些斑马状的条纹。关于最后这一事实，我非常相信绝不会有一条带色的条纹像普通所说的那样是偶然发生的，因此，驴和野驴的杂种在脸上生有条纹的事情便引导我去问普尔上校：是否条纹显著的凯替华品种的马在脸上也曾有过条纹，如上所述，他的回答是肯定的。

对于这些事实，我们现在怎样说明呢？我们看到马属的几个不同品种，通过简单的变异，就像斑马似的在腿上生有条纹，或者像驴似的在肩上生有条纹。至于马，我们看到，当暗褐色——这种颜色接近于该属其他物种的一般颜色——出现时，这种倾向便表现得强烈。条纹的出现，并不伴生形态上的任何变化或任何其他新性状。我们看到，这种条纹出现的倾向，以极不相同的物种之间所产生的杂种最为强烈。现在看一看几个鸽品种的情形：它们是从具有某些条纹和其他标志的一种浅蓝色的鸽子（包含两个或三个亚种或地方族）传下来的；如果任何品种由于简单的变异而具有浅蓝色时，此等条纹和其他标志必然会重新出现；但其形态或性状却不会有任何变化。当最古老的和最纯粹的各种不同颜色的品种进行杂交时，我们看到这些杂种就有重现蓝色和条纹以及其他标志的强烈倾向。我曾说过，解释这种古老性状重现的合理假设是，在每一连续世代的幼鸽里都有重现久已失去的性状的倾向，这种倾向，由于未知的原因，有时占优势。我们刚才谈到，在马属的若干物种里，幼马的条纹比老马更明显或表现得更普遍。如果把鸽的品种，其中有些是在若干世纪中纯正地繁殖下来的，称为物种，那么这种情形与马属的若干物种的情形是何等完全一致！至于我自己，我敢于自信地回顾到成千成万代以前，有一种动物具有斑马状的条纹，其构造大概很不相同，这就是家养马（不论它们是从一个或数个野生原种传下来的）、驴、亚洲野驴、斑驴以及斑马的共同祖先。

我推测那些相信马属的各个物种是独立创造出来的人会主张，每一个物种被创造出来就赋有一种倾向，在自然状况下和在家养状况下都按照这种特别方式进行变异，使得它常常像该属其他物种那样地变得具有条纹；同时每一个物种被创造出来就赋有一种强烈的倾向，当和栖息在世界上相隔甚远的地方的物种进行杂交时，所产生出的杂种在条纹方面不像它们自己的双亲，而像该属的其他物种。依我看来，接受这种观点，就是排斥了真实的原因，而代以不真实的或至少是不可知的原因。这种观点使得上帝的工作成为仅仅是模仿和欺骗的了；倘接受这一观点，我几乎就要与老朽而无知的天地创成论者们一起来相信贝类化石从来就不曾生活过，而只是在石头里被创造出来以模仿生活在海边的贝类的。

提要——关于变异法则，我们还是深深地无知的。我们能阐明这部分或那部分为什么发生变异的任何原因，在一百个例子中还不到一个。但是当我们使用比较的方法时，就可以看出同种的变种之间的较小差异，和同属的物种之间的较大差异，都受同样法则的支配。变化了的外界条件一般只会诱发彷徨变异，但有时也会引起直接的和一定的效果;这些效果随着时间的推移可以变成强烈显著的;关于这一点,我们还没有充分的证据。习性在产生体质的特性上,使用在器官的强化上,以及不使用在器官的削弱和缩小上,在许多场合里,都表现出强有力的效果。同源部分有按照同一方式进行变异的倾向,并且有合生的倾向。坚硬部分和外在部分的改变有时能影响较柔软的和内在的部分。当一部分特别发达时,大概它就有向邻近部分吸取养料的倾向;并且构造的每一部分如果被节约了而无损害,它就会被节约掉。早期构造的变化可以影响后来发育起来的部分;许多相关变异的例子,虽然我们还不能理解它们的性质,无疑是会发生的。重复部分在数量上和构造上都易于变异,大概由于这些部分没有为了任何特殊机能而密切专业化,所以它们的变异没有受到自然选择的密切节制。大概由于同样的原因,低等生物比高等生物更易变异,高等生物的整个体制是比较专业化了。残迹器官,由于没有用处,不受自然选择的支配,所以易于变异。物种的性状——即若干物种从一个共同祖先分出来以后所发生的不同性状——比属的性状更易变异,属的性状遗传已久,且在这一时期内没有发生变异。在这些说明里,我们是指现今还在变异的特殊部分或器官而言,因为它们在近代发生了变异并且由此而有所区别;但我们在第二章里看到,同样的原理也可以应用于所有的个体;因为,如果在一个地区发现了一个属的许多物种——就是说在那里以前曾经有过许多变异和分化,或者说在那里新的物种的类型的制造曾经活跃地进行过——那么在那个地区和在这些物种内,平均上,我们现在可以发现极多的变种。次级性征是高度变异的,这种性征在同群的物种里彼此差异很大。体制中同一部分的变异性，一般曾被利用以产生同一物种中两性间的次级性征的差异，以及同属的若干物种中的种间差异。任何部分或器官，与其近缘物种的同一部分或器官相比较，如果已经发达到相当的大小或异常的状态，那么这些部分或器官必定自该属产生以来已经经历了异常大量的变异；并且由此我们可以理解，为什么它至今还会比其他部分有更大的变异；因为变异是一种长久持续的、缓慢的过程，而自然选择在上述情形中还没有充分时间来克服进一步变异的倾向，以及克服重现较少变异状态的倾向。但是，如果具有任何异常发达器官的一个物种，变成许多变异了的后代的祖先——我们认为这一定是一个很缓慢的过程，需要经历长久的时间——在这种情形下，自然选择就会成功地给予这个器官以固定的性状，无论它是按照如何异常方式发达了的。从一个共同祖先遗传了几乎同样体质的物种，当被放在相似的影响之下，自然就有表现相似变异的倾向，或者这些相同的物种偶尔会重现它们的古代祖先的某些性状。虽然新而重要的变异不是由于返祖和相似变异而发生的，但此等变异也会增加自然界的美妙而调谐的多样性。

不论后代和亲代之间的每一轻微差异的原因是什么——每一差异必有一个原因——我们有理由相信：这是有利差异逐渐而缓慢的积累，它引起了每一物种的构造上的一切较为重要的变异，而这些构造是与习性相关联的。

第六章　学说的难点

伴随着变异的生物由来学说的难点——过渡变种的不存在或稀有——生活习性的过渡——同一物种中的分歧习性——具有与近似物种极其不同习性的物种——极端完善的器官——过渡的方式——难点的事例——自然界没有飞跃——重要性小的器官——器官并不在一切情形下都是绝对完善的——自然选择学说所包括的模式统一法则和生存条件法则。

读者远在读到本书这一部分之前，想来已经遇到了许许多多的难点。有些难点是这样的严重，以致今日我回想到它们时还不免有些踌躇；但是，根据我所能判断的来说，大多数的难点只是表面的，而那些真实的难点，我想，对于这一学说也不是致命的。

这些难点和异议可以分作以下几类：第一，如果物种是从其他物种一点点地逐渐变成的，那么，为什么我们没有到处看到无数的过渡类型呢？为什么物种恰像我们所见到的那样区别分明，而整个自然界不呈混乱状态呢？

第二，一种动物，比方说，一种具有像蝙蝠那样构造和习性的动物，能够由别种习性和构造大不相同的动物变化而成吗？我们能够相信自然选择一方面可以产生出很不重要的器官,如只能用作拂蝇的长颈鹿的尾巴,另一方面,可以产生出像眼睛那样的奇妙器官吗?

第三,本能能够从自然选择获得吗?自然选择能够改变它吗?引导蜜蜂营造蜂房的本能实际上出现在学识渊博的数学家的发现之前,对此我们应当作何解说呢?

第四,对于物种杂交时的不育性及其后代的不育性,对于变种杂交时的能育性的不受损害,我们能够怎样来说明呢?

前两项将在这里讨论;其他种种异议在下一章讨论;本能和"杂种状态"(hybridism)在接下去的两章讨论。

论过渡变种的不存在或稀有——因为自然选择的作用仅仅在于保存有利的变异,所以在充满生物的区域内,每一新的类型都有一种倾向来代替并且最后消灭比它自己改进较少的亲类型以及与它竞争而受益较少的类型。因此绝灭和自然选择是并肩进行的。所以,如果我们把每一物种都看作是从某些未知类型传下来的,那么它的亲种和一切过渡的变种,一般在这个新类型的形成和完善的过程中就已经被消灭了。

但是,依照这种理论,无数过渡的类型一定曾经存在过,为什么我们没有看到它们大量埋存在地壳里呢?在"论地质记录的不完全"一章里来讨论这一问题,将会更加便利;我在这里只说明,我相信关于这一问题的答案主要在于地质记录的不完全实非一般所能想象到的。地壳是一个巨大的博物馆;但自然界的采集品并不完全,而且是在长久的间隔时期中进行的。

但是,可以主张,当若干亲缘密切的物种栖息在同一地域内时,我们确实应该在今日看到许多过渡类型才对。举一个简单的例子:当在大陆上从北往南旅行时,我们一般会在各段地方看到亲缘密切的或代表的物种显然在自然组成里占据着几乎相同的位置。这些代表的物种常常相遇而且相混合;当某一物种逐渐少下去的时候,另一物种就会逐渐多起来,终于这一个代替了那一个。但如果我们在这些物种相混的地方来比较它们,可以看出它们的构造的各个细点一般都绝对不同,就像从各个物种的中心栖息地点采集来的标本一样。按照我的学说,这些近缘物种是从一个共同亲种传下来的;在变异的过程中,各个物种都已适应了自己区域里的生活条件,并已排斥了和消灭了原来的亲类型以及一切连接过去和现在的过渡变种。因此,我们不应该希望今日在各地都遇到无数的过渡变种,虽然它们必定曾经在那里存在过,并且可能以化石状态在那里埋存着。但是在具有中间生活条件的中间地带,为什么我们现在没有看到密切连接的中间变种呢?这一难点在长久期间内颇使我惶惑。但是我想,它大体是能够解释的。

第一,如果我们看到一处地方现在是连续的,就推论它在一个长久的时期内也是连续的,对此应当十分慎重。地质学使我们相信:大多数的大陆,甚至在第三纪末期也还分裂成一些岛屿;在这样的岛屿上没有中间变种在中间地带生存的可能性,不同的物种大概是分别形成的。由于陆地的形状和气候的变迁,现在连续的海面在最近以前的时期,一定远远不像今日那样的连续和一致。但是我将不取这条道路来逃避困难;因为我相信许多界限十分明确的物种是在本来严格连续的地面上形成的;虽然我并不怀疑现今连续地面的以前断离状态，对于新种形成，特别对于自由杂交而漫游的动物的新种形成，有着重要作用。

我们观察一下现今在一个广大地域内分布的物种，我们一般会看到它们在一个大的地域内是相当多的，而在边界处就多少突然地逐渐稀少下来，最后终于消失了。因此，两个代表物种之间的中间地带比起每个物种的独占地带，一般总是狭小的。在登山时我们可以看到同样的事实，有时正如得康多尔所观察的那样，一种普通的高山植物非常突然地消失了，这是十分值得注意的。福布斯在用捞网探查深海时，也曾注意到同样的事实。有些人把气候和物理的生活条件看作是分布的最重要因素，这等事实应该引起那些人们的惊异，因为气候和高度或深度都是不知不觉地逐渐改变的。但是如果我们记得几乎每一物种，甚至在它分布的中心地方，倘使没有与它竞争的物种，它的个体数目将增加到难以数计；如果我们记得几乎一切物种，不是吃别的物种便是为别的物种所吃掉；总而言之，如果我们记得每一生物都与别的生物以极重要的方式直接地或间接地发生关系，——那么我们就会知道，任何地方的生物分布范围绝不完全决定于不知不觉地变化着的物理条件，而是大部分决定于其他物种的存在，或者依赖其他物种而生活，或者被其他物种所毁灭，或者与其他物种相竞争；因为这些物种都已经是区别分明的实物，没有被不可觉察的各级类型混淆在一起，于是任何一个物种的分布范围，由于依存于其他物种的分布范围，其界限就会有十分明显的倾向。还有，各个物种，在其个体数目生存较少的分布范围的边缘上，由于它的敌害或它的猎物数量的变动，或季候性的变动，将会极其容易地遭到完全的毁灭；因此，它的地理分布范围的界限就愈加明显了。

因为近似的或作表的物种，当生存在一个连续的地域内时，各个物种都有广大的分布范围，它们之间有着一个比较狭小的中间地带，在这个地带内，它们会比较突然地愈来愈稀少；又因为变种和物种没有本质上的区别，所以同样的法则大概可以应用于二者；如果我们以一个栖息在广大区域内的正在变异中的物种为例，那么势必有两个变种适应于两个大区域，并且有第三个变种适应于狭小的中间地带。结果，中间变种由于栖息在一个狭小的区域内，它的个体数目就较少；实际上，据我所能理解的来说，这一规律是适合于自然状态下的变种的。关于藤壶属（Balanus）里的显著变种的中间变种，我看到这一规律的显著例子。沃森先生、阿萨·格雷博士和沃拉斯顿先生给我的材料表明，当介于二个类型之间的中间变种存在的时候，这个中间变种的个体数目一般比它们所连接的那两个类型的数目要少得多。现在，如果我们可以相信这些事实和推论，并且断定介于二个变种之间的变种的个体数目，一般比它们所连接的类型较少的话，那么，我们就能够理解中间变种为什么不能在很长久的期间内存续：——按照一般规律，中间变种为什么比被它们原来所连接的那些类型绝灭和消失得早些。

那是因为，如前所述，任何个体数目较少的类型，比个体数目多的类型，会遇到更大的绝灭机会；在这种特殊情形里，中间类型极容易被两边存在着的亲缘密切的类型所侵犯。但还有更加重要的理由：在假定两个变种改变而完成为两个不同物种的进一步变异过程中，个体数目较多的两个变种，由于栖息在较大的地域内,就比那些栖息在狭小中间地带内的个体数目较少的中间变种占有强大优势。这是因为个体数目较多的类型,比个体数目较少的类型,在任何一定的时期内,都有较好的机会,呈现更有利的变异,以供自然选择的利用。因此,较普通的类型,在生活的竞争里,就有压倒和代替较不普通的类型的倾向,因为后者的改变和改良是比较缓慢一些的。我相信,如第二章所指出的,这一同样的原理也可以说明为什么每一地区的普通物种比稀少的物种平均能呈现较多的特征显著的变种。我可以举一个例子来说明我的意思,假定饲养着三个绵羊变种,一个适应于广大的山区;一个适应于比较狭小的丘陵地带;第三个适应于广阔的平原;假定这三处的居民都有同样的决心和技巧,利用选择来改良它们的品种;在这种情形下,拥有多数羊的山区或平原饲养者,将有更多的成功机会,他们比拥有少数羊的狭小中间丘陵地带饲养者在改良品种上要较快些;结果,改良的山地品种或平原品种就会很快地代替改良较少的丘陵品种;这样,本来个体数目较多的这两个品种,便会彼此密切相接,而没有那被代替的丘陵地带中间变种夹在其中。

总而言之,我们相信物种终究是界限相当分明的实物,在任何一个时期内,不会由于无数变异着的中间连锁而呈现不可分解的混乱:第一,因为新变种的形成是很缓慢的,这由于变异就是一个缓慢的过程,如果没有有利的个体差异或变异发生,自然选择就无所作为;同时在这个地区的自然机构中如果没有空的位置可以让一个或更多改变的生物更好地占据,自然选择也无所作为。这样的新位置决定于气候的缓慢变化或者决定于新生物的偶然移入，并且更重要的，可能决定于某些旧生物的徐缓变异；由于后者产生出来的新类型，便和旧类型互相发生作用和反作用。所以在任何一处地方，在任何一个时候，我们应该看到只有少数物种在构造上表现着多少稳定的轻微变异；这的确是我们看到的情形。

第二，现在连续的地域，在过去不久的时期一定常常是隔离的部分，在这些地方，有许多类型，特别属于每次生育须进行交配和漫游甚广的那些类型，大概已经分别变得十分不同，足以列为代表物种。在这种情形里，若干代表物种和它们的共同祖先之间的中间变种，先前在这个地区的各个隔离部分内一定曾经存在过，但是这些连锁在自然选择的过程中都已被排除而绝灭，所以现今就看不到它们的存在了。

第三，如有两个或两个以上的变种在一个严密连续地域的不同部分被形成了，那么在中间地带大概有中间变种的形成，但是这些中间变种一般存在的时间不长。因为这些中间变种，由于已经说过的那些理由（即由于我们所知道的亲缘密切的物种或代表物种的实际分布情形，以及公认的变种的实际分布情形），生存在中间地带的个体数量比被它们所连接的变种的个体数量要少些。单从这原因来看，中间变种就难免绝灭；在通过自然选择进一步发生变异的过程中，它们几乎一定要被它们所连接的那些类型所压倒和代替；因为这些类型的个体数量较多，在整体中有更多的变异，这样便能通过自然选择得到进一步的改进，而进一步占有更大的优势。

最后，不是通过任何一个时期，而是通过所有时期来看，如果我的学说是真实的，那么无数中间变种肯定曾经存在过，而把同群的一切物种密切连接起来，但是正如前面已经屡次说过的，自然选择这个过程，常常有使亲类型和中间变种绝灭的倾向。结果，它们曾经存在的证明只能见于化石的遗物中，而这些化石的保存，如我们在以后的一章里所要指出的，是极不完全而且间断的。

论具有特殊习性和构造的生物之起源和过渡——反对我的意见的人曾经问道：比方说，一种陆栖食肉动物怎样能够转变成具有水栖习性的食肉动物；这动物在它的过渡状态中怎么能够生活？不难阐明，现今有许多食肉动物呈现着从严格的陆栖习性到水栖习性之间密切连接的中间各级；并且因为各动物必须为生活而斗争才能生存，所以明显地，各动物一定要很好适应它在自然界中所处的位置。试看北美洲的水貂（Mustela vison），它的脚有蹼，它的毛皮、短腿以及尾的形状都像水獭。在夏季这种动物为了捕鱼为食，在水中游泳，但在悠长的冬季，它离开冰冻的水，并且像其他鼬鼠（pole-cats）一样，捕鼷鼠和别种陆栖动物为食。如果用另一个例子来问：一种食虫的四足兽怎样能够转变成能飞的蝙蝠？对于这个问题的答复要难得多。然而据我想，这个难点的重要性并不大。

在这里，正如在其他场合，我处于严重不利的局面，因为从我搜集的许多明显事例里，我只能举出一两个，来说明近似物种的过渡习性和构造；以及同一物种中无论恒久的或暂时的多种习性。依我看来，像蝙蝠这种特殊的情况，非把过渡状态的事例列成一张长表，似乎不足以减少其中的困难。

我们看一看松鼠科；有的种类，其尾巴仅仅稍微扁平，还有一些种类，如理查森爵士（Sir J.Richardson）所论述过的，其身体后部相当宽阔、两胁的皮膜开张得相当充满，从这些种类开始，一直到所谓飞鼠，中间有分别极细的诸级；飞鼠的四肢甚至尾的基部，都被广阔的皮膜联结在一起，它的作用就像降落伞那样，可以让飞鼠在空中从这树滑翔到那树，其距离之远实足惊人。我们不能怀疑，每一种构造对于每一种松鼠在其栖息的地区都各有用处，它可以使松鼠逃避食肉鸟或食肉兽，可以使它们较快地采集食物，或者，如我们有理由可以相信的，可以使他们减少偶然跌落的危险。然而不能从这一事实就得出结论说，每一种松鼠的构造在一切可能条件下都是我们所可能想象到的最好的构造。假使气候和植物变化了，假使与它竞争的其他啮齿类或新的食肉动物迁移进来了，或者旧有的食肉动物变异了，如此类推下去，将会使我们相信，至少有些松鼠要减少数量，或者绝灭，除非它们的构造能以相应的方式进行变异和改进。所以，特别是在变化着的生活条件下，那些肋旁皮膜愈张愈大的个体将被继续保存下来，在这个问题上，我看是没有什么难点的，它的每一变异都是有用的，都会传衍下去，因为这种自然选择过程的累积效果，终于会有一种完全的所谓飞鼠产生出来。

现在看一看猫猴类（Galeopithecus），即所谓飞狐猴的，先前它曾被放在蝙蝠类中，现在相信它是属于食虫类（Insectivora）[①]的了。它那肋旁极阔的皮膜，从额角起一直延伸到尾巴，把生着

[①] 近代动物学又把它从食虫目移出，独立为皮翼目（Dermoptera）一目。——译者

长指的四肢也包含在内了。这肋旁的皮膜还生有伸张肌。现在虽然还没有适于在空中滑翔的构造的各级连锁把猫猴类与其他食虫类联结起来,然而不难想象,这样的连锁先前曾经存在过,而且各自像滑翔较不完全的飞鼠那样地发展起来的;各级构造对于它的所有者都曾经有过用处。我觉得也没有任何不能超越的难点来进一步相信,连接猫猴类的指头与前臂的膜,由于自然选择而大大地增长了;这一点,就飞翔器官来讲,就可以使那动物变成为蝙蝠。在某些蝙蝠里,翼膜从肩端起一直延伸到尾巴,并且把后腿都包含在内,我们大概在那里可以看到一种原来适于滑翔而不适于飞翔的构造痕迹。

假如有十二个属左右的鸟类绝灭了,谁敢冒险推测,只把它们的翅膀用作击水的一些鸟,如大头鸭(Micropterus of Eyton);把它们的翅膀在水中当作鳍用,在陆上当作前脚用的一些鸟,如企鹅;把它们的翅膀当作风篷用的一些鸟,如鸵鸟;以及翅膀在机能上没有任何用处的一些鸟,如几维鸟(Apteryx),曾经存在过呢?然而上述每一种鸟的构造,在它所处的生活条件下,都是有用处的,因为每一种鸟都势必在斗争中求生存;但是它在一切可能条件下并不一定都是最好的。切勿从这些话去推论,这里所讲的各级翅膀的构造(它们大概都由于不使用的结果),都表示鸟类实际获得完全飞翔能力所经过的步骤;但是它们足以表示有多少过渡的方式至少是可能的。

看到像甲壳动物(Crustacea)和软体动物(Mollusca)这些营水中呼吸的动物的少数种类可以适应陆地生活;又看到飞鸟、飞兽,许多样式的飞虫,以及先前曾经存在过的飞爬虫,那么可以想象那些依靠鳍的拍击而稍稍上升、旋转和在空中滑翔很远的飞鱼,大概是可以变为完全有翅膀的动物的。如果这种事情曾经发生,谁会想象到,它们在早先的过渡状态中是大洋里的居住者呢?而且它们的初步飞翔器官是专门用来逃脱别种鱼的吞食的呢?(据我们所知,它是这样的。)

如果我们看到适应于任何特殊习性而达到高度完善的构造,如为了飞翔的鸟翅,我们必须记住,表现有早期过渡各级的构造的动物很少会保留到今日,因为它们会被后继者所排除,而这些后继者正是通过自然选择逐渐变为愈益完善的。进一步我们可以断言,适于不同生活习性的构造之间的过渡状态,在早期很少大量发展,也很少具有许多从属的类型。这样,我们再回到假想的飞鱼例子,真正会飞的鱼,大概不是为了在陆上和水中用许多方法以捕捉许多种类的食物,而在许多从属的类型里发展起来,直到它们的飞翔器官达到高度完善的阶段,使得它们在生活斗争中能够决定性地胜过其他动物时,它们才能发展起来。因此,在化石状态中发见具有过渡各级构造的物种的机会总是少的,因为它们的个体数目少于那些在构造上充分发达的物种的个体数目。

现在我举两三个事例来说明同种的诸个体间习性的分歧和习性的改变。在二者之中的任何一种情形里,自然选择都能容易地使动物的构造适应它的改变了的习性,或者专门适应若干习性中的一种习性。然而难以决定的是,究竟习性一般先起变化而构造随后发生变化呢,还是构造的稍微变化引起了习性的变化呢?但这些对于我们并不重要。大概两者差不多常是同时发生的。关于改变了的习性的情形,只要举出现在专吃外来植物或人造食物的许多英国昆虫就足够了。关于分歧了的习性,有无数例子可以举出来:我在南美洲常常观察一种暴戾的鹟(Saurophagus sulphuratus),它像一只茶隼(Kestrel)似地翱翔于一处,复至他处,此外的时间它静静地立在水边,于是像翠鸟(Kingfisher)似的冲入水中扑鱼。在英国,有时可以看到大荏雀(Paurs major)几乎像旋木雀(creeper)似的攀行枝上;它有时又像伯劳(shrike)似的啄小鸟的头部,把它们弄死,我好多次看见并且听到,它们像䴓(nuthatch)似的,在枝上啄食紫杉(yew)的种子。赫恩(Hearne)在北美洲看到黑熊大张其嘴在水里游泳数小时,几乎像鲸鱼似的,捕捉水中的昆虫。

我们有时候既然看到一些个体具有不同于同种和同属异种所固有的习性,所以我们可以预期这些个体大概偶尔会产生新种,这些新种具有异常的习性,而且它们的构造轻微地或者显著地发生改变,不同于它们的构造模式。自然界里是有这样的事例的。啄木鸟攀登树木并从树皮的裂缝里捉捕昆虫,我们能够举出比这种适应性更加动人的例子吗?然而在北美洲有些啄木鸟主要以果实为食物,另有一些啄木鸟却生着长翅而在飞行中捕捉昆虫。在拉普拉塔平原上,几乎没有生长一株树,那里有一种啄木鸟叫平原䴕(Colaptes campestris),它的二趾向前,二趾向后,舌长而尖,尾羽尖细而坚硬,足以使它在一个树干上保持直立姿势,但不及典型啄木鸟的尾羽那样坚硬,并且它还有直而强的嘴。然而它的嘴不及典型啄木鸟的嘴那样地直或强,但也足以在树木上穿孔。因此,这种鸟,在构造的一切主要部分上,是一种啄木鸟。甚至像那些不重要的性状,如羽色、粗糙的音调、波动式的飞翔,都明白表示了它们与英国普通啄木鸟的密切的血缘关系；但是根据我自己的观察，以及根据亚莎拉的精确观察，我可以断定，在某些大的地区内，它不攀登树木，并且在堤岸的穴洞中做窠！然而在某些别的地方，据赫德森先生（Mr. Hudson）说，就是这种同样的啄木鸟常往来树间，并在树干上凿孔做窠。我可以举出另一个例子来说明这一属的习性改变的情况，根据得沙苏尔（De Saussure）的描述，有一种墨西哥的啄木鸟在坚硬的树木上打孔，以贮藏橡树果实（acorn）。

海燕（petrels）是最具空中性和海洋性的鸟，但是在火地的恬静海峡间有一种名叫水雉鸟（Puffinuria berardi）的，在它的一般习性上，在它的惊人的潜水力上，在它的游泳和起飞时的飞翔姿态上，都会使任何人把它误为海乌（auk）或水壶卢（grebe）的；尽管如此，它在本质上还是一种海燕，但它的体制的许多部分已经在新的生活习性的关系中起了显著的变异；而拉普拉塔的啄木鸟在构造上仅有轻微的变异。关于河乌（water-ouzel），最敏锐的观察者根据它的尸体检验，也绝不会想象到它有半水栖的习性；然而这种与鸫科近似的鸟却以潜水为生，——它在水中使用翅膀，用两脚抓握石子。膜翅类这一大目的一切昆虫，除了卵蜂属（Proctotrupes），都是陆栖性的，卢伯克爵士曾发见卵蜂属有水栖的习性；它常常进入水中，不用脚而用翅膀，到处潜游，它在水面下能逗留四小时之久；然而它的构造并不随着这种变常的习性而发生变化。

有些人相信各种生物一创造出来就像今日所看到的那样，他们如果遇到一种动物的习性与构造不相一致时，一定常常要觉得奇怪。鸭和鹅的蹼脚的形成是为了游泳,还有什么比此事更为明显的呢?然而产于高地的鹅,虽然生着蹼脚,但它很少走近水边。除却奥杜旁(Audubon)外,没有人看见过四趾都有蹼的军舰鸟(frigate-bird)会降落在海面上的。另一方面,水壶卢和水姑丁(coots)都是显著的水栖鸟,虽然它们的趾仅在边缘上生着膜。涉禽类(Grallatores)①的长而无膜的趾的形成,是为了便于在沼泽地和浮草上行走,还有比此事更为明显的吗?——鹬(water-hen)和陆秧鸡(landrail)都属于这一目,然而前者几乎和水姑丁一样是水栖性的,后者几乎和鹌鹑(quail)或鹧鸪(partridge)一样是陆栖性的。在这些例子以及其他能够举出的例子里,都是习性已经变化而构造并不相应地变化。高地鹅的蹼脚在机能上可以说已经变得几乎是残迹的了,虽然在其构造上并非如此。军舰鸟的趾间深凹的膜,表明它的构造已开始变化了。

相信生物是分别而无数次地被创造出来的人会这样说,在这些例子里,是因为造物主喜欢使一种模式的生物去代替别种模式的生物;但在我看来这只是用庄严的语言把事实重说一遍罢了。相信生存斗争和自然选择原理的人,则会承认各种生物都不断在努力增多个体数目;并且会承认任何生物无论在习性上或构造上只要发生很小的变异,就能较同一地方的别种生物占有优势,而攫取那一生物的位置,不管那个位置与它自己原来的位置有多大的不同。这样,他就不会对下面的事实感到奇怪了:具有蹼脚的鹅和军舰鸟,生活于干燥的陆地而很少降落在水面上;具有长趾

---

① Grallatores,旧分类的一目,和游禽目等是依据生态学来分的,今已少用。——译者

的秧鸡,生活于草地而不生活于泽地上;啄木鸟生长在几乎没有树木的地方;以及潜水的鸫、潜水的膜翅类和海燕具有海鸟的习性。

极端完善的和复杂的器官

眼睛具有不能模仿的装置,可以对不同距离调节其焦点,容纳不同量的光和校正球面的和色彩的像差和色差,如果假定眼睛能由自然选择而形成,我坦白承认,这种说法好像是极其荒谬的。当最初说太阳是静止的。而地球环绕着太阳旋转的时候,人类的常识曾经宣称这一学说是错误的;但是像各个哲学家所知道的"民声即天声"这句古谚,在科学里是不能相信的。理性告诉我,如果能够示明从简单而不完全的眼睛到复杂而完全的眼睛之间有无数各级存在,并且像实际情形那样地每级对于它的所有者都有用处;进而如果眼睛也像实际情形那样地曾经发生过变异,并且这些变异是能够遗传的;同时如果这些变异对于处在变化着的外界条件下的任何动物是有用的;那么,相信完善而复杂的眼睛能够由自然选择而形成的难点,虽然在我们想象中是难以克服的,却不能被认为能够颠覆我的学说。神经怎样对光有感觉,正如生命本身是怎样起源的一样,不是我们研究的范围。但我可以指出,有些最低级的生物,在它们体内并不能找到神经,也能够感光,因此,在它们原生质(sarcode)里有某些感觉元素聚集起来,而发展为具有这种特殊感觉性的神经,似乎并非是不可能的。

在探求任何一个物种的器官所赖以完善化的诸级时,我们应当专门观察它的直系祖先；但这几乎是不可能的，于是我们便不得不去观察同群中的别的物种和别的属，即去观察共同始祖的旁系，以便看出在完善化过程中有哪些级是可能的，也许还有机会看出遗传下来的没有改变或仅有小小改变的某些级。但是，不同纲里的同一器官的状态，对于它达到完善化所经过的步骤有时也会提供若干说明。

能够叫作眼睛的最简单器官，是由一条视神经形成的，它被色素细胞环绕着，并被半透明的皮膜遮盖着，但它没有任何晶状体或其他折射体。然而根据乔丹（M.Jourdain）的研究，我们甚至可以再往下降一步，可以看到色素细胞的集合体，它分明是用作视觉器官的，但没是任何神经，只是着生在肉胶质的组织上面。上述这种简单性质的眼睛，不能明白地看见东西，只能够用来辨别明暗。据方才所提到的作者的描述，在某些星鱼里，围绕神经的色素层有小的凹陷，里面充满着透明的胶质，表面凸起，好像高等动物里的角膜。他认为这不是用来反映形象的，只不过把光线集中，使它的感觉更容易一些罢了。在这种集中光线的情形里，我们得到向着形成真的、能够反映形象的眼睛的最初甚至最重要的步骤；因为只要把视神经的裸露一端（在低等动物中，视神经的这一端的位置没有一定，有的深埋在体内，有的则接近在体表），安放在与集光器的适当距离之处，便会在这上面形成影像。

在关节动物（Articulata）①这一大纲里，我们可以看到最原始的是单纯被色素层包围着的视神经，这种色素层有时形成一个瞳

---

① Articulata，居维尔的动物分类的一纲，包含环形类（Annelida）和节足类（Arthropoda），今已不采用。——译者

孔，但没有晶状体或其他光学装置。关于昆虫，现在已经知道，巨大的复眼的角膜上有无数小眼，形成真正的晶状体，并且这种晶锥体含有奇妙变异的神经纤维。但是在关节动物里，视觉器官的分歧性是如此之大，以致米勒(Müller)先前曾把它分为三个主要的大类和七个小类，除此之外还有聚生单眼的第四个主要大类。

如果我们想一想这里很简单讲过的情形，即关于低等动物的眼睛构造的广阔的、分歧的、逐渐分级的范围；如果我们记得一切现存类型的数量比起已经绝灭类型的数量一定少得多，那么就不难相信，自然选择能够把被色素层包围着的和被透明的膜遮盖着的一条视神经的简单装置，改变为关节动物的任何成员所具有的那样完善的视觉器官。

已经走到此处的人，如果读完本书之后，发现其中的大量事实，不能用别的方法得到解释，只能用通过自然选择的变异学说才可以得到解释，那么，他就应当毫不犹豫地再向前迈进一步；他应当承认，甚至像雕(eagle)的眼睛那样完善的构造也是如此形成的，虽然在这种情形下，他并不知道它的过渡状态。有人曾经反对说，为了要使眼睛发生变化，并且作为一种完善的器官被保存下来，就必须有许多变化同时发生，而据推想，这是不能通过自然选择做到的；但正如我在论家养动物变异的那部著作里所曾企图阐明的，如果变异是极微细而逐渐的，就没有必要假定一切变异都是同时发生的。同时，不同种类的变异也可能为共同的一般目的服务；正如华莱士先生曾经说过的，"如果一个晶状体具有太短的或太长的焦点，它可以由改变曲度或改变密度来进行调整；如果曲度不规则，光线不能聚集于一点，那么使曲度增加一些规则性，便是一种改进了。所以，虹膜的收缩和眼睛肌肉的运动，对于视觉都不是必要的，不过是使这一器官的构造在任何阶段中得到添加的和完善化的改进而已。"在动物界占最高等地位的脊椎动物里，其眼睛开始时是如此简单，如文昌鱼的眼睛，只是透明皮膜所构成的小囊，其上着生神经并围以色素，除此之外，别无其他装置。在鱼类和爬行类里，如欧文曾经说过的："折光构造的诸级范围是很大的。"按照微尔和（Virchow）的卓见，甚至人类的这种美妙透明晶状体，在胚胎期也是由袋状皮褶中的表皮细胞的堆积而形成的；而玻璃体是由胚胎的皮下组织形成的，这个事实有重要的意义。虽然如此，对于这样奇异的然而并不是绝对完善的眼睛的形成，要达到公正的结论，理性还必须战胜想象；但是我痛感这是很困难的，所以有些人把自然选择原理应用到如此深远而有所踌躇，对此我并不觉得奇怪。

避免把眼睛和望远镜作比较，几乎是不可能的。我们知道望远镜是由人类的最高智慧经过长久不断的努力而完成的；我们自然地会推论眼睛也是通过一种多少类似的过程而形成的。但这种推论不是专横吗？我们有什么理由可以假定"造物主"也是以人类那样的智慧来工作呢？如果我们必须把眼睛和光学器具作一比较的话，我们就应当想象，它有一厚层的透明组织，在其空隙里充满着液体，下面有感光的神经，并且应当假定这一厚层内各部分的密度缓缓地不断地在改变着，以便分离成不同密度和厚度的各层，这些层的彼此距离各不相同，各层的表面也慢慢地改变着形状。进而我们必须假定有一种力量，这种力量就是自然选择即最适者生存，经常十分注意着透明层的每个轻微的改变；并且在变化了的条件之下，把无论以任何方式或任何程度产生比较明晰一点的映象的每一个变异仔细地保存下来。我们必须假定，这器官的每一种新状态，都是成百万地倍增着；每种状态一直被保存到更好的产生出来之后，这时旧的状态才全归毁灭。在生物体里，变异会引起一些轻微的改变，生殖作用会使这些改变几乎无限地倍增着，而自然选择乃以准确的技巧把每一次的改进都挑选出来。让这种过程百万年地进行着；每年作用于成百万的许多种类的个体；这种活的光学器具会比玻璃器具制造得更好，正如"造物主"的工作比人的工作做得更好一样，难道我们能不相信这一点吗？

过渡的方式

倘使能证明有任何复杂器官不是经过无数的、连续的、轻微的变异而被形成的，那么我的学说就要完全破产。但是我还没有发现这种情形。无疑现在有许多器官，我们还不知道它们的过渡中间诸级，如果对于那些十分孤立的物种进行观察时，就更加如此，因为根据我的学说，它的周围的类型已大都绝灭了。或者，我们以一个纲内的一切成员所共有的一种器官作为论题时，也是如此，因为在这种情形里，那器官一定原来是在遥远的时代里形成的，此后，本纲内一切成员才发展起来；为要找寻那器官早先经过的过渡诸级，我们必须观察极古的始祖类型，可是这些类型早已绝灭了。

我们在断言一种器官可以不通过某一种类的过渡诸级而形成时，必须十分小心。在低等动物里，可以举出无数的例子来说明同样的器官同时能够进行全然不同的机能；如蜻蜓的幼虫和泥鳅（Cobites），它们的消化管兼营呼吸、消化和排泄的机能。再如水螅（Hydra），它可以把身体的内部翻到外面来，这样，外层就营消化，而营消化的内层就营呼吸了。在这等情形里，自然选择可能使本来营两种机能的器官的全部或一部专营一种机能，如果由此可以得到任何利益的话，于是经过不知不觉的步骤，器官的性质就被大大改变了。我们知道，有许多种植物正常地同时产生不同构造的花；如果这等植物仅仅产生一类的花，那么这一物种的性质就会比较突然地发生大变化。但同一株植物产生的两类花大概原来是由分级极细的步骤分化出来的，这些步骤至今可能在某些少数情形里还在进行着。

再者，两种不同的器官，或两种形式极不同的同样器官，可以同时在同一个个体里营相同的机能，并且这是极端重要的过渡方法：举一个例子来说明，——鱼类用鳃呼吸溶解在水中的空气，同时用鳔呼吸游离的空气，鳔被富有血管的隔膜分开，并有鳔管（ductus pneumaticus）以供给它空气。在植物界中可以举出另外一个例子：植物的攀缘方法有三种，用螺旋状的卷绕，用有感觉的卷须卷住一个支持物，以及用发出的气根；通常是不同的植物群只使用其中的一种方法，但有几种植物兼用两种方法，甚至也有同一个个体同时使用三种方法的。在所有这种情形里，两种器官当中的一个可能容易地被改变和完善化，以担当全部的工作，它在变异的进行中，曾经受到了另一种器官的帮助；于是另一种器官可能为着完全不同的另一个目的而被改变，或者可能整个被消灭掉。

鱼类的鳔是一个好的例证,因为它明确地向我们阐明了一个高度重要的事实:即本来为了一种目的——漂浮——构成的器官,转变成为了极其不同目的——呼吸——的器官。在某些鱼类里,鳔又为听觉器官的一种补助器。所有生理学者都承认鳔在位置和构造上都与高等脊椎动物的肺是同源的或是理想地相似的;因此,没有理由可以怀疑鳔实际上已经变成了肺,即变成一种专营呼吸的器官。

按照这个观点就可以推论,一切具有真肺的脊椎动物是从一种古代的未知的具有漂浮器即鳔的原始型一代一代地传下来的。这样,正如我根据欧文关于这些器官的有趣描述推论出来的,我们可以理解为什么咽下去的每一点食物和饮料都必须经过气管上的小孔,虽然那里有一种美妙的装置可以使声门紧闭,但它们还有落入肺部去的危险。高等脊椎动物已经完全失去了鳃,——但在它们的胚胎里,颈两旁的裂缝和弯弓形的动脉仍然标志着鳃的先前位置。但现今完全失掉的鳃,大概被自然选择逐渐利用于某一不同的目的的,是可以想象的;例如兰陀意斯(Landois)曾经阐明,昆虫的翅膀是从气管发展成的;所以,在这个大的纲里,一度用作呼吸的器官,实际上非常可能已转变成飞翔器官了。

在考察器官的过渡时,记住一种机能有转变成另一种机能的可能性是非常重要的,所以我愿再举另外一个例子。有柄蔓足类有两个很小的皮褶,我把它叫作保卵系带,它用分泌黏液的方法来把卵保持在一起,一直到卵在袋中孵化。这种蔓足类没有鳃,全身表皮和卵袋表皮以及小保卵系带,都营呼吸。藤壶科即无柄蔓足类则不然,它没有保卵系带,卵松散地置于袋底,外面包以紧闭的壳；但在相当于系带的位置上却生有巨大的、极其褶皱的膜，它与系带和身体的循环小孔自由相通，所有博物学者都认为它有鳃的作用。我想，现在没有人会否认这一科里的保卵系带与别科里的鳃是严格同源的；实际上它们是彼此逐渐转化的。所以，毋庸怀疑，原来作为系带的、同时也很轻度地帮助呼吸作用的那两个小皮褶，已经通过自然选择，仅仅由于它们的增大和它们的黏液腺的消失，就转变成鳃了。如果一切有柄蔓足类都已绝灭（而有柄蔓足类所遭到的绝灭远较无柄蔓足类为甚），谁能想到无柄蔓足类里的鳃原本是用来防止卵被冲出袋外的一种器官呢？

另有一种过渡的可能方式，即是通过生殖时期的提前或延迟。这是最近美国科普教授（Prof.Cope）和其他一些人所主张的。现在知道有些动物在还没有获得完全的性状以前就能够在很早的期间生殖；如果这种能力在一个物种里得到彻底发展时，成体的发育阶段可能迟早就要失掉；在这种情形里，特别是当幼体与成体显著不同时，这一物种的性状就要大大地改变和退化。有不少动物的性状直到成熟以后，差不多还在它们的整个生命期中继续进行。例如哺乳动物，头骨的形状随着年龄的增长常有很大的改变，关于这一点，穆里博士（Dr.Murie）曾就海豹举出过一些动人的例子；每个人都知道，鹿愈老角的分支也愈多，某些鸟愈老羽毛也发展得愈美丽。科普教授说，有些蜥蜴的牙齿形状，随着年龄的增长而有很大的变化。据弗里茨·米勒的记载，在甲壳类里，不仅是许多微小的部分，便是某些重要的部分，在成熟以后还呈显出新的性状。在所有这种例子里，——还有许多例子可以举出，——如果生殖的年龄被延迟了，物种的性状，至少是成年期的性状，就要发生变异；在某些情形里，前期的和早期的发育阶段会很快地结束，而终至消失，也不是不可能的。至于物种是否常常经过或曾经经过这种比较突然的过渡方式，我还没有成熟的意见；不过这种情形如果曾经发生，那么幼体和成体之间的差异，以及成体和老体之间的差异，大概最初还是一步一步地获得的。

自然选择学说的特别难点

虽然我们在断言任何器官不能由连续的、细小的、过渡的诸级产生的时候必须极端小心，可是自然选择学说无疑还有严重的难点。

最严重的难点之一是中性昆虫，它们的构造经常与雄虫和能育的雌虫有所不同；但是关于这种情形将在下章进行讨论。鱼的发电器官提供了另一种特别难以解释的例子；因为不可能想象这等奇异的器官是经过什么步骤产生的。但这也用不到大惊小怪，因为甚至连它有什么用处我们还不知道。在电鳗（Gymnotus）和电鲼（Torpedo）里，没有疑问，这些器官是被用作强有力的防御手段的，或者是用于捕捉食物的；但是在鳐鱼（Ray）里，按照玛得希（Matteucci）的观察，尾巴上有一个类似的器官，甚至当它受到重大的刺激时，发电仍然极少；少到大概不足以供上述目的的任何用处。还有，在鳐鱼里，除了刚才所说的器官之外，如麦克唐纳博士（Dr.McDonnell）曾经阐明的，近头部处还有另一个器官，虽然知道它并不带电，但它似乎是电鲼的发电器的真正同源器官。一般承认这些器官和普通的肌肉之间，在内部构造上、神经分布上和对各种试药的反应状态上都是密切类似的。再者，肌肉的收缩一定伴随着放电，也是应当特别注意的。并且如拉德克利夫博士（Dr.Radcliffe）所主张的"电鲋的发电器官在静止时的充电似乎与肌肉和神经在静止时的充电极其相像，电鲋的放电，并没有什么特别，大概只是肌肉和运动神经在活动时放电的另一种形式而已"。除此以外，我们现在还没有其他解释；但是因为我们对于这种器官的用处知道的这样少，并且因为我们对于现今生存的电鱼始祖的习性和构造还不知道，所以要来主张不可能有有用的过渡诸级来完成这些器官的逐渐发展，就未免过于大胆了。

起初看来这些器官好像提供了另一种更加严重的难点；因为发电器官见于约十二个种类的鱼里，其中有几个种类的鱼在亲缘关系上是相距很远的。如果同样的器官见于同一纲中的若干成员，特别是当这些成员具有很不相同的生活习性时，我们一般可以把这器官的存在归因于共同祖先的遗传；并且可以把某些成员不具有这器官归因于通过不使用或自然选择而招致的丧失。所以，如果发电器官是从某一古代祖先遗传下来的，我们大概会预料到一切电鱼彼此都应该有特殊的亲缘关系了；可是事实远非如此。地质学也完全不能令人相信大多数鱼类先前曾有过发电器官，而它们的变异了的后代到现在才把它们失掉。但是当我们更深入地观察这一问题时，就可发现在具有发电器官的若干鱼类里，发电器官是位于身体上的不同部分的，——它们在构造上是不同的，例如电板的排列法的不同，据巴西尼（Pacini）说，发电的过程或方法也是不同的，——最后，通到发电器官的神经来源也是不同的，这大概是一切不同中的最重要的一种了。因此，在具有发电器官的若干鱼类里,不能把这种器官看作是同源的,只能把它们看作是在机能上同功的。结果,就没有理由假定它们是从共同祖先遗传下来的了;因为假使它们有共同的祖先,它们就应该在各方面都是密切相像的。这样,关于表面上相同、实际上却从几个亲缘相距很远的物种发展起来的器官这一难点就消失了,现在只剩下一个较差的然而也还是重大的难点,即在各个不同群的鱼类里,这种器官是经过什么分级的步骤而发展起来的。

在属于十分不同科的几种昆虫里所看到的位于身体上不同部分的发光器官,在我们缺乏知识的现状下,给予我们一个与发电器官差不多相等的难点。还有其他相似的情形;例如在植物里,花粉块生在具有黏液腺的柄上,这种很奇妙的装置,在红门兰属(Orchis)和马利筋属(Asclepias)里显然是相同的。——在显花植物中,这两个属的关系相距最远;然而在这里,这些部分也不是同源的。在体制系统相距很远而生有相似的器官和特别器官的所有生物中,可以看到,这些器官的一般形态和机能虽然是相同的,但常常可以发现它们之间是有根本差异的。例如,头足类(cephalopods)或乌贼(Cuttle-fish)的眼睛和脊椎动物的眼睛在外观上异常相像;在系统这样远隔的两个类群里,这种相像不能归因于共同祖先的遗传。米伐特先生曾经把这种情形作为特别难点之一提出来了,但我无法看出他的论点的力量。一种视觉器官必须是由透明的组织形成的,并且必须有某种晶状体,以便使影像投射到暗室的后方。除了这种表面的相像外,乌贼和脊椎动物的眼睛几乎没有任何真正的相同之处,参考一下汉生(Hensen)

关于头足类的这种器官的可称赞的报告，就可以知道这一点。这里我不能详加讨论，但可以把几点不同的地方说明一下。高等乌贼的晶状体是由两个部分组成的，就像两个透镜似地前后排列着，二者的构造和位置都与脊椎动物的有所不同。视网膜（retina）完全不同，主要部分完全是颠倒的，并且在眼膜内含有一个大型的神经节。肌肉之间的关系大不相同，其他部分也是这样。因此，在描述头足类和脊椎动物的眼睛时，甚至同样的术语究竟可以应用到怎样的程度，其困难并不算小。当然，任何人都可以自由地否认二者的眼睛是通过连续的、轻微的变异的自然选择而发展成的；但是，如果承认这个形成过程见于一种情形，那么在另一种情形里也就清楚地有此可能了；如果依照它们以这样方法形成的观点，这两个群在视觉器官构造上的基本差异，是可以预料到的。如同两个人有时会独立地得到同一个发明一样，在上述的几种情形里，自然选择为了各生物的利益而工作着，并且利用着一切有利的变异，这样，在不同的生物里，产生出就机能来讲是相同的器官，这些器官的共同构造并不能归因于共同祖先的遗传。

弗里茨·米勒为了验证本书所得到的结论，很慎重地进行了差不多相同的议论。在甲壳动物几个科里的少数物种，具有呼吸空气的器官，适于在水外生活，米勒对其中两个科研究得特别详细，这两科的关系很接近，它们的诸物种的一切重要性状都密切一致：如它们的感觉器官、循环系统、复杂的胃中的丛毛位置，以及营水呼吸的鳃的构造，甚至清洁鳃用的极微小的钩，都是密切一致的。因此，可以预料到，在属于这两个科的营陆地生活的少数物种里，同等重要的呼吸空气器官应当是相同的；因为，一切其他的重要器官既密切相似或十分相同，为什么为了同一目的的这一种器官要制造得不同呢？

米勒根据我的观点，主张构造上这样多方面的密切相似，必须用从一个共同祖先的遗传才能得到解释，但是，因为上述两个科的大多数物种，和大多数其他甲壳动物一样，都是水栖习性的，所以如果说它们的共同祖先曾经适于呼吸空气，当然是极不可能的。因此，米勒在呼吸空气的物种里仔细地检查了这种器官；他发现各个物种的这种器官在若干重要之点上，如呼吸孔的位置，开闭的方法，以及其他若干附属构造，都是有差异的。只要假定属于不同科的物种慢慢地变得日益适应水外生活和呼吸空气的话，那种差异是可以理解的，甚至大概是可以预料的。因为，这些物种由于属于不同的科，就会有某种程度的差异，并且根据变异的性质依靠两种要素——即生物的本性和环境的性质——的原理，它们的变异性必定不会完全相同。结果，自然选择为要取得机能上的同一结果，就必须在不同的材料即变异上进行工作；这样获得的构造差不多必然是各不相同的。依照分别创造作用的假说，全部情形就不能理解了。这样讨论的路线使米勒接受我在本书里所主张的观点，似乎有很大的分量。

另一位卓越的动物学家即已故的克莱巴里得教授（Prof. Claparède）曾有过同样的议论，并达到同样的结果。他阐明，属于不同亚科和科的寄生性螨（Acaridae），都生有毛钩。这等器官必定是分别发展成的，因为它们不能从一个共同祖先遗传下来；在若干群里，它们是由前腿的变异，——后腿的变异，——下颚或唇的变异，——以及身体后部下面的附肢的变异，而形成的。

从上述的情形，我们在全然没有亲缘关系的或者只有疏远亲缘关系的生物里，看到由发展虽然不同而外观密切相似的器官所达到的同样结果和所进行的同样机能。另一方面，用极其多样的方法，可以达到同样的结果，甚至在密切相近的生物里有时也是如此，这是贯穿整个自然界的一个共同规律。鸟类的生着羽毛的翅膀和蝙蝠的张膜的翅膀，在构造上是何等不同；蝴蝶的四个翅，苍蝇的两个翅，以及甲虫的两个鞘翅，在构造上就更加不同了。双壳类（Bivalve）的壳构造得能开能闭，但从胡桃蛤（Nucula）的长行综错的齿到贻贝（Mussel）的简单的韧带，两壳铰合的样式是何等之多！种子有由于它们生得细小来散布的，——有由它们的蒴变成轻的气球状被膜来散布的，——有把它们埋藏在由种种不同的部分形成的、含有养分的，以及具有鲜明色泽的果肉内，以吸引鸟类来吃它们而散布的，——有生着许多种类的钩和锚状物以及锯齿状的芒，以便附着走兽的毛皮来散布的，——有生着各种形状和构造精巧的翅和毛，一遇微风就能飞扬来散布的。我再举另一个例子；因为用极其多样的方法而得到相同的结果这一问题是极其值得注意的。某些作者主张，生物几乎好像店里的玩具那样，仅仅为了花样，是由许多方法形成的，但这种自然观并不可信。雌雄异株的植物，以及虽然雌雄同株但花粉不能自然地散落在柱头上的植物，需要某些助力以完成受精作用。有几类受精是这样完成的：花粉粒轻而松散，被风吹荡，单靠机会散落在柱头上；这是可能想象得到的最简单的方法。有一种差不多同样简单然而很不相同的方法见于许多植物中，在那里对称花分泌少数几滴花蜜,因而招引了昆虫的来访;昆虫从花药把花粉带到柱头上去。

从这种简单的阶段出发,我们可以顺序地看到无数的装置,都为了同样的目的,并且以本质上相同的方式发生作用,但是它们引起了花的各部分的变化。花蜜可贮藏在各种形状的花托内,它们的雄蕊和雌蕊可起很多样式的变化,有时候生成陷阱似的装置,有时能因刺激性或弹性而进行巧妙的适应运动。从这样的构造起,一直可以到克鲁格博士(Dr.Crüger)最近描述过的盔兰属(Coryanthes)那样异常适应的例子。这种兰科植物的唇瓣即其下唇有一部分向内凹陷变成一个大水桶,在它上面有两个角状体,分泌近乎纯粹的水滴,不断地降落在桶内;当这个水桶半满时,水就从一边的出口溢出。唇瓣的基部适在水桶的上方,它也凹陷成一种腔室,两侧有出入口;在这腔室内有奇异的肉质棱。即使最聪明的人,如果他不曾亲自看见有什么情形在那里发生,永远也不会想象到这些部分有什么用处。但克鲁格博士看见成群的大形土蜂去访问这种兰科植物的巨大的花,但它们不是为了吸食花蜜,而是为了咬吃水桶上面腔室内的肉质棱;当它们这样做的时候,常常互相冲撞,以致跌进水桶里,它们的翅膀因此被水浸湿,不能飞起来,便被迫从那个出水口或溢水所形成的通路爬出去。克鲁格博士看见土蜂的"连接的队伍"经过不自愿的洗澡后这样爬出去。那通路是狭隘的,上面盖着雌雄合蕊的柱状体,因此蜂用力爬出去时,首先便把它的背擦着胶粘的柱头,随后又擦着花粉块的粘腺。这样,当土蜂爬过新近张开的花的那条通路时,便把花粉块粘在它的背上,于是把它带走了。克鲁格博士寄给我一朵浸在酒精里的花和一只蜂,蜂是在没有完全爬出去的时候弄死的,花粉块还粘在它的背上。这样带着花粉的蜂飞到另一朵花去,或者第二次再到同一朵花来,并且被同伴挤落在水桶里,然后从那条路爬出去,这时,花粉块必然首先与胶粘的柱头相接触,并且粘在这上面,于是那花便受精了。现在我们已经看到了花的各部分的充分用处,分泌水的角状体的用处,半满水桶的用处——它在于防止蜂飞去,强迫它们从出口爬出去,并且使它们擦着生在适当位置上的胶粘的花粉块和胶粘的柱头。

还有一个亲缘密切的兰科植物,叫作须蕊柱(Catasetum),它的花的构造,虽然为了同一个目的,却是十分不同的,那花的构造也是同样奇妙的。蜂来访它的花,也像来访盔唇花的花一样,是为着咬吃唇瓣的;当它们这样做的时候,就不免要接触一条长的、细尖的、有感觉的突出物,我把这突出物叫作触角。这触角一经被触到,就传达出一种感觉即振动到一种皮膜上,那皮膜便立刻裂开;由此放出一种弹力,使花粉块像箭一样地射出去,方向正好使胶粘的一端粘在蜂背上。这种兰科植物是雌雄异株的,雄株的花粉块就这样被带到雌株的花上,在那里碰到柱头,柱头是粘的,其粘力足以裂断弹性丝,而把花粉留下,于是便行受精了。

可以质问,在上述的以及其他无数的例子里,我们怎么能够理解这种复杂的逐渐分级步骤以及用各式各样的方法来达到同样的目的呢?正如前面已经说过的,这答案无疑是:彼此已经稍微有所差异的两个类型在发生变异的时候,它们的变异性不会是完全同一性质的,所以为了同样的一般目的通过自然选择所得到的结果也不会是相同的。我们还应记住：各种高度发达的生物都已经经过了许多变异，并且每一个变异了的构造都有被遗传下去的倾向，所以每一个变异不会轻易地失去，反而会一次又一次地进一步变化。因此，每一个物种的每一部分的构造，无论它为着什么目的服务，都是许多遗传变异的综合物，是这个物种从习性和生活条件的改变中连续适应所得到的。

最后，虽然在许多情形里，甚至要猜测器官经过什么样的过渡形式而达到今日的状态，也是极其困难的，但是考虑到生存的和已知的类型与绝灭的和未知的类型相比，前者的数量是如此之小，使我感到惊异的，倒是很难举出一个器官不是经过过渡阶段而形成的。好像为了特别目的而创造出来的新器官，在任何生物里都很少出现或者从未出现过，肯定这是真实的；——正如自然史里那句古老的但有些夸张的格言"自然界里没有飞跃"所指出的一样。几乎各个有经验的博物学者的著作都承认这句格言；或者正如米尔恩·爱德华曾经很好地说过的，"自然界"在变化方面是奢侈的，但在革新方面却是吝啬的。如果依据特创论，那么，为什么变异那么多，而真正新奇的东西却这样少呢？许多独立生物既然是分别创造以适合于自然界的一定位置，为什么它们的一切部分和器官，却这样普遍地被逐渐分级的诸步骤连接在一起呢？为什么从这一构造到另一构造"自然界"不采取突然的飞跃呢？依照自然选择的学说，我们就能够明白地理解"自然界"为什么应当不是这样的；因为自然选择只是利用微细的、连续的变异而发生作用；她从来不能采取巨大而突然的飞跃，而一定是以短的、确实的、虽然是缓慢的步骤前进。

蒙受自然选择作用的表面不很重要的器官

因为自然选择是通过生死存亡，——让最适者生存，让比较不适者灭亡，——而发生作用的，所以在理解不很重要的部分的起源或形成的时候，我有时感到很大的困难，其困难之大几乎像理解最完善的和最复杂的器官的情形一样，虽然这是一种很不相同的困难。

第一，我们对于任何一种生物的全部机构的知识太缺乏，以致不能说明什么样的轻微变异是重要的或是不重要的。在以前的一章里我曾举出过微细性状的一些事例，如果实上的茸毛，果肉的颜色，四足兽的皮和毛的颜色，它们由于与体质的差异相关，或与决定昆虫是否来攻击相关，确实能受自然选择的作用。长颈鹿的尾巴，宛如人造的蝇拂；说它适于现在的用途是经过连续的、微细的变异，每次变异都更适合于像赶掉苍蝇那样的琐事，起初看来，似乎是不能相信的；然而甚至在这种情形里，要作肯定之前亦应稍加考虑，因为我们知道，在南美洲，牛和其他动物的分布和生存完全决定于抗拒昆虫攻击的力量；结果，无论用什么方法只要能防避这等小敌害的个体，就能蔓延到新牧场，而获得巨大优势。并不是这些大型的四足兽实际上会被苍蝇消灭（除却一些很少的例外），而是它们连续地被搅扰，体力便会降低，结果，比较容易得病，或者在饥荒到来的时候不能那么有效地找寻食物，或者逃避食肉兽的攻击。

现在不很重要的器官，在某些情形里，对于早期的祖先大概是高度重要的，这些器官在以前的一个时期慢慢地完善化了之后，虽然现在已经用处极少了，仍以几乎相同的状态传递给现存的物种；但是它们在构造上的任何实际的有害偏差，当然也要受到自然选择的抑止。看到尾巴在大多数水栖动物里是何等重要的运动器官，大概就可以这样去解释它在多数陆栖动物（从肺或变异了的鳔表示出它们的水栖起源）里的一般存在和多种用途。一条充分发达的尾如在一种水栖动物里形成，其后它大概可以有各种各样的用途，——例如作为蝇拂，作为握持器官，或者像狗尾那样地帮助转弯，虽然尾在帮助转弯上用处很小，因为山兔（hare）几乎没有尾巴，却能更加迅速地转弯。

第二，我们很容易误认某些性状的重要性，并且很容易误信它们是通过自然选择而发展起来的。我们千万不可忽视：变化了的生活条件的一定作用所产生的效果，——似乎与外界条件少有关系的所谓自发变异所产生的效果，——复现久已亡失的性状的倾向所产生的效果，——诸如相关作用、补偿作用、一部分压迫另一部分等等复杂的生长法则所产生的效果，——最后还有性选择所产生的效果，通过这一选择，常常获得对于某一性的有用性状，并能把它们多少完全地传递给另一性，虽然这些性状对于另一性毫无用处。但是这样间接获得的构造，虽然在起初对于一个物种并没有什么利益，此后却会被它的变异了的后代在新的生活条件下和新获得的习性里所利用。

如果只有绿色的啄木鸟生存着，如果我们不知道还有许多种黑色的和杂色的啄木鸟，我敢说我们一定会以为绿色是一种美妙的适应，使这种频繁往来于树木之间的鸟得以在敌害面前隐蔽自己;结果就会认为这是一种重要的性状,并且是通过自然选择而获得的;其实这颜色大概主要是通过性选择而获得的。马来群岛有一种藤棕榈(trailing palm),它依靠丛生在枝端的构造精致的钩,攀缘那耸立的最高的树木,这种装置,对于这植物无疑是极有用处的;但是我们在许多非攀缘性的树上也看到极相似的钩,并且从非洲和南美洲的生刺物种的分布看来,有理由相信这些钩本来是用作防御草食兽的,所以藤棕榈的刺最初可能也是为着这种目的而发展的,后来当那植物进一步发生了变异并且变成攀缘植物的时候,刺就被改良和利用了。秃鹫(vulture)头上裸出的皮,普通被认为是为了沉溺于腐败物的一种直接适应;也许是这样,或者也许可能是由于腐败物质的直接作用;但是当我们看到吃清洁食物的雄火鸡的头皮也这样裸出时,我们要作任何这样的推论就要很慎重了。幼小哺乳动物的头骨上的缝曾被认为是帮助产出的美妙适应,毫无疑问,这能使生产容易,也许这是为生产所必须的;但是,幼小的鸟和爬虫不过是从破裂蛋壳里爬出来的,而它们的头骨也有缝,所以我们可以推想这种构造的发生系由于生长法则,不过高等动物把它利用在生产上罢了。

对于每一轻微变异或个体差异的原因,我们是深刻无知的;我们只要想一下各地家养动物品种间的差异,——特别是在文明较低的国家里,那里还极少施用有计划的选择,——就会立刻意识到这一点。各地未开化人所养育的动物还常常须要为自己的生存而斗争,并且它们在某种程度上是暴露在自然选择作用之下的,同时体质稍微不同的个体,在不同的气候下最能得到成功。牛对于蝇的攻击的感受性,犹如对于某些植物的毒性的感受性,与体色相关；所以甚至颜色也是这样服从自然选择的作用的。某些观察者相信潮湿气候会影响毛的生长，而角又与毛相关。高山品种常与低地品种有差异；多山的地方大概对后腿有影响，因为它们在那里使用后腿较多，骨盆的形状甚至也可能因此受到影响；于是，根据同源变异的法则，前肢和头部大概也要受到影响。还有，骨盆的形状可能因压力而影响子宫里小牛的某些部分的形状。在高的地区必需费力呼吸，我们有可靠的理由相信，这使胸部有增大的倾向；而且相关作用在这里又发生了效力。少运动和丰富的食物对于整个体制的影响大概更加重要；冯那修西亚斯（H.von Nathusius）最近在他的优秀的论文里曾阐明，这显然是猪的品种发生巨大变异的一个主要原因。但是我们实在太无知了，以致对于变异的若干已知原因和未知原因的相对重要性无法加以思索；我这样说只在于示明，尽管一般都承认若干家养品种系从一个或少数亲种经过寻常的世代而发生的，但是如果我们不能解释它们的性状差异的原因，那么我们对于真正物种之间的微小的相似差异，还不能了解其真实原因，就不必看得太严重了。

功利说有多少真实性：美是怎样获得的

最近有些博物学者反对功利说所主张的构造每一细微之点的产生都是为了它的所有者的利益，前节的论点引导我对于这种反对的说法再略微谈一谈。他们相信许多构造被创造出来，是为了美，使人或"造物主"喜欢（但"造物主"是属于科学讨论范围之外的），或者仅仅是为了增多花样而被创造出来，这种观点已被讨论过。这些理论如果正确,我的学说就完全没有立足余地了。我完全承认,有许多构造现在对于它的所有者没有直接用处,并且对于它们的祖先也许不曾有过任何用处;但这不能证明它们的形成全然为了美或花样。毫无疑问,变化了的外界条件的一定作用,以及前此列举过的变异的各种原因,不管是否由此而获得利益,都能产生效果,也许是很大的效果。但是更加重要的一点理由是,各种生物的体制的主要部分都是由遗传而来的;结果,虽然每一生物确是适于它在自然界中的位置,但是有许多构造与现在的生活习性并没有十分密切的和直接的关系。因此,我们很难相信高地鹅和军舰鸟的蹼脚对于它们有什么特别的用处;我们不能相信在猴子的臂内、马的前腿内、蝙蝠的翅膀内、海豹的鳍脚内,相似的骨对于这些动物有什么特别的用处。我们可以很稳妥地把这些构造归因于遗传。但是蹼脚对于高地鹅和军舰鸟的祖先无疑是有用的,正如蹼脚对于大多数现存的水鸟是有用的一样。所以我们可以相信,海豹的祖先并不生有鳍脚,却生有五个趾的脚,适于走或抓握;我们还可以进一步冒险地相信:猴子、马和蝙蝠的四肢内的几根骨头,基于功利的原则,大概是从这个全纲[①]的某些古代鱼形祖先的鳍内的多数骨头经过减少而发展成的。不过对于以下变化的原因,如外界条件的一定作用、所谓的自发变异,以及生长的复杂法则等等,究竟应当给予多大的衡量,几乎是不可能决定的;但是除却这些重要的例外,我们还可以断言,每一生物的构造今天或过去对于它的所有者总是有些直接或间接的

---

① 哺乳纲。——译者

用处的。

关于生物是为了使人喜欢才被创造得美观的这种信念,——这个信念曾被宣告可以颠覆我的全部学说,——我可以首先指出美的感觉,显然是决定于心理的性质,而与被鉴赏物的任何真实性质无关,并且审美的观念不是天生的或不能改变的。例如,我们看到不同种族的男子对于女人的审美标准就完全不同。如果美的东西全然为了供人欣赏才被创造出来,那么就应该指出,在人类出现以前,地面上的美应当比不上他们登上舞台之后。始新世(Eocene epoch)的美丽的螺旋形和圆锥形贝壳,以及第二纪(Secondary period)的有精致刻纹的鹦鹉螺化石,是为了人在许多年代以后可以在室中鉴赏它们而被创造出来的吗?很少东西比矽藻的细小矽壳更美观;它们是为了可以放在高倍显微镜下观察和欣赏而被创造出来的吗?矽藻以及其他许多东西的美,显然是完全由于生长的对称所致。花是自然界的最美丽的产物;它们与绿叶相映而惹起注目,同时也就使它们显得美观,因此它们就可以容易地被昆虫看到。我做出这种结论,是由于看到一个不变的规律,即,风媒花从来没有华丽的花冠。有几种植物惯于开两种花,一种是开放而有彩色的,以便吸引昆虫;一种是闭合而没有彩色的,没有花蜜,从不受到昆虫的访问。因此,我们可以断言,如果在地球的表面上不曾有昆虫的发展,我们的植物便不会点缀着美丽的花,而只开不美丽的花,如我们在枞树、栎树、胡桃树、槭树、茅草、菠菜、酸模、荨麻里所看到的那样,它们都由风的助力而受精。同样的论点也完全可以在果实方面应用;成熟的草莓或樱桃既悦目而又适口,——桃叶卫矛(Spindle-wood tree)的华丽颜色的果实和枸骨叶冬青树的猩红色的浆果都是美丽的东西,——这是任何人所承认的。但是这种美只供吸引鸟兽之用,使得果实被吞食后,随粪泻出的种子得以散布开去;我之所以推论这是确实的,是因为不曾发见过下面的法则有过例外:即,埋藏在任何种类的果实里(即生在肉质的或柔软的瓢囊里)的种子,如果果实有任何鲜明的颜色或者由于黑色或白色而惹起注目,总是这样散布的。

另一方面,我愿意承认大多数的雄性动物,如一切最美丽的鸟类,某些鱼类、爬行类和哺乳类,以及许多华丽彩色的蝴蝶,都是为着美而变得美的;但这是通过性选择所获得的成果,就是说,由于比较美的雄体曾经继续被雌体所选中,而不是为了取悦于人。鸟类的鸣声也是这样。我们可以从一切这等情形来推论:动物界的大部分在爱好美丽的颜色和音乐的音响方面,都有相似嗜好。当雌体具有像雄体那样的美丽颜色时,——这种情形在鸟类和蝴蝶里并不罕见,其原因显然在于通过性选择所获得的颜色,不只遗传于雄体,而且遗传于两性。最简单形态的美的感觉,——即是从某种颜色、形态和声音所得到一种独特的快乐,——在人类和低于人类的动物的心理里是怎样发展起来的呢,这实在是一个很难解的问题。如果我们追究为什么某种香和味可以给予快感,而别的却给予不快感,这时我们就会遇到同样的困难。在一切这等情形里,习性似乎有某种程度的作用;但是在每个物种的神经系统的构造里,一定还存在着某种基本的原因。

自然选择不可能使一个物种产生出全然对另一个物种有利

的任何变异；虽然在整个自然界中，一个物种经常利用其他物种的构造而得到利益。但是自然选择能够而且的确常常产生出直接对别种动物有害的构造，如我们所看到的蝮蛇的毒牙，姬蜂的产卵管——依靠它就能够把卵产在别种活昆虫的身体里。假如能够证明任何一个物种的构造的任何一部分全然为了另一物种的利益而形成，那就要推翻我的学说了，因为这些构造是不能通过自然选择而产生的。虽然在博物学的著作里有许多关于这种成果的叙述，但我不能找到一个这样的叙述是有意义的。人们认为响尾蛇的毒牙系用以自卫和杀害猎物；但某些作者假定它同时具有于自己不利的响器，这种响器会预先发出警告，使猎物警戒起来。这样，我差不多也可相信猫准备纵跳时卷动尾端是为了使命运已经被决定的鼠警戒起来。但更可信的观点是，响尾蛇用它的响器，眼镜蛇膨胀它的颈部皱皮，蝮蛇在发出很响而粗糙的嘶声时把身体胀大，都是为了恐吓许多甚至对于最毒的蛇也会进行攻击的鸟和兽。蛇的这种行为和母鸡看见狗走近她的小鸡时便把羽毛竖起、两翼张开的原理是一样的。动物设法把它们的敌害吓走，有许多方法，但这里限于篇幅，无法详述。

自然选择从来不使一种生物产生对于自己害多利少的任何构造，因为自然选择完全根据各种生物的利益并且为了它们的利益而起作用。正如帕利（Paley）曾经说过的，没有一种器官的形成是为了给予它的所有者以苦痛或损害。如果公平地衡量由各个部分所引起的利和害，那么可以看到，从整体来说，各个部分都是有利的。经过时间的推移，生活条件的改变，如果任何部分变为有害的，那么它就要改变；倘不如此，则这种生物就要绝灭，如无数的生物已经绝灭了的一样。

自然选择只是倾向于使每一种生物与栖息于同一地方的、和它竞争的别种生物一样地完善,或者使它稍微更加完善一些。我们可以看到,这就是在自然状况下所得到的完善化的标准。例如,新西兰的土著生物彼此相比较都是同样完善的;但是在从欧洲引进的植物和动物的前进队伍面前,它们迅速地屈服了。自然选择不会产生绝对的完善,并且就我们所能判断的来说,我们也不曾在自然界里遇见过这样高的标准。米勒曾经说过,光线收差的校正,甚至在最完善的器官如人类的眼睛里,也不是完全的。没有人怀疑过赫姆霍尔兹(Helmholtz)的判断,他强调地描述了人类的眼睛具有奇异的能力之后,又说了以下值得注意的话:"我们发现在这种光学器具里和视网膜上的影像里有不正确和不完善的情形,这种情形不能与我们刚刚遇到的感觉领域内的各种不调和相比较。人们可以说,自然界为了要否定外界和内界之间预存有协调的理论的所有基础,是喜欢积累矛盾的。"如果我们的理性引导我们热烈地赞美自然界里有无数不能模仿的装置,那么这一理性又告诉我们说(纵然我们在两方面都容易犯错误),某些其他装置是比较不完善的。我们能够认为蜜蜂的刺针是完善的吗?当它用刺针刺多种敌害的时候,不能把它拔出来,因为它有倒生的小锯齿,这样,自己的内脏就被拉出,不可避免地要引起死亡。

如果我们把蜜蜂的刺针看作在遥远的祖先里已经存在,原是穿孔用的锯齿状的器具,就像这个大目[1]里的许多成员的情形那

---

[1] 即膜翅目。——译者

样，后来为了现在的目的它被改变了，但没有改变得完全，它的毒素原本是适于别种用处的，例如产生树瘿，后来才变得强烈，这样，我们大概能够理解为什么蜜蜂一用它的刺针就会如此经常地引起自己的死亡；因为，如果从整体来看，刺针的能力对于社会生活有用处，虽然可以引起少数成员的死亡，却可以满足自然选择的一切要求的。如果我们赞叹许多昆虫中的雄虫依靠嗅觉的真正奇异能力去寻找它们的雌虫，那么，只为了生殖目的而产生的成千的雄蜂，对于群没有一点其他用处，终于被那些劳动而不育的姊妹弄死，我们对此也赞叹吗？也许是难以赞叹的，但是我们应当赞叹后蜂的野蛮的本能的恨，这种恨鼓动它在幼小的后蜂——它的女儿刚产生出来的时候，就把它们弄死，或者自己在这场战斗中死亡；因为没有疑问，这对于群是有好处的；母爱或母恨（幸而后者很少），对于自然选择的坚定原则都是一样的。如果我们赞叹兰科植物和许多其他植物的几种巧妙装置，它们据此通过昆虫的助力来受精，那么枞树产生出来的密云一般的花粉，其中只有少数几粒能够碰巧吹到胚珠上去，我们能够认为它们是同等完善的吗？

提要：自然选择学说所包括的模式统一法则和生存条件法则

我们在这一章里，已经把可以用来反对这一学说的一些难点和异议讨论过了。其中有许多是严重的；但是，我想在这个讨论里，对于一些事实已经提出了若干说明，如果依照特创论的信条，这些事实是完全弄不清的。我们已经看到,物种在任何一个时期的变异都不是无限的,也没有由无数的中间诸级联系起来,一部分原因是自然选择的过程永远是极其缓慢的,在任何一个时期只对少数类型发生作用;一部分原因是自然选择这一过程本身就包含着先驱的中间诸级不断地受到排斥和绝灭。现今生存于连续地域上的亲缘密切的物种,一定往往在这个地域还没有连续起来并且生活条件还没有从这一处不知不觉地逐渐变化到另一处的时候,就已经形成了。当两个变种在连续地域的两处形成的时候,常有适于中间地带的一个中间变种形成;但依照上述的理由,中间变种的个体数量通常要比它所连接的两个变种为少;结果,这两个变种,在进一步变异的过程中,由于个体数量较多,便比个体数量较少的中间变种占有强大的优势,因此,一般就会成功地把中间变种排斥掉和消灭掉。

我们在本章里已经看到,要断言极其不同的生活习性不能逐渐彼此转化;譬如断言蝙蝠不能通过自然选择从一种最初只在空中滑翔的动物而形成,我们应该怎样地慎重。

我们已经看到,一个物种在新的生活条件下可以改变它的习性;或者它可以有多样的习性,其中有些和它的最近同类的习性很不相同。因此,只要记住各生物都在试图生活于任何可以生活的地方,我们就能理解脚上有蹼的高地鹅、栖居地上的啄木鸟、潜水的鸫和具有海乌习性的海燕是怎样发生的了。

像眼睛那样完善的器官,要说能够由自然选择而形成,这足以使任何人踌躇;但是不论何种器官,只要我们知道其一系列逐渐的、复杂的过渡诸级,各各对于所有者都有益处,那么,在改变着的生活条件下,通过自然选择而达到任何可以想象的完善程度,在逻辑上并不是不可能的。在我们还不知道有中间状态或过渡状态的情形里,要断言不能有这些状态曾经存在过,必须极端慎重。因为许多器官的变态阐明了,机能上的奇异变化至少是可能的。例如,鳔显然已经转变成呼吸空气的肺了。同时进行多种不同机能的,然后一部分或全部变为专营一种机能的同一器官;同时进行同种机能的、一种器官受到另一种器官的帮助而完善化的两种不同器官,一定常常会大大地促进它们的过渡。

我们已经看到,在自然系统中彼此相距很远的两种生物里,供同样用途的并且外表很相像的器官,可以各自独立形成;但是对这等器官仔细加以检查,差不多常常可以发现它们的构造在本质上有所不同;依照自然选择的原理,结果当然是这样。另一方面,为了达到同一目的的构造的无限多样性,是整个自然界的普遍规律;这也是依照同一伟大原理的当然结果。

在许多情形里,我们实在太无知无识了,以致主张:因为一个部分或器官对于物种的利益极其不重要,所以它的构造上的变异,不能由自然选择而徐徐累积起来。在许多别的情形里,变异大概是变异法则或生长法则的直接结果,与由此获得的任何利益无关。但是,甚至这等构造,后来在新的生活条件下为了物种的利益,也常常被利用,并且还要进一步地变异下去,我们觉得这是可以确信的。我们还可以相信,从前曾经是高度重要的部分,虽然它已变得这样不重要,以致在它的目前状态下,它已不能由自然选择而获得,但往往还会保留着(如水栖动物的尾巴仍然保留在它的陆栖后代里)。

自然选择不能在一个物种里产生出完全为着另一个物种的利益或为着损害另一物种的任何东西；虽然它能够有效地产生出对于另一物种极其有用的或者甚至不可缺少的，或者对于另一物种极其有害的部分、器官和分泌物，但是在一切情形里，同时也是对于它们的所有者有用的。在生物繁生的各个地方，自然选择通过生物的竞争而发生作用，结果，只是依照这个地方的标准，在生活战斗中产生出成功者。因此，一个地方——通常是较小地方——的生物，常常屈服于另一个地方——通常是较大地方——的生物。因为在大的地方里，有比较多的个体和比较多样的类型存在，所以竞争比较剧烈，这样，完善化的标准也就比较高。自然选择不一定能导致绝对的完善化；依照我们的有限才能来判断，绝对的完善化，也不是随处可以断定的。

依据自然选择的学说，我们就能明白地理解博物学里"自然界里没有飞跃"这个古代格言的充分意义。如果我们只看到世界上的现存生物，这句格言并不是严格正确的；但如果我们把过去的一切生物都包括在内，无论已知或未知的生物，这句格言按照这个学说一定是严格正确的了。

一般承认一切生物都是依照两大法则——"模式统一"和"生存条件"——形成的。模式统一是指同纲生物的、与生活习性十分无关的构造上的基本一致而言。依照我的学说，模式的统一可以用祖先的统一来解释。曾被著名的居维尔所经常坚持的生存条件的说法，完全可以包括在自然选择的原理之内。因为自然选择的作用在于使各生物的变异部分现今适用于有机的和无机的生存条件，或者在于使它们在过去的时代里如此去适应；在许多情形里，适应受到器官的增多使用或不使用的帮助，受到外界生活条件的直接作用的影响，并且在一切场合里受到生长和变异的若干法则所支配。因此，事实上"生存条件法则"乃是比较高级的法则；因为通过以前的变异和适应的遗传，它把"模式统一法则"包括在内了。

第七章　对于自然选择学说的
　　　　　种种异议

　　　　长寿——变异不一定同时发生——表面上没有直接用处的变异——进步的发展——机能上不大重要的性状最稳定——关于所想象的自然选择无力说明有用构造的初期阶段——干涉通过自然选择获得有用构造的原因——伴随着机能变化的构造诸级——同纲成员的大不相同的器官由一个相同的根源发展而来——巨大而突然的变异之不可信的理由。

　　我预备用这一章来专门讨论反对我的观点的各种各样异议，因为这样可以把先前的一些讨论弄得更明白一些；但用不着把所有的异议都加以讨论，因为有许多异议是由未曾用心去理解这个问题的作者们提出的。例如，一位著名的德国博物学者断言我的学说里最脆弱的一部分是我把一切生物都看作不完善的；其实我说的是，一切生物在与生活条件的关系中并没有尽可能地那样完善；世界上许多地方的土著生物让位给外来侵入的生物，阐明了这是事实。纵使生物在过去任何一个时期能够完全适应它们的生活条件，但当条件改变了的时候，除非它们自己也跟着改变，就不能再完全适应了；并且不会有人反对各处地方的物理条件以及生物的数目和种类曾经经历过多次改变。

最近一位批评家，有些炫耀数学上的精确性，他坚决主张长寿对于一切物种都有巨大的利益，所以相信自然选择的人"便该把他的系统树"依照一切后代都比它们的祖先更长寿那种方式来排列！然而一种二年生植物或者一种低等动物如果分布到寒冷的地方去，每到冬季便要死去；但是由于通过自然选择所得到的利益，它们利用种子或卵便能年年复生，我们的批评家难道不能考虑一下这种情形吗？最近雷·兰克斯特先生（Mr.E.Ray Lankester）讨论过这个问题，他总结地说，在这个问题的极端复杂性所许可的范围内，他的判断是，长寿一般是与各个物种在体制等级中的标准有关联的，以及与在生殖中和普通活动中的消耗量也是有关联的。这些条件可能大部是通过自然选择来决定的。

曾经有过这样的议论，说在过去的三千或四千年里，埃及的动物和植物，就我们所知道的，未曾发生过变化，所以世界上任何地方的生物大概也不曾变化过。但是，正如刘易斯先生（Mr.G.H.Lewes）所说的，这种议论未免太过分了，因为刻在埃及的纪念碑上的、或制成木乃伊的古代家养族，虽与现今生存的家养族密切相像，甚至相同；然而一切博物学者都承认这些家养族是通过它们的原始类型的变异而产生出来的。自从冰期开始以来，许多保持不变的动物大概可以作为一个无比有力的例子，因为它们曾经暴露在气候的巨大变化下，而且曾经移徙得很遥远；相反地，在埃及，据我们所知，在过去的数千年里，生活条件一直是完全一致的。自从冰期以来，少起或不起变化的事实，用来反对那些相信内在的和必然的发展法则的人们,大概是有一些效力的,但是用来反对自然选择即最适者生存的学说,却没有任何力量,因为这学说意味着只有当有利性质的变异或个体差异发生的时候,它们才会被保存下来;但这只有在某种有利的环境条件下才能实现。

著名的古生物学者勃龙,在他译的本书德文版的末尾问道:按照自然选择的原理,一个变种怎么能够和亲种并肩生存呢?如果二者都能够适应稍微不同的生活习性或生活条件,它们大概能够一起生存的;如果我们把多形的物种(它的变异性似乎具有特别性质),以及暂时的变异,如大小,皮肤变白症等等,搁置在一边不谈,其他比较稳定的变种,就我所能发现的,一般都是栖息于不同地点的,——如高地或低地,干燥区域或潮湿区域。还有,在漫游广远和自由交配的那些动物里,它们的变种似乎一般都是局限于不同的地区的。

勃龙还主张不同的物种从来不仅是在一种性状上,而且是在许多部分上都有差异;他并且问道,体制的许多部分怎样由于变异和自然选择常常同时发生变异呢?但是没有必要去想象任何生物的一切部分都同时发生变化。最能适应某种目的的最显著变异,如以前所说的,大概经过连续的变异,即使是轻微的,起初是在某一部分然后在另一部分而被获得的;因为这些变异都是一起传递下来的,所以叫我们看起来好像是同时发展的了。有些家养族主要是由于人类选择的力量,向着某种特殊目的进行变异的,这些家养族对于上述异议提供了最好的回答。看一看赛跑马和驾车马,或者长躯猎狗和獒(mastiff)吧。它们的全部躯体,甚至心理特性都已经被改变了;但是,如果我们能够查出它们的变化史的每一阶段，——最近的几个阶段是可以查出来的，——我们将看不到巨大的和同时的变化，而只是看到首先是这一部分，随后是另一部分轻微地进行变异和改进。甚至当人类只对某一种性状进行选择时，——栽培植物在这方面可以提供最好的例子，——我们必然会看到，虽然这一部分——无论它是花、果实或叶子，大大地被改变了，则几乎一切其他部分也要稍微被改变的。这一部分可以归因于相关生长的原理，一部分可以归因于所谓的自发变异。

勃龙以及最近布罗卡（Broca）提出过更严重的异议，他们说有许多性状看来对于它们的所有者并没有什么用处，所以它们不能受自然选择的影响。勃龙举出不同种的山兔和鼠的耳朵以及尾巴的长度、许多动物牙齿上的珐琅质的复杂皱褶，以及许多类似的情形作为例证。关于植物，内格利（Nägeli）在一篇可称赞的论文里已经讨论过这个问题了。他承认自然选择很有影响，但他主张各科植物彼此的主要差异在于形态学的性状，而这等性状对于物种的繁盛看来并不十分重要。结果他相信生物有一种内在倾向，使它朝着进步的和更完善的方向发展。他特别以细胞在组织中的排列以及叶子在茎轴上的排列为例，说明自然选择不能发生作用。我想，此外还可以加上花的各部分的数目，胚珠的位置，以及在散布上没有任何用处的种子形状等等。

上述异议颇有力量。尽管如此，第一，当我们决定什么构造对于各个物种现在有用或从前曾经有用时，还应十分小心。第二，必须经常记住，某一部分发生变化时，其他部分也会发生变化，这是由于某些不大明白的原因，如：流到一部分去的养料的增加或减少，各部分之间的互相压迫，先发育的一部分影响到后发育的一部分以及其他等等，——此外还有我们一些毫不理解的其他原因，它们导致了许多相关作用的神秘事例。这些作用，为求简便起见，都可以包括在生长法则这一个用语里。第三，我们必须考虑到改变了的生活条件有直接的和一定的作用，并且必须考虑到所谓的自发变异，在自发变异里生活条件的性质显然起着十分次要的作用。芽的变异——例如在普通蔷薇上生长出苔蔷薇，或者在桃树上生长出油桃，便是自发变异的好例子；但是甚至在这等场合里，如果我们记得虫类的一小滴毒液在产生复杂的树瘿上的力量，我们就不应十分确信，上述变异不是由于生活条件的某些变化所引起的。树液性质的局部变化的结果，对于每一个微细的个体差异，以及对于偶然发生的更显著的变异，必有其某种有力的原因；并且如果这种未知的原因不间断地发生作用，那么这个物种的一切个体几乎一定要发生相似的变异。

在本书的前几版里，我过低地估计了因自发变异性而起的变异的频度和重要性，现在看起来这似乎是可能的。但是绝不可能把各个物种的如此良好适应于生活习性的无数构造都归功于这个原因，我不能相信这一点。对适应良好的赛跑马或长躯猎狗，在人工选择原理尚未被了解之前，曾使一些前辈的博物学者发出感叹，我也不相信可以用这个原因来进行解释的。

值得举出例证来说明上述的一些论点。关于我们所假定的各种不同部分和器官的无用性，甚至在最熟知的高等动物里，还有许多这样的构造存在着，它们是如此发达，以致没有人怀疑到它们的重要性，然而它们的用处还没有被确定下来，或者只是在最近才被确定下来。关于这一点，几乎不必要再说了。勃龙既然把若干种鼠类的耳朵和尾巴的长度作为构造没有特殊用途而呈现差异的例子，虽然这不是很重要的例子，但我可以指出，按照薛布尔博士（Dr.Schöbl）的意见，普通鼠的外耳具有很多以特殊方式分布的神经，它们无疑是当作触觉器官用的；因此耳朵的长度就不会是不十分重要了。还有，我们就会看到，尾巴对于某些物种是一种高度有用的把握器官；因而它的用处就要大受它的长短所影响。

关于植物，因为已有内格利的论文，我仅作下列的说明。人们会承认兰科植物的花有多种奇异的构造，几年以前，这些构造还被看作只是形态学上的差异，并没有任何特别的机能；但是现在知道这些构造通过昆虫的帮助，在受精上是极度重要的，并且它们大概是通过自然选择而被获得的。一直到最近没有人会想象到在二型性的或三型性的植物里，雄蕊和雌蕊的不同长度以及它们的排列方法能有什么用处，但我们现在知道这的确是有用处的。

在某些植物的整个群里，胚珠直立，而在其他群里胚珠则倒挂；也有少数植物，在同一个子房中，一个胚珠直立，而另一个则倒挂。这些位置当初一看好像纯粹是形态学的，或者并不具有生理学的意义；但是胡克博士告诉我说，在同一个子房里，有些只有上方的胚珠受精，有些只有下方的胚珠受精；他认为这大概是因为花粉管进入子房的方向不同所致。如果是这样的话，那么胚珠的位置，甚至在同一个子房里一个直立一个倒挂的时候，大概是位置上的任何轻微偏差之选择的结果，由此受精和产生种子得到了利益。

属于不同"目"的若干植物,经常产生两种花——一种是开放的、具有普通构造的花,另一种是关闭的、不完全的花。这两种花有时在构造上表现得非常不同,然而在同一株植物上也可以看出它们是相互渐变而来的。普通的开放的花可以营异花受精;并且由此保证了确实得到异花受精的利益。然而关闭的不完全的花也是显著高度重要的,因为它们只需费极少的花粉便可以极稳妥地产出大量的种子。刚才已经说过,这两种花在构造上常常不大相同。不完全花的花瓣差不多总是由残迹物构成的,花粉粒的直径也缩小了。在一种柱芒柄花(Ononis columnæ)[①]里,五本互生雄蕊是残迹的;在堇菜属(Viola)的若干物种里,三本雄蕊是残迹的,其余的二本雄蕊虽然保持着正常的机能,但已大大地缩小。在一种印度堇菜(Violet)里(不知道它的名字,因为在我这里从来没有见过这种植物开过完全的花),三十朵关闭的花中,有六朵花的萼片从五片的正常数目退化为三片。在金虎尾科(Malpighiaceæ)[②]里的某一类中,按照 A.得朱西厄(A.de Jussieu)的意见,关闭的花有更进一步的变异,即和萼片对生的五本雄蕊全都退化了,只有和花瓣对生的第六本雄蕊是发达的;而这些物种的普通的花,却没有这一雄蕊存在;花柱发育不全;子房由三个退化为两个。虽然自然选择有充分的力量可以阻止某些花开放,并且可以由于使花闭合起来之后而减少过剩的花粉数量,然而上述各种特别变异,是不能这样来决定的,而必须认为这是依照生

---

① 即 Ononis pusilla,荚果植物。——译者
② Malpighiaceæ,包含美洲热带植物的一科。——译者

长法则的结果，在花粉减少和花闭合起来的过程中，某些部分在机能上的不活动，亦可纳入生长法则之内。

生长法则的重要效果是这样地需要重视，所以我愿再举出另外一些例子，表明同样的部分或器官，由于在同一植株上的相对位置的不同而有所差异。据沙赫特（Schacht）说，西班牙栗树和某些枞树的叶子，其分出的角度在近于水平的和直立的枝条上有所不同。在普通芸香（rue）和某些其他植物里，中央或顶端的花常先开，这朵花有五个萼片和五个花瓣，子房也是五室的；而这些植物的所有其他花都是四数的。英国的五福花属（Adoxa），其顶上的花一般只有二个萼片，而它的其他部分则是四数的，周围的花一般具有三个萼片，而其他部分则是五数的。许多聚合花科（Compositæ）①和伞形花科（以及某些其他植物）的植物，其外围的花比中央的花具有发达得多的花冠；而这似乎常常和生殖器官的发育不全相关联。还有一件已经提过的更奇妙的事实，即外围的和中央的瘦果或种子常常在形状、颜色，和其他性状上彼此大不相同。在红花属（Carthamus）和某些其他聚合花科的植物里，只有中央的瘦果具有冠毛；而在猪菊苣属（Hyoseris）里，同一个头状花序上生有三种不同形状的瘦果。在某些伞形花科的植物里，按照陶施（Tausch）的意见，长在外方的种子是直生的，长在中央的种子是倒生的，得康多尔认为这种性状在其他物种里具有分类上的高度重要性。布劳恩教授（Prof.Braun）举出延胡索科（Fumariaceae）的一个属，其穗状花序下部的花结卵形的、有棱的、一

---

① Compositæ，又称菊科。——译者

个种子的小坚果；而在穗状花序的上部则结披针形的、两个萼片的、两个种子的长角果。在这几种情形里，除了为着引起昆虫注目的十分发达的射出花以外，据我们所能判断的看来，自然选择并不能起什么作用，或者只能起十分次要的作用。一切这等变异，都是各部分的相对位置及其相互作用的结果；而且几乎没有什么疑问，如果同一植株上的一切花和叶，像在某些部位上的花和叶那样地都曾蒙受相同的内外条件的影响，那么它们就都会按照同样方式而被改变。

在其他无数的情形里，我们看到被植物学者们认为一般具有高度重要性的构造变异，只发生在同一植株上的某些花，或者发生在同样外界条件下的密接生长的不同植株。因为这等变异似乎对于植物没有特别的用处，所以它们不受自然选择的影响。其原因如何，还不十分明了；甚至不能像上述所讲的最后一类例子，把它们归因于相对位置等的任何近似作用。在这里我只举出少数几个事例。在同一株植物上花无规则地表现为四数或五数，是常见的事，对此我无须再举实例；但是，因为在诸部分的数目很少的情况下，数目上的变异也比较稀少，所以我愿举出下面的例子，据得康多尔说，大红罂粟（Papaver bracteatum）的花，具有两个萼片和四个花瓣（这是罂粟属的普通形式），或者三个萼片和六个花瓣。花瓣在花蕾中的折叠方式，在大多数植物群里都是一个极其稳定的形态学上的性状；但阿萨·格雷教授说，关于沟酸浆属（Mimulus）的某些物种，它们的花的折叠方式，几乎常常既像犀爵床族（Rhinanthideæ）又像金鱼草族（Antirrhinideæ），沟酸浆属是属于金鱼草族的。圣提雷尔曾举出下面的例子：芸香科

（Rutaceæ）具有单一子房，它的一个部类花椒属（Zanthoxylon）的某些物种的花，在同一植株上或甚至同一个圆锥花序上，却生有一个或二个子房。半日花属（Helianthemum）①的蒴果，有一室的，也有三室的；但变形半日花（H.mutabile）则"有一个稍微宽广的薄隔，隔在果皮和胎座之间"。关于肥皂草（Saponaria officinalis）的花，根据马斯特斯博士（Dr.Masters）的观察，它具有缘边胎座和游离的中央胎座。最后，圣提雷尔曾在油连木（Gomphia oleæformis）的分布区域的近南端处，发现两个类型，起初他毫不怀疑这是两个不同的物种，但是后来他看见它们生长在同一灌木上，于是补充说道："在同一个个体中，子房和花柱，有时生在直立的茎轴上，有时生在雌蕊的基部。"

我们由此知道，植物的许多形态上的变化可以归因于生长法则和各部分的相互作用，而与自然选择没有关系。但是内格利主张生物有朝着完善或进步发展的内在倾向，根据这一学说，能够说在这等显著变异的场合里，植物是朝着高度的发达状态前进吗？恰恰相反，我仅根据上述的各部分在同一植株上差异或变异很大的这一事实，就可以推论这等变异，不管一般在分类上有多大重要性，而对于植物本身却是极端不重要的。一个没有用处的部分的获得，实在不能说是提高了生物在自然界中的等级；至于上面描述过的不完全的、关闭的花，如果必须引用什么新原理来解释的话，那一定是退化原理，而不是进化原理；许多寄生的和退化的动物一定也是如此。我们对于引起上述特殊变异的原因还

---

① 又名向日葵属。——译者

是无知的；但是，如果这种未知的原因几乎一致地在长时期内发生作用，我们就可以推论，其结果也会是几乎一致的；并且在这种情形里，物种的一切个体会以同样的方式发生变异。

上述各性状对于物种的安全并不重要，从这一事实看来，这等性状所发生的任何轻微变异是不会通过自然选择而被累积和增大的。一种通过长久继续选择而发展起来的构造，当对于物种失去了效用的时候，一般是容易发生变异的，就像我们在残迹器官里所看到的那样；因为它已不再受同样的选择力量所支配了。但是由于生物的本性和外界条件的性质，对于物种的安全并不重要的变异如果发生了，它们可以，且显然常常如此，差不多会以同样的状态传递给许多在其他方面已经变异了的后代。对于许多哺乳类、鸟类或爬行类，是否生有毛、羽或鳞并不十分重要；然而毛几乎已经传递给一切哺乳类，羽已经传递给一切鸟类，鳞已经传递给一切真正爬行类。凡一种构造，无论它是什么构造，只要为许多近似类型所共有，就被我们看作在分类上具有高度的重要性，结果就常常被假定对于物种具有生死攸关的重要性。因此我便倾向于相信我们所认为重要的形态上的差异——如叶的排列、花和子房的区分、胚珠的位置等等，——起初在许多情形里是以彷徨变异而出现的，以后由于生物的本性和周围条件的性质，以及由于不同个体的杂交，但不是由于自然选择，便迟早稳定下来了；因为，由于这些形态上的性状并不影响物种的安全，所以它们的任何轻微偏差都不受自然选择作用的支配或累积。这样，我们便得到一个奇异的结果，即对于物种生活极不重要的性状对于分类学家却是最重要的；但是，当我们以后讨论到分类的系统原理时，将会看到这绝不像初看时那样地矛盾。

虽然我们没有良好的证据来证明生物体内有一种向着进步发展的内在倾向，然而如我在第四章里曾经企图指出的，通过自然选择的连续作用，必然会产生出向着进步的发展，关于生物的高等的标准，最恰当的定义是器官专业化或分化所达到的程度；自然选择有完成这个目的的倾向，因为器官愈专业化或分化，它们的机能就愈加有效。

杰出的动物学家米伐特先生最近搜集了我和别人对于华莱士先生和我所主张的自然选择学说曾经提出来的异议，并且以可称赞的技巧和力量加以解说。那些异议一经这样排列，就成了可怕的阵容；因为米伐特先生并没有计划列举与他的结论相反的各种事实和论点，所以读者要衡量双方的证据，就必须在推理和记忆上付出极大的努力。当讨论到特殊的情形时，米伐特先生把身体各部分的增强使用和不使用的效果放过去不谈，而我经常主张这是高度重要的，并且在《在家养下的变异》里，我相信我比任何其他作者都更详细地讨论了这个问题。同时，他还常常认为我没有估计到与自然选择无关的变异，相反地在刚才所讲的著作里，我搜集了很多十分确切的例子，超过了我所知道的任何其他著作。我的判断并不一定可靠，但是仔细读过了米伐特先生的书，并且逐段把他所讲的与我在同一题目下所讲的加以比较，于是，我从未这样强烈地相信本书所得出的诸结论具有普遍的真实性，当然，在这样错综复杂的问题里，许多局部的错误是在所难免的。

米伐特先生的一切异议将要在本书里加以讨论，或者已经讨论过了。其中打动了许多读者的一个新论点是，"自然选择不能说明有用构造的初期各阶段"。这一问题和常常伴随着机能变化的各性状的级进变化密切相关联,例如已在前章的两个题目下讨论过的鳔变为肺等机能的变化。尽管如此,我还愿在这里对米伐特先生提出来的几个例子,选择其中最有代表性的,稍微详细地进行讨论,因为篇幅有限,不能对他所提出的一切都加以讨论。

长颈鹿,因为身材极高,颈、前腿和舌都很长,所以它的整个构造美妙地适于咬吃树木的较高枝条。因此它能在同一个地方取得其他有蹄动物所接触不到的食物;这在饥荒的时候对于它一定大有利益。南美洲的尼亚太牛(Niata cattle)向我们表明,构造上的何等微小差异,在饥荒时期,也会对保存动物的生命造成大的差别。这种牛和其他牛类一样都在草地上吃草,只因为它的下颚突出,所以在不断发生的干旱季节里,不能像普通的牛和马那样地在这时期可以被迫去吃树枝和芦苇等等;因此在这些时候,如果主人不去喂饲它们,尼亚太牛就要死去。在讨论米伐特先生的异议以前,最好再一次说明自然选择怎样在一切普通情形里发生作用。人类已经改变了他们的某些动物,而不必注意构造上的特殊之点,如在赛跑马和长躯猎狗的场合里,单是从最快速的个体中进行选择而加以保存和繁育,或者如在斗鸡的场合里,单是从斗胜的鸡里进行选择而加以繁育。在自然状况下,初生状态的长颈鹿也是如此,能从最高处求食的,并且在饥荒时甚至能比其他个体从高一英寸或二英寸的地方求食的那些个体,常被保存下来;因为它们能漫游全区以寻求食物的。同种的诸个体,常在身体各部分的比例长度上微有不同,这在许多博物学著作中都有描述,并且在那里举出了详细的测计。这些比例上的微小差异,是

第七章 对于自然选择学说的种种异议

由于生长法则和变异法则而发生的,对于许多物种没有什么用处,或者不重要。但是对于初生状态的长颈鹿,如果考虑到它们当时可能的生活习性,情形就有所不同;因为身体的某一部分或几个部分如果比普通的多少长一些的个体,一般就能生存下来。这等个体杂交之后,所留下的后代便遗传有相同的身体特性,或者倾向于按照同样方式再进行变异;至于在这些方面比较不适宜的个体就最容易灭亡。

我们从这里看出,自然界无须像人类有计划改良品种那样地分出一对一对的个体;自然选择保存并由此分出一切优良的个体,任它们自由杂交,并把一切劣等的个体毁灭掉。根据这种过程——完全相当于我所谓的人类无意识选择——的长久继续,并且无疑以极重要的方式与器官增强使用的遗传效果结合在一起,一种寻常的有蹄兽类,在我看来,肯定是可以转变为长颈鹿的。

对于这种结论,米伐特先生曾提出两种异议。一种异议是说身体的增大显然需要食物供给的增多,他认为"由此发生的不利益在食物缺乏的时候,是否会抵消它的利益,便很成问题"。但是,因为实际上南非洲确有长颈鹿大群地生存着,并且因为有某些世界上最大的羚羊,比牛还高,在那里群栖着,所以仅就身体的大小来说,我们为什么要怀疑那些像今日一样地遭遇到严重饥荒的中间诸级先前曾在那里存在过呢。在身体增大的各个阶段,能够得到该地其他有蹄兽类触及不到而被留下来的食物供应,对于初生状态的长颈鹿肯定是有一些利益的。我们也不要忽视另一事实,即身体的增大可以防御除了狮子以外的差不多其他一切食肉兽;并且在靠近狮子时,它的长颈,——愈长愈好,——正如昌西·赖特先生（Mr.Chauncey Wright）所说的可以作为瞭望台之用。正因为这个缘故，所以按照贝克爵士（Sir S.Baker）的说法，要偷偷地走近长颈鹿，比走近任何动物都更困难。长颈鹿又会借着猛烈摇撞它的生着断桩形角的头部，把它的长颈用做攻击或防御的工具。各个物种的保存很少能够由任何一种有利条件来决定，而必须联合一切大的和小的有利条件来决定。

米伐特先生问道（这是他的第二种异议），如果自然选择有这样大的力量，又如果能向高处咬吃树叶有这样大的利益，那么为什么除了长颈鹿以及颈项稍短的骆驼、原驼（gtanaco）和长头驼（macrauchenia）以外，其他的任何有蹄兽类没有获得长的颈和高的身体呢？或者说，为什么这一群的任何成员没有获得长的吻呢？因为在南美洲从前曾经有无数长颈鹿栖息过，对于上述问题的解答并不困难，而且还能用一个实例来做极好的解答。在英格兰的每一片草地上，如果有树木生长于其上，我们看到它的低枝条，由于被马或牛咬吃，而被剪断成同等的高度；比方说，如果养在那里的绵羊，获得了稍微长些的颈项，这对于它们能够有什么利益呢？在每一个地区内，某一种类的动物几乎肯定地能比别种动物咬吃较高的树叶；并且几乎同样肯定地只有这一种类能够通过自然选择和增强使用的效果，为了这个目的而使它的颈伸长。在南非洲，为着咬吃金合欢（acacias）和别种树高枝条的叶子所进行的竞争，一定是在长颈鹿和长颈鹿之间，而不是在长颈鹿和其他有蹄动物之间。

在世界其他地方，为什么属于这个"目"的各种动物，未曾得到长的颈或长的吻呢？这是不能明确解答的；但是，希望明确解答这一问题,就像希望明确解答为什么在人类历史上某些事情不发生于这一国却发生于那一国这一类的问题,是同样不合理的。关于决定各个物种的数量和分布范围的条件,我们是无知的;我们甚至不能推测什么样的构造变化对于它的个体数量在某一新地区的增加是有利的。然而我们大体上能够看出关于长颈或长吻的发展的各种原因。触及到相当高处的树叶(并不是攀登,因为有蹄动物的构造特别不适于攀登树木),意味着躯体的大为增大;我们知道在某些地区内,例如在南美洲,大的四足兽特别少,虽然那里的草木如此繁茂;而在南非洲,大的四足兽却多到不可比拟。为什么会这样呢?我们不知道;为什么第三纪末期比现在更适合于它们的生存呢?我们也不知道。不论它的原因是什么,我们却能够看出某些地方和某些时期,会比其他地方和其他时期,大大有利于像长颈鹿这样的巨大四足兽的发展。

一种动物为了在某种构造上获得特别而巨大的发展,其他若干部分几乎不可避免地也要发生变异和相互适应。虽然身体的各部分都轻微地发生变异,但是必要的部分并不一定常常向着适当的方面和按照适当的程度发生变异。关于我们的家养动物的不同物种,我们知道它们身体的各部分是按照不同方式和不同程度发生变异的;并且我们知道某些物种比别的物种更容易变异。甚至适宜的变异已经发生了,自然选择并不一定能对这些变异发生作用,而产生一种显然对于物种有利的构造。例如,在一处地方生存的个体的数量,如果主要是由于食肉兽的侵害来决定,或者是由于外部的和内部的寄生虫等等的侵害来决定,——似乎常常有这种情形,——那么,这时在使任何特别构造发生变化以便取得食物上，自然选择所起的作用就很小了，或者要大受阻碍。最后，自然选择是一种缓慢的过程，所以为了产生任何显著的效果，同样有利的条件必须长期持续。除了提出这些一般的和含糊的理由以外，我们实在不能解释有蹄兽类为什么在世界的许多地方没有获得很长的颈项或别种器官，以便咬吃高枝上的树叶。

许多作者曾提出与上面同样性质的异议。在每一种情形里，除了上面所说的一般原因外，或者还有种种原因会干涉通过自然选择获得想象中有利于某一物种的构造。有一位作者问道，为什么鸵鸟没有获得飞翔的能力呢？但是，只要略略一想便可知道，要使这种沙漠之鸟具有在空中运动它们巨大身体的力量，得需要何等多的食物供应。海洋岛(oceanic islands)①上有蝙蝠和海豹，然而没有陆栖哺乳类；但是，因为某些这等蝙蝠是特别的物种，它们一定在这等岛上住得很长久了。所以莱尔爵士问道，为什么海豹和蝙蝠不在这些岛上产出适于陆栖的动物呢？并且他举出一些理由来答复这个问题。但是如果变起来，海豹开始一定先转变为很大的陆栖食肉动物，蝙蝠一定先转变为陆栖食虫动物；对于前者，岛上没有可捕食的动物；对于蝙蝠，地上的昆虫虽然可以作为食物，但是它们大部分已被先移住到大多数海洋岛上来的，而且数量很多的爬行类和鸟类吃掉了。构造上的级进变化，如果在每一阶段对于一个变化着的物种都有利，只有在某种特别的条件下才会发生。一种严格的陆栖动物，由于时时在浅水中猎取食物，随之在溪或湖里猎取食物，最后可能变成一种如此彻底的水

---

① 距离大陆极远的岛屿。——译者

栖动物，以致可以在大洋里栖息。但海豹在海洋岛上找不到有利于它们逐步再变为陆栖类型的条件。至于蝙蝠，前已说过，为了逃避敌害或避免跌落，大概最初像所谓飞鼠那样地由这树从空中滑翔到那树，而获得它们的翅膀；但是真正的飞翔能力一旦获得之后，至少为了上述的目的，绝不会再变回到效力较小的空中滑翔能力里去。蝙蝠确像许多鸟类一样，由于不使用，会使翅膀退化缩小，或者完全失去；但是在这种情形下，它们必须先获得单凭后腿的帮助而能在地上跑得很快的本领，以便能够与鸟类或别的地上动物相竞争；而蝙蝠似乎特别不适于这种变化的。上述这等推想无非要指出，在每一阶段上都是有利的一种构造的转变，是极其复杂的事情；并且在任何特殊的情形里没有发生过渡的情况，毫不值得奇怪。

最后，不止一个作者问道，既然智力的发展对一切动物都有利，为什么有些动物的智力比别的动物有高度的发展呢？为什么猿类没有获得人类的智力呢？对此是可以举出各种各样的原因来的；但都是推想的，并且不能衡量它们的相对可能性，举出来也是没有用处的。对于后面的一个问题，不能够希望有确切的解答，因为还没有人能够解答比这更简单的问题——即在两族未开化人中为什么一族的文化水平会比另一族高呢；文化提高显然意味着脑力的增加。

我们再回头谈谈米伐特先生的其他异议。昆虫常常为了保护自己而与各种物体类似，如绿叶或枯叶、枯枝、一片地衣、花、棘刺、鸟粪以及别种活昆虫；但关于最后一点留在以后再讲。这种类似经常是奇异地真切，并不限于颜色，而且及于形状，甚至昆虫支持它的身体的姿态。在灌木上取食的尺蠖,常常把身子跷起、一动也不动地像一条枯枝,这是这一种类似的最好事例。模拟像鸟粪那样物体的情形是少有的,而且是例外的。关于这一问题,米伐特先生说道:"按照达尔文的学说,有一种稳定的倾向趋于不定变异,而且因为微小的初期变异是朝向一切方面的,所以它们一定有彼此中和和最初形成极不稳定的变异的倾向,因此,就很难理解,如果不是不可能的话,这种无限微小发端的不定变异,怎么能够被自然选择所掌握而且存续下来,终于形成对一片叶子、一个竹枝或其他东西的充分类似性。"

但是在上述的一切情形里,昆虫的原来状态与它屡屡访问的处所的一种普通物体,无疑是有一些约略的和偶然的类似性的。只要考虑一下周围物体的数量几乎是无限的,而且昆虫的形状和颜色是各式各样的,就可知道这并不是完全不可能的事。某些约略的类似性对于最初的发端是必要的,因此我们能够理解为什么较大的和较高等的动物(据我所知,有一种鱼是例外)不会为了保护自己而与一种特殊的物体相类似,只是与周围的表面相类似,而且主要是颜色的相类似。假定有一种昆虫本来与枯枝或枯叶有某种程度的类似,并且它轻微地向许多方面进行变异,于是使昆虫更像任何这些物体的一切变异便被保存下来,因为这些变异有利于昆虫逃避敌害,但是另一方面,其他变异就被忽略,而终于消失;或者,如果这些变异使得昆虫完全不像模拟物,它们就要被消灭。如果我们不根据自然选择而只根据彷徨变异来说明上述的类似性,那么米伐特先生的异议诚然是有力的;但实际情况并非如此。

第七章 对于自然选择学说的种种异议

华莱士先生举出一个竹节虫(Ceroxylus laceratus)的例子，它像"一枝满生鳞苔的杖"。这种类似如此真切，以致大亚克(Dyak)土人竟说这种叶状瘤是真正的苔。米伐特先生认为这种"拟态完全化的最高妙技"是一个难点，但我看不出它有什么力量。昆虫是鸟类和其他敌害的食物，鸟类的视觉大概比我们的还要敏锐，而帮助昆虫逃脱敌害的注意和发觉的各级类似性，就有把这种昆虫保存下来的倾向；并且这种类似性愈完全，对于这种昆虫就愈有利。考虑到上述竹节虫所属的这一群里的物种之间的差异性质，就可知道这种昆虫在它的身体表面上变得不规则，而且多少带有绿色，并不是不可能的；因为在各个群里，几个物种之间的不同性状最容易变异，而另一方面，属的性状，即一切物种所共有的性状最为稳定。

格林兰(Greenland)的鲸鱼是世界上一种最奇异的动物，鲸须或鲸骨是它的最大特征之一。鲸须生在上颚的两侧，各有一行，每行约三百片，很紧密地对着嘴的长轴横排着。在主排之内还有一些副排。所有须片的末端和内缘都磨成了刚毛，刚毛遮盖着整个巨大的颚，作为滤水之用，由此而取得这些巨大动物依以为生的微小食物。格林兰鲸鱼的中间最长的一个须片竟长达十英尺、十二英尺甚至十五英尺；但在鲸类的不同物种里它的长度分为诸级，据斯科列斯比(Scoresby)说，中间的那一须片在某一物种里是四英尺长，在另一物种里是三英尺长，又在另一物种里是十八英寸长，而在长吻鳁鲸(Balaenoptera rostrata)里其长度仅九英寸左右。鲸骨的性质也随物种的不同而有所差异。

关于鲸须，米伐特先生说道：当它"一旦达到任何有用程度的大小和发展之后,自然选择才会在有用的范围内促进它的保存和增大。但是在最初,它怎样获得这种有用的发展呢?"在回答中我们可以问,具有鲸须的鲸鱼的早期祖先,它们的嘴为什么不应像鸭嘴那样地具有栉状片呢?鸭也像鲸鱼一样,依靠滤去泥和水以取得食物的;因此这一科有时候被称为滤水类(Criblatores)。我希望不要误解我说的是鲸鱼祖先的嘴确曾具有像鸭的薄片喙那样的嘴。我只是想表明这并不是不可信的,并且格林兰鲸鱼的巨大鲸须板,也许最初通过微小的级进步骤从这种栉状片发展而成,每一级进步骤对这动物本身都有用途。

琵琶嘴鸭(Spatula clypeata)的喙在构造上比鲸鱼的嘴更巧妙而复杂。根据我检查的在其上颚两侧各有188枚富有弹性的薄栉片一行,这些栉片对着喙的长轴横生,斜列成尖角形。它们都是由颚生出,靠一种韧性膜附着在颚的两侧。位于中央附近的栉片最长,约为三分之一英寸,突出边缘下方达0.14英寸长。在它们的基部有斜着横排的栉片构成短的副列。这几点都和鲸鱼口内的鲸须板相类似。但接近嘴的先端,它们的差异就很大,因为鸭嘴的栉片是向内倾斜,而不是下向垂直的。琵琶嘴鸭的整个头部,虽然不能和鲸相比,但和须片仅九英寸长的、中等大的长吻鰛鲸比较起来,约为其头长的十八分之一;所以,如果把琵琶嘴鸭的头放大到这种鲸鱼的头那么长,则它们的栉片就应当有六英寸长,——即等于这种鲸须的三分之二长。琵琶嘴鸭的下颚所生的栉片在长度上和上颚的相等,只是细小些;因为有这种构造,它显然与不生鲸须的鲸鱼下颚有所不同。另一方面,它的下颚的栉片顶端磨成细尖的刚毛,却又和鲸须异常类似。锯海燕属是海燕科的另一个成员，它只在上颚生有很发达的栉片，突出颚边之下；这种鸟的嘴在这一点上和鲸鱼的嘴相类似。

从琵琶嘴鸭的喙这种高度发达的构造（根据我从沙尔文先生〔Mr.Salvin〕送给我的标本和报告所知道的），仅就适于滤水这一点来说，我们可以经由湍鸭（Merganetta armata）的喙，并在某些方面经由鸳鸯（Aix sponsa）的喙，一直追踪到普通家鸭的喙，其间并没有任何大的间断。家鸭喙内的栉片比琵琶嘴鸭喙内的栉片粗糙得多，并且牢固地附着在颚的两侧；在每侧上大约只有五十枚，不向嘴边下方突出。它们的顶端呈方形，并且镶着透明坚硬组织的边，好像是为了轧碎食物似的。下颚边缘上横生着无数细小而突出很少的突起线。作为一个滤水器来说，虽然这种喙比琵琶嘴鸭的喙差得多，然而每个人都知道，鸭经常用它滤水的。我从沙尔文先生那里听到，还有其他物种的栉片比家鸭的栉片更不发达；但我不知道它们是否把它当作滤水用的。

现在谈一下同科的另一群。埃及鹅（Chenalopex）的喙与家鸭的喙极相类似；但是栉片没有那么多，那么分明，而且向内突出也不那样厉害；然而巴利特先生（Mr.E.Bartlett）告诉我说，这种鹅"和家鸭一样，用它的嘴把水从喙角排出来"。但是它的主要食物是草，像家鹅那样地咬吃它们。家鹅上颚的栉片比家鸭的粗糙得多，几乎混生在一起，每侧约有二十七枚，末端形成齿状的结节。颚部也满布坚硬的圆形结节。下颚边缘由牙齿形成锯齿状，比鸭喙的更突出，更粗糙，更锐利。家鹅不用喙滤水，而完全用喙去撕裂或切断草类，它的喙十分适于这种用途，能够靠近根部把草切断，其他任何动物几乎都不及它。另外还有一些鹅种，我听到巴利特先生说,它们的栉片比家鹅的还不发达。

由此我们看到,生有像家鹅喙那样的喙,而且仅供咬草之用的鸭科的一个成员,或者甚至生有栉片较不发达的喙的一个成员,由于微小的变异,大概会变成为像埃及鹅那样的物种的,——由此更演变成像家鸭那样的物种,——最后再演变成像琵琶嘴鸭那样的物种,而生有一个差不多完全适于滤水的喙;因为这种鸟除去使用喙部的带钩先端外,并不使用喙的任何其他部分以捉取坚硬的食物和撕裂它们。我还可补充地说,鹅的喙也可以由微小的变异变成为生有突出的、向后弯曲的牙齿的喙,就像同科的一个成员秋沙鸭(Merganser)的喙那样的,这种喙的使用目的大不相同,是用作捕捉活鱼的。

再回头来讲一讲鲸鱼。无须鲸(Hyperoodon bidens)缺少有效状态的真牙齿,但是据拉塞丕特(Lacepède)说,它的颚散乱地生有小形的、不等的角质粒点。所以假定某些原始的鲸鱼类型在颚上生有这等相似的角质粒点,但排列得稍微整齐一些,并且像鹅喙上的结节一样,用以帮助捉取和撕裂食物,并不是不可能的。如果是这样的话,那么就几乎不能否认这等粒点可以通过变异和自然选择,演变成像埃及鹅那样的十分发达的栉片,这种栉片是用以滤水和捉取食物的;然后又演变成像家鸭那样的栉片;这样演变下去,一直到像琵琶嘴鸭那样的专门当作滤水器用的构造良好的栉片。从栉片达到长吻鲲鲸须片的三分之二长这一个阶段起,在现存鲸鱼类中观察到的级进变化可以把我们向前引导到格林兰鲸鱼的巨大须片上去。这一系列中的每一步骤,就像鸭科不同现存成员的喙部级进变化那样,对于在发展进程中其器官机能慢慢变化着的某些古代鲸鱼都是有用的,对此毫无怀疑的余地。我们必须记住,每一个鸭种都是处于剧烈的生存斗争之下的,并且它的身体的每一部分的构造一定要十分适应它的生活条件。

比目鱼科(Pleuronectidæ)以身体不对称著称。它们卧在一侧,——多数物种卧在左侧,有些卧在右侧;与此相反的成鱼也往往出现。下面,即卧着的那一侧,最初一看,与普通鱼类的腹面相类似:它是白色的,在许多方面不如上面那一侧发达,侧鳍也常常比较小。它的两眼具有极其显著的特征;因为它们都生在头部上侧。在幼小的时候,它们本来分生在两侧,那时整个的身体是对称的,两侧的颜色也是相同的。不久之后,下侧的眼睛开始沿着头部慢慢地向上侧移动;但并不是像从前想象的那样是直接穿过头骨的。显然,除非下侧的眼睛移到上侧,当身体以习惯的姿势卧在一侧时,那只眼睛就没有用处了。还有,这大概是因为下侧的那一只眼容易被沙底磨损的缘故。比目鱼科那种扁平的和不对称的构造极其适应它们的生活习性,这种情形,在若干物种如鳎(soles)、鲽(flounders)里也极其普通,就是很好的说明。由此得到的主要利益似乎在于可以防避敌害,而且容易在海底取食。然而希阿特说,本科中的不同成员可以"列为一个长系列的类型,这系列表示了它们的逐渐过渡,从孵化后在形状上没有多大改变的庸鲽(Hippoglossus pinguis)起,一直到完全卧倒在一侧的鳎为止"。

米伐特先生曾经提出过这种情形,并且说,在眼睛的位置上有突然的、自发的转变是难以相信的,我十分同意这种说法。他又说,"如果这种过渡是逐渐的,那么这种过渡,即一只眼睛移向头的另一侧的行程中的极小段落,如何会有利于个体,真是难以理解的。这种初期的转变与其说有利,勿宁说多少是有害的"。可是在曼姆(Malm)1867年所报道的优秀观察中,他可以找到关于这个问题的答复。比目鱼科的鱼在极幼小和对称的时候,它们的眼睛分生在头的两侧,但因为身体过高,侧鳍过小,又因为没有鳔,所以不能长久保持直立的姿势。不久它疲倦了,便向一侧倒在水底。根据曼姆的观察,它们这样卧倒时,常常把下方的眼睛向上转,看着上面;并且眼睛转动得如此有力,以致眼球紧紧地抵着眼眶的上边。结果两眼之间的额部暂时缩小了宽度,这是可以明白看到的。有一回,曼姆看见一条幼鱼抬起下面的眼睛,并且把它压倒约七十度角的距离。

我们必须记住,头骨在这样的早期是软骨性的,并且是可挠性的,所以它容易顺从肌肉的牵引。并且我们知道,高等动物甚至在早期的幼年以后,如果它们的皮肤或肌肉因病或某种意外而长期收缩,头骨也会因此而改变它的形状。长耳朵的兔,如果它们的一只耳朵向前和向下垂下,它的重量就能牵动这一边的所有头骨向前,我曾画过这样的一张图。曼姆说,鲈鱼(perches)、大马哈鱼和几种其他对称鱼类的新孵化的幼鱼,往往也有在水底卧在一侧的习性;并且他看到,这时它们常常牵动下面的眼睛向上看;因此它们的头骨会变得有些歪。然而这些鱼类不久就能保持直立的姿势,所以永久的效果不会由此产生。比目鱼科的鱼则不然,由于它们的身体日益扁平,所以长得愈大,卧在一侧的习性也愈深,因而在头部的形状上和眼睛的位置上就产生了永久的效果。用类推的方法可以判断,这种骨骼歪曲的倾向按照遗传原理无疑会被加强的。希阿特与某些其他博物学者正相反,他相信比目鱼科的鱼甚至在胚胎时期已不十分对称;如果是这样的话,我们就能理解为什么某些物种的鱼在幼小的时候习惯地卧在左侧,而其他一些物种却卧在右侧。曼姆在证实上述意见时又说道,不属于比目鱼科的北粗鳍鱼(Trachypterus arcticus)①的成体,在水底也卧在左侧,并且斜着游泳;这种鱼的头部两侧,据说有点不相像。我们的鱼类学大权威京特博士(Dr.Günther)在摘述曼姆的论文之后,加以评论:"作者对比目鱼科的异常状态,提出了一个很简单的解释。"

这样,我们看到,眼睛从头的一侧移向另一侧的最初阶段,米伐特先生认为这是有害的,但这种转移可以归因于侧卧在水底时两眼努力朝上看的习性,而这种习性对于个体和物种无疑都是有利的。有几种比目鱼的嘴弯向下面,而且没有眼睛那一侧的头部颚骨,如特拉奎尔博士(Dr.Traquair)所想象的,由于便利在水底取食,比另一侧的颚骨强而有力,我们可以把这种事实归因于使用的遗传效果。另一方面,包括侧鳍在内的鱼的整个下半身比较不发达,这种情况可以借不使用来说明;虽然耶雷尔(Yarrell)推想这等鳍的缩小,对于比目鱼也有利,因为"比起上面的大形鳍,下面的鳍只有极小的空间来活动"。星鲽(plaice)的上颚生有四个至七个牙齿,下颚生有二十五个至三十个牙齿,这种牙齿数目的比例同样也可借不使用来说明。根据大多数鱼类的以及许多其他动物的腹面没有颜色的状况,我们可以合理地假定,比目鱼

---

① 棘鳍目,扁体亚目;体长约二米,银白色,并着黑点。——译者

类的下面一侧，无论是右侧或左侧，没有颜色，都是由于没有光线照射的缘故。但是我们不能假定，鳎的上侧身体的特殊斑点很像沙质海底，或者如普谢（Pouchet）最近指出的某些物种具有随着周围表面而改变颜色的能力，或者欧洲大菱鲆（turbot）的上侧身体具有骨质结节，都是由于光线的作用。在这里自然选择大概发生作用，就像自然选择使这等鱼类身体的一般形状和许多其他特性适应它们的生活习性一样。我们必须记住，如我以前所主张的，器官增强使用的遗传效果，或者它们不使用的遗传效果，会因自然选择而加强。因为，朝着正确方向发生的一切自发变异会这样被保存下来；这和由于任何部分的增强使用和有利使用所获得的最大遗传效果的那些个体能够被保存下来是一样的。至于在各个特殊的情形里多少可以归因于使用的效果，多少可以归因于自然选择，似乎是不可能决定的。

我可以再举一例来说明，一种构造的起源显然是完全由于使用或习性的作用。某些美洲猴的尾端已变成一种极其完善的把握器官，而当作第五只手来使用。一位完全赞同米伐特先生的评论者，关于这种构造说道，"不可能相信，在任何悠久的年代中，那个把握的最初微小倾向，能够保存具有这等倾向的个体生命，或者能够惠予它们以生育后代的机会"。但是任何这种信念都是不必要的。习性大概足以从事这种工作，习性差不多意味着能够由此得到一些或大或小的利益。布雷姆（Brehm）看到一只非洲猴（Cercopithecus）的幼猴，用手攀住它的母亲的腹面，同时还用它的小尾巴钩住母猴的尾巴。亨斯洛教授（Prof. Henslow）饲养了几只仓鼠（Mus messorius），这种仓鼠的尾巴构造得并不能把握东西;但是他屡屡观察到它用尾巴卷住放在笼内的一丛树枝上,来帮助它们的攀缘。我从京特博士那里得到一个类似的报告,他曾看到一只鼠用尾巴把自己挂起。如果仓鼠有严格的树栖习性,它的尾巴或者会像同一目中某些成员的情形那样,构造得具有把握性。考察了非洲猴幼小时的这种习性,为什么它们后来不这样呢,这是难以解答的。这种猴的长尾可能在巨大的跳跃时当作平衡器官,比当作把握器官对于它们更有用处吧。

乳腺是哺乳动物全纲所共有的,并且对于它们的生存是不可缺少的;所以乳腺必在极其久远的时代就已经发展了,而关于乳腺的发展经过,我们肯定是什么也不知道的。米伐特先生问道:"能够设想任何动物的幼体偶然从它的母亲的胀大的皮腺吸了一滴不大滋养的液体,就能避免死亡吗?即使有过一次这种情形,那么有什么机会能使这样的变异永续下去呢?"但是这个例子举得并不适当。大多数进化论者都承认哺乳动物是从有袋动物传下来的;如果是这样的话,则乳腺最初一定是在育儿袋内发展起来的。在一种鱼(海马属〔Hippocampus〕)的场合里,卵就是在这种性质的袋里孵出的,并且幼鱼有一时期也是养育在那里的;一位美国博物学者洛克伍得先生(Mr.Lockwood),根据他看到的幼鱼发育情形,相信它们是由袋内皮腺的分泌物来养育的。那么关于哺乳动物的早期祖先,差不多在它们可以适用这个名称之前,其幼体按照同样的方法被养育,至少是可能的吧?并且在这种情形里,那些分泌带有乳汁性质的,并且在某种程度或方式上是最营养的液汁的个体,比起分泌液汁较差的个体,毕竟会养育更多数目的营养良好的后代;因此,这种与乳腺同源的皮腺就会被改进,或者变得更为有效。分布在袋内一定位置上的腺,会比其余的变得格外发达,这是与广泛应用的专业化原理相符合的;它们于是变为乳房,但起初没有乳头,就像我们在哺乳类中最下级的鸭嘴兽里所看到的那样。分布在一定位置上的腺,通过什么样的作用,会变得比其余的更加专业化,是否一部分由于生长的补偿作用、使用的效果或者自然选择,我还不敢断定。

除非幼体能够同时吸食这种分泌物,则乳腺的发达便没有用处,而且也不会受自然选择的作用。要理解幼小哺乳动物怎样能够本能地懂得吸食乳汁,并不比理解未孵化的小鸡怎样懂得用特别适应的嘴轻轻击破蛋壳,或者怎样在离开了蛋壳数小时以后便懂得啄取谷粒的食物,更加困难。在这等情形里,最可能的解释似乎是,这种习性起初是在年龄较大的时候由实践里获得的,其后乃传递给年龄较幼的后代。但是,据说幼小的袋鼠并不吸乳,只是紧紧含住母兽的乳头,母兽就把乳汁射进她的软弱的、半形成的后代的口里。对于这个问题,米伐特先生说道,"如果没有特别的设备,小袋鼠一定会因乳汁侵入气管而被窒息。但是,特别的设备是有的。它的喉头生得如此之长,上面一直通到鼻管的后端,这样就能够让空气自由进入到肺里,而乳汁可以无害地经过这种延长了的喉头两侧,安全地到达位在后面的食管"。米伐特先生于是问道,自然选择怎样从成年袋鼠以及从大多数其他哺乳类(假定是从有袋类传下来的)把"这种至少是完全无辜的和无害的构造除去呢?"可以这样答复:发声对许多动物确有高度的重要性,只要喉头通进鼻管,就不能大力发声;并且弗劳尔教授(Prof. Flower)曾经告诉我说,这种构造对于动物吞咽固体食物,是大有妨碍的。

我们现在稍微谈一谈动物界中比较低等的部门。棘皮动物（星鱼、海胆等等）生有一种引人注意的器官,叫作叉棘(pedicellariæ),在很发达的情况下,它成为三叉的钳,——即由三个锯齿状的钳臂形成的,三个钳臂密切配合在一起,位在一枝有弹性的、由肌肉而运动的柄的顶端。这种钳能够牢固地挟住任何东西;亚历山大·阿加西斯曾看到一种海胆(Echinus)很快地把排泄物的细粒从这个钳传递给那个钳,沿着体部一定的几条线路落下去,以免弄污它的壳。但是它们除了移去各种污物之外,无疑还有其他的功用;其中之一显然是防御。

关于这些器官,米伐特先生又像以前许多次的情形那样问道:"这种构造的最初不发育的开端,会有什么用处呢？并且这种初期的萌芽怎么能够保存一个海胆的生命呢？"他又补充说道:"纵使这种钳住作用是突然发展的,如果没有能够自由运动的柄,这种作用也不会是有利的,同时,如果没有能够钳住的钳,这种柄也不会有什么效用,然而单是细微的、不定的变异,并不能使构造上这等复杂的相互协调同时进化;如果否认这一点,似乎无异肯定了一种惊人的自相矛盾的奇论。"虽然在米伐特先生看来这似乎是自相矛盾的,但是基部固定不动的、却有钳住作用的三叉棘,确在某些星鱼类里存在着;这是可以理解的,如果它们至少部分地把它当作防御手段来使用。在这个问题上供给我很多材料使我十分感激的阿加西斯先生告诉我说,还有其他星鱼,它们的三枝钳臂的当中一枝已经退化成其他二枝的支柱;并且还有其他的属,它们的第三枝臂已经完全亡失了。根据柏利耶先生(Mr. Perrier)的描述,斜海胆(Echinoneus)的壳上生着两种叉棘,一种像刺海胆的叉棘,一种像心形海胆属(Spatangus)的叉棘;这等情形常常是有趣的,因为它们通过一个器官的两种状态中的一种的亡失,指出了明确突然的过渡方法。

关于这等奇异器官的进化步骤,阿加西斯先生根据他自己的研究以及米勒的研究,作出如下推论:他认为星鱼和海胆的叉棘无疑应当被看作是普通棘的变形。这可以从它们个体的发育方式,并且可以从不同物种和不同属的一条长而完备的系列的级进变化——由简单的颗粒到普通的棘,再到完善的三叉棘——推论出来。这种逐渐演变的情形,甚至见于普通的棘和具有石灰质支柱的叉棘如何与壳相联结的方式中。在星鱼的某些属里可以看到,"正是那种联结表明了叉棘不过是变异了的分支叉棘"。这样,我们就可以看到固定的棘,具有三个等长的、锯齿状的、能动的、在它们的近基部处相连接的枝;再上去,在同一个棘上,另有三个能动的枝。如果后者从一个棘的顶端生出,事实上就会形成一个粗大的三叉棘,这样的情况在具有三个下面分支的同一棘上可以看到。叉棘的钳臂和棘的能动的枝具有同一的性质,这是没有问题的。众所公认普通棘是作为防御用的;如果是这样的话,那就没有理由可以怀疑那些生着锯齿和能动分支的棘也是用于同样的目的的;并且一旦它们在一起作为把握或钳住的器具而发生作用时,它们就更加有效了。所以,从普通固定的棘变到固定的叉棘所经过的每一个级进都是有用处的。

在某些星鱼的属里,这等器官并不是固定的,即不是生在一个不动的支柱上的,而是生在能挠曲的、具有肌肉的短柄上的;在这种情形里，除了防御之外，它们大概还营某些附加的机能。在海胆类里，由固定的棘变到连接于壳上并因此而成为能动的棘，这些步骤是可以追踪出来的。可惜在这里没有篇幅把阿加西斯先生关于叉棘发展的有趣考察作一个更详细的摘要。照他说，在星鱼的叉棘和棘皮动物的另一群、即阳遂足（Ophiurians）的钩刺之间，也可以找到一切可能的级进；并且还可以在海胆的叉棘和棘皮动物这一大纲的海参类（Holothuriæ）的锚状针骨之间，找到一切可能的级进。

某些复合动物，以前称为植虫（zoophytes），现在称为群栖虫类（Polyzoa）①，生有奇妙的器官，叫作鸟嘴体（avicularia）。这等器官的构造在不同物种里大不相同。在最完善的状态下，它们具体而微地与秃鹫的头和嘴奇妙的相类似，它们生在颈部上面，而且能运动，下颚也是如此。我曾观察到一个物种，其生于同一枝上的鸟嘴体常常一齐向前和向后运动，下颚张得很大，约成九十度的角，能张开五秒钟；它们的运动使得整个群栖虫体都颤动起来了。如果用一枝针去触它的颚，它们把它咬得如此牢固，以致会摇动它所在的一枝。

米伐特先生举出这个例子，主要在于他认为群栖虫类的鸟嘴体和棘皮动物的叉棘"本质上是相似的器官"，而且这些器官在动物界的远不相同的这两个部门里通过自然选择而得到发展是困难的。但仅就构造来说，我看不出三叉棘和鸟嘴体之间的相似性。鸟嘴体倒很类似甲壳类的钳；米伐特先生大概可以同等妥当

---

① 又称苔藓虫类（Bryozoa），旧时纤毛虫、苔藓虫、轮虫等都纳入这一类。——译者

地举出这种相似性,甚至它们与鸟类的头和喙的相似性,作为特别的难点。巴斯克先生(Mr.Busk)、斯密特博士(Dr.Smitt)和尼采博士(Dr.Nitsche)——他们是仔细研究过这一类群的博物学者——都相信鸟嘴体与单虫体(zooid)以及组成植虫的虫房是同源的;能运动的唇,即虫房的盖,是与鸟嘴体的能运动的下颚相当的,然而巴斯克先生并不知道现今存在于单虫体和鸟嘴体之间的任何级进。所以不可能猜想通过什么样的有用级进,这个能够变为那个;但绝不能因此就说这等级进从来没有存在过。

因为甲壳类的钳在某种程度上与群栖虫类的鸟嘴体相类似,二者都是当作钳子来使用的,所以值得指出,关于甲壳类的钳至今还有一长系列有用的级进存在着。在最初和最简单的阶段里,肢的末节闭合时抵住宽阔的第二节的方形顶端,或者抵住它的整个一边;这样,就能把一个所碰到的物体夹住;但这肢还是当作一种移动器官来用的。其次,宽阔的第二节的一角稍微突出,有时生着不整齐的牙齿,末节闭合时就抵住这些牙齿。随着这种突出物增大,它的形状以及末节的形状也都稍有变异和改进,于是钳就会变得愈益完善,直到最后变成为龙虾钳那样的有效工具;实际上一切这等级进都是可以追踪出来的。

除鸟嘴体外,群栖虫类还有一种奇妙的器官,叫作震毛(vibracula)。这等震毛一般是由能移动的而且易受刺激的长刚毛所组成的。我检查过一个物种,它的震毛略显弯曲,并且外缘成锯齿状,而且同一群栖虫体上的一切震毛常常同时运动着;它们像长桨似地运动着,使一枝群体迅速地在我的显微镜的物镜下穿过去。如果把一枝群体面向下放着,震毛便纠缠在一起,于是它们就猛力地把自己弄开。震毛被假定有防御作用,正如巴斯克先生所说的,可以看到它们"慢慢地静静地在群体的表面上扫动,当虫房内的纤弱栖住者伸出触手时,把那些对于它们有害的东西扫去"。鸟嘴体与震毛相似,大概也有防御作用,但它们还能捕捉和杀害小动物,人们相信这些小动物被杀之后被水流冲到单虫体的触手所能达到的范围之内的。有些物种兼有鸟嘴体和震毛,有些物种只有鸟嘴体,并且还有少数物种只有震毛。

在外观上比刚毛(即震毛)与类似鸟头的鸟嘴体之间的差异更大的两个物体,是不容易想象出来的;然而它们几乎肯定是同源的,而且是从同一个共同的根源——即单虫体及其虫房——发展出来的。因此,我们能够理解,如巴斯克先生向我说的,这等器官在某些情形里,怎样从这种样子逐渐变化成另一种样子。这样,膜胞苔虫属(Lepralia)有几物种,其鸟嘴体的、能运动的颚是这样突出,而且这样类似刚毛,以致只能根据上侧固定的嘴才可以决定它的鸟嘴体的性质。震毛可能直接从虫房的唇片发展而来,并没有经过鸟嘴体的阶段;但它们经过这一阶段的可能性似乎更大些,因为在转变的早期,包藏着单虫体的虫房的其他部分,很难立刻消失。在许多情形里,震毛的基部有一个带沟的支柱,这支柱似乎相当于固定的鸟嘴状构造;虽然某些物种完全没有这支柱。这种震毛发展的观点,如果可靠,倒是有趣的;因为,假定一切具有鸟嘴体的物种都已绝灭了,那么最富有想象力的人也绝不会想到震毛原来是一种类似鸟头式的器官的一部分,或像不规则形状的盒子或兜帽的器官的一部分。看到如此大不相同的两种器官竟会从一个共同根源发展而来,确很有趣;并且因为虫房的能运动的唇片有保护单虫的作用，所以不难相信，唇片首先变为鸟嘴体的下颚，然后变为长刚毛，其间所经过的一切级进，同样可以在不同方式和不同环境条件下发挥保护作用。

在植物界里，米伐特先生只讲到两种情形，即兰科植物的花的构造和攀缘植物的运动。关于兰科植物，他说道："对于它们的起源的解释完全不能令人满意，——对于构造之初期的、最微细的发端，所进行的解释，十分不充分。这些构造只有在相当发展时才有效用。"我在另一著作①里已经详细地讨论过这个问题，因此这里只对兰科植物的花的最显著特性，即它们的花粉块（pollinia），稍微详细地加以叙述。高度发达的花粉块，是由一团花粉粒集成的，着生在一条有弹性的柄、即花粉块柄上，此柄则附着在一小块极粘的物质上。花粉块就由这种方法依靠昆虫从这花被运送到那花的柱头上去。某些兰科植物的花粉块没有柄，花粉粒仅由细丝联结在一起；但是这种情形不仅限于兰科植物，所以无须在这里进行讨论；然而我可以提一提处于兰科植物系统中最下等地位的杓兰属（Cypripedium），从那里我们可以看出这些细丝大概是怎样最初发达起来的。在其他兰科植物里，这些细丝粘着在花粉块的一端；这就是花粉块柄的最初发生的痕迹。这就是柄——即使是相当长而高度发达的柄——的起源，我们还能从有时埋藏在中央坚硬部分的发育不全的花粉粒里找到良好的证据。

关于花粉块的第二个主要特性，即附着在柄端的那一小块黏性物质，可以举出一长列的级进变化，每一个级进显然对于这种

---

① 即 *Various Contrivances by which Orchids are Fertilized by Insects*。——译者

植物都有用处。其他"目"的大多数花的柱头却分泌很少的黏性物质。某些兰科植物也分泌相似的黏性物质,但在三个柱头中只有一个柱头分泌得特别多;这个柱头大概因为分泌过盛的结果,而变为不育的了。当昆虫访问这类花的时候,它擦去一些这种黏性物质,这样就同时把若干花粉粒粘去。从这种与大多数普通花相差极微的简单情形起,——直到花粉块附着在很短的和游离的花粉块柄上的物种,——再到花粉块柄固着在黏性物质上的,并且不育柱头变异很大的其他物种,——存在着无数的级进。在最后的场合里,花粉块最发达而且最完全。凡是亲身仔细研究过兰科植物的花的人,都不会否认有上述一系列的级进存在——有的兰科植物的花粉粒团仅由细丝联结在一起,其柱头和普通花的柱头相差无几,从这种情形起,一直到高度复杂的花粉块,它们非常适应于昆虫运送;他也不会否认那几个物种的所有级进变化都非常适应于各种花的一般构造由不同昆虫来授粉。在这种情形里,而且差不多在其他一切情形里,还可以更进一步地向下追问下去;可以追问普通花的柱头怎样会变成粘的,但是因为我们还不知道任何生物群的全部历史,所以这样发问之没有用处,正如企图解答它们之没有希望一样。

我们现在要讲一讲攀缘植物。从单纯地缠绕一个支柱的攀缘植物起,到被我称为叶攀缘植物和生有卷须的攀缘植物止,可以排列成一个长的系列。后两类植物的茎虽然还保持着旋转的能力,纵不是常常失去,但一般已失去了缠绕的能力,而卷须同样也具有旋转能力。从叶攀缘植物到卷须攀缘植物的级进是密切相接的,有些植物可以随便放在任何一类里。但是,从单纯的缠绕植物上升到叶攀缘植物的过程中,却添加了一种重要性质,即对接触的感应性,依靠这种感应性,叶柄或花梗,或已变成卷须的叶柄或花梗,能因刺激而弯曲在接触物体的周围并绕住它们。凡是读过我的关于这等植物的研究报告[1]的人,我想,都会承认在单纯的缠绕植物和卷须攀缘植物之间,其机能上和构造上的所有级进变化,各各对于物种都高度有利。例如,缠绕植物变为叶攀缘植物,显然是大有利的;具有长叶柄的缠绕植物,如果这叶柄稍具必需的接触感应性,大概就会发展为叶攀缘植物。

缠绕是沿着支柱上升的最简单方法,并且是在这一系列的最下级地位,因此可以很自然地问道,植物最初怎样获得这种能力,此后才通过自然选择有所改进和增大。缠绕的能力,第一,依赖茎在幼小时的极度可挠性(这是许多非攀缘植物所共有的性状);第二,依赖茎枝按照同一顺序逐次沿着圆周各点的不断弯曲。茎依赖这种运动,才能朝着各个方向旋转。茎的下部一旦碰上任何物体而停止缠绕,它的上部仍能继续弯曲、旋转,这样必然会缠绕着支柱上升。在每一个新梢的早期生长之后,这种旋转运动即行停止。在系统相距甚远的许多不同科植物里,一个单独的物种和单独的属常常具有这种旋转的能力,并且由此而变成缠绕植物,所以它们一定是独立地获得了这种能力,而不是从共同祖先那里遗传来的。因此,这使我预言,在非攀缘植物中,稍微具有这类运动的倾向,也并非不常见,这就为自然选择提供了作用和改进的基础。当我作这一预言时,我只知道一个不完全的例子,即轻微

---

[1] 即 *Movements and Habits of Climbing Plants*。——译者

地和不规则地旋转的毛籽草（Maurandia）①的幼小花梗，很像缠绕植物的茎，但这种习性一点也没有被利用。以后不久米勒发现了一种泽泻属（Alisma）植物和一种亚麻属（Linum）植物——二者并不是攀缘植物，而且在自然系统上也相距甚远——的幼茎虽然旋转得不规则，但分明是能够这样的；他说道，他有理由可以猜测，某些别种植物也有这种情形。这等轻微的运动看来对于那种植物并没有什么用处；无论如何，它们对于我们所讨论的攀缘作用至少是毫无用处的。尽管如此，我们还能看出，如果这等植物的茎本来是可挠屈的，并且如果在它们所处的条件下有利于它们的升高，那么，轻微的和不规则的旋转习性便会通过自然选择而被增大和利用，直到它们转变为十分发达的缠绕物种。

关于叶柄、花柄和卷须的感应性，几乎同样可以用来说明缠绕植物的旋转运动。属于大不相同的群的许许多多物种，都被赋予了这种感应性，因此在许多还没有变为攀缘植物的物种里，也应该可以看到这种性质的初生状态。事实是这样的：我观察到上述毛籽草的幼小花梗，自己能向所接触的那一边微微弯曲。莫伦（Morren）在酢浆草属（Oxalis）的若干物种里，发现了如果叶和叶柄被轻轻地、反复地触碰着，或者植株被摇动着，叶和叶柄便发生运动，特别是暴露在烈日之下以后更加如此。我对其他几个酢浆草属的物种反复地进行了观察，结果是一样的；其中有些物种的运动是很明显的，但在幼叶里看得最清楚；在别的几个物种里运动却是极其轻微的。根据高级权威霍夫迈斯特（Hofmeister）所

---

① 玄参科（Scrophulariaceae）植物。——译者

说，一切植物的幼茎和叶子，在被摇动之后，都能运动，这是一个更加重要的事实；至于攀缘植物，如我们所知，只在生长的早期，它们的叶柄和卷须才是敏感的。

在植物的幼小的和成长着的器官里，由于被触碰或者被摇动所起的轻微运动，对于它们似乎很少可能有任何机能上的重要性。但是植物顺应着各种刺激而发生运动能力，对于它们却是极其重要的；例如向光的运动能力以及比较罕见的背光的运动能力，——还有，对于地球引力的背性和比较罕见的向性。当动物的神经和肌肉受到电流的刺激时，或者由于吸收了木鳖子精(strychnine)而受到刺激时所发生的运动，可以称为偶然的结果，因为神经和肌肉对于这等刺激并不具有特别的敏感。植物大概也是这样，它们因为有顺应一定的刺激而发生运动的能力，所以遇到被触碰或者被摇动，便起偶然状态的激动。因此，我们不难承认在叶攀缘植物和卷须植物的情形里，被自然选择所利用的和增大的就是这种倾向。然而根据我的研究报告所举出的各项理由，大概只在已经获得了旋转能力的，并且因此已变成为缠绕植物的植物里，才有这种情形发生。

我已经尽力解释了植物怎样由于轻微的和不规则的、最初对于它们并无用处的旋转运动这种倾向的增大而变为缠绕植物；这种运动以及由于触碰或摇动而起的运动，是运动能力的偶然结果，并且是为了其他有利的目的而被获得的。在攀缘植物逐步发展的过程中，自然选择是否得到使用的遗传效果之助，我还不敢断定；但是我们知道，某种周期的运动，如植物的所谓睡眠运动，是受习性的支配的。

第七章　对于自然选择学说的种种异议　269

一位练达的博物学者仔细挑选了一些例子来证明自然选择不足以解释有用构造的初期阶段,现在我对他提出的异议已作了足够的讨论,或者已经讨论得过多了;并且我已阐明,如我所希望的,在这个问题上并没有什么大的难点。这样,就提供了一个好机会,来稍微多讨论一点有关构造的级进变化,这等级进变化往往伴随着机能的改变——这是一个重要的问题,而在本书的以前几版里没有作过详细的讨论。现在我把上述情形再扼要地重述一遍。

关于长颈鹿,在某些已经绝灭了的能触及高处的反刍类中,凡具有最长的颈和腿等,并且能咬吃比平均高度稍高一点的树叶,其个体就会继续得到保存,凡不能在那样高处取食的个体就会不断地遭到毁灭,这样,大概便能满足这种异常的四足兽的产生了。但是一切部分的长期使用,再加上遗传作用,大概曾经大大地帮助了各部分的相互协调。关于模拟各种物体的许多昆虫,完全可以相信,对于某一普通物体的偶然类似性,在各个场合里曾是自然选择发生作用的基础,以后经过使这种类似性更加接近的微细变异的偶然保存,这样模拟才逐渐趋于完善。只要昆虫继续发生变异,并且只要愈来愈加完善的类似性能够使它逃出视觉锐利的敌害,这种作用就会继续进行。在某些鲸鱼的物种里,有一种颚上生有不规则的角质小粒点的倾向;并且直到这些粒点开始变为栉片状的突起或齿,像鹅的喙上所生的那样,——然后变成短的栉片,像家鸭的喙上所生的那样——再后变成栉片,像琵琶嘴鸭的嘴那样完善,——最后变成鲸须的巨片,像格林兰鲸鱼口中的那样——所有这些有利变异的保存,似乎完全都在自然选择的范围之内。在鸭科里,这栉片最初是当牙齿用的,随后部分当牙齿用,部分当滤器用,最后,就几乎完全当滤器用了。

关于上述的角质栉片或鲸须的这等构造,据我们所能判断的来说,习性或使用对于它们的发展,很少或者没有作用。相反地,比目鱼下侧的眼睛向头的上侧转移,以及一个具有把握性的尾的形成,几乎完全可以归因于连续的使用以及伴随着的遗传作用。关于高等动物的乳房,最可能的设想是,最初有袋动物的袋内全表面的皮腺都分泌出一种营养的液体;后来这等皮腺通过自然选择,在机能上得到改进,并且集中在一定的部位,于是形成了乳房。要理解某些古代棘皮动物的作防御用的分支棘刺,怎样通过自然选择而发展成三叉棘,比起理解甲壳动物的钳是通过最初专作行动用的肢的末端二节的微细的、有用的变异而得到发展,并没有更多的困难。在群栖虫类的鸟嘴体和震毛里,我们看到从同一根源发展成外观上大不相同的器官;并且关于震毛,我们能够理解那些连续的级进变化可能有什么用处。关于兰科植物的花粉块,可以从原本用来把花粉粒结合在一起的细丝,追踪出逐渐黏合成花粉块的柄;还有,如普通花的柱头所分泌的黏性物质,可以供作虽不十分一样的,但大致相同的目的之用,这种黏性物质附着在花粉块柄的游离末端上所经过的步骤,也是可以追踪出来的;——所有这等级进变化对于各该植物都是显著有利的。至于攀缘植物,我不必重复刚才已经讲过的那些了。

经常有人问道,自然选择既然如此有力量,为什么对于某些物种显然有利的这种或那种构造,没有被它们获得呢?但是,考虑到我们对于各种生物的过去历史以及对于今日决定它们的数量和分布范围的条件是无知的,要想对于这样的问题给予确切的回答,是不合理的。在许多情形里,仅能举出一般的理由,只有在少数情形里,才可以举出具体的理由。这样,要使一个物种去适应新的生活习性,许多协调的变异几乎是不可少的,并且常常可以遇到以下的情形,即那些必要的部分不按照正当的方式或正当的程度进行变异。许多物种一定由于破坏作用,而阻止了它们增加数量,这种作用和某些构造在我们看来对物种有利,因此便想象它们是通过自然选择而被获得的,但并无关系。在这种情形里,生存斗争并不依存于这等构造,所以这等构造不会通过自然选择而被获得。在许多情形里,一种构造的发展需要复杂的、长久持续的而且常常具有特殊性质的条件;而遇到这种所需要的条件的时候大概是很少的。我们所想象的,并且所往往错误想象的对于物种有利的任何一种构造,在一切环境条件下都是通过自然选择而被获得的,这种信念与我们所能理解的自然选择的活动方式是相反的。米伐特先生并不否认自然选择有一些效力,但是他认为,我用它的作用来解说这等现象,"例证还不够充分"。他的主要论点刚才已被讨论过了,其他的论点以后还要讨论到。依我看来,这些论点似乎很少有例证的性质,其分量远不及我们的论点,我们认为自然选择是有力量的,而且常常受到其他作用的帮助。我必须补充一点,我在这里所用的事实和论点,有些已在最近出版的《医学外科评论》(*Medico Chirurgical Review*)的一篇优秀的论文里,为了同样的目的而被提出过了。

今日,几乎所有的博物学者都承认有某种形式的进化。米伐特先生相信物种是通过"内在的力量或倾向"而变化的,这种内在的力量究竟是什么,实在全无所知。所有进化论者都承认物种有变化的能力;但是,依我看来,在普通变异性的倾向之外,似乎没有主张任何内在力量的必要;普通变异性通过人工选择的帮助,曾经产生了许多适应性良好的家养族;而且它通过自然选择的帮助,将会同等好地、一步一步地产生出自然的族,即物种。最后的结果,如已经说过的那样,一般是体制的进步,但在某些少数例子里是体制的退化。

米伐特先生进而相信新种"是突然出现的,而且是由突然变异而成",还有一些博物学者附和他的这种观点。例如,他假定已经绝灭了的三趾马(Hipparion)和马之间的差异是突然发生的。他认为,鸟类的翅膀"除了由于具有显著而重要性质的、比较突然的变异而发展起来的以外,其他方法都是难于相信的";并且显然他把这种观点推广到蝙蝠和翼手龙(pterodactyles)的翅膀。这意味着进化系列里存在着巨大的断裂或不连续性,这结论,依我看来,是极端不可能的。

任何人如果相信进化是缓慢而逐渐的,当然也会承认物种的变化可以是突然的和巨大的,有如我们在自然状况下,或者甚至在家养状况下所看到的任何单独变异那样。但是如果物种受到饲养或栽培,它就比在自然状况下更容易变异,所以,像在家养状况下常常发生的那样巨大而突然的变异,不可能在自然状况下常常发生。家养状况下的变异,有若干可以归因于返祖遗传,这样重新出现的性状,在许多情形里,大概最初是逐渐获得的。还有更多的情形,必定叫作畸形,如六指的人、多毛的人、安康羊、尼亚太牛等等;因为它们在性状上与自然的物种大不相同,所以它们对于我们的问题所能提供的解释是很少的。除了这些突然的变异之外，少数剩下来的变异，如果在自然状况下发生，充其量只能构成与亲种类型仍有密切相连的可疑物种。

我怀疑自然的物种会像家养族那样也突然发生变化，并且我完全不相信米伐特先生所说的自然的物种以奇特的方式发生变化，理由如下。根据我们的经验，突然而显著的变异，是单独地，并且间隔较长的时间，在家养生物里发生的。如果这种变异在自然状况下发生，如前面所说的，将会由于偶然的毁灭以及后来的相互杂交而容易失去；在家养状况下，除非这类突然变异由人的照顾被隔离并被特别保存起来，我们所知道的情况也是那样的。因此，如果新种像米伐特先生所假定的那种方式而突然出现，那么，几乎有必要来相信若干奇异变化了的个体会同时出现在同一个地区内，但这是和一切推理相违背的。就像在人类的无意识选择的场合中那样，这种难点只有根据逐渐进化的学说才可以避免；所谓逐渐进化是通过多少朝着任何有利方向变化的大多数个体的保存和朝相反方向变化的大多数个体的毁灭来实现的。

许多物种以极其逐渐的方式而进化，几乎是无可怀疑的。许多自然的大科里的物种甚至属，彼此是这样地密切近似，以致难以分别的不在少数。在各个大陆上，从北到南，从低地到高地等等，我们可以看到许多密切相似的或代表的物种；在不同的大陆上，我们有理由相信它们先前曾经是连续的，也可以看到同样的情形。但是，在作这些和以下的叙述时，我不得不先提一提以后还要讨论的问题。看一看环绕一个大陆的许多岛屿，那里的生物有多少只能升到可疑物种的地位。如果我们观察过去的时代，拿刚刚消逝的物种与今日还在同一个地域内生存的物种相比较；或者拿埋存在同一地质层的各亚层内的化石物种相比较，情形也是这样。显然，许许多多的物种与现今依然生存的或近代曾经生存过的其他物种的关系，是极其密切的；很难说这等物种是以突然的方式发展起来的。同时不要忘记，当我们观察近似物种的，而不是不同物种的特殊部分时，有极其微细的无数级进可以被追踪出来，这等微细的级进可以把大不相同的构造连接起来。

许多事实，只有根据物种由极微细的步骤发展起来的原理，才可以得到解释。例如，大属的物种比小属的物种在彼此关系上更密切，而且变种的数目也较多。大属的物种又像变种环绕着物种那样地集成小群；它们还有类似变种的其他方面，我在第二章里已经说明过了。根据同一个原则，我们能够理解，为什么物种的性状比属的性状更多变异；以及为什么以异常的程度或方式发展起来的部分比同一物种的其他部分更多变异。在这方面还可以举出许多类似的事实。

虽然产生许多物种所经过的步骤，几乎肯定不比产生那些分别微小变种的步骤为大；但是还可以主张，有些物种是以不同的和突然的方式发展起来的。不过要作这样承认，不可没有坚强的证据。昌西·赖特先生曾举出一些模糊的而且在若干方面有错误的类比来支持突然进化的观点，如说无机物质的突然结晶，或具有小面的椭圆体从一小面陷落至另一小面；这些类比几乎是没有讨论的价值的。然而有一类事实，如在地层里突然出现新而不同的生物类型，最初一看，好像能支持突然发展的信念。但是这种证据的价值全然决定于与地球史的辽远时代有关的地质记录是否完全。如果那记录像许多地质学者所坚决主张的那样,是片段的话,那么,新类型好像是突然出现的说法,就不值得奇怪了。

除非我们承认转变就像米伐特先生所主张的那样巨大,如鸟类或蝙蝠的翅膀是突然发展的,或者三趾马会突然变成马,那么,突然变异的信念,对于地层里相接连锁的缺乏,不会提供任何说明。但是对于这种突然变化的信念,胚胎学却提出了强有力的反对。众所周知,鸟类和蝙蝠的翅膀,以及马和别种走兽的腿,在胚胎的早期是没有区别的,它们后来以不可觉察的微细步骤分化了。如以后还要说到的,胚胎学上一切种类的相似性可作如下的解释,即现存物种的祖先在幼小的早期以后,发生了变异,并且把新获得的性状传递给相当年龄的后代。这样,胚胎几乎是不受影响的,并且可作为那个物种的过去情况的一种记录。因此,现存物种在发育的最初阶段里,与属于同一纲的古代的、绝灭的类型常常十分相似。按照这种胚胎相似的观点,事实上按照任何观点,都不能相信一种动物会经过上述那样巨大而突然的转变;何况在它的胚胎的状态下,一点也找不到任何突然变异的痕迹;它的构造的每一个微细之点,都是以不可觉察的微细步骤发展起来的。

如果相信某种古代生物类型通过一种内在力量或内在倾向而突然转变为,例如,有翅膀的动物,那么他就几乎要被迫来假设许多个体都同时发生变异,这是与一切类比的推论相违背的。不能否认,这等构造上的突然而巨大的变化,与大多数物种所明显进行的变化是大不相同的。进而他还要被迫来相信,与同一生物的其他一切部分美妙地相适应的,以及与周围条件美妙地相适应的许多构造都是突然产生的;并且对于这样复杂而奇异的相互适应,他就不能举出丝毫的解释来了。他还要被迫来承认,这等巨大而突然的转变在胚胎上不曾留下一点痕迹。依我看来,承认这些,就是走进了奇迹的领域,而离开科学的领域了。

第八章 本能

本能可以与习性比较,但它们的起源不同——本能的级进——蚜虫和蚁——本能是变异的——家养的本能,它们的起源——杜鹃、牛鸟、鸵鸟以及寄生蜂的自然本能——养奴隶的蚁——蜜蜂,它的营造蜂房的本能——本能和构造的变化不必同时发生——自然选择学说应用于本能的难点——中性的或不育的昆虫——提要。

许多本能是如此不可思议,以致它们的发达在读者看来大概是一个足以推翻我的全部学说的难点。我在这里先要声明一点,就是我不准备讨论智力的起源,就如我未曾讨论生命本身的起源一样。我们所要讨论的,只是同纲动物中本能的多样性,以及其他精神能力的多样性的问题。

我并不试图给本能下任何定义。容易阐明,这一名词普通包含着若干不同的精神活动;但是,当我们说本能促使杜鹃迁徙并使它们把蛋下在别种鸟巢里,每一个人都知道这是什么意义。我们自己需要经验才能完成的一种活动,而被一种没有经验的动物,特别是被幼小动物所完成时,并且许多个体并不知道为了什么目的却按照同一方式去完成时,一般就被称为本能。但是我能阐明，这些性状没有一个是普遍的。如于贝尔(Pierre Huber)所说的，甚至在自然系统中是低级的那些动物里，小量的判断或理性也常发生作用。

弗·居维叶(Frederick Cuvier)[①]以及若干较老的形而上学者们曾把本能与习性加以比较。我想，这一比较，对于完成本能活动时的心理状态，提供了一个精确的观念，但不一定涉及它的起源。许多习惯性活动是怎样地在无意识下进行，甚至不少直接与我们的有意识的意志相反！然而意志和理性可以使它们改变。习性容易与其他习性、与一定的时期，以及与身体的状态相联系。习性一经获得，常常终生保持不变。可以指出本能和习性之间的其他若干类似之点。有如反复歌唱一个熟知的歌曲，在本能里也是一种活动节奏式地随着另一活动；如果一个人在歌唱时被打断了，或当他反复背诵任何东西时被打断了，一般地他就要被迫重新走回头路，以恢复已经成为习惯的思路；胡伯尔发见能够制造很复杂茧床的青虫(caterpillar)[②]就是如此；因为，如果在它完成构造第六个阶段时，把它取出，放在只完成构造第三个阶段的茧床里，这个青虫仅重筑第四、第五、第六个阶段的构造。然而，如果把完成构造第三个阶段的青虫，放在已完成构造第六个阶段的茧床里，那么它的工作已大部完成了，可是并没有从这里得到任何利益，于是它感到十分失措，并且为了完成它的茧床，它似乎不得不从构造第三个阶段开始(它是从这里离开的)，就这样它试图去完成已经完成了的工作。

---

① Georges Cuvier 之弟。——译者
② 鳞翅目的幼虫。——译者

如果我们假定任何习惯性的活动能够遗传,——可以指出,有时确有这种情形发生,——那么原为习性和原为本能之间,就变得如此密切相似,以致无法加以区别。如果莫扎特(Mozart)[①]不是在三岁时经过极少的练习就能弹奏钢琴,而是全然没有练习就能弹奏一曲,那么可以说他的弹奏确实是出于本能的了。但是假定大多数本能是由一个世代中的习性得来的,然后遗传给以后诸世代,则是一个严重的错误。能够清楚地示明,我们所熟知的最奇异的本能,如蜜蜂的和许多蚁的本能,不可能是由习性得来的。

普遍承认本能对于处在现今生活条件之下的各个物种的安全,有如肉体构造一样的重要。在改变了的生活条件下,本能的微小变异大概有利于物种,至少是可能的;那么,如果能够指出,本能虽然很少发生变异,但确曾发生过变异,我就看不出自然选择把本能的变异保存下来并继续累积到任何有利的程度,存在有什么难点。我相信,一切最复杂的和奇异的本能就是这样起源的。使用或习性引起肉体构造的变异,并使它们增强,而不使用使它们缩小或消失,我并不怀疑本能也是这样的。但我相信,在许多情形里,习性的效果,同所谓本能自发变异的自然选择的效果相比,前者是次要的。产生身体构造的微小偏差有一些未知原因,同样地本能自发变异也是由未知原因引起的。

除非经过许多微小的,然而有益的变异之缓慢而逐渐的积累,任何复杂的本能大概不可能通过自然选择而产生。因此,像

[①] Wolfgang Amadeus Mozart(1756—1791),奥地利天才作曲家。——译者

在身体构造的情形里一样,我们在自然界中所寻求的不应是获得每一复杂本能的实际过渡诸级,——因为这些级只能在各个物种的直系祖先里才能找到,——但我们应当从旁系系统里去寻求这些级的一些证据;或者我们至少能够指出某一种类的诸级是可能的;而我们肯定能够做到这一点。考虑到除了欧洲和北美洲以外,动物本能还极少被观察过,并且关于绝灭物种的本能,更是全无所知,所以使我感到惊异的是,最复杂本能所赖以完成的诸级能够广泛地被发见。同一物种在生命的不同时期或一年中的不同季节,或被放置在不同的环境条件下等等而具有不同的本能,这就往往会促进本能的变化;在这种情形下,自然选择大概会把这种或那种本能保存下来。可以阐明,同一物种中本能的多样性在自然界中也是存在的。

还有,像在身体构造的情形里那样,各个物种的本能都是为了自己的利益,据我们所能判断的,它从来没有完全为了其他物种的利益而被产生过,这和我的学说也是符合的。我知道有一个极其有力的事例,表明一种动物的活动从表面看来完全是为了别种动物的利益,如于贝尔最初观察的,这就是蚜虫自愿地把甜的分泌物供给蚂蚁:它们这样做之出于自愿可由下列事实来说明。我把一株酸模植物(dock-plant)上的所有蚂蚁全部捕去,并且在数小时内不让它们回来,此外留下了约十二只蚜虫。过了这一段时间,我确实觉得蚜虫要进行分泌了。我用放大镜观察了一些时候,但没有一个分泌的,于是,我尽力模仿蚂蚁用触角触动它们那样地,用一根毛轻轻地触动它们和拍打它们,但还没有一只分泌;随后我让一只蚂蚁去接近它们,从它那慌忙跑走的样子看来,它好像立刻觉得它发见了何等丰富的食物,于是它开始用触角去拨蚜虫的腹部,先是这一只,然后那一只;当各蚜虫一经觉到它的触角时,即刻举起腹部,分泌出一滴澄清的甜液,蚂蚁便慌忙地把这甜液吞食了。甚至十分幼小的蚜虫也有这样的动作,可见这种活动是本能的,而不是经验的结果。根据于贝尔的观察,蚜虫对于蚂蚁肯定没有厌恶的表示;如果没有蚂蚁,它们最后要被迫排出它们的分泌物。但是,因为排泄物极黏,如果被取去,无疑对于蚜虫是便利的;所以它们分泌大概不是专为蚂蚁的利益。虽然不能证明任何动物会完全为了其他物种的利益而活动,然而各个物种却试图利用其他物种的本能,正像利用其他物种的较弱的身体构造一样。这样,某些本能就不能被看作是绝对完全的;但是详细讨论这一点以及其他类似之点,并不是必不可少的,所以,这里就省略了。

本能在自然状态下有某种程度的变异以及这些变异的遗传既然是自然选择的作用所不可少的,那么就应该尽量举出许多事例来;但是篇幅的缺乏,限制我不能这样做。我只能断言,本能确实是变异的——例如迁徙的本能,不但在范围和方向上能变异,而且也会完全消失。鸟巢也是如此,它的变异部分地依存于选定的位置以及居住地方的性质和气候,但常常由于全然未知的原因而发生变异。奥杜旁曾举出几个显著的例子,说明美国北部和南部的同一物种的鸟巢有所不同。有过这样的质问:如果本能是变异的,为什么"当蜡质缺乏的时候,蜂没有被赋予使用别种材料的能力呢?"但是蜂能够使用什么样的别种自然材料呢? 我曾看到,它们会用加过朱砂而变硬了的蜡,或者用加过猪脂而变软了的蜡来进行工作。安德鲁·奈特观察到他的蜜蜂并不勤快地采集树蜡①,却用那些封蔽树皮剥落部分的蜡和松节油黏合物。最近有人指出,蜂不搜寻花粉,却喜欢使用一种很不相同的物质,即燕麦粉。对于任何特种敌害的恐惧,必然是一种本能的性质,这从未离巢的雏鸟身上可以看到这种情形,虽然这种恐惧可由经验或因看见其他动物对于同一敌害的恐惧而被强化。对于人类的恐惧,如我在他处所指出的,栖息在荒岛上的各种动物是慢慢获得的。甚至在英格兰,我们也看到这样的一个事例,即一切大形鸟比小形鸟更怕人,因为大形鸟更多地遭受过人们的迫害。英国的大形鸟更怕人,可以稳妥地归于这个原因;因为在无人岛上,大形鸟并不比小形鸟更怕人些;喜鹊(magpie)在英格兰很警惕,但在挪威却很驯顺,埃及的羽冠乌鸦(hooded crow)也是不怕人的。

有许多事实可以示明,在自然状态下产生的同类动物的精神能力变异很大。还有若干事例可以举出,表明野生动物中有偶然的、奇特的习性,如果这种习性对于这个物种有利,就会通过自然选择产生新的本能。但是我十分知道,这等一般性的叙述,如果没有详细的事实,在读者的心目中只会产生微弱的效果。我只好重复说明,我保证我不说没有可靠证据的话。

在家养动物中习性或本能的遗传变化

如果大略地考察一下家养下的少数例子,则自然状态下本能

---

① propolis,为棕色的树脂类物质,蜜蜂常从树芽采取来作胶合之用。——译者

的遗传变异的可能性甚至确实性将被加强。我们由此可以看到习性和所谓自发变异的选择，在改变家养动物精神能力上所发生的作用。众所周知，家养动物的精神能力的变异是何等之大。例如猫，有的自然地喜捉大鼠，有的则喜捉小鼠，并且我们知道这种倾向是遗传的。据圣约翰先生(Mr.St.John)说，有一只猫常捕捉猎鸟(game-bird)①回家，另一只猫捕捉山兔或兔，还有一只猫在沼泽地上行猎，几乎每夜都要捕捉一些山鹬(woodcock)或沙锥(snipe)。有许多奇异而真实的例子可以用来说明与某种心理状态或某一时期有关的各种不同癖性和嗜好以及怪癖，都是遗传的。但是让我们看看众所熟知的狗的品种的例子；毫无疑问，把幼小的向导狗第一次带出去时，它有时能够指示猎物的所在，甚至能够援助别的狗（我曾亲自看见过这种动人的情形）；拾物猎狗(retriever)②确实在某种程度上可以把衔物持来的特性遗传下去；牧羊狗并不跑在绵羊群之内，而有在羊群周围环跑的倾向。幼小动物不依靠经验而进行了这些活动，同时各个个体又差不多以同样方式进行了这些活动，并且各品种都欢欣鼓舞地而且不知道目的地去进行这些活动——幼小的向导狗并不知道它指示方向是在帮助它的主人，有如白色蝴蝶并不知道为什么要在甘蓝的叶子上产卵一样——所以我无法看出这些活动在本质上与真正的本能有什么区别。如果我们看见一种狼，在它们幼小而且没有受过任何训练时，一旦嗅出猎物，它先站着不动，像雕像一般，随后又用特别的步法慢慢爬过去；又看见另一种狼环绕鹿群追逐，

---

① 指野鸭、雉鸡等常供打猎的鸟。——译者
② 一种猎狗，有咬物持来的特性。——译者

却不直冲,以便把它们赶到远的地点去,这时我们必然要把这等活动叫作本能。被称为家养下的本能,的确远不及自然的本能那么固定;但是家养下的本能所蒙受的选择作用也极不严格,而且是在较不固定的生活条件下,在比较短暂的时间内被传递下来的。

当使不同品种的狗进行杂交时,即能很好地看出这等家养下的本能、习性以及癖性的遗传是何等强烈,并且它们混合得多么奇妙。我们知道,长躯猎狗与逗牛狗杂交,可影响前者的勇敢性和顽强性至许多世代;牧羊狗与长躯猎狗杂交,则使前者的全族都得到捕捉山兔的倾向。这等家养下的本能,如用上述的杂交方法来试验时,是与自然的本能相类似的,自然的本能也按照同样的方式奇异地混合在一起,而且在一个长久的时间内表现出其祖代任何一方的本能的痕迹:例如,勒鲁瓦(Le Roy)描述过一只狗,它的曾祖父是一只狼;它只有一点表示了它的野生祖先的痕迹,即当呼唤它时,不是直线地走向它的主人。

家养下的本能有时被说成为完全由长期继续的和强迫养成的习性所遗传下来的动作;但这是不正确的。从没有人会想象去教或者曾经教过翻飞鸽去翻飞,——据我所见到的,一只幼鸽,从不曾见过鸽的翻飞,可是它却会翻飞。我们相信,曾经有过一只鸽子表现了这种奇怪习性的微小倾向,并且在连续的世代中,经过对于最好的个体的长期选择,乃造成像今日那样的翻飞鸽;格拉斯哥(Glasgow)附近的家养翻飞鸽,据布伦特先生(Mr. Brent)告诉我说,一飞到十八英寸高就要翻筋斗。假如未曾有过一只狗自然具有指示方向的倾向,是否会有人想到训练一只狗去指示方向，是可怀疑的；人们知道这种倾向往往见于纯种的猄里，我就曾看见过一次这种指示方向的行为：如许多人设想的，这种指示方向的行为大概不过是一个动物准备扑击它的猎物之前停留一忽时间的延长而已。当指示方向的最初倾向一旦出现时，此后在每一世代中的有计划选择和强迫训练的遗传效果将会很快地完成了这个工作；而且无意识选择至今仍在继续进行，因为每一个人虽然本意不在改进品种，但总试图获得那些最善于指示方向的和狩猎的狗。另一方面，在某些情形下，仅仅习性一项已经足够了；没有一种动物比野兔（wild rabbit）①更难以驯服的了；也几乎没有一种动物比驯服的幼小家兔更驯顺的了；但我很难设想家兔仅仅为了驯服性才常常被选择下来；所以从极野的到极驯服的性质的遗传变化，至少大部分必须归因于习性和长久继续的严格圈养。

在家养状况下，自然的本能可以消失：最显著的例子见于很少孵蛋的，或从不孵蛋的那些鸡品种，这就是说，它们从来不喜孵蛋。仅仅由于习见，才妨碍了我们看出家养动物的心理曾经有过何等巨大的和持久的变化。对于人类的亲爱已经变成了狗的本能，是很少可以怀疑的。一切狼、狐、胡狼（jackal）以及猫属的物种纵使在驯养后，也极其锐意地去攻击鸡、绵羊和猪；火地和澳洲这些地方的未开化人不养狗，因为他们把小狗拿到家里来养，曾发见这种倾向是不能矫正的。另一方面，我们的已经文明化了的

---

① 我国习惯上称 rabbit 为兔或家兔，也有野生的。它们掘穴居住，生下来时眼睛闭的；称 hare 为野兔，它不穴居，小兔出生时眼睛是开的。二者属于不同的属。今译 rabbit 的野生者为野兔，hare 为山兔，以示区别。——译者

狗,甚至在十分幼小的时候,也很少必要去教它们不要攻击鸡、绵羊和猪的!无疑它们会偶尔攻击一下的,于是就要遭到一顿打;如果还不能得到矫正,它们就会被弄死;这样,通过遗传、习性和某种程度的选择,大概协同地使我们的狗文明化了。另一方面,小鸡完全由于习性,已经消失了对于狗和猫的惧怕的本能,而这种本能本来是它们原来就有的。赫顿上尉(Captain Hutton)曾经告诉过我,原种鸡——印度野生鸡(Gallus bakkiva)——的小鸡,当由一只母鸡抚养时,最初野性很大。在英格兰,由一只母鸡抚养的小雉鸡,也是这样。并不是小鸡失去了一切惧怕,而只是失去了对于狗和猫的惧怕,因为,如果母鸡发出一声报告危险的叫声,小鸡便从母鸡的翼下跑开(小火鸡尤其如此),躲到四周的草里或丛林里去了。这显然是一种本能的动作,便于母鸟飞走,就如我们在野生的陆栖鸟类里所看到的那样。但是我们的小鸡还保留着这种在家养状况下已经变得没有用处的本能,因为母鸡由于不使用的缘故,已经几乎失掉飞翔的能力了。

因此,我们可以断定,动物在家养下可以获得新的本能,而失去自然的本能,这一部分是由于习性,一部分是由于人类在连续世代中选择了和累积了特殊的精神习性和精神活动,而这些习性和活动的最初发生,是由于偶然的原因——因为我们的无知无识,所以必须这样称呼这种原因。在某些情形下,只是强制的习性一项,已足以产生遗传的心理变化;在另外一些情形下,强制的习性就不能发生作用,一切都是有计划选择和无意识选择的结果:但是在大多数情形下,习性和选择大概是同时发生作用的。

特 种 本 能

我们只要考察少数事例,大概就能很好地理解本能在自然状态下怎样由于选择作用而被改变的。我只选择三个例子,——即,杜鹃在别种鸟巢里下蛋的本能;某些蚂蚁养奴隶的本能;以及蜜蜂造蜂房的本能。博物学者们已经把后两种本能,一般地而且恰当地列为一切已知本能中最奇异的本能了。

杜鹃的本能——某些博物学者假定,杜鹃的这种本能的比较直接的原因,是它并不每日下蛋,而间隔二日或三日下蛋一次;所以,它如果自己造巢,自己孵蛋,则最先下的蛋便须经过一些时间后才能得到孵抱,或者在同一个巢里就会有不同龄期的蛋和小鸟了。如果是这样,下蛋和孵蛋的过程就会很长而不方便,特别是雌鸟在很早的时期就要迁徙,而最初孵化的小鸟势必就要由雄鸟来单独哺养。但是美洲杜鹃就处于这样的困境;因为它自己造巢,而且要在同一时期内产蛋和照顾相继孵化的幼鸟。有人说美洲杜鹃有时也在别种鸟巢里下蛋,赞同和否认这种说法的都有;但我最近从艾奥瓦(Iowa)的梅里尔博士(Dr.Merrell)那里听到,他有一次在伊利诺伊(Illinois)看到在蓝色松鸦(Garrulus cristatus)的巢里有一只小杜鹃和一只小松鸦;并且因为这两只小鸟都已差不多生满羽毛,所以对于它们的鉴定是不会错误的。我还可以举出各种不同的鸟常常在别种鸟巢里下蛋的若干事例。现在让我们假定欧洲杜鹃的古代祖先也有美洲杜鹃的习性,它们也偶尔在别种鸟巢里下蛋。如果这种偶尔在别种鸟巢里下蛋的习性,通过能使老鸟早日迁徙或者通过其他原因,而有利于老鸟;或者,如果小鸟,由于利用了其他物种的误养的本能,比起由母鸟来哺养更为强壮——因为母鸟必须同时照顾不同龄期的蛋和小鸟,而不免受到牵累,那么老鸟或被错误哺养的小鸟都会得到利益。以此类推,我们可以相信,这样哺养起来的小鸟由于遗传大概就会具有它们的母鸟的那种常有的和奇特的习性,并且当它们下蛋时就倾向于把蛋下在别种鸟的巢里,这样,它们就能够更成功地哺养它们的幼鸟。我相信杜鹃的奇异本能会由这种性质的连续过程而被产生出来。还有,最近米勒以充分的证据确定了,杜鹃偶尔会在空地上下蛋,孵抱,并且哺养它的幼鸟。这种少见的事情大概是复现久已失去了的原始造巢本能的一种情形。

有人反对说,我对杜鹃没有注意到其他有关的本能和构造适应,据说这些必然是相互关联的。但在一切情形下,空论我们所知道的一个单独物种的一种本能是没有用处的,因为直到现在指引我们的还没有任何事实。直到最近,我们所知道的只有欧洲杜鹃的和非寄生性美洲杜鹃的本能;现在,由于拉姆齐先生(Mr. Ramsay)的观察,我们知道了澳洲杜鹃的三个物种的一些情形,它们是在别种鸟的巢里下蛋的。可以提起的要点有三个:第一,普通杜鹃,除了很少例外,只在一个巢里下一个蛋,以便使大形而贪吃的幼鸟能够得到丰富的食物。第二,蛋是显著地小,不大于云雀(skylark)的蛋,而云雀只有杜鹃四分之一那么大。我们从美洲非寄生性杜鹃所下的十分大的蛋可以推知,蛋小是一种真正的适应情形。第三,小杜鹃孵出后不久便有把义兄弟排出巢外的本能、力气,以及一种适当形状的背部,被排出的小鸟于是冻饿而死。这曾经被大胆地称为仁慈的安排,因为这样可使小杜鹃得到充足的食物,并且可使义兄弟在没有获得感觉以前就死去!

现在讲一讲澳洲杜鹃的物种:它们虽然一般只在一个巢里下一个蛋,但在同一个巢里下二个或者甚至三个蛋的情形也不少见。青铜色杜鹃的蛋在大小上变化很大,它们的长度从八英分(lines)至十英分。为了欺骗某些养亲,或者更确切地说,为了在较短期间内得到孵化(据说蛋的大小和孵化期之间有一种关联),生下来的蛋甚至比现在还小,如果这对于这个物种有利,那么就不难相信,一个下蛋愈来愈小的族或物种大概就会这样被形成;因为小形的蛋能够比较安全地被孵化和哺养。拉姆齐先生说,有两种澳洲的杜鹃,当它们在没有掩蔽的巢里下蛋时,特别选择那样一些鸟巢,其中蛋的颜色和自己的相似。欧洲杜鹃的物种在本能上明显地表现了与此相似的倾向,但相反的情形也不少,例如,它把暗而灰色的蛋,下在篱莺(hedge-warbler)巢中,与其亮蓝绿色的蛋相混。如果欧洲杜鹃总是不变地表现上述本能,那么在一切被假定共同获得的那些本能上一定还要加上这种本能。据拉姆齐先生说,澳洲青铜色杜鹃的蛋在颜色上有异常程度的变化;所以在蛋的颜色和大小方面,自然选择大概保存了和固定了任何有利的变异。

在欧洲杜鹃的场合中,当杜鹃孵出后的三天内,养亲的后代一般都被排逐出巢外去;因为杜鹃在这时候还处于一种极其无力的状态中,所以古尔得先生(Mr.Gould)以前相信这种排逐的行为是出自养亲的。但他现在已得到关于一个小杜鹃的可靠的记载,这小杜鹃此时眼睛还闭着,并且甚至连头还抬不起来,却把义兄弟排逐出巢外,这是实际看到的情形。观察者曾把它们中间的一只拾起来又放在巢里,但又被排逐出去了。至于获得这种奇异而可憎的本能的途径,如果小杜鹃在刚刚孵化后就能得到尽量多的食物对于它们是极其重要的话(大概确系如此),那么我想在连续世代中逐渐获得为排逐行动所必需的盲目欲望、力量以及构造,是不会有什么特别困难的;因为具有这种最发达的习性和构造的小杜鹃,将会最安全地得到养育。获得这种独特本能的第一步,大概仅仅是在年龄和力量上稍微大了一些的小杜鹃的无意识的乱动;这种习性此后得到改进,并且传递给比较幼小年龄的杜鹃。我看不出这比下述情形更难理解,即其他鸟类的幼鸟在未孵化时就获得了啄破自己蛋壳的本能——或者如欧文所说的,小蛇为了切破强韧的蛋壳在上颚获得了一种暂时的锐齿。因为,如果身体的各部分在一切龄期中都易于发生个体变异,而且这变异在相当龄期或较早龄期中有被遗传的倾向——这是无可争辩的主张,——那么,幼体的本能和构造,确和成体的一样,能够慢慢地发生改变;这两种情形一定与自然选择的全部学说存亡与共。

牛鸟属(Molothrus)是美洲鸟类中很特别的一属,与欧洲椋鸟(starling)相似,它的某些物种像杜鹃那样地具有寄生的习性;并且它们在完成它们的本能上表现了有趣的级进。褐牛鸟(Molothrus badius)的雌鸟和雄鸟,据优秀的观察家赫得森先生说,有时群居而过着乱交的生活,有时则过着配偶的生活。它们或者自己造巢,或者夺取别种鸟的巢,偶然也把他种鸟的幼鸟抛出巢外。它们或者在这个据为己有的巢内下蛋,或者,真奇怪,在这巢的顶上为自己营造另一个巢。它们通常是孵自己的蛋和哺养自己的小鸟的；但据赫得森先生说，大概它们偶尔也是寄生的，因为他曾看到这个物种的小鸟追随着不同种类的老鸟，而且叫喊着要求它们哺喂。牛鸟属的另一物种，多卵牛鸟（M.bonariensis）的寄生习性比上述物种更为高度发达，但是距离完全化还很遥远。这种鸟，据知道的，一定要在他种鸟的巢里下蛋；但是值得注意的是，有时候数只这种鸟会合造一个自己的不规则的而且不整洁的巢，这种巢被放置在特别不适宜的地方，如在大蓟（thistle）的叶子上，然而就赫得森先生所能确定的说来，它们从来不会完成自己的巢。它们常在他种鸟的一个巢里下如此多的蛋，——十五到二十个——以致很少被孵化，或者完全不孵化。还有，它们有在蛋上啄孔的奇特习性，无论自己的或所占据的巢里的养亲的蛋皆被啄掉。它们还在空地上随便产下许多蛋，那些蛋当然就这样被废弃了。第三个物种，北美洲的单卵牛鸟（M.pecoris），已经获得了杜鹃那样完全的本能，因为它从来不在一个别种鸟巢里下一个以上的蛋，所以小鸟可以有保证地得到哺育。赫得森先生是坚决不相信进化的人，但是他看到了多卵牛鸟的不完全本能似乎也大受感动，他因此引用了我的话，并且问："我们是否必须不认为这等习性是特别赋予的或特创的本能，而认为是一个普遍法则——过渡——的小小结果呢？"

各种不同的鸟，如上所述，偶尔会把它们的蛋下在别种鸟的巢里。这种习性，在鸡科里并非不普通，并且对于鸵鸟的奇特本能提供了若干解说。在鸵鸟科里几只母鸟共同地先在一个巢里，然后又在另一个巢里下少数的蛋；由雄鸟去孵抱这些蛋。这种本能或者可以用下述事实来解释，即雌鸟下蛋很多，但如杜鹃一样，每隔两天或三天才下一次。然而美洲鸵鸟的这种本能,与牛鸟的情形一样,还没有达到完全化;因为有很多的蛋都散在地上,所以我在一天的游猎中,就拾得了不下二十个散失的和废弃的蛋。

许多蜂是寄生的,它们经常把卵产在别种蜂的巢里。这种情形比杜鹃更可注意;就是说,这等蜂随着它们的寄生习性,不但改变了它们的本能,而且改变了它们的构造;它们不具有采集花粉的器具,如果它们为幼蜂贮蓄食料,这种器具是必不可少的。泥蜂科(Sphegidæ;形似胡蜂)的某些物种同样也是寄生的;法布尔最近曾提出良好的理由使我们相信:一种小唇沙蜂(Tachytes nigra)虽然通常都自己造巢,而且为自己的幼虫贮蓄被麻痹了的食物,但如果发现别种泥蜂所造的和贮蓄有食物的巢,它便会加以利用,而变成临时的寄生者。这种情形和牛鸟或杜鹃的情形是一样的,我觉得如果一种临时的习性对于物种有利益,同时被害的蜂类,不会因巢和贮蓄的食物被无情夺取而遭到绝灭,自然选择就不难把这种临时的习性变成为永久的。

养奴隶的本能——这种奇妙的本能,是由于贝尔最初在红褐蚁(Formica〔Polyerges〕rufescens)里发现的,他是一位甚至比他的著名的父亲更为优秀的观察者。这种蚂蚁绝对依靠奴隶而生活;如果没有奴隶的帮助,这个物种在一年之内就一定要绝灭。雄蚁和能育的雌蚁不从事任何工作,工蚁即不育的雌蚁虽然在捕捉奴隶上极为奋发勇敢,但并不做其他任何工作。它们不能营造自己的巢,也不能哺喂自己的幼虫。在老巢已不适用,势必迁徙的时候,是由奴蚁来决定迁徙的事情,并且实际上它们把主人们衔在颚间搬走。主人们是这样的不中用,当于贝尔捉了三十个把它们关起来,而没有一个奴蚁时,虽然那里放入它们最喜爱的丰富食物,而且为了刺激它们进行工作又放入它们自己的幼虫和蛹,它们还是一点也不工作;它们自己甚至不会吃东西,因而许多蚂蚁就此饿死了。于贝尔随后放进一个奴蚁——黑蚁(F. fusca),她即刻开始工作,哺喂和拯救那些生存者;并且营造了几间虫房,来照料幼虫,一切都整顿得井井有条。有什么比这等十分肯定的事实更为奇异的呢?如果我们不知道任何其他养奴隶的蚁类,大概就无法想象如此奇异的本能曾经是怎样完成的。

另一个物种——血蚁(Formica sanguinea),同样也是养奴隶的蚁,也是由于贝尔最初发现的。这个物种发见于英格兰的南部,英国博物馆史密斯先生(Mr.F.Smith)研究过它的习性,关于这个问题以及其他问题,我深深感激他的帮助。虽然我充分相信于贝尔和史密斯先生的叙述,但我仍然以怀疑的心情来处理这个问题,因为任何人对于养奴隶的这种极其异常本能的存在有所怀疑,大概都会得到谅解。因此,我愿意稍微详细地谈谈我作的观察。我曾掘开十四个血蚁的窠,并且在所有的窠中都发见了少数的奴蚁。奴种(黑蚁)的雄蚁和能育的雌蚁,只见于它们自己固有的群中,在血蚁的窠中从来没有看见过它们。黑色奴蚁,不及红色主人的一半大,所以它们在外貌上的差异是大的。当窠被微微扰动时,奴蚁偶尔跑出外边来,像它们主人一样地十分激动,并且保卫它们的窠;当窠被扰动得很厉害,幼虫和蛹已被暴露出来的时候,奴蚁和主人一齐奋发地把它们运送到安全的地方去。因此,奴蚁显然是很安于它们的现状的。在连续三个年头的六月和七月里,我在萨立(Surrey)和萨塞克斯(Sussex),曾对几个窠观察了几个小时,但从来没有看到一个奴蚁自一个巢里走出或走进。在这些月份里,奴蚁的数目很少,因此我想当它们数目多的时候,行动大概就不同了;但史密斯先生告诉我说,五月、六月,以及八月间,在萨立和汉普郡(Hampshire),他在各种不同的时间内注意观察了它们的窠,虽然在八月份奴蚁的数目很多,但也不曾看到它们走出或走进它们的窠。因此,他认为它们是严格的家内奴隶。而主人却不然,经常看到它们不断地搬运着造窠材料和各种食物。然而在 1860 年 7 月里,我遇见一个奴蚁特别多的蚁群,我观察到有少数奴蚁和主人混在一起离窠出去,沿着同一条路向着约二十五码远的一株高苏格兰冷杉前进,它们一齐爬到树上去,大概是为了找寻蚜虫或胭脂虫(cocci)的。于贝尔有过许多观察的机会,他说,瑞士的奴蚁在造窠的时候常常和主人一起工作,而它们在早晨和晚间则单独看管门户;于贝尔还明确地说,奴蚁的主要职务是搜寻蚜虫。两个国家里的主奴两蚁的普通习性如此不同,大概仅仅因为在瑞士被捕捉的奴蚁数目比在英格兰为多。

有一次,我幸运地看到了血蚁从一个窠搬到另一个窠里去,主人们谨慎地把奴蚁带在颚间,并不像红褐蚁的情形,主人须由奴隶带走,这真是极有趣的奇观。另一天,大约有二十个养奴隶的蚁在同一地点猎取东西,而显然不是找寻食物,这引起了我的注意;它们走近一种奴蚁——独立的黑蚁群,并且遭到猛烈的抵抗;有时候有三个奴蚁揪住养奴隶的血蚁的腿不放,养奴隶的蚁残忍地弄死了这些小抵抗者,并且把它们的尸体拖到二十九码远的窠中去当食物;但它们不能得到一个蛹来培养为奴隶。于是我从另一个窠里掘出一小团黑蚁的蛹,放在邻近战斗的一处空地上,于是这班暴君热切地把它们捉住并且拖走,它们大概以为毕竟是在最后的战役中获胜了。

在同一个时候,我在同一个场所放下另一个物种——黄蚁(F.flava)的一小团蛹,其上还有几只攀附在窠的破片上的这等小黄蚁。如史密斯先生所描述的,这个物种有时会被用作奴隶,纵使这种情形很少见。这种蚁虽然这么小,但极勇敢,我看到过它们凶猛地攻击别种蚁。有一个事例,使我惊奇,我看见在养奴隶的血蚁窠下有一块石头,在这块石头下是一个独立的黄蚁群;当我偶然地扰动了这两个窠的时候,这小蚂蚁就以惊人的勇敢去攻击它们的大邻居。当时我渴望确定血蚁是否能够辨别常被捉作奴隶的黑蚁的蛹与很少被捉的小形而猛烈的黄蚁的蛹,明显地它们确能立刻辨别它们;因为当它们遇到黑蚁的蛹时,即刻热切地去捉,当它们遇到黄蚁的蛹或甚至遇到它的窠的泥土时,便惊惶失措,赶紧跑开;但是,大约经过一刻钟,当这种小黄蚁都爬走之后,它们才鼓起勇气,把蛹搬走。

一天傍晚,我看见另一群血蚁,发现许多这种蚁拖着黑蚁的尸体(可以看出不是迁徙)和无数的蛹回去,走进它们的窠内。我跟着一长行背着战利品的蚁追踪前去,大约有四十码之远,到了一处密集的石南科灌木(heath)丛,在那里我看到最后一个拖着一个蛹的血蚁出现;但我没有能够在密丛中找到被蹂躏的窠在哪里。然而那窠一定就在附近,因为有两三只黑蚁极度张皇地冲出来,有一只嘴里还衔着一个自己的蛹一动不动地停留在石南的小枝顶上,并且对于被毁的家表现出绝望的神情。

这些都是关于养奴隶的奇异本能的事实,无须我来证实。让我们看一看血蚁的本能的习性和欧洲大陆上的红褐蚁的习性有何等的不同。后一种不会造窠,不会决定自己的迁徙,不会为自己和幼蚁采集食物,甚至不会自己吃东西:完全依赖它们的无数奴蚁。血蚁则不然,它们拥有很少的奴蚁,而且在初夏奴蚁是极少的,主人决定在什么时候和什么地方应该营造新窠,并且当它们迁徙的时候,主人带着奴蚁走。瑞士和英格兰的奴蚁似乎都专门照顾幼蚁,主人单独作捕捉奴蚁的远征。瑞士的奴蚁和主人一齐工作,搬运材料回去造窠;主奴共同地,但主要是奴蚁在照顾它们的蚜虫,并进行所谓的挤乳;这样,主奴都为本群采集食物。在英格兰,通常是主人单独出去搜寻造窠材料以及为它们自己、奴蚁和幼蚁搜寻食物。所以,在英格兰,奴蚁为主人所服的劳役,比在瑞士的少得多。

  依赖什么步骤,发生了血蚁的本能,我不愿妄加臆测。但是,因为不养奴隶的蚁,据我所看到的,如果有其他物种的蛹散落在它们的窠的近旁时,也要把这些蛹拖去,所以这些本来是贮作食物的蛹,可能发育起来;这样无意识地被养育起来的外来蚁将会追随它们的固有本能,并且做它们所能做的工作。如果它们的存在,证明对于捕捉它们的物种有用,——如果捕捉工蚁比自己生育工蚁对于这个物种更有利——那么,本是采集蚁蛹供作食用的这种习性,大概会因自然选择而被加强,并且变为永久的,以达到非常不同的养奴隶的目的。本能一旦被获得,即使它的应用范围远不及英国的血蚁(如我们所看到的,这种蚁在依赖奴蚁的帮助上比瑞士的同一物种为少),自然选择大概也会增强和改变这种本能,——我们经常假定每一个变异对于物种都有用处——直到形成一种像红褐蚁那样卑鄙地依靠奴隶来生活的蚁类。

蜜蜂营造蜂房的本能——我对这个问题不拟详加讨论,而只是把我所得到的结论的纲要说一说。凡是考察过蜂窠的精巧构造的人,看到它如此美妙地适应它的目的,而不热烈地加以赞赏,他必定是一个愚钝的人。我们听到数学家说蜜蜂已实际解决了深奥的问题,它们把蜂房造成适当的形状,来容纳最大可能容量的蜜,而在建造中则用最小限度的贵重蜡质。曾有这样的说法,一个熟练的工人,用合适的工具和计算器,也很难造出真正形状的蜡质蜂房来,但是一群蜜蜂却能在黑暗的蜂箱内把它造成。随便你说这是什么本能都可以,最初一看这似乎是不可思议的,它们如何能造出所有必要的角和面,或者甚至如何能觉察出它们是正确地被完成了。但是这难点并不像最初看来那样大;我想,可以示明,这一切美妙的工作都是来自几种简单的本能。

我研究这个问题实受沃特豪斯先生的引导。他阐明,蜂房的形状和邻接蜂房的存在有密切关系;下述观点大概只能看作是他的理论的修正。让我们看看伟大的级进原理,看看"自然"是否向我们揭露了她的工作方法。在这个简短系列的一端有土蜂,它们用它们的旧茧来贮蜜,有时候在茧壳上添加蜡质短管,而且同样也会做出分隔的、很不规则的圆形蜡质蜂房。在这系列的另一端则有蜜蜂的蜂房,它排列为二层:每一个蜂房,众所周知,都是六面柱体,六边的底边倾斜地联合成三个菱形所组成的倒角锥体。这等菱形都有一定的角度,并且在蜂窠的一面,一个蜂房的角锥形底部的三条边,正好构成了反面的三个连接蜂房的底部。在这一系列里,处于极完全的蜜蜂蜂房和简单的土蜂蜂房之间的,还有墨西哥蜂（Melipona domestica）的蜂房,于贝尔曾经仔细地描述过和绘制过这种蜂房。墨西哥蜂的身体构造介于蜜蜂和土蜂之间,但与土蜂的关系比较接近;它能营造差不多规则的蜡质蜂窠,其蜂房是圆柱形的,在那里孵化幼蜂,此外还有一些用作贮蜜的大形蜡质蜂房。这些大型的蜂房接近球状,大小差不多相等,并且聚集成不规则的一堆。这里可注意的要点是,这等蜂房经常被营造得很靠近,如果完全成为球状时,蜡壁势必就要交切或穿通;但是从来不会如此,因为这种蜂会在有交切倾向的球状蜂房之间把蜡壁造成平面的。因此,每个蜂房都是由外方的球状部分和两三个,或更多平面构成的,这要看这个蜂房与两个、三个或更多的蜂房相连接来决定。当一个蜂房连接其他三个蜂房时,由于它们的球形是差不多大小的,所以在这种情形下,常常而且必然是三个平面连合成为一个角锥体;据于贝尔说,这种角锥体与蜜蜂蜂房的三边角锥形底部十分相像。在这里,和蜜蜂蜂房一样,任何蜂房的三个平面必然成为所连接的三个蜂房的构成部分。墨西哥蜂用这种营造方法,显然可以节省蜡,更重要的是,可以节省劳力;因为连接蜂房之间的平面壁并不是双层的,其厚薄和外面的球状部分相同,然而每一个平面壁却构成了两个房的一个共同部分。

考虑到这种情形,我觉得如果墨西哥蜂在一定的彼此距离间营造它们的球状蜂房,并且把它们造成一样大小,同时把它们对称地排列成双层,那么这构造就会像蜜蜂的蜂窠一样的完全了。所以我写信给剑桥的米勒教授（Prof.Miller）,根据他的复信我写出了以下的叙述,这位几何学家亲切地读了它并且告诉我说,这是完全正确的。

假定我们画若干同等大小的球,它们的球心都在两个平行层上;每一个球的球心与同层中围绕它的六个球的球心相距等于或稍微小于半径×$\sqrt{2}$,即半径×1.41421;并且与别一平行层中连接的球的球心相距也如上;于是,如果把这双层球的每两个球的交接面都画出来,就会形成一个双层六面柱体,这双层六面柱体互相衔接的面都是由三个菱形所组成的角锥形底部连接而成的;这个角锥形与六面柱体的边所成的角,与经过精密测量的蜜蜂蜂房的角完全相等。但是怀曼教授告诉我说,他曾作过许多仔细的测量,他说蜜蜂工作的精确性曾被过分地夸大,所以不论蜂房的典型形状怎样,它的实现纵非不可能,但也是很少见的。

因此,我们可以稳妥地断定,如果我们能够把墨西哥蜂的不很奇异的已有本能稍微改变一下,这种蜂便能造出像蜜蜂那样十分完善的蜂房。我们必须假定,墨西哥蜂有能力来营造真正球状的和大小相等的蜂房;看到以下的情形,这就没有什么值得奇怪的了,例如:它已经能够在一定程度上做到这点,同时,还有许多昆虫也能够在树木上造成多么完全的圆柱形孔穴,这分明是依据一个固定的点旋转而成的。我们必须假定,墨西哥蜂能把蜂房排列在水平层上,正如它的圆柱形蜂房就是这样排列的。我们必须更进一步假定,而这是最困难的一件事,当几只工蜂营造它们的球状蜂房时,它能设法正确地判断彼此应当距离多少远;但是它已经能够判断距离了,所以它能经常使球状蜂房有某种程度的交切;然后把交切点用完全的平面连接起来。本来并不很奇异的本能,——不比指导鸟类造巢的本能更奇异,——经过这样的变异之后，我相信蜜蜂通过自然选择就获得了它的难以模仿的营造能力。

这种理论可用试验来证明。仿照特盖特迈耶先生（Mr. Tegetmeier）的例子，我把两个蜂窠分开，在它们中间放一块长而厚的长方形蜡板；蜜蜂随即开始在蜡板上凿掘圆形的小凹穴；当它们向深处凿掘这些小穴时，逐渐使它们向宽处扩展，终至变成大体具有蜂房直径的浅盆形，看起来恰像完全真正球状或者球状的一部分。下面的情形是极有趣的：当几只蜂彼此靠近开始凿掘盆形凹穴时，它们之间的距离恰使盆形凹穴得到上述宽度（大约相当于一个普通蜂房的宽度），并且在深度上达到这些盆形凹穴所构成的球体直径的六分之一，这时盆形凹穴的边便交切，或彼此穿通。一遇到这种情形时，蜂即停止往深处凿掘，并且开始在盆边之间的交切处造起平面的蜡壁，所以，每一个六面柱体并不是像普通蜂房的情形那样，建筑在三边角锥体的直边上面，而是建造在一个平滑盆形的扇形边上面的。

然后我把一块薄而狭的涂有朱红色的、其边如刃的蜡片放进蜂箱里去，以代替以前所用的长方形厚蜡板。于是蜜蜂即刻像以前一样地在蜡片的两面开始凿掘一些彼此接近的盆形小穴。但蜡片是如此之薄，如果把盆形小穴的底掘得像上述试验的一样深，两面便要彼此穿通了。然而蜂并不会让这种情形发生，它们到了适当时候，便停止开掘；所以那些盆形小穴，只要被掘得深一点时，便出现了平的底，这等由剩下来而未被咬去的一小薄片朱红色蜡所形成的平底，根据眼睛所能判断的，正好位于蜡片反面的盆形小穴之间的想象上的交切面处。在反面的盆形小穴之间遗留下来的菱形板，大小不等，因为这种蜡片不是自然状态的东西，所以不能精巧地完成工作。虽然如此，蜂在朱红色蜡片的两面，还能浑圆地咬去蜡质，并使盆形加深，其工作速度必定是差不多一样的，这是为了能够成功地在交切面处停止工作，而在盆形小穴之间留下平的面。

考虑到薄蜡片是何等的柔软之后，我想，当蜂在蜡片的两面工作时，不会有什么困难就能觉察到什么时候咬到适当的薄度，于是停止工作。在普通的蜂窠里，我认为蜂在两面的工作速度，并不永远能够成功地完全相等；因为，我曾注意过一个刚开始营造的蜂房底部上的半完成的菱形板，这个菱形板在一面稍为凹进，我想象这是因为蜂在这面掘得太快的缘故，它的另一面则凸出，这是因为蜂在这面工作得慢了一些的缘故。在一个显著的事例里，我把这蜂窠放回蜂箱里去，让蜂继续工作一个短时间，然后再检查蜂房，我发现菱形板已经完成，并且已经变成完全平的了：这块蜡片是极薄的，所以绝对不可能是从凸的一方面把蜡咬去，而做成上述的样子；我猜测这种情形大概是站在反面的蜂，把可塑而温暖的蜡正好推压到它的中间板处，使它弯曲（我试验过，很容易做），这样就把它弄平了。

从朱红蜡片的试验里，我们可以看出：如果蜂必须为自己建造一堵蜡质的薄壁时，它们便彼此站在一定距离，以同等的速度凿掘下去，并且努力做成同等大小的球状空室，但永远不会让这些空室彼此穿通，这样，它们就可造成适当形状的蜂房。如果检查一下正在建造的蜂窠边缘，就可明显地看出蜂先在蜂窠的周围造成一堵粗糙的围墙或缘边；并且它们就像营造每一个蜂房那样地,经常圆圆地工作着,把这围墙从两面咬去,它们并不在同一个时间内营造任何一个蜂房的三边角锥形的整个底部,通常最先营造的是,位于正在建造的极端边缘的一块菱形板,或者先造两块菱形板,这要看情形而定;并且,在没有营造六面壁之前,它们绝不完成菱形板的上部的边。这些叙述的某些部分和应享盛誉的老于贝尔所说的,有所不同,但我相信这些叙述是正确的;如果有篇幅,我将阐明这和我的学说是一致的。

于贝尔说,最初的第一个蜂房是从侧面相平行的蜡质小壁凿掘造出来的,就我所看到的,这一叙述并不严格正确;最初着手的经常是一个小蜡兜;但在这里我不拟详加讨论。我们知道,在蜂房的构造里,凿掘起着何等重要的作用;但如果设想蜂不能在适当的位置——即沿着两个连接的球形体之间的交切面——营造粗糙的蜡壁,可能是一个极大的错误。我有几件标本明显指出它们是能够这样做的。甚至在环绕着建造中的蜂窠周围的粗糙边缘即蜡壁上,有时候也可观察到弯曲的情形,这弯曲所在的位置相当于未来蜂房的菱形底面所在的位置。但在一切场合中,粗糙的蜡壁是由于咬掉两面的大部分蜡而完成的。蜂的这种营造方法是奇妙的;它们总是把最初的粗糙墙壁,造得比最后要留下的蜂房的极薄的壁,厚十倍乃至三十倍。我们根据下述情形将会理解它们是如何工作的:假定建筑工人开始用水泥堆起一堵宽阔的基墙,然后开始在近地面处的两侧把水泥同等地削去,直到中央部分形成一堵光滑而很薄的墙壁;这些建筑工人常把削去的水泥堆在墙壁的顶上,然后再加入一些新水泥。因此,薄壁就这样不断地高上去,但上面经常有一个厚大的顶盖。一切蜂房,无论刚开始营造的和已经完成的，上面都有这样一个坚固的蜡盖，因此，蜂能够聚集在蜂窠上爬来爬去，而不会把薄的六面壁损坏。米勒教授曾经亲切地为我量过，这些壁在厚度上大有不同；在近蜂窠的边缘处所作的十二次测量表明，平均厚度为 1/352 英寸；菱形底片较厚些，差不多是三比二，根据二十一次的测量，其平均厚度为 1/229 英寸。用上述这样特别的营造方法，可以极端经济地使用蜡，同时还能不断地使蜂窠坚固。

因为许多蜜蜂都聚集一起工作，最初看来，这对于理解蜂房是怎样做成的，会增加困难；一只蜂在一个蜂房里工作一个短时间后，便到另一个蜂房里去，所以，如于贝尔所说的，甚至当第一个蜂房开始营造时就有二十只蜂在工作，我可以用下述情形来实际地阐明这一事实：用朱红色的熔蜡很薄地涂在一个蜂房的六面壁的边上，或者涂在一个扩大着的蜂窠围墙的极端边缘上，必定能够看出蜂把这颜色极细腻地分布开去，——细腻得就像画师用刷子刷的一样——有颜色的蜡从涂抹的地方被一点一点地拿去，放到周围蜂房的扩大着的边缘上去。这种营造的工作在许多蜂之间似乎有一种平均的分配，所有的蜂都彼此本能地站在同一比例的距离内，所有的蜂都试图凿掘相等的球形，于是，建造起或者说留下不咬这些球形之间的交切面。它们有时会遇到困难，说起来这些例子实在是奇异的，例如当两个蜂窠相遇于一角时，蜂是如此常常把已成的蜂房拆掉，并且用不同的方法来重造，而重造出来的蜂窠形状常常和拆去的一样。

蜂如果遇到一处地方，在那里可以站在适当的位置进行工作时，——例如，站在一块木片上，这木片恰好处于向下建造的一个蜂窠的中央部分之下，那么这蜂窠势必就要被营造在这木片的上面，——在这种情形里，蜂便会筑起新的六面体的一堵壁的基部，突出于其他已经完成的蜂房之外，而把它放在完全适当的位置。只要蜂能够彼此站在适当的距离并且能够与最后完成的蜂房墙壁保持适当的距离，于是，由于掘造了想象的球形体，它们就足可以在两个邻接的球形体之间造起一堵中间蜡壁来；但据我所看到的，非到那蜂房和邻接的几个蜂房已大部造成之后，它们从不咬去和修光蜂房的角的。蜂在一定环境条件下，能在两个刚开始营造的蜂房中间把一堵粗糙的壁建立在适当位置上，这种能力是重要的；因为这与一项事实有关，最初看来它似乎可以推翻上述理论；这事实就是，黄蜂窠的最外边缘上的一些蜂房也常常是严格的六边形的；但我在这里没有篇幅来讨论这一问题。我并不觉得单独一个昆虫（例如黄蜂的后蜂）营造六边形的蜂房会有什么大的困难；——如果它能在同时开始了的两个或三个巢房的内侧和外侧交互地工作，经常能与刚开始了的蜂房各部分保持适当的距离，掘造球形或圆筒形，并且建造起中间的平壁，就可以做到上述一点。

　　自然选择仅仅在于对构造或本能的微小变异的积累，才能发挥作用，而各个变异都对个体在其生活条件下是有利的。所以可以合理地发问：一切变异了的建筑本能所经历的漫长而级进的连续阶段，都有趋向于现今那样的完善状态，对于它们的祖先，曾起过怎样有利的作用？我想，解答这个问题并不困难：像蜜蜂或黄蜂的蜂房那样建造起来的蜂房，是坚固的，而且节省了很多劳力、空间，以及蜂房的建造材料。为了制造蜡，我们知道，必须采集充足的花蜜,在这方面蜂常常是十分辛苦的,特盖特迈耶先生告诉我说,实验已经证明,蜜蜂分泌一磅蜡需要消耗十二磅到十五磅干糖;所以在一个蜂箱里的蜜蜂为了分泌营造蜂窠所必需的蜡,必须采集并消耗大量的液状花蜜。还有,许多蜂在分泌的过程中,势必有许多天不能工作。大量蜂蜜的贮藏,以维持大群蜂的冬季生活,是必不可缺少的;并且我们知道,蜂群的安全主要决定于大量的蜂得以维持。因此,蜡的节省,便大大节省了蜂蜜,并且节省了采集蜂蜜的时间,这必然是任何蜂族成功的重要因素。当然一个物种的成功还可能决定于它的敌害或寄生物的数量,或者决定于其他十分特殊的原因,这些都和蜜蜂所能采集的蜜量全无关系。但是,让我们假定采集蜜量的能力能够决定,并且大概曾经常常决定了一种近似于英国土蜂的蜂类能否在任何一处地方大量存在;并且让我们进一步假定,那蜂群须度过冬季,结果就需要贮藏蜂蜜;在这种情形下,如果它的本能有微小的变异,引导它把蜡房造得靠近些,略略彼此相切,无疑将会有利于我们所想象的这种土蜂的;因为一堵公共的壁即使仅连接两个蜂房,也会节省少许劳力和蜡。因此,如果它们能把蜂房造得日益整齐,日益靠近,并且像墨西哥蜂的蜂房那样聚集在一起,这就会不断地日益有利于这种土蜂;因为在这种情形下,各个蜂房的大部分境壁将会用作邻接蜂房的壁,于是就可以大大节省劳力和蜡。还有,由于同样的原因,如果墨西哥蜂能把蜂房造得比现在的更为接近些,并且在任何方面都更为规则些,这对于它是有利的;因为,如我们所看到的,蜂房的球形面将会完全消失,而代以平面了;而墨西哥蜂所造的蜂窠大概就会达到蜜蜂窠那样完善的地步。在建造上超越这种完善的阶段,自然选择便不能再起作用;因为蜜蜂的蜂窠,据我们知道,在经济使用劳力和蜡上是绝对完善的。

因此,如我所相信的,这种一切既知本能中最奇异的本能——蜜蜂的本能,是可以根据以下的情形来解释的:自然选择曾经利用比较简单本能之无数的、连续发生的微小变异;自然选择曾经徐缓地、日益完善地引导蜂在双层上掘造彼此保持一定距离的、同等大小的球形体,并且沿着交切面筑起和凿掘蜡壁;当然,蜂是不会知道它们自己在彼此保持一定距离间掘造球形体,正如它们不会知道六面柱体的角以及底部的菱形板的角有若干度;自然选择过程的动力在于使蜂房造得有适当的强度和适当的容积和形状,以便容纳幼虫,最大可能地经济使用劳力和蜡使之完成;每一蜂群如果能够这样以最小的劳力,并且在蜡的分泌上消耗最少的蜜,来营造最好的蜂房,那么它们就能得到最大的成功,并且还会把这种新获得的节约本能传递给新蜂群,这些新蜂群在它们那一代,在生存斗争中就会获得最大成功的机会。

反对把自然选择学说应用在本能上的意见:中性的和不育的昆虫

曾经有人反对上述本能起源的观点,他们说,"构造的和本能的变异必须是同时发生的,而且是彼此密切协调的,因为变异如果在一方面发生而在另一方面没有相应的变化,这种变异将是致死的"。这种异议的力量全然建筑在本能和构造是突然发生变化这种假设上面的。前章说过的大荏雀(Parus maior)可以做一个例子；这种鸟常在树枝上用脚夹住紫杉类的种子，用喙去啄，直到把它的仁啄出来。这样，自然选择便把喙的愈来愈适于啄破这种种子的一切微小变异都保存下来，一直到像十分适于这种目的的五十雀(nuthatch)的那样喙的形成，同时，习性或者强制，或者嗜好的自发变异也引导了这种鸟日益变成为吃种子的鸟，关于这样解释，又有什么特别困难呢？在这个例子中，设想先有习性或嗜好的缓慢变化，然后通过自然选择，喙才慢慢地发生改变，这种改变是与嗜好或习性的改变相一致的。但是假定䴓雀的脚，由于与喙相关，或者由于其他任何未知的原因，变异了而且增大了，这种增大的脚，并非不可能引导这种鸟变得愈来愈能攀爬，而终于使它获得了像五十雀那样显著的攀爬本能和力量。在这种情形里，是假定构造的逐渐变化引起了本能的习性发生变化的。再举一例：东方诸岛(Eastern Islands)的雨燕(Swift)完全用浓化的唾液来造巢，很少有比这种本能更为奇异的了。某些鸟用泥土造巢，可以相信在泥土里混合着唾液；北美洲有一种雨燕（如我所看到的）用小枝沾上唾液来造巢，甚至用这种东西的屑片沾上唾液来造巢。于是，对分泌唾液愈来愈多的雨燕个体的自然选择，就会最后产生出一个物种，这个物种具有忽视其他材料而专用浓化唾液来造巢的本能，难道说这是很不可能的吗？其他情形亦复如是。然而必须承认，在许多事例里，我们无法推测最初发生变异的究竟是本能还是构造。

无疑还可用许多极难解释的本能来反对自然选择学说——例如有些本能，我们不知道它是怎样起源的；有些本能，我们不知道它有中间级进存在；有些本能是如此地不重要，以致自然选择不大会对它发生作用；有些本能在自然系统相距甚远的动物里竟几乎相同，以致我们不能用共同祖先的遗传来说明它们的相似性，结果只好相信这些本能是通过自然选择而被独立获得的。我不预备在这里讨论这几个例子，但我要专门讨论一个特别的难点，这个难点，当初我认为是解释不通的，并且实际上对于我的全部学说是致命的。我所指的就是昆虫社会里的中性的即不育的雌虫；因为这些中性虫在本能和构造上常与雄虫以及能育的雌虫有很大的差异，而且由于不育，它们不能繁殖它们的种类。

这个问题十分值得详细地来讨论，但我在这里只拟举一个例子，即不育的工蚁的例子。工蚁怎么会变为不育的个体是一个难点；但不比构造上任何别种显著变异更难于解释；因为可以阐明，在自然状态下某些昆虫以及别种节足动物偶尔也会变为不育的；如果这等昆虫是社会性的，而且如果每年生下若干能工作的，但不能生殖的个体对于这个群体是有利的话，那么我认为不难理解这是由于自然选择的作用。但我必须省略这种初步的难点不谈。最大的难点是在于工蚁与雄蚁和能育的雌蚁在构造上有巨大的差异，如工蚁具有不同形状的胸部，缺少翅膀，有时没有眼睛，并且具有不同的本能。单以本能而论，蜜蜂可以极好地证明工蜂与完全的雌蜂之间有可惊的差异，如果工蚁或别种中性虫原是一种正常的动物，那么我就会毫不迟疑地假定，它的一切性状都是通过自然选择而慢慢获得的；这就是说，由于生下来的诸个体都具有微小的有利变异，这些变异又都遗传给了它们的后代；而且这些后代又发生变异，又被选择，这样继续不断地进行下去。但是工蚁和双亲之间的差异很大，是绝对不育的，所以它绝不能把历代获得的构造上或本能上的变异遗传给后代。于是可以问：这种情形怎么能够符合自然选择的学说呢？

第一，让我们记住，在家养生物和自然状态下的生物里，被遗传的构造的各种各样差异是与一定年龄或性别相关的，在这方面我们有无数的事例。这些差异不但与某一性相关，而且与生殖系统活动的那一短暂时期相关，例如，许多种雄鸟的求婚羽，以及雄马哈鱼的钩曲的颚，都是这种情形。公牛经人工去势后，不同品种的角甚至相关地表现了微小的差异，因为某些品种的去势公牛，在与同一品种的公牝双方的角长的比较上，比其他一些品种的去势公牛，具有更长的角。因此，我认为昆虫社会里的某些成员的任何性状变得与它们的不育状态相关，并不存在多大难点：难点在于理解这等构造上的相关变异怎样被自然选择的作用而慢慢累积起来。

这个难点虽然表面上看来是难以克服的，可是只要记住选择作用可以应用于个体也可以应用于全族，而且可以由此得到所需要的结果，那么这个难点便会缩小，或者如我所相信的，便会消除。养牛者喜欢肉和脂肪交织成大理石纹的样子；具有这种特性的牛便被屠杀了。但是养牛者有信心继续培育同样的牛，并且得到了成功。这种信念是建筑在这样的选择力量上的：只要我们仔细注意什么样的公牛和牝牛交配才能产生最长角的去势公牛，大概就会获得经常产生异常长角的去势公牛的一个品种，虽然没有一只去势的牛曾经繁殖过它的种类。这里有一个更好而确切的例证：据佛尔洛特（M.Verlot）说，重瓣的一年生紫罗兰（Stock）的某些变种，由于长期地和仔细地被选择到适当的程度，便会经常产生大量实生苗,开放重瓣的、完全不育的花,但是它们也产生若干单瓣的、能育的植株。只有这等单瓣植株才能繁殖这个变种,它可以与能育的雄蚁和雌蚁相比拟,重瓣而不育的植株可以与同群中的中性虫相比拟。无论对于紫罗兰的这些品种,或是对于社会性的昆虫,选择,为了达到有利的目的,不是作用于个体,而是作用于全族。因此,我们可以断言,与同群中某些成员的不育状态相关的构造或本能上的微小变异,被证明是有利的:结果能育的雄体和雌体得到了繁生,并把这种倾向——产生具有同样变异的不育的成员——传递给能育的后代。这一过程,一定重复过许多次,直到同一物种的能育的雌体和不育的雌体之间产生了巨大的差异量,就像我们在许多种社会性昆虫里所见到的那样。

但我们还没有接触到难点的高峰;这就是,有几种蚁的中性虫不但与能育的雌虫和雄虫有所差异,而且它们彼此之间也有差异,有时甚至差异到几乎不能相信的程度,并且因此被分作两个级(castes)或甚至三个级。还有,这些级,普通并不彼此逐渐推移,却区别得十分清楚;彼此区别有如同属的任何两个物种,或同科的任何两个属那样。例如,埃西顿(Eciton)蚁的中性的工蚁和兵蚁具有异常不同的颚和本能:隐角蚁(Cryptocerus)只有一个级的工蚁,它们的头上生有一种奇异的盾,至于它的用途还完全不知道;墨西哥的蜜蚁(Myrmecocystus)有一个级的工蚁,它们永不离开窠穴,腹部发达得很大,能分泌出一种蜜汁,以代替蚜虫所排泄的东西,蚜虫或者可以被称为蚁的乳牛,欧洲的蚁常把它们圈禁和看守起来。

如果我不承认这种奇异而十分确实的事实即刻可以颠覆这

个学说，人们必然会想，我对自然选择的原理过于自负地相信了。如果中性虫只有一个级，我相信它与能育的雄虫和雌虫之间的差异是通过自然选择得到的，在这种比较简单的情形里，根据从正常变异的类推，我们可以断言，这种连续的、微小的、有利的变异，最初并非发生于同一窠中的所有中性虫，而只发生于某些少数的中性虫；并且，由于这样的群——在那里雌体能够产生极多的具有有利变异的中性虫——能够生存，一切中性虫最终就都会具有那样的特性。按照这种观点，我们应该在同一窠中偶尔发见那些表现有各级构造的中性虫；实际我们是发见了，鉴于欧洲以外的中性昆虫很少被仔细检查过，这种情形甚至可以说并不稀罕。史密斯先生曾经阐明，有几种英国蚁的中性虫彼此在大小方面，有时在颜色方面，表现了可惊的差异；并且在两极端的类型之间，可由同窠中的一些个体连接起来；我曾亲自比较过这一种类的完全级进情形，有时可以看到，大形的或小形的工蚁数目最多；或者大形的和小形的两种都多，而中间形的数目却很少。黄蚁有大形的和小形的工蚁，中间形的工蚁则很少；如史密斯先生所观察的，在这个物种里，大形的工蚁有单眼（ocelli），这些单眼虽然小，但还能够清楚地被辨别出来，而小形的工蚁的单眼则是残迹的。仔细地解剖了几只这等工蚁之后，我能确定小形的工蚁的眼睛，比我们能够用它们的大小比例来解释的，还要远远地不发育；并且我充分相信，虽然我不敢很肯定地断言，中间形工蚁的单眼恰恰处在中间的状态。所以，一个窠内的两群不育的工蚁，不但在大小上，并且在视觉器官上，都表现了差异，然而它们是被某些少数中间状态的成员连接起来的。我再补充几句题外的话，如果小形的工蚁对于蚁群最有利,则产生愈来愈多的小形工蚁的雄蚁和雌蚁必将不断地被选择,直到所有的工蚁都具有那种形态为止。于是就形成了这样一个蚁种,它们的中性虫差不多就像褐蚁属（Myrmica）的工蚁那样。褐蚁属的工蚁甚至连残迹的单眼都没有,虽然这个属的雄蚁和雌蚁都生有很发达的单眼。

我再举一例：在同一物种的不同级的中性虫之间,我非常有信心地期望可以偶尔找到重要构造的中间诸级,所以我很高兴利用史密斯先生所提供的取自西非洲驱逐蚁（Anomma）的同窠中的许多标本。我不举实际的测量数字,而只做一个严格精确的说明,我想读者大概就能最好地了解这等工蚁之间的差异量;这差异就好像以下的情形：我们看到一群建筑房屋的工人,其中有许多是五英尺四英寸高,还有许多是十六英尺高;但我们必须再假定那大个儿工人的头比小个儿工人的头不止大三倍,却要大四倍,而颚则差不多要大五倍。再者,几种大小不同的工蚁的颚不仅在形状上有可惊的差异,而且牙齿的形状和数目也相差悬殊。但对于我们重要的事实却是,虽然工蚁可以依大小分为不同的数级,然而它们却缓慢地彼此逐渐推移,例如,它们的构造大不相同的颚就是这样。关于后面一点,我确信就是如此,因为卢伯克爵士曾用描图器把我所解剖的几种大小不同的工蚁的颚逐一作图。贝茨先生（Mr. Bates）在他的有趣的著作《亚马逊河上的博物学者》（Naturalist on the Amazons）里也曾描述过一些类似的情形。

根据摆在我面前的这些事实,我相信自然选择,由于作用于能育的蚁,即它的双亲,便可以形成一个物种,专门产生体形大而具有某一形状的颚的中性虫,或者专门产生体形小而大不相同的颚的中性虫；最后，这是一个最大的难点，具有某一种大小和构造的一群工蚁和具有不同大小和构造的另一群工蚁，是同时存在的；——但最先形成的是一个级进的系列，就像驱逐蚁的情形那样，然后，由于生育它们的双亲得到生存，这系列上的两极端类型就被产生得愈来愈多，终至具有中间构造的个体不再产生。

华莱士和米勒两位先生曾对同样复杂的例子提出了类似的解释，华莱士的例子是，某种马来产的蝴蝶的雌体规则地表现了两种或三种不同的形态；米勒的例子是，某种巴西的甲壳类的雄体同样地也表现了两种大不相同的形态。但在这里无须讨论这个问题。

现在我已解释了，如我所相信的，在同一窠里生存的、区别分明的工蚁两级——它们不但彼此之间大不相同，并且和双亲之间也大不相同——的奇异事实，是怎样发生的。我们可以看出，分工对于文明人是有用处的，依据同样的原理，工蚁的生成，对于蚁的社会也有很大用处。不过蚁是用遗传的本能和遗传的器官即工具来工作的，人类则用学得的知识和人造的器具来做工的。但是我必须坦白承认，我虽然完全相信自然选择，若不是有这等中性虫引导我达到这种结论，我绝不会料到这一原理是如此高度的有效。所以，为了阐明自然选择的力量，并且因为这是我的学说所遭到的特别严重的难点，我对于这种情形作了稍多的，但全然不够的讨论。这种情形也是很有趣的，因为它证明在动物里，如同在植物里一样，由于把无数的、微小的、自发变异——只要是稍微有利的——累积下来，纵使没有锻炼或习性参加作用，任何量的变异都能产生效果。因为，工蚁即不育的雌蚁所独有的特别习性，纵使行之已久，也不可能影响专事遗留后代的雄体和能育的雌体。我觉得奇怪的是，为什么至今没有人用这种中性虫的明显例子去反对众所熟知的拉马克所提出的"习性遗传"的学说。

提　　要

我已勉力在这一章里简要地指出了家养动物的精神能力是变异的，而且这等变异是遗传的。我又试图更为简要地阐明本能在自然状态下也是轻微地变异着的。没有人会否定本能对于各种动物都具有最高度的重要性。所以，在改变了的生活条件下，自然选择把任何稍微有用的本能上的微小变异，累积到任何程度，其中并不存在什么真正的难点。在许多情形下，习性或者使用和不使用大概也参加作用。我不敢说本章里所举出的事实能够把我的学说加强到很大的程度；但是根据我所能判断的，没有一个难解的例子可以颠覆我的学说。相反地，本能并不经常是绝对完全的，而且是易致错误的——虽然有些动物可以利用其他一些动物的本能，但没有一种本能可说是为了其他动物的利益而被产生的——自然史上的一句格言"自然界里没有飞跃"，就像应用于身体构造那样地也能应用于本能，并且可用上述观点来清楚地解释它，如果不是这样，它就是不能解释的了，——所有这些事实都巩固了自然选择的学说。

这个学说也因其他几种关于本能的事实而被加强；例如，密切近似的但不相同的物种，当栖息在世界上的远隔的地方并且生活在相当不同的生活条件之下时，常常保持了几乎同样的本能。

例如，根据遗传的原理，我们能够理解，为什么热带南美洲的鸫像英国的特别造巢方法那样地用泥来涂抹它们的巢；为什么非洲和印度的犀鸟（hornbill）有同样异常的本能，用泥把树洞封住，把雌鸟关闭在里面，在封口处只留一个小孔，以便雄鸟从这里哺喂雌鸟和孵出的幼鸟；为什么北美洲的雄性鹪鹩（Troglodytes）像英国的雄性猫形鹪鹩（Kitty-wrens）那样地营造"雄鸟之巢"，以便在那里栖息，——这种习性完全不像任何其他已知鸟类的习性。最后，这可能是不合逻辑的演绎，但据我想象，这样说法最能令人满意，即：把本能，如一只小杜鹃把义兄弟逐出巢外，——蚁养奴隶，——姬蜂科（ichneumonidæ）幼虫寄生在活的青虫体内，不看作是被特别赋予的或被特别创造的，而把它看作是引导一切生物进化——即，繁生、变异、让最强者生存、最弱者死亡——的一般法则的小小结果。

第九章　杂种性质

第一次杂交不育性和杂种不育性的区别——不育性具有种种不同的程度,它不是普遍的,近亲交配对于它的影响,家养把它消除——支配杂种不育性的法则——不育性不是一种特别的禀赋,而是伴随不受自然选择累积作用的其他差异而起的——第一次杂交不育性和杂种不育性的原因——变化了的生活条件的效果和杂交的效果之间的平行现象——二型性和三型性——变种杂交的能育性及混种后代的能育性不是普遍的——除了能育性以外,杂种和混种的比较——提要。

博物学者们普遍抱有一种观点,认为一些物种互相杂交,被特别地赋予了不育性,借以阻止它们的混杂。最初看来,这一观点似乎的确是高度确实的,因为一些物种生活在一起,如果可以自由杂交,很少能够保持不混杂的。这一问题在许多方面对于我们都是重要的,特别是因为第一次杂交时的不育性以及它们的杂种后代的不育性,如我将要示明的,并不能由各种不同程度的、连续的、有利的不育性的保存而获得。不育性是亲种生殖系统中所发生的一些差异的一种偶然结果。

在讨论这一问题时,有两类基本很不相同的事实,一般却被混淆在一起;即:物种在第一次杂交时的不育性,以及由它们产生出来的杂种的不育性。

纯粹的物种当然具有完善的生殖器官,然而当互相杂交时,它们则产生很少的后代,或者不产生后代。另一方面,无论从动物或植物的雄性生殖质都可以明显地看出,杂种的生殖器官在机能上已失去了效能;虽然它们的生殖器官本身的构造,在显微镜下看来还是完善的。在上述第一种情形里,形成胚体的雌雄性生殖质是完善的,在第二种情形里,雌雄性生殖质或者是完全不发育,或者是发育得不完全。当必须考虑上述两种情形所共有的不育性的原因时,这种区别是重要的。由于把这两种情形下的不育性都看作是并非我们的理解能力所能掌握的一种特别禀赋,这种区别大概就要被忽略了。

变种——即知道是或相信是从共同祖先传下来的类型——杂交时的能育性,以及它们的杂种后代的能育性,对于我的学说,与物种杂交时的不育性,有同等的重要性;因为这似乎在物种和变种之间划出了一个明确而清楚的区别。

不育性的程度——第一是关于物种杂交时的不育性以及它们的杂种后代的不育性。科尔路特和该特纳这两位谨慎的和值得称赞的观察者几乎用了一生时间来研究这个问题,凡是读过他们的几篇研究报告和著作的,不可能不深深感到某种程度的不育性是非常普遍的,科尔路特把这个规律普遍化了。可是在十个例子中,他发现有两个类型,虽被大多数作者看作是不同物种,在杂交时却是十分能育的,于是他采取快刀斩乱麻的方法,毫不犹豫地把它们列为变种。该特纳也把这个规律同等地普遍化了;并且他对科尔路特所举的十个例子的完全能育性有所争论。但是在这些和许多其他一些例子里,该特纳不得不谨慎地去数种子的数目,以便指出其中有任何程度的不育性。他经常把两个物种第一次杂交时所产生的种子的最高数目以及它们的杂种后代所产生的种子的最高数目,与双方纯粹的亲种在自然状态下所产生的种子的平均数目相比较。但是严重错误的原因便在这里侵入了:进行杂交的一种植物,必须去势,更重要的是必须隔离,以便防止昆虫带来其他植物的花粉。该特纳所试验的植物几乎全都是盆栽的,放置在他的住宅的一间屋子里。这些做法无疑常常会损害一种植物的能育性;因为该特纳在他的表中所举出的约有二十个例子的植物,都被去势了,并且以它们自己的花粉进行人工授粉(一切荚果植物除外,对它们难施手术),这二十种植物的一半,在能育性上都受到了某种程度的损害。还有,该特纳反复使普通的红花海绿(Anagallis arvensis)和蓝花海绿(Anagallis corerulea)进行杂交,这些类型曾被最优秀的植物学家们列为变种,发现它们是绝对不育的。我们可以怀疑是否许多物种当互相杂交时,如他所相信的,的确如此不育。

事情确是这样的:一方面,各个不同物种杂交时的不育性,在程度上是这样不相同,并且是这样不易觉察地逐渐消失;另一方面,纯粹物种的能育性是这样易受各种环境条件的影响,以致为着实践的目的,极难说出完全的能育性是在何处终止的,而不育性又在何处开始的。关于这一点,我想没有比最有经验的两位观察者科尔路特和该特纳所提出的证据更为可靠的了,他们对于某些完全一样的类型曾得出正相反的结论。关于某些可疑类型究应列为物种或变种的问题,试把最优秀的植物学家们提出的证据,与不同的杂交工作者从能育性推论出来的证据,或同一观察者从不同年代的试验中所推论出来的证据加以比较,也是最有意义的,但是我在这里没有篇幅来详细说明这一点。由此可以示明,无论不育性或能育性都不能在物种和变种之间提供任何确定的区别。从这一来源所得出的证据逐渐减弱,其可疑的程度正如从其他体质上和构造上的差异所得出的证据。

关于杂种在连续世代中的不育性,虽然该特纳谨慎地防止了一些杂种和纯种的父母本相杂交,能够把它们培育到六代或七代,在一个例子里甚至到十代,但是他肯定地说道,它们的能育性从没有增高,而一般却大大地和突然地降低了。关于这一降低的情形,首先可注意的是,当双亲在构造上或体质上共同出现任何偏差时,它就常常会以扩增的程度传递给后代;而且杂种植物的雌雄生殖质在某种程度上也受到了影响。但是我相信它们的能育性的减低在几乎所有的情形下都是由于一个独立的原因,即过于接近的近亲交配。我曾做过许多试验并且搜集到许多事实,一方面阐明了与一个不同的个体或变种进行偶然的杂交,可以增高后代的生活力和能育性,另一方面阐明了很接近的近亲交配可以减低它们的生活力和能育性,这个结论的正确性是无可置疑的。试验者们很少培育出大量的杂种;并且因为亲种,或其他近缘杂种一般都生长在同一园圃内,所以在开花季节必须谨慎防止昆虫的传粉;所以,如果杂种独自生长,在每一世代中一般地便会由自花的花粉而受精;它们的能育性本已由于杂种根源而降低,因此可能更受到损害。该特纳反复做过的一项值得注意的叙述,加强了我的这一信念,他说,对于甚至能育性较低的杂种,如果用同类杂种的花粉进行人工受精,不管由手术所常常带来的不良影响,它们的能育性往往还是决定增高的,而且会继续不断地增高。现在,在人工授粉的过程中,偶然地从另一朵花的花药上采取花粉,犹如常常从准备被受精的一朵花的花药上采取花粉一样地是常见的事(根据我的经验,我知道是这样的);所以,两朵花,纵使大概常常是同一植株上的两朵花的杂交,就这样进行了。还有,无论什么时候进行复杂的试验,像如此谨慎的观察者该特纳也要把杂种的雄蕊去掉,这就可以在每一世代中保证用异花的花粉进行杂交,这异花或者来自同一植株,或者来自同一杂种性质的另一植株。因此,我相信,与自发的自花受精正相反,人工授精的杂种在连续世代中可以增高它的能育性,这一奇异的事实,是可以根据避去了过于接近的近亲交配来解释的。

现在让我们谈一谈第三位极有经验的杂交工作者赫伯特牧师所得到的结果。在他的结论中他强调某些杂种是完全能育的——与纯粹亲种一样地能育——就像科尔路特和该特纳强调不同物种之间存在着某种程度的不育性是普遍的自然法则一样。他对于该特纳曾经试验过的完全同样的一些物种进行了试验。他们的结果之所以不同,我想一方面是由于赫伯特的伟大的园艺技能,一方面是由于他有温室可供应用。在他的许多重要记载中,我只拟举出一项作为例子,即:"在长叶文殊兰(Crinum capense)[①]的蒴中的各个胚珠上授以卷叶文殊兰(C.revolutum)的花

---

① 即 Crinum longifolium。——译者

粉,就会产生一个在它的自然受精情形下我从未看见过的植株。"所以在这里我们看到,两个不同物种的第一次杂交,就会得到完全的或者甚至比普通更完全的能育性。

文殊兰属的这个例子引导我想起一个奇妙的事实,即半边莲属(Lobelia)、毛蕊花属(Verbascum)、西番莲属(Passiflora)的某些物种的个体植物,容易用不同物种的花粉来受精,但不易用同一物种的花粉来受精,虽然这花粉在使其他植物或物种的受精上被证明是完全正常的。如希尔德布兰德教授(Prof.Hildebrand)所阐明的,在朱顶红属(Hippeastrum)和紫堇属(Corydalis)里,又如斯科特先生(Mr.Scott)和米勒先生所阐明的,在各种兰科植物里,一切个体都有这种特殊的情形。所以,对于某些物种的一些异常的个体以及其他物种的一切个体,比用同一个体植株的花粉来授精,实际上更容易产生杂种! 兹举一例,朱顶红(Hippeastrum aulicum)的一个鳞茎开了四朵花,赫伯特在其中的三朵花上授以它们自己的花粉,使它们受精,然后在第四朵花上授以从三个不同物种传下来的一个复杂种(Compound hybrid)的花粉,使它受精,其结果是:"那三朵花的子房很快就停止生长,几天之后完全枯萎,至于由杂种花粉来受精的蒴则生长旺盛,迅速达到成熟,并且结下能够自由生长的优良种子。"赫伯特先生在很多年里重复了同一试验,永远得到同样的结果。这些例子可以阐明,决定一个物种能育性的高低,其原因常常是何等的微细而不可思议。

园艺家的实际试验,虽然缺少科学的精密性,但也值得相当注意。众所周知,在天竺葵属、吊金钟属(Fuchsia)、蒲包花属

（Calceolaria）、矮牵牛属（Petunia）、杜鹃花属等等的物种之间，曾经进行过何等复杂方式的杂交，然而许多这些杂种都能自由地结籽。例如，赫伯特断言，从绉叶蒲包花（Calceolaria integrifolia）和车前叶蒲包花（Calceolaria plantaginea）——这是两个在习性上颇不相同的物种——得到的一个杂种，"它们自己完全能够繁殖，就好像是来自智利山中的一个自然物种"。我曾煞费苦心来探究杜鹃花属的一些复杂杂交的能育性的程度，我可以确定地说，其中多数是完全能生育的。诺布尔先生（Mr.C.Noble）告诉我，他曾把小亚细亚杜鹃（Rhod.ponticum）和北美山杜鹃（Rhod.catawbiense）之间的一个杂种嫁接在某些砧木上，这个杂种"有我们所可能想象的自由结籽的能力"。杂种在正当的处理下，如果它的能育性在每一连续世代中经常不断地减低，如该特纳所相信的那样，那么这一事实早已被园艺家所注意了。园艺家们把同一个杂种培育在广大园地上，只有这样才是正当的处理，因为由于昆虫的媒介作用，若干个体可以彼此自由地进行杂交，所以阻止了接近的近亲交配的有害影响。只要检查一下杜鹃花属杂种的比较不育的花，任何人都会容易地相信昆虫媒介作用的效力了，它们不产生花粉，而在它们的柱头上却可以发现来自异花的大量花粉。

对动物所进行的仔细试验，远比对植物为少。如果我们的分类系统是可靠的，这就是说，如果动物各属彼此之间的区别程度就像植物各属彼此之间的一样分明，我们就可以推论出，在系统上区别较大的动物，比植物易于杂交；但是我想杂种本身则比较更不能生育。然而应当记住，由于很少动物能够在栏养中自由生育，所以很少进行过很好的试验：例如，曾使金丝雀和九个不同的磺鹞种进行过杂交，但是这些磺鹞种没有一个能在栏养中生育的，所以我们没有权力来期望磺鹞种和金丝雀之间的第一次杂交或者它们的杂种是完全能育的。还有，就较能生育的动物杂种在连续世代中的能育性而言，我几乎不知道一个事例可以表明，从不同父母同时培育出同一杂种的两个家族，可以避免接近的近亲交配的恶劣影响。相反地，动物的兄弟姊妹通常却在每一连续世代中进行杂交，以致违背了每一个饲养家反复不断提出的告诫。在这种情形下，杂种固有的不育性将会继续增高，是完全不足为奇的。

虽然我不能举出彻底可靠的例子，以说明动物的杂种是完全能育的，但是我有理由相信凡季那利斯羌鹿（Cervulus vaginalis）和列外西羌鹿（Reevesii）之间的杂种以及东亚雉（Phasianus colchicus）和环雉（P.torquatus）之间的杂种是完全能育的。卡特勒法热（M.Quatrefages）说，有两种蚕蛾（柞蚕〔Bombyx cynthia〕[①]和阿林地亚蚕〔arrindia〕）的杂种在巴黎被证明自相交配达八代之久，仍能生育。最近有人确定地说过，两个如此不同的物种，如山兔和家兔，如果互相杂交，也能产生后代，这些后代与任何一个亲种进行杂交，都是高度能育的。欧洲的普通鹅和中国鹅（A.cygnoides），是如此不同的物种，一般都把它们列为不同的属，它们的杂种与任何一个纯粹亲种杂交，常常是能育的，并且在一个仅有的例子里，杂种互相交配，也是能育的。这是艾顿先生

[①] 现用学名 Antheraea pernyi Guérin。——译者

的成就，他从同一父母培育出两只杂种鹅，但不是同时孵抱的；他从这两只杂种鹅又育成一窠八个杂种（是当初两只纯种鹅的孙代）。然而，在印度这些杂种鹅一定更是能育的；因为布莱斯先生和赫顿大尉告诉我，印度到处饲育着这样的杂种鹅群；因为在纯粹的亲种已不存在的地方饲育它们是为了谋利，所以它们必定是高度地或者完全地能育的。

至于我们的家养动物，各个不同的族互相杂交，都是十分能育的；然而在许多情形下，它们是从两个或两个以上的野生物种传下来的。根据这一事实，我们可以断言，如果不是原始的亲种一开头就产生了完全能育的杂种，那么就是杂种在此后的家养状况下变为能育的。后一种情形，是由帕拉斯最初提出的，它的可能性似乎最大，确是很少值得怀疑。例如，我们的狗是从几种野生祖先传下来的，几乎已经是肯定的了；大概除去南美洲的某些原产的家狗，所有的家狗互相杂交，都是十分能育的；但类推起来使我大大怀疑这几个原始的物种是否在最初曾经互相杂交，而且产生了十分能育的杂种。最近我再一次得到决定性的证明，即是印度瘤牛与普通牛的杂交后代，互相交配是完全能育的；而根据卢特梅耶对于它们的骨骼的重要差异的观察，以及布莱士先生对于它们的习性、声音、体质的差异的观察，这两个类型必须被认作是真正不同的物种。同样的意见可以引申到猪的两个主要的族。所以我们必须是，如果不放弃物种在杂交时的普遍不育性的信念；便应承认动物的这种不育性不是不可消除的，而是可以在家养状况下被消除的一种特性。

最后，根据植物的和动物的互相杂交的一切确定事实，我们可以得出结论,第一次杂交及其杂种具有某种程度的不育性,乃是极其普遍的结果;但根据我们目前的知识而言,却不能认为这是绝对普遍的。

支配第一次杂交不育性和杂种不育性的法则

关于支配第一次杂交不育性和杂种不育性的法则,我们现在要讨论得详细一些。我们的主要目的在于看一看,这些法则是否表示了物种曾被特别地赋予了这种不育的性质,以阻止它们的杂交和混乱。下面的结论主要是从该特纳的可称赞的植物杂交工作中得出来的。我曾煞费苦心来确定这些法则在动物方面究竟能应用到什么地步,因为考虑到我们关于杂种动物的知识极其贫乏,我惊奇地发现这些同样的规律是如此普遍地能够在动物界和植物界里应用。

已经指出,第一次杂交能育性和杂种能育性的程度,是从完全不育逐渐级进到完全能育。令人惊奇的是,这种级进可由很多奇妙的方式表现出来;但是在这里我只能提出事实的最简略概要。如果把某一科植物的花粉放在另一科植物的柱头上,其所能发生的影响并不比无机的灰尘为大。从这种绝对不育起,把不同物种的花粉放在同属的某一物种的柱头上,可以产生数量不同的种子,而形成一个完全系列的级进,直到几乎完全能育或者甚至十分完全能育;并且我们知道,在某些异常的情形下,它们甚至有过度的能育性,超过用自己花粉所产生的能育性。杂种也是如此,有些杂种,甚至用一个纯粹亲种的花粉来受精,也从来没有产生过、大概永远也不会产生出一粒能育的种子；但在某些这等例子里，可以看出能育性的最初痕迹，即以一个纯粹亲种的花粉来受精，可以致使杂种的花比不如此受粉的花凋谢较早；而花的早谢为初期受精的一种征兆，是众所熟知的。从这种极度的不育性起，我们有自交能育的杂种，可以产生愈来愈多的种子，直到具有完全的能育性为止。

从很难杂交的和杂交后很少产生任何后代的两个物种产生出来的杂种，一般是很不育的；但是第一次杂交的困难和这样产生出来的杂种的不育性之间的平行现象（parallelism）——这两类事实一般常被混淆在一起——绝不严格。在许多情形里，如毛蕊花属，两个纯粹物种能够异常容易地杂交，并产生无数的杂种后代，然而这些杂种是显著不育的。另一方面，有一些物种很少能够杂交或者极难杂交，但是最后产生出来的杂种却很能育。甚至在同一个属的范围内，例如在石竹属（Dianthus）里，也有这两种相反的情形存在。

第一次杂交的能育性和杂种的能育性比起纯粹物种的能育性，更易受不良条件的影响。不过第一次杂交的能育性也内在地易于变异，因为同样的两个物种在同样的环境条件下进行杂交，它们的能育性的程度并不永远一样；这还要部分地决定于偶然选作试验之用的个体的体质。杂种也是如此，因为在从同一个蒴里的种子培育出来的，并处于同样条件下的若干个体，其能育性程度常有很大差异。

分类系统上的亲缘关系（systematic affinity）这一名词的意义，是指物种之间在构造上和体质上的一般相似性而言。那么第一次杂交的能育性以及由此产生出来的杂种的能育性,大部是受它们的分类系统的亲缘关系所支配的。被分类学家列为不同科的物种之间从没有产生过杂种;另一方面,密切近似的物种一般容易杂交,这就明白地阐明了上述一点。但是分类系统上的亲缘关系和杂交难易之间的相应性绝不严格。无数的例子可以阐明,极其密切近似的物种并不能杂交,或者极难杂交;另一方面,很不同的物种却能极其容易地杂交。在同一个科里,也许有一个属,如石竹属,在这个属里有许多物种能够极其容易地杂交;而另一个属,如麦瓶草(Silene),在这个属里,曾经万分努力地使两个极其接近的物种进行杂交,却不能产生一个杂种,甚至在同一个属的范围内,我们也会遇到同样的不同情形;例如,烟草属(Nicotiana)的许多物种几乎比起任何其他属的物种更容易杂交,但是该特纳发现并非特殊不同的一个物种——智利尖叶烟草(N. acuminata)曾和不下八个烟草属的其他物种进行过杂交,它顽固地不能受精,也不能使其他物种受精。类似的事实还可以举出很多。

没有一个人能够指出,就任何可以辨识的性状而言,究竟是什么种类的或什么数量的差异足以阻止两个物种的杂交。可以阐明,习性和一般外形极其明显不同的,而且花的每一部分,甚至花粉、果实,以及子叶有着强烈显著差异的植物,也能够杂交。一年生植物和多年生植物,落叶树和常绿树,生长在不同地点的而且适应极其不同气候的植物,也常常容易杂交。

我们所谓两个物种的互交(reciprocal cross),是指这样的一种情形:例如,先以母驴和公马杂交,然后再以母马和公驴杂交;

如此，可以说这两个物种是互交了。在进行互交的难易上，常有极广泛可能的差异。这等情形是高度重要的，因为它们证明了任何两个物种的杂交能力，常和它们的分类系统的亲缘关系完全无关，即是完全和它们在生殖系统以外的构造和体质的差异无关。科尔路特很早以前就观察到了相同的两个物种之间的互交结果的多样性。兹举一例，紫茉莉（Mirabilis jalapa）能够容易地由长筒紫茉莉（M.longiflora）的花粉来受精，而且它们的杂种是充分能育的；但是科尔路特曾经试图以紫茉莉的花粉使长筒紫茉莉受精，接连在八年之中进行了两百次以上，结果是完全失败了。还有若干同等显著的例子可以举出来。特莱（Thuret）在某些海藻即墨角藻属（Fuci）里观察过同样的事实。还有，该特纳发现互交的难易不同，是极其普通的事情。他曾在被植物学家们仅仅列为变种的一些亲缘接近的类型（如一年生紫罗兰〔Matthiola awnua〕和无毛紫罗兰〔Matthila glabra〕）之间，观察到这种情形。还有一个值得注意的事实，即从互交中产生出来的杂种，当然它们是从完全相同的两个物种混合而来的，不过一个物种先用作父本然后用作母本，它们在外部性状上虽差异极小，但是一般在能育性上却微有不同，有时还表现了高度的差异。

从该特纳的著述里，还可举出一些其他的奇妙规律：例如，某些物种特别能和其他物种杂交；同属的其他物种特别能使它们的杂种后代类似自己；但是这两种能力并不一定伴随在一起。有一些杂种，不像通常那样地具有双亲之间的中间性状，却常常与双亲的某一方密切相似；这等杂种，虽然在外观上很像纯粹亲种的一方，但除了极少的例外，都是极端不育的。还有，在通常具有双亲之间的中间构造的一些杂种里,有时会出现例外的和异常的个体,它们与纯粹亲种的一方密切相似;这些杂种几乎常常是极端不育的,纵使从同一个蒴里的种子培育出来的其他杂种是相当能育的时候,也是如此。这些事实阐明了,一个杂种的能育性和它在外观上与任何一个纯粹亲种的相似性,可以何等全然无关。

考察了刚才所举出的支配第一次杂交的和杂种的能育性的几项规律,我们便可看出,当必须看作是真正不同物种的那些类型进行杂交时,它们的能育性,是从完全不育逐渐到完全能育,或者甚至在某些条件下可以过分地能育;它们的能育性,除了显著容易受良好条件和不良条件的影响外,是内在地易于变异的;第一次杂交的能育性以及由此产生出来的杂种的能育性在程度上绝不是永远一样的;杂种的能育性和它与任何一个亲种在外观上的相似性,是无关的;最后,两个物种之间的第一次杂交的难易,并不永远受它们的分类系统的亲缘关系,即彼此相似的程度所支配。最后这一点,已在同样的两个物种之间的互交结果中表现出来的差异所明确证实了,因为,某一个物种或另一个物种被用作父本或母本时,它们杂交的难易,一般地有某些差异,并且有时有极其广泛可能的差异。还有,从互交中产生出来的杂种常常在能育性上有差异。

那么,这些复杂的和奇妙的规律,是否表明仅仅为着阻止物种在自然状况中的混淆,它们才被赋予了不育性呢?我想并不是这样的。因为,我们必须假定避免混淆对于各个不同的物种都是同等重要的,而为什么当各个不同的物种进行杂交时,它们的不育性的程度会有如此极端的差异呢?为什么同一物种的一些个体中的不育性程度会内在地易于变异呢？为什么某些物种易于杂交,却产生很不育的杂种;而其他物种极难杂交,却产生很能育的杂种呢？为什么在同样的两个物种的互交结果中常常会有如此巨大的差异呢？甚至可以问,为什么会允许杂种的产生呢？既然赋予物种以产生杂种的特别能力,然后又以不同程度的不育性,来阻止它们进一步的繁殖,而这种不育程度又和第一次结合的难易并无严格关联。这似乎是一种奇怪的安排。

相反地,上述一些规律和事实,在我看来,清楚地表明了第一次杂交的和杂种的不育性,仅仅是伴随于或者是决定于它们的生殖系统中的未知的差异;这些差异具有如此特殊的和严格的性质,以致在同样的两个物种的互交中,一个物种的雄性生殖质虽然常常能自由地作用于另一物种的雌性生殖质,但不能翻转过来起作用。最好用一个例子来充分地解释我所谓的不育性是伴随其他差异而发生的,并不是特别被赋予的一种性质。例如,一种植物嫁接或芽接在其他植物之上的能力,对于它们在自然状态下的利益来说,并不重要,所以我设想没有一个人会假定这种能力是被特别赋予的一种性质,但是他们会承认这是伴随那两种植物的生长法则上的差异而发生的。我们有时可以从树木生长速度的差异、木质硬度的差异,以及树液流动期间和树液性质的差异等等看出,为什么某一种树不能嫁接在另一种树上的理由;但是在很多情形下,我们却完全看不出任何理由来。无论两种植物在大小上的巨大差异,无论一是木本的、一是草本的,无论一是常绿的、一是落叶的,也无论它们对于广泛不同的气候的适应性,都不会常常阻止它们能够嫁接在一起。杂交的能力是受分类系统的亲缘关系所限制的，嫁接也是如此，因为还没有人能够把属于十分不同科的树嫁接在一起；但是相反地，密切近似的物种以及同一物种的变种，虽不一定能够，但通常能够容易地嫁接在一起。但是这种能力，和在杂交中一样，绝对不受分类系统的亲缘关系所支配。虽然同一科里的许多不同的属可以嫁接在一起，但是在另外一些情形里，同一属的一些物种却不能彼此嫁接。梨和榲桲（quince）被列为不同的属，梨和苹果被列为同属①，但是把梨嫁接在榲桲上远比把梨嫁接在苹果上来得容易。甚至不同的梨变种在榲桲上的嫁接，其难易程度也有所不同；不同杏变种和桃变种在某些李变种上的嫁接，也是如此。

正如该特纳发现同样的两个物种的不同个体往往在杂交中会有内在的差异，萨哥瑞特（Sageret）相信同样的两个物种的不同个体在嫁接中也是如此。正如在互交中，结合的难易常常是很不相同的，在嫁接中也往往如此；例如，普通醋栗不能嫁接在穗状醋栗（currant）上，然而穗状醋栗却能嫁接在普通醋栗上，虽然这是困难的。

我们已经知道，具有不完全生殖器官的杂种的不育性和具有完全生殖器官的两个纯粹物种的难于结合，是两回事，然而这两类不同的情形在很大程度上是平行的。在嫁接方面也有类似的情形发生；因为杜因（Thouin）发现刺槐属（Robinia）的三个物种在本根上可以自由结籽。另一方面，花楸属（Sorbus）的某些物种当被嫁接在其他物种上面时，所结的果实，则比在本根上多一倍。

---

① 最近的分类学把梨和苹果列为不同的属。——译者

这一事实可以使我们想起朱顶红属、西番莲属等等的特别情形，它们由不同物种的花粉来受精比由本株的花粉来受精，能够产生更多的种子。

因此，我们看出，虽然嫁接植物的单纯愈合和雌雄性生殖质在生殖中的结合之间有着明确的和巨大的区别，但是不同物种的嫁接和杂交的结果，还存在着大致的平行现象。正如我们必须把支配树木嫁接难易的奇异而复杂的法则，看作是伴随营养系统中一些未知差异而发生的一样，我相信支配第一次杂交难易的更为复杂的法则，是伴随生殖系统中一些未知差异而发生。这两方面的差异，如我们预料到的，在某种范围内是遵循着分类系统的亲缘关系的，所谓分类系统的亲缘关系，是试图用以说明生物之间的各种相似和相异的情况。这些事实似乎绝没有指明各个不同物种在嫁接或杂交上困难的大小，是一种特别的禀赋；虽然在杂交的场合，这种困难对于物种类型的存续和稳定是重要的，而在嫁接的场合，这种困难对于植物的利益并不重要。

第一次杂交不育性和杂种不育性的起源和原因

有一个时期，我和别人一样，以为第一次杂交的不育性和杂种的不育性，大概是通过自然选择把能育性的程度逐渐减弱而慢慢获得的，并且以为稍为减弱的能育性，像任何其他变异似的，是当一个变种的某些个体和另一变种的某些个体杂交时，自发地出现的。当人类同时进行选择两个变种时，把它们隔离开是必要的，根据这同样的原则，如果能够使两个变种或初期的物种避免混淆，对于它们显然是有利的。第一，可以指出，栖息在不同地带的物种当杂交时往往是不育的；那么，使这样隔离的物种相互不育，对于它们显然没有什么利益可言，因此这就不能通过自然选择而发生；但是或者可以这样地争论，如果一个物种和同地的某一物种杂交而变成不育的，那么它和其他物种杂交而不育，大概也是必然的事情了。第二，在互交中，第一个类型的雄性生殖质可以完全不能使第二个类型受精，同时第二个类型的雄性生殖质却能使第一个类型自由地受精，这种现象几乎和违反特创论一样，也是违反自然选择学说的；因为生殖系统的这种奇异状态对于任何一个物种都不会有什么利益。

当考察自然选择对于物种互相不育是否有作用时，最大的难点在于从稍微减弱的不育性到绝对的不育性之间还有许多级进的阶段存在。一个初期的物种当和它的亲种或某一其他变种进行杂交时，如果呈现某种轻微程度的不育性，可以认为对于这个初期的物种是有利益的；因为这样可以少产生一些劣等的和退化的后代，以免它们的血统与正在形成过程中的新种相混合。但是，谁要不怕麻烦来考察这些级进的阶段，即从最初程度的不育性通过自然选择而得到增进，达到很多物种所共同具有的，以及已经分化为不同属和不同科的物种所普遍具有的高度不育性，他将会发现这个问题是异常复杂的。经过深思熟虑之后，我认为这种结果似乎不是通过自然选择而来的。兹以任何两个物种在杂交时产生少数而不育的后代为例；那么，偶然被赋予稍微高一些程度的相互不育性，并且由此跨进一小步而走向完全不育性，这对于那些个体的生存会有什么利益呢？然而，如果自然选择的学说可以应用于此,那么这种性质的增进必定会在许多物种里继续发生,因为大多数的物种是全然相互不育的。关于不育的中性昆虫,我们有理由相信,它们的构造和不育性的变异是曾被自然选择缓慢地积累起来的,因为这样,可以间接地使它们所属的这一群较同一物种的另一群更占优势;但是不营群体生活的动物,如果一个个体与其他某一变种杂交,而被给予了稍微的不育性,是不会得到任何利益的,或者也不会间接地给予同一变种的其他一些个体什么利益,而导致这些个体保存下来。

但是,详细地来讨论这个问题,将是多余的;因为,关于植物,我们已经有确实的证据,表明杂交物种的不育性一定是由于和自然选择完全无关的某项原理。该特纳和科尔路特曾证明,在包含有极多物种的属里,从杂交时产生愈来愈少的种子的物种起,到绝不产生一粒种子但受某些其他物种的花粉影响(由胚珠的胀大可以判明)的物种止,可以形成一条系列。选择那些已经停止产生种子的更不能生育的个体,显然是不可能的;所以仅仅是胚珠受到影响时,并不能通过选择而获得极度的不育性;而且由于支配各级不育性的法则在动物界和植物界里是这样地一致,所以我们可以推论,这原因,无论它是什么,在所有情形下,都是相同的,或者近于相同的。

引起第一次杂交的和杂种的不育性的物种之间是有差异的,现在我们对这种差异的大概性质,进行比较深入的考察。在第一次杂交的情形下,对于它们的结合和获得后代的困难的程度,显然决定于几种不同的原因。有时雄性生殖质由于生理的关系,不可能到达胚珠,例如雌蕊过长以致花粉管不能到达子房的植物,就是如此。我们也曾观察过,当把一个物种的花粉放在另一个远缘物种的柱头上时,虽然花粉管伸出来了,但它们并不能穿入柱头的表面。再者,雄性生殖质虽然可以到达雌性生殖质,但不能引起胚胎的形成,特莱对于墨角藻所作的一些试验,似乎就是如此。对于这些事实还无法解释,正如对于某些树为什么不能嫁接在其他树上,不会有什么解释是一样的。最后,也许胚胎可以发育,但早期即行死去。最后这一点还没有得到充分的注意;但是在山鸡和家鸡的杂交工作上具有丰富经验的休伊特先生(Mr. Hewitt)曾以书面告诉过我他所做过的观察,这使我相信胚胎的早期死亡是第一次杂交不育性的最常见的原因。索尔特先生(Mr. Salter)曾检查过由鸡属(Gallus)的三个物种和它们杂种之间的各种杂交中所产生出来的500个蛋,他最近发表了这一检查的结果;大多数的蛋都受精了;并且在大多数的受精蛋中,胚胎或者部分地发育,但不久就死去了,或者近于成熟,但雏鸡不能啄破蛋壳。在孵出的雏鸡中,有五分之四在最初几天内,或者最长在几个星期内就死去了,"看不出任何明显的原因,显然这是由于仅仅缺乏生活的能力而已";所以从500个蛋中只养活了十二只小鸡。关于植物,杂种的胚体大概也以同样的方式常常死去;至少我们知道从很不相同的物种培育出来的杂种,常常是衰弱的、低矮的而且会在早期死去;关于这类事实,马克斯·维丘拉(Max Wichura)最近发表了一些关于杂种柳(willow)的显著事例。这里值得注意的是,在单性生殖(parthenogenesis)的一些情形里,未曾受精的蚕蛾卵的胚胎,经过早期的发育阶段后,就像从不同物种杂交中产生出来的胚胎一样地死去了。在没有弄清楚这些事实之前，我过去不愿相信杂种的胚胎会常常在早期死去的；因为杂种一旦产生，如我们所看到的骡的情形，一般是健康而长命的。然而杂种在它产生前后，是处于不同的环境条件之下的：如果杂种产生在和生活在双亲所生活的地方，它们一般是处于适宜的生活条件之下的。但是，一个杂种只承继了母体的本性和体质的一半；所以在它产生之前，还在母体的子宫内或在由母体所产生的蛋或种子内被养育的时候，可能它已处于某种程度的不适宜条件之下了，因此它就容易在早期死去；特别是因为一切极其幼小的生物对于有害的或者不自然的生活条件是显著敏感的。但是，总的看来，其原因更可能在于原始授精作用中的某种缺点，致使胚胎不能完全地发育，这比它此后所处的环境更为重要。

关于两性生殖质发育不完全的杂种的不育性，情形似乎颇不相同。我已经不止一次地提出过大量的事实，示明动物和植物如果离开它们的自然条件，它们的生殖系统就会极其容易地受到严重的影响。事实上这是动物家养化的重大障碍。如此诱发的不育性和杂种的不育性之间，有许多相似之点。在这两种情形里，不育性和一般的健康无关，而且不育的个体往往身体肥大或异常茂盛。在这两种情形里，不育性以各种不同的程度出现；而且雄性生殖质最容易受到影响；但是有时雌性生殖质比雄性生殖质更容易受到影响。在这两种情形里，不育的倾向在某种范围内和分类系统的亲缘关系是一致的，因为动物和植物的全群都是由于同样的不自然条件而招致不孕的；并且全群的物种都有产生不育杂种的倾向。另一方面，一群中的一个物种时常会抵抗环境条件的巨大变化，而在能育性上无所损伤；而一群中的某些物种会产生异常能育的杂种。如未经试验,没有人能说,任何特别的动物是否能够在栏养中生育,或者任何外来植物是否能够在栽培下自由地结籽;同时他未经试验也不能说,一属中的任何两个物种究竟能否产生或多或少是不育的杂种。最后,如果植物在几个世代内都处在不是它们的自然条件下,它们就极易变异,变异的原因似乎是部分地由于生殖系统受到特别的影响,虽然这种影响比引起不育性发生时的那种影响为小。杂种也是如此,因为正如每一个试验者所曾观察到的,杂种的后代在连续的世代中也是显著易于变异的。

因此,我们可以看出,当生物处于新的和不自然的条件之下时,以及当杂种从两个物种的不自然杂交中产生出来时,生殖系统都在一种很相似的方式下蒙受影响,而与一般健康状态无关。在前一种情形下,它的生活条件受到了扰乱,虽然这常常是我们所不能觉察到的那种很轻微的程度;在后一种情形下,也就是在杂种的情形下,外界条件虽然保持一样,但是由于两种不同的构造和体质,当然包括生殖系统在内,混合在一起,它的体制便受到扰乱。因为,当两种体制混合成为一种体制的时候,在它的发育上,周期性的活动上,不同部分和器官的彼此相互关联上,以及不同部分和器官对于生活条件的相互关系上,没有某种扰乱发生,几乎是不可能的。如果杂种能够互相杂交而生育,它们就会把同样的混成体制一代一代地传递给它们的后代,因此,它们的不育性虽有某种程度的变异,但不致消灭;这是不足为奇的。它们的不育性甚至还有增高的倾向,如上所述,这一般是由于过分接近的近亲交配的结果。维丘拉曾大力主张上述观点,即杂种的不育性是两种体质混合在一起的结果。

必须承认，根据上述的或任何其他的观点，我们并不能理解有关杂种不育性的若干事实；例如，从互交中产生的杂种，其能育性并不相等；或如，偶然地、例外地与任何一个纯粹亲种密切类似的杂种的不育性有所增强。我不敢说上述的论点已经接触到事物的根源；为什么一种生物被放置在不自然的条件下就会变为不育的，对此还不能提供任何解释。我曾经试图阐明的仅仅是，在某些方面有相似之处的两种情形，同样可以引起不育的结果，——在前一种情形里是由于生活条件受到了扰乱，在后一种情形里是由于它们的体制因为两种体制混合在一起而受到了扰乱。

同样的平行现象也适用于类似的，但很不相同的一些事实。生活条件的微小变化对于所有生物都是有利的，这是一个古老的而且近于普遍的信念，这种信念是建筑在我曾在他处举出的大量证据上的。我看到农民和园艺家就这样做，他们常常从不同土壤和不同气候的地方交换种子、块根等等，然后再换回来。在动物病后复元期间，几乎任何生活习性上的变化，对于它们都是有很大利益的。还有，关于无论植物或动物，已经极明确地证实了，同一物种的，但多少有所不同的个体之间的杂交，会增强它们的后代的生活力和能育性；而且最近亲属之间的近亲交配，若连续经过几代而生活条件保持不变，几乎永远要招致身体的缩小、衰弱或不育。

因此，一方面，生活条件的微小变化对于所有生物都有利；另一方面，轻微程度的杂交，即处于稍微不同的生活条件之下的，或者已有微小变异的同一物种的雌雄之间的杂交，会增强后代的生活力和能育性。但是，如我们曾经看到的，在自然状态下长久习惯于某些同一条件的生物，当处于相当变化的条件之下时，如在栏养中，屡屡会变为多少不育的；并且我们知道，两个类型如果相差极远，或为不同的物种，它们之间的杂交几乎常常会产生某种程度不育的杂种。我充分确信，这种双重的平行现象绝不是偶然或错觉。一个人如果能够解释为什么大象和其他很多动物在它们的乡土上仅仅处于部分的栏养下就不能生育，他就能解释杂种一般不能生育的主要原因了。同时他还能解释为什么常常处于新的和不一致的条件下的某些家养动物族在杂交时完全能够生育，虽然它们是从不同的物种传下来的，而这些物种在最初杂交时大概是不育的。上述两组平行的事实似乎被某一个共同的、不明的纽带连接在一起了，这一纽带在本质上是和生命的原则相关连的；按照赫伯特·斯潘塞先生所说的，这一原则是，生命决定于或者存在于各种不同力量的不断作用和不断反作用的，这些力量在自然界中永远是倾向于平衡的；当这种倾向被任何变化稍微加以扰乱时，生命的力量就会增强起来。

交互的二型性和三型性

关于这个问题，在这里将进行简略的讨论，我们将发现这对于杂种性质问题会提供若干说明。属于不同"目"的若干植物表现了两个类型，这两个类型的存在数目大约相等，并且除了它们的生殖器官以外，没有任何差异；一个类型的雌蕊长、雄蕊短，另一个类型的雌蕊短、雄蕊长；这两个类型具有大小不同的花粉粒。三型性的植物有三个类型，同样地在雌蕊和雄蕊的长短上，花粉粒的大小和颜色上，以及在其他某些方面，有所不同；并且三个类型的每一个都有两组雄蕊，所以三个类型共有六组雄蕊和三类雌蕊。这些器官彼此在长度上如此相称，以致其中两个类型的一半雄蕊与第三个类型的柱头具有同等的高度。我曾阐明，为了使这些植物获得充分的能育性，用一个类型的高度相当的雄蕊的花粉来使另一类型的柱头受精，是必要的，并且这种结果已被其他观察者证实了。所以，在二型性的物种里，有两个结合，可以称为合法的，是充分能育的；有两个结合，可以称为不合法的，是多少不育的。在三型性的物种里，有六个结合是合法的，即充分能育的，——有十二个结合是不合法的，即多少不育的。

当各种不同的二型性植物和三型性植物被不合法地受精时，这就是说，用与雌蕊高度不相等的雄蕊的花粉来受精时，我们可以观察到它们的不育性，正如在不同物种的杂交中所发生的情形一样，表现了很大程度的差异，一直到绝对地、完全地不育。不同物种杂交的不育性程度显著地决定于生活条件的适宜与否，我发见不合法的结合也是如此。众所熟知，如果把一个不同物种的花粉放在一朵花的柱头上，随后把它自己的花粉，甚至在一个相当长的期间之后，也放在同一个柱头上，它的作用是如此强烈地占着优势，以致一般地可以消灭外来花粉的效果；同一物种的若干类型的花粉也是如此，当合法的花粉和不合法的花粉被放在同一柱头上时，前者比后者占有强烈的优势。我根据若干花的受精情形肯定了这一点，首先我在若干花上进行了不合法的受精，二十四小时后，我用一个具有特殊颜色的变种的花粉，进行合法的受精，于是所有的幼苗都带有同样的颜色；这表明了，合法的花粉，虽然在二十四小时后施用，还能破坏或阻止先行施用的不合法的花粉的作用。还有，同样的两个物种之间的互交，往往会有很不同的结果，三型性的植物也是如此；例如：紫色千屈菜（Lythrum salicaria）①的中花柱类型能极其容易地由短花柱类型的长雄蕊的花粉来不合法地受精，而且能产生许多种子；但是用中花柱类型的长雄蕊的花粉来使短花柱类型受精时，却不能产生一粒种子。

在所有这些情形里，以及在还能补充的其他情形里，同一个无疑的物种的一些类型，如果进行不合法结合，其情况恰与两个不同物种在杂交时完全一样。这引导我对于从几个不合法的结合培育出来的许多幼苗仔细观察了四年之久。主要的结果是，这些可以称为不合法的植物都不是充分能育的。从二型性的植物能够培育出长花柱和短花柱的不合法植物，从三型性的植物能够培育出三个不合法类型。这些植物能够在合法的方式下正当地结合起来。当这样做了之后，为什么这些植物所产生的种子不能像它们双亲在合法受精时所产生的那么多，是没有明显的理由的。但实际并不如此。这些植物都是不育的，不过程度有所不同而已。有些是极端地和无法矫正地不育的，以至在四年中未曾产生过一粒种子或者甚至一个种子蒴。这些不合法植物在合法方式下结合时的不育性，可以与杂种在互相杂交时的不育性进行严格的比较。另一方面，如果一个杂种和纯粹亲种的任何一方进行

---

① 即紫色珍珠菜（purple loosestrife）。——译者

杂交，其不育性通常会大大减弱；当一个不合法植株由一个合法植株来授精时，其情形也是如此。正如杂种的不育性和两个亲种之间第一次杂交时的困难情况并非永远相平行一样，某些不合法植物具有极大的不育性，但是产生它们的那一结合的不育性绝不是大的。从同一种子蒴中培育出来的杂种的不育性程度，有内在的变异，而不合法的植物更加如此。最后，许多杂种开花多而长久，但是其他不育性较大的杂种开花少，而且它们是衰弱的，可怜地矮小；各种二型性和三型性植物的不合法后代，也有完全一样的情形。

总之，不合法植物和杂种在性状和习性上有着最密切的同一性。就是说不合法植物就是杂种，不过这样的杂种乃是在同一物种范围内由某些类型的不适当结合产生出来的，而普通的杂种却是从所谓不同物种之间的不适当结合产生出来的，这样说几乎一点也不夸张。我们还看到，第一次不合法的结合和不同物种的第一次杂交，在各方面都有极密切的相似性。用一个例证来说明，或者会更清楚一些；我们假设有一位植物学者发现了三型性紫色千屈菜的长花柱类型有两个显著的变种（实际上是有的），并且他决定用杂交来试验它们是否是不同的物种。他大概会发现，它们所产生的种子数目仅及正常的五分之一，而且它们在上述其他各方面所表现的，好像是两个不同的物种。但是，为了肯定这种情形，他从他的假设的杂种种子来培育植物，于是他发现，幼苗是可怜地矮小和极端地不育，而且它们在其他各方面所表现的，和普通杂种一样。于是，他会宣称，他已经按照一般的观点，确实证明了他的两个变种是真实的和不同的物种，和世界上任何物种一样；但是他完全错误了。

上述有关二型性和三型性植物的一些事实是重要的，第一，因为它阐明了，对第一次杂交能育性和杂种能育性减弱所进行的生理测验，不是区别物种的安全标准；第二，因为我们可以断定，有某一未知的纽带连接着不合法结合的不育性和它们的不合法后代的不育性，并且引导我们把这同样的观点引申到第一次杂交和杂种上去；第三，因为我们看出，同一个物种可能存在着两个或三个类型，它们在与外界条件有关的构造或体质上并没有任何不同之处，但它们在某些方式下结合起来时，就是不育的，这一点依我看来，似乎特别重要。因为我们必须记住，产生不育性的，恰恰是同一类型的两个个体的雌雄生殖质的结合，例如两个长花柱类型的雌雄生殖质的结合；另一方面，产生能育性的，恰恰是两个不同类型所固有的雌雄生殖质的结合。因此，最初看来，这种情形和同一物种的个体的普通结合以及不同物种的杂交情形正相反。然而是否真的如此，是可怀疑的；但是我不拟在此详细讨论这一暧昧的问题。

无论如何，大概我们可以从二型性和三型性植物的考察中，来推论不同物种杂交的不育性及其杂种后代的不育性完全决定于雌雄性生殖质的性质，而与构造上或一般体质上的任何差异无关。根据对于互交的考察，我们也可以得出同样的结论；在互交中，一个物种的雄体不能够或者极其困难地能够和第二个物种的雌体相结合，然而反转过来进行杂交却是完全容易的。那位优秀的观察者该特纳也同样地断定了物种杂交的不育性仅仅是由于它们的生殖系统的差异。

变种杂交的能育性及其混种后代的能育性不是普遍的

作为一个极有根据的论点，可以主张，物种和变种之间一定存在着某种本质上的区别，因为变种彼此在外观上无论有多大差异，还是可以十分容易地杂交，且能够产生完全能育的后代。除去某些即将谈到的例外，我充分承认这是规律。但围绕这个问题还有许多难点，因为，当探求在自然状况下所产生的变种时，如果有两个类型，向来被认为是变种，但在杂交中发现它们有任何程度的不育性，大多数博物学者就会立刻把它们列为物种。例如，被大多数植物学者认为是变种的蓝蘩蒌和红蘩蒌，据该特纳说在杂交中是十分不育的，因此他便把它们列为无疑的物种了。如果我们用这样的循环法辩论下去，就必然要承认在自然状况下产生出来的一切变种都是能育的了。

如果转过来看一看在家养状况下产生的或者假定产生的一些变种，我们还要被卷入若干疑惑之中。因为，例如当我们说某些南美洲的土著家养狗不能和欧洲狗容易地结合时，在每一个人心目中都会产生一种解释，而且这大概是一种正确的解释，即这些狗本来是从不同物种传下来的。但是，在外观上有着广泛差异的很多家养族，例如鸽子或甘蓝都有完全的能育性，是一件值得注意的事实；特别是当我们想起有何等众多的物种，虽然彼此极其密切近似，但杂交时却极端不育；这是更可注意的事实。然而，通过以下几点考虑，可知家养变种的能育性并不那么出人意外。

第一，可以观察到，两个物种之间的外在差异量并不是它们的相互不育性程度的确实指标，所以在变种的情形下，外在的差异也不是确实的指标。关于物种，其原因肯定是完全在于它们的生殖系统。对家养动物和栽培植物发生作用的变化着的生活条件，极少有改变它们的生殖系统而招致互相不育的倾向，所以我们有良好的根据来承认帕拉斯的直接相反的学说，即家养的条件一般可以消除不育的倾向；因此，物种在自然状态下当杂交时大概有某种程度的不育性，但它们的家养后代当杂交时就会变成为完全能育的。在植物里，栽培并没有在不同物种之间造成不育性的倾向，在已经谈到的若干确实有据的例子里，某些植物却受到了相反的影响，因为它们变成了自交不育的，同时仍旧保有使其他物种受精和由其他物种受精的能力。如果帕拉斯的关于不育性通过长久继续的家养而消除的学说可以被接受（这几乎是难以反驳的），则长久继续的同一生活条件同样地会诱发不育性就是高度不可能的了；纵使在某些情形里，具有特别体质的物种，偶尔会因此发生不育性。这样，我们就可以理解，如我所相信的，为什么家养动物不会产生互相不育的变种，为什么植物，除去即将举出的少数的情形以外，不产生不育的变种。

在我看来，目前所讨论的问题中的真正难点，并不是家养品种为什么当杂交时没有变成为互相不育的，而是为什么自然的变种经历了恒久的变化而取得物种的等级时，就如此一般地发生了不育性。我们还远远不能精确地知道它的原因；当看到我们对于生殖系统的正常作用和异常作用是何等极度无知时，这也就不足为奇了。但是，我们能够知道，由于物种与它们的无数竞争者进行了生存竞争，它们便长期地比家养变种暴露在更为一致的生活条件下；因而便不免产生很不相同的结果。因为我们知道，如果把野生的动物和植物从自然条件下取来，加以家养或栽培，它们就会成为不育的，这是很普通的事；并且一向生活在自然条件下的生物的生殖机能，对于不自然杂交的影响大概同样是显著敏感的。另一方面，家养生物，仅仅从它们受家养的事实看来，对于它们的生活条件的变化本来就不是高度敏感的，并且今日一般地能够抵抗生活条件的反复变化而不减低其能育性，所以可以预料到，家养生物所产生的品种，如与同样来源的其他变种进行杂交，也很少会在生殖机能上受到这一杂交行为的有害影响。

我曾说过同一物种的变种进行杂交，好像必然都是能育的。但是，下面我将扼要叙述的少数事例，就是一定程度的不育性的证据。这一证据，和我们相信无数物种的不育性的证据，至少是有同等价值的。这一证据也是从反对说坚持者那里得来的，他们在所有情形下都把能育性和不育性作为区别物种的安全标准。该特纳在他的花园内培育了一个矮型黄籽的玉米品种，同时在它的近旁培育了一个高型红籽的品种，这一工作进行了数年之久；这两个品种虽然是雌雄异花的，但绝没有自然杂交。于是他用一类玉米的花粉在另一类的十三个花穗上进行受精，但是仅有一个花穗结了一些籽，也不过只结了五粒种子。因为这些植物是雌雄异花的，所以人工受精的操作在这里不会发生有害的作用。我相信没有人会怀疑这些玉米变种是属于不同物种的；重要的是要注意这样育成的杂种植物本身是完全能育的；所以，甚至该特纳也不敢承认这两个变种是不同的物种了。

吉鲁·得·别沙连格(Girou de Buzareingues)杂交了三个葫芦变种,它们和玉米一样是雌雄异花的,他断言它们之间的差异愈大,相互受精就愈不容易。这些试验有多大的可靠性,我不知道;但是萨哥瑞特把这些被试验的类型列为变种,他的分类法的主要根据是不育性的试验,并且诺丹也做出了同样的结论。

下面的情形就更值得注意了,最初一看这似乎是难以相信的;但这是如此优秀的观察者和反对说坚持者该特纳在许多年内,对于毛蕊花属的九个物种所进行的无数试验的结果:即是,黄色变种和白色变种的杂交,比同一物种的同色变种的杂交,产生较少的种子。进而他断言,当一个物种的黄色变种和白色变种与另一物种的黄色变种和白色变种杂交时,同色变种之间的杂交比异色变种之间的杂交,能产生较多的种子。斯科特先生也曾对毛蕊花属的物种和变种进行过试验;他虽然未能证实该特纳的关于不同物种杂交的结果,但他发现了同一物种的异色变种比同色变种所产生的种子较少,其比例为86∶100。然而这些变种除了花的颜色以外,并没有任何不同之处,有时这一个变种还可从另一个变种的种子培育出来。

科尔路特工作的准确性已被其后的每一位观察者所证实了,他曾证明一项值得注意的事实,即普通烟草的一个特别变种,如与一个大小相同的物种进行杂交,比其他变种更能生育。他对普通被称作变种的五个类型进行了试验,而且是极严格的试验,即互交试验,他发现它们的杂种后代都是完全能育的。但是这五个变种中的一个,无论用作父本或母本与黏性烟草(Nicotiana glutinosa)进行杂交,它们所产生的杂种,永远不像其他四个变种与黏性烟草杂交时所产生的杂种那样地不育。因此,这个变种的生殖系统必定以某种方式和在某种程度上变异了。

从这些事实看来,就不能再坚持变种当杂交时必然是十分能育的。根据确定自然状态下的变种不育性的困难,因为一个假定的变种,如果被证明有某种程度的不育性,几乎普遍会被列为物种;——根据人们只注意到家养变种的外在性状,并且根据家畜变种并没有长期地处于一致的生活条件下;——根据这几项考察,我们可以总结出,杂交时的能育与否并不能作为变种和物种之间的基本区别。杂交的物种的一般不育性,不应看作是一种特别获得的禀赋,而可以稳妥地看作是伴随它们的雌雄性生殖质中一种未知性质的变化而发生的。

除了能育性之外,杂种与混种的比较

杂交物种的后代和杂交变种的后代,除了能育性以外,还可以在其他几方面进行比较。曾热烈地希望在物种和变种之间划出一条明确界限的该特纳,在种间杂种后代和变种间混种后代之间只能找出很少的而且依我看来是十分不重要的差异。另一方面,它们在许多重要之点上却是极其密切一致的。

这里我将极其简略地来讨论这一问题。最重要的区别是,在第一代里混种较杂种易于变异;但是该特纳却认为经过长期培育的物种所产生的杂种在第一代里是常常易于变异的;我本人也曾见过这一事实的显著例子。该特纳进而认为极其密切近似物种之间的杂种,较极其不同物种之间的杂种易于变异;这一点阐明了变异性的差异程度是逐步消失的。众所周知,当混种和较为能育的杂种被繁殖到几代时,两者后代的变异性都是巨大的;但是,还能举出少数例子,表明杂种或混种长久保持着一致的性状。然而混种在连续世代里的变异性大概较杂种的为大。

混种的变异性较杂种的变异性为大,似乎完全不足为奇。因为混种的双亲是变种,而且大都是家养变种(关于自然变种只做过很少的试验),这意味着那里的变异性是新近发生的,并且意味着由杂交行为所产生的变异性常常会继续,而且会增大。杂种在第一代的变异性比起在其后连续世代的变异性是微小的,这是一个奇妙的事实,而且是值得注意的。因为这和我提出的普通变异性的原因中的一个观点有关联;这个观点是,由于生殖系统对于变化了的生活条件是显著敏感的,所以在这样的情况下,生殖系统就不能运用它的固有机能来产生在所有方面都和双亲类型密切相似的后代。第一代杂种是从生殖系统未曾受到任何影响的物种传下来的(经过长久培育的物种除外),所以它们不易变异;但是杂种本身的生殖系统却已受到了严重的影响,所以它们的后代是高度变异的。

还是回转来谈谈混种和杂种的比较:该特纳说,混种较杂种更易重现任何一个亲类型的性状;但是,如果这是真实的,也肯定地不过是程度上的差别而已。又,该特纳明确地说道,从长久栽培的植物产生出来的杂种,比从自然状态下的物种产生出来的杂种,更易于返祖;这对不同观察者所得到的非常不同结果,大概可以给予解释:维丘拉曾对杨树的野生种进行过试验,他怀疑杂种是否会重现双亲类型的性状;然而诺丹却相反地以强调的语句坚持认为杂种的返祖,几乎是一种普遍的倾向,他的试验主要是对栽培植物进行的。该特纳进而说道,任何两个物种虽然彼此密切近似,但与第三个物种进行杂交,其杂种彼此差异很大;然而一个物种的两个很不相同的变种,如与另一物种进行杂交,其杂种彼此差异并不大。但是据我所知,这个结论是建筑在一次试验上的;并且似乎和科尔路特所做的几个试验的结果正相反。

这些就是该特纳所能指出的杂种植物和混种植物之间的不重要的差异。另一方面,杂种和混种,特别是从近缘物种产生出来的那些杂种,按照该特纳的说法,也是依据同一法则的。当两个物种杂交时,其中一个物种有时具有优势的力量以迫使杂种像它自己。我相信关于植物的变种也是如此;并且关于动物,肯定地也是一个变种常常较另一变种具有优势的传递力量。从互交中产生出来的杂种植物,一般是彼此密切相似的;从互交中产生出来的混种植物也是如此。无论杂种或混种,如果在连续世代里反复地和任何一个亲本进行杂交,都会使它们重现任何一个纯粹亲类型的性状。

这几点意见显然也能应用于动物;但是关于动物,部分地由于次级性征的存在,使得上述问题更加十分复杂;特别是由于在物种间杂交和变种间杂交里某一性较另一性强烈地具有优势的传递力量,这个问题就更加复杂了。例如,我想那些主张驴较马具有优势的传递力量的作者们是对的,所以无论骡(mule)或驴骡(hinny)都更像驴而少像马;但是,公驴较母驴更强烈地具有优势的传递力量,所以由公驴和母马所产生的后代——骡,比由母驴和公马所产生的后代——驴骡,更与驴相像。

某些作者特别着重下述的假定事实：即只有混种后代不具有中间性状，而密切相似于双亲的一方；但是这种情形在杂种里也曾经发生，不过我承认这比在混种里发生的少得多。看一看我所搜集的事实，由杂交育成的动物，凡与双亲一方密切相似的，其相似之点似乎主要局限于性质上近于畸形的和突然出现的那些性状——如皮肤白变症，黑变症(melanism)、无尾或无角、多指和多趾；而与通过选择慢慢获得的那些性状无关。突然重现双亲任何一方的完全性状的倾向，也是在混种里远比在杂种里更易发生。混种是由变种传下来的，而变种常常是突然产生的，并且在性状上是半畸形的；杂种是由物种传下来的，而物种则是慢慢而自然地产生的。我完全同意普罗斯珀·芦卡斯博士的见解，他搜集了有关动物的大量事实后，得出如下的结论：不论双亲彼此的差异有多少，就是说，在同一变种的个体结合中，在不同变种的个体结合中，或在不同物种的个体结合中，子代类似亲代的法则都是一样的。

除了能育性和不育性的问题以外，物种杂交的后代和变种杂交的后代，在一切方面似乎都有普遍的和密切的相似性。如果我们把物种看作是特别创造出来的，并且把变种看作是根据次级法则(Secondary laws)产生出来的，这种相似性便会成为一个令人吃惊的事实。但这是和物种与变种之间并没有本质区别的观点完全符合。

本 章 提 要

充分不同到足以列为物种的类型之间的第一次杂交以及它

们的杂种，很一般地但非普遍地不育。不育性具有各种不同的程度，而且往往相差如此微小，以致最谨慎的试验者根据这一标准也会在类型的排列上得出完全相反的结论。不育性在同一物种的个体里是内在地易于变异的，并且对于适宜的和不适宜的生活条件是显著敏感的。不育性的程度并不严格遵循分类系统的亲缘关系，但被若干奇妙的和复杂的法则所支配。在同样的两个物种的互交里不育性一般是不同的，有时是大为不同的。在第一次杂交以及由此产生出来的杂种里，不育性的程度并非是永远相等的。

在树的嫁接中，某一物种或变种嫁接在其他树上的能力，是伴随着营养系统的差异而发生的，而这些差异的性质一般是未知的；与此同样，在杂交中，一个物种和另一物种在结合上的难易，是伴随着生殖系统里的未知差异而发生的。想象为了防止物种在自然状况下的杂交和混淆，物种便被特别赋予了各种程度的不育性，和想象为了防止树木在森林中的接合，树木便被特别赋予了各种不同而多少近似程度的难以嫁接的性质，同样是毫无任何理由的。

第一次杂交和它的杂种后代的不育性不是通过自然选择而获得的。在第一次杂交的场合，不育性似乎决定于几种条件；在某些事例里，主要决定于胚胎的早期死亡。在杂种的场合，不育性显然决定于它们的整个体制被两个不同类型的混合所扰乱了；这种不育性和暴露在新的和不自然的生活条件下的纯粹物种所屡屡发生的不育性，是密切近似的。能够解释上述情形的人们，就能够解释杂种的不育性。这一观点有力地被另一种平行现象所支持：即是第一，生活条件的微小变化可以增加一切生物的生活力和能育性；第二，暴露在微有不同的生活条件下的，或已经变异了的类型之间的杂交，将有利于后代的大小、生活力和能育性。关于二型性和三型性植物的不合法的结合的不育性以及它们的不合法后代的不育性所举出的一些事实，大概可以确定以下情形，即有某种未知的纽带在所有情形里连接着第一次杂交的不育性程度和它们的后代的不育性程度。对于二型性这些事实的考察，以及对于互交结果的考察，明白地引出了如下的结论：杂交物种不育的主要原因仅仅在于雌雄生殖质中的差异。但是在不同物种的场合里，为什么在雌雄生殖质极其一般地发生了或多或少的变异后，就会引致它们的相互不育性，我们还不明白；然而这一点和物种长期暴露在近于一致的生活条件下，似有某种密切的关联。

任何两个物种的难以杂交和它们的杂种后代的不育性，纵然起因不同，在大多数情形下应当是相应的，这并不奇怪；因为二者都决定于杂交的物种之间的差异量。第一次杂交的容易和如此产生的杂种的能育，以及嫁接的能力——虽然嫁接的能力是决定于广泛不同的条件的——在一定范围内都应当与被试验类型的分类系统的亲缘关系相平行，这也不奇怪；因为分类系统的亲缘关系包括着一切种类的相似性。

被认为是变种的类型之间的第一次杂交，或者充分相似到足以被认为是变种的类型之间的第一次杂交，以及它们的混种后代，一般都是能育的，但不一定如常常说到的那样，必然如此。如果我们记得，我们是何等易于用循环法来辩论自然状态下的变种，如果我们记得，大多数变种是在家养状况下仅仅根据对外在差异的选择而产生出来的，并且它们并不曾长久暴露在一致的生活条件下；则变种之有几乎普遍而完全的能育性，就不值得奇怪了。我们还应当特别记住，长久继续的家养具有削弱不育的倾向，所以这好像很少能诱发不育性。除了能育性的问题之外，在其他一切方面杂种和混杂种之间还有最密切而一般的相似性——就是说在它们的变异性方面，在反复杂交中彼此结合的能力方面，以及在遗传双亲类型的性状方面，都是如此。最后，虽然我们还不知道第一次杂交的和杂种的不育性的真实原因，并且也不知道为什么动物和植物离开它们的自然条件后会变成为不育的，但是本章所举出的一些事实，对我来说，似乎与物种原系变种这一信念并不矛盾。

第十章　论地质记录的不完全

今日中间变种的不存在——绝灭的中间变种的性质以及它们的数量——从剥蚀的速率和沉积的速率来推算时间的经过——从年代来估计时间的经过——古生物标本的贫乏——地质层的间断——花岗岩地域的剥蚀——在任何一个地质层中中间变种的缺乏——物种群的突然出现——物种群在已知的最下化石层中的突然出现——生物可居住的地球的远古时代。

我在第六章已经列举了对于本书所持观点的主要异议。对这些异议大多数已经讨论过了。其中之一，即物种类型的区别分明以及物种没有无数的过渡连锁把它们混淆在一起，是一个显而易见的难点。我曾举出理由来说明，为什么这些连锁今日在显然极其有利于它们存在的环境条件下，也就是说在具有渐变的物理条件的广大而连续的地域上，通常并不存在。我曾尽力阐明，每一物种的生活对今日其他既存生物类型的依存，甚于对气候的依存，所以具有真正支配力量的生活条件并不像热度或温度那样地于完全不知不觉中逐渐消失。我也曾尽力阐明，由于中间变种的存在数量比它们所联系的类型为少，所以中间变种在进一步的变异和改进的过程中，一般要被淘汰和消灭。然而无数的中间连锁目前在整个自然界中没有到处发生的主要原因当在于自然选择这一过程，因为通过这一过程新变种不断地代替了和排挤了它们的亲类型。因为这种绝灭过程曾经大规模地发生了作用，按比例来说，既往生存的中间变种一定确实是大规模存在的。那么，为什么在各地质层（geological formation）和各地层（stratum）中没有充满这些中间连锁呢？地质学的确没有揭发任何这种微细级进的连锁；这大概是反对自然选择学说的最明显的和最重要的异议。我相信地质记录的极度不完全可以解释这一点。

第一，应当永远记住，根据自然选择学说，什么种类的中间类型应该是既往生存过的。当观察任何两个物种时，我发见很难避免不想象到直接介于它们之间的那些类型。但这是一个完全错误的观点；我们应当常常追寻介于各个物种和它们的一个共同的，但是未知的祖先之间的那些类型；而这个祖先一般在某些方面已不同于变异了的后代。兹举一个简单的例证：扇尾鸽和突胸鸽都是从岩鸽传下来的；如果我们掌握了所有曾经生存过的中间变种，我们就会掌握这两个品种和岩鸽之间各有一条极其绵密的系列；但是没有任何变种是直接介于扇尾鸽和突胸鸽之间的；例如，结合这两个品种的特征——稍微扩张的尾部和稍微增大的嗉囊——的变种，是没有的。还有，这两个品种已经变得如此不同，如果我们不知道有关它们起源的任何历史的和间接的证据，而仅仅根据它们和岩鸽在构造上的比较，就不可能去决定它们究竟是从岩鸽传下来的呢，还是从其他某一近似类型皇宫鸽（C.oenas）传下来的。

自然的物种也是如此，如果我们观察到很不相同的类型，如马和貘(tapir)，我们就没有任何理由可以假定直接介于它们之间的连锁曾经存在过，但是可以假定马或貘和一个未知的共同祖先之间是有中间连锁存在过的。它们的共同祖先在整个体制上与马和貘具有极其一般的相似；但在某些个别构造上可能和二者有很大的差异；这差异或者甚至比二者之间的彼此差异还要大。因此，在所有这种情形里，除非我们同时掌握了一条近于完全的中间连锁，纵使将祖先的构造和它的变异了的后代加以严密的比较，也不能辨识出任何两个物种或两个物种以上的亲类型。

根据自然选择学说，两个现存类型中的一个来自另一个大概是可能的；例如马来自貘；并且在这种情形下，应有直接的中间连锁曾经存在于它们之间。但是这种情形意味着一个类型很长期间保持不变，而它的子孙在这期间却发生了大量的变异；然而生物与生物之间的子与亲之间的竞争原理将会使这种情形极少发生；因为，在所有情形里，新而改进的生物类型都有压倒旧而不改进的类型的倾向。

根据自然选择学说，一切现存物种都曾经和本属的亲种有所联系，它们之间的差异并不比今日我们看到的同一物种的自然变种和家养变种之间的差异为大；这些目前一般已经绝灭了的亲种，同样地和更古老的类型有所联系；如此回溯上去，常常就会融汇到每一个大纲(class)的共同祖先。所以，在所有现存物种和绝灭物种之间的中间的和过渡的连锁数量，必定难以胜数。假如自然选择学说是正确的，那么这些无数的中间连锁必曾在地球上生存过。

从沉积的速率和剥蚀的范围来推算时间的经过

除了我们没有发见这样无限数量的中间连锁的化石遗骸之外,另有一种反对意见:认为一切变化的成果既然都是缓慢达到的,所以没有充分的时间足以完成如此大量的有机变化。如果读者不是一位实际的地质学者,我几乎不可能使他领会一些事实,从而对时间经过有所了解。莱尔爵士的《地质学原理》(*Principles of Geology*)将被后世历史学家承认在自然科学中掀起了一次革命,凡是读过这部伟大著作的人,如果不承认过去时代曾是何等地久远,最好还是立刻把我的这本书合起来不要读它吧。只研究《地质学原理》或阅读不同观察者关于各地质层的专门论文,而且注意到各作者怎样试图对于各地质层的,甚至各地层的时间提出来的不确切的观念,还是不够的。如果我们知道了发生作用的各项动力,并且研究了地面被剥蚀了多深,沉积物被沉积了多少,我们才能最好地对过去的时间获得一些概念。正如莱尔明白说过的,沉积层的广度和厚度就是剥蚀作用的结果,同时也是地壳别的场所被剥蚀的尺度。所以一个人应当亲自考察层层相叠的诸地层的巨大沉积物,仔细观察小河如何带走泥沙以及波浪如何侵蚀去海岸岩崖(Sea-cliff),这样才能对过去时代的时间有一点了解,而有关这时间的标志在我们的周围触目皆是。

沿着由不很坚硬岩石所形成的海岸走走,并且注意看看它的陵削(degradation)过程是有好处的。在大多数情形里,达到海岸岩崖的海潮每天只有两次,而且时间短暂,同时只有当波浪挟带着细沙或小砾石时才能侵蚀海岸岩崖；因为有良好的证据可以证明，清水对侵蚀岩石是没有任何效果的。这样，海岸岩崖的基部终于被掘空，巨大的岩石碎块倾落下来了，这些岩石碎块便固定在倾落的地方，然后一点一点地被侵蚀去，直到它的体积缩小到能够被波浪把它旋转的时候，才会很快地磨碎成小砾石、砂或泥。但是我们如此常常看到沿着后退的海岸岩崖基部的圆形巨砾(boulders)，密被着海产生物，这表明了它们很少被磨损而且很少被转动！还有，如果我们沿着任何正在蒙受陵削作用的海岸岩崖行走几英里路，就会发现目前正在被陵削着的崖岸，不过只是短短的一段，或只是环绕海角(promontory)而星点地存在着。地表和植被的外貌表明，自从它们的基部被水冲刷以来，已经经过许多年代了。

然而我们近来从许多优秀观察者——朱克斯(Jukes)、盖基(Geikie)、克罗尔(Croll)以及他们的先驱者拉姆齐的观察里，得知大气的陵削作用比海岸作用(coast-action)，即波浪的力量，更是一种远为重要的动力。整个的陆地表面都暴露在空气和溶有碳酸的雨水的化学作用之下，同时在寒冷地方，则暴露在霜的作用之下；逐渐分解的物质，甚至在缓度的斜面上，也会被豪雨冲走，特别是在干燥的地方，则会超出想象程度以上地被风刮走；于是这些物质便被河川运去，急流使河道加深，并把碎块磨得更碎。下雨的时候，甚至在缓度倾斜的地方，我们也能从各个斜面流下来的泥水里看到大气陵削作用的效果。拉姆齐和惠特克(Whitaker)曾经阐明，并且这是一个极其动人的观察，维尔顿区(Wealden district)的巨大崖坡(escarpment)线，以及从前曾被看作是古代海岸的横穿英格兰的崖坡线，都不能是这样形成的，因为各崖坡线都是由一种相同的地质层构成的，而我们的海岸岩崖到处都是由各种不同的地质层交织而成的。假如这种情形是真实的话，我们便不得不承认，这些崖坡的起源，主要是由于构成它的岩石比起周围的表面能够更好地抵抗大气的剥蚀作用；结果，这表面便逐渐陷下，遂留下较硬岩石的突起线路。从表面上看来，大气动力的力量是如此微小，而且工作得似乎如此缓慢，但曾经产生出如此伟大的结果，按照我们的时间观点来讲，没有任何事情比上述这种信念更能使我们强烈地感到时间的久远无边了。

如果这样体会了陆地是通过大气作用和海岸作用而缓慢被侵蚀了的，那么要了解过去时间的久远，最好一方面去考察许多广大地域上被移去的岩石，它方面去考察沉积层的厚度。记得当我看到火山岛被波浪冲蚀，四面削去成为高达一千或两千英尺的直立悬崖时，曾大受感动；因为，熔岩流（lava-streams）凝成缓度斜面，由于它以前的液体状态，明显阐明了坚硬的岩层曾经一度在大洋里伸展得何等辽远。断层（faults）把这同类故事说得更明白，沿着断层——即那些巨大的裂隙，地层在这一边隆起，或者在那一边陷下，这等断层的高度或深度竟达数千英尺；因为，自从地壳裂破以来，无论地面隆起是突然发生的，或是如多数地质学者所信，是缓慢地由许多隆起运动而成的，并没有什么大差别。而今地表已经变得如此完全平坦，以致在外观上已经看不出这等巨大转位（dislocation）的任何痕迹，例如克拉文断层（Craven fault）上升达 30 英里，沿着这一线路，地层的垂直总变位自 600 到 3,000 英尺不等。关于在盎格尔西（Anglesea）陷落达 2,300 英尺的情形，拉姆齐教授曾发表过一篇报告；他告诉我说，他充分相信在梅里奥尼斯郡（Merionethshire）有一个陷落竟达12,000英尺，然而在这些情形里，地表上已没有任何东西可以表示这等巨大的运动了；裂隙两边的石堆已经夷为平地了。

另一方面，世界各处，沉积层的叠积都是异常厚的。我在科迪勒拉山（Cordillera）曾测量过一片砾岩，有一万英尺厚。砾岩的堆积虽然比致密的沉积岩快些，然而从构成砾岩的小砾石磨成圆形需费许多时间看来，一块砾岩的积成是何等缓慢的。拉姆齐教授根据他在大多数场合里的实际测量，曾把英国不同部分的连续地质层的最大厚度告诉过我，其结果如下：

古生代层（火成岩不在内）　　57,154英尺

第二纪层　　　　　　　　　　13,190英尺

第三纪层　　　　　　　　　　 2,240英尺

总加起来是72,584英尺；这就是说，折合英里差不多有十三英里又四分之三。有些地质层在英格兰只是一薄层，而在欧洲大陆上却厚达数千英尺。还有，在每一个连续的地质层之间，按照大多数地质学者的意见，空白时期也极久长。所以英国的沉积岩的高耸叠积层，只能对于它们所经过的堆积时间，给予我们一个不确切的观念。对于这种种事实的考察，会使我们得到一种印象，差不多就像在白费力气去掌握"永恒"这个概念所得到的印象一样。

然而，这种印象还是有部分错误的。克罗尔先生在一篇有趣的论文里说道："我们对于地质时期的长度形成一种过大的概念，是不会犯错误的，如用年数来计算却要犯错误。"当地质学者们看到这巨大而复杂的现象，然后看到表示着几百万年的这个数字

时,这二者在思想上会产生完全不同的印象,而登时要感到这个数字是过小了。关于大气的剥蚀作用,克罗尔先生根据某些河流每年冲下来的沉积物的既知量与其流域相比较,得出如下计算,即1,000英尺的坚硬岩石,渐次粉碎,须在六百万年的期间,才能从整个面积的平均水平线上移去。这似乎是一个可惊的结果,某些考察使人怀疑这个数字太大了,甚至把这个数字减到二分之一或四分之一,依然还是很可惊的。然而,很少有人知道一百万的真实意义是什么:克罗尔先生举出以下的比喻,用一狭条纸83英尺4英寸长,使它沿着一间大厅的墙壁伸延出去;于是在十分之一英寸处作一记号。让十分之一英寸代表一百年,全纸条就代表一百万年。但是必须记住,在上述的大厅里,被毫无意义的尺度所代表的一百年,对于本书的问题却具有何等重要的意义。若干卓越的饲养者,仅在他们的一生期间内,就大大地改变了某些高等动物,而高等动物在繁殖它们的种类上远比大多数的下等动物为慢,他们就这样育成了值得称为新的亚品种的。很少有人相当仔细地去注意过任何一个品系到半世纪以上的,所以一百年可以代表两个饲养者的连续工作。不能假定在自然状态下的物种,可以像在有计划选择指导之下的家养动物那样迅速地进行变化。与无意识的选择——即只在于保存最有用的或最美丽的动物,而无意于改变那个品种——的效果相比较,也许比较公平些;但是通过这种无意识选择的过程,各个品种在两个世纪或三个世纪的时间就会被显著地改变了。

然而物种的变化大概更为缓慢得多,在同一地方内只有少数的物种同时发生变化。这种缓慢性是由于同一地方内的所有生物已经彼此适应得很好了,除非经过长久时间之后,由于某种物理变化的发生,或者由于新类型的移入,在这自然机构中是没有新位置的。还有,具有正当性质的变异或个体差异,即某些生物所赖以在改变了的环境条件下适应新地位的变异,也经常不会即刻发生。不幸的是我们没有方法根据时间的标准来决定,一个物种的改变需要经过多长时间;但是关于时间的问题,以后一定还要讨论。

古生物标本的贫乏

现在让我们看一看我们最丰富的地质博物馆,那里的陈列品是何等地贫乏呵!每一个人都会承认我们的搜集是不完全的。永远不应忘记那位可称赞的古生物学者爱德华·福布斯的话,他说,大多数的化石物种都是根据单个的而且常常是破碎的标本,或者是根据某一个地点的少数标本被发现和被命名的。地球表面只有一小部分曾作过地质学上的发掘,从每年欧洲的重要发现看来,可以说没有一处地方曾被十分注意地发掘过。完全柔软的生物没有一种能够被保存下来。落在海底的贝壳和骨骸,如果那里没有沉积物的掩盖,便会腐朽而消失。我们可能采取一种十分错误的观点,认为差不多整个海底都有沉积物正在进行堆积,并且其堆积速度足够埋藏和保存化石的遗骸。海洋的极大部分都呈亮蓝色,这说明了水的纯净。许多被记载的情形指出,一个地质层经过长久间隔的时期以后,被另一后生的地质层整个地遮盖起来,而下面的一层在这间隔的时期中并未遭受任何磨损,这种情形，只有根据海底常常多年不起变化的观点才可以得到解释。埋藏在沙子或砾层里的遗骸，遇到岩床上升的时候，一般会由于溶有碳酸的雨水的渗入而被分解。生长在海边高潮与低潮之间的许多种类动物，有的似乎难得被保存下来。例如，有几种藤壶亚科（Chthamalinae，无柄蔓足类的亚科）的若干物种，遍布全世界的海岸岩石上，数量非常之多。它们都是严格的海岸动物，除了在西西里（Sicily）发现过一个在深海中生存的地中海物种的化石以外，至今还没有在任何第三纪地质层里发现过任何其他的物种；然而已经知道，藤壶属曾经生存于白垩纪（Chalk period）。最后，需要极久时间才堆积起来的许多巨大沉积物，却完全没有生物的遗骸，我们对此还不能举出任何的理由：其中最显著的例子之一是弗里希（Flysch）地质层，由页岩和砂岩构成，厚达数千英尺，有的竟达六千英尺，从维也纳到瑞士至少绵延 300 英里；虽然这等巨大岩层被极其仔细地考察过，但在那里除了少数的植物遗骸之外，并没有发现任何其他化石。

关于生活在中生代和古生代的陆栖生物，我们所搜集的证据是极其片断的，这就不必多谈了。例如，直到最近，除了莱尔爵士和道森博士（Dr. Dawson）在北美洲的石炭纪地层中所发现的一种陆地贝壳外，在这两个广阔时代中还没有发现过其他陆地贝壳；不过目前在黑侏罗纪地层中已经发现了陆地贝壳。关于哺乳动物的遗骸，只要一看莱尔的《手册》里所登载的历史表，就会把真理带到家中，这比细读文字还能更好地去理解它们的保存是何等的偶然和稀少。只要记住第三纪哺乳动物的骨骼大部分是在洞穴里或湖沼的沉积物里被发现的，并且记住没有一个洞穴或真正的湖成层是属于第二纪或古生代的地质层的,那么它们的稀少就不足为奇了。

但是,地质记录的不完全主要还是由于另外一个比上述任何原因更为重要的原因;这就是若干地质层间彼此被广阔的间隔时期所隔开。许多地质学者以及像福布斯那样完全不相信物种变化的古生物学者,都曾力持此说。当我们看到一些著作中的地质层的表格时,或者当我们从事实地考察时,就很难不相信它们是密切连续的。但是,例如根据默奇森爵士(Sir R. Murchison)关于俄罗斯的巨著,我们知道在那个国家的重叠的地质层之间有着何等广阔的间隙;在北美洲以及在世界的许多其他地方也是如此。如果最熟练的地质学者只把他的注意力局限在这等广大地域,那么他绝不会想象到,在他的本国还是空白不毛的时代里,巨大沉积物已在世界的其他地方堆积起来了,而且其中含有新而特别的生物类型。同时,如果在各个分离的地域内,对于连续地质层之间所经过的时间长度不能形成任何观念,那么我们可以推论在任何地方都不能确立这种观念。连续地质层的矿物构成屡屡发生巨大变化,一般意味着周围地域有地理上的巨大变化,因此便产生了沉积物,这与在各个地质层之间曾有过极久的间隔时期的信念是相符合的。

我想,我们能够理解为什么各区域的地质层几乎必然是间断的;就是说为什么不是彼此密切相连接的。当我调查在最近期间升高几百英尺的南美洲数千英里海岸时,最打动我的是,竟没有任何近代的沉积物,有足够的广度可以持续在即便是一个短的地质时代而不被磨灭。全部西海岸都有特别海产动物栖息着,可是那里的第三纪层非常不发达，以致若干连续而特别的海产动物的记录大概不能在那里保存到久远的年代。只要稍微想一下，我们便能根据海岸岩石的大量陵削和注入海洋里去的泥流来解释：为什么沿着南美洲西边升起的海岸，不能到处发见含有近代的，即第三纪的遗骸的巨大地质层，虽然在悠久的年代里沉积物的供给一定是丰富的。无疑应当这样解释，即当海岸沉积物和近海岸沉积物一旦被缓慢而逐渐升高的陆地带到海岸波浪的磨损作用的范围之内时，便会不断地被侵蚀掉。

我想，我们可以断言，沉积物必须堆积成极厚的、极坚实的或者极大的巨块，才能在它最初升高时和水平面连续变动的期间，去抵抗波浪的不断作用以及其后的大气陵削作用。这样厚而巨大的沉积物的堆积可由两种方法来完成：一种方法是，在深海底进行堆积，在这种情形下，深海底不像浅海那样有许多变异了的生物类型栖息着；所以当这样的大块沉积物上升之后，对于在它的堆积时期内生存于邻近的生物所提供的记录是不完全的。另一种方法是，在浅海底进行堆积，如果浅海底不断徐徐沉陷，沉积物就可以在那里堆积到任何的厚度和广度。在后一种情形里，只要海底沉陷的速度与沉积物的供给差不多平衡，海就会一直是浅的，而且有利于多数的和变异了的生物类型的保存，这样，一个富含化石的地质层便被形成，而且在上升变为陆地时，它的厚度也足以抵抗大量的剥蚀作用。

我相信，差不多所有的古代地质层，凡是层内厚度的大部分富含化石的，都是这样在海底沉陷期间形成的。自从1845年我发表了关于这个问题的观点之后，就注意着地质学的进展，使我感到惊奇的是,当作者们讨论到这种或那种巨大地质层时,一个跟着一个地得出同样的结论,都说它是在海底沉陷期间堆积起来的。我可以补充地说,南美洲西岸的唯一古代第三纪地质层就是在水平面向下沉陷期间堆积起来的,并且由此得到了相当的厚度;这一地质层虽然具有巨大的厚度足以抵抗它曾经蒙受过的那种陵削作用,但今后它很难持续到一个久远的地质时代而不被磨灭。

所有地质方面的事实都明白地告诉我们,每个地域都曾经过无数缓慢的水平面振动,而且这等振动的影响范围显然是很大的。结果,富含化石的,而且广度和厚度足以抵抗其后陵削作用的地质层,在沉陷期间,是在广大的范围内形成的,但它的形成只限于在以下的地方,即那里沉积物的供给足以保持海水的浅度并且足以在遗骸未腐化以前把它们埋藏和保存起来。相反地,在海底保持静止的期间,厚的沉积物就不能在最适于生物生存的浅海部分堆积起来。在上升的交替期间,这种情形就更少发生;或者更确切些说,那时堆积起来的海床,由于升起和进入海岸作用的界限之内,一般都被毁坏了。

这些话主要是对海岸沉积物和近海岸沉积物而言的。在广阔的浅海里,例如从30或40到60英寻深的马来群岛的大部分海里,广大地质层大概是在上升期间形成的,然而在它徐徐上升的时候并没有蒙受过分的侵蚀;但是,由于上升运动,地质层的厚度比海的深度为小,所以地质层的厚度大概不会很大;同时这堆积物也不会凝固得很坚硬,而且也不会有各种地质层覆盖在它的上面;因此,这种地质层在此后水平面振动期间便极易被大气陵削作用和海水作用所侵蚀。然而,根据霍普金斯先生(Mr.Hopkins)

的意见，如果地面的一部分在升起以后和未被剥蚀之前便行沉陷，那么，在上升运动中所形成的沉积物虽然不厚，却可能在以后受到新堆积物的保护，因而可以保存到一个长久的时期。

霍普金斯先生还表示他相信，水平面相当广阔的沉积层很少会完全毁坏。但是一切地质学者，除了少数相信现在的变质片岩和深成岩曾经一度形成地球的原核（primordial nucleus）的人们以外，都承认深成岩外层的很大范围已被剥蚀。因为这等岩石在没有表被的时候，很少可能凝固和结晶；但是，变质作用如果在海洋的深底发生，则岩石以前的保护性表被大概不会很厚。这样，如果承认片麻岩、云母片岩、花岗岩、闪长岩等等必定一度曾被覆盖起来，那么对于世界许多地方的这等岩石的广大面积都已裸露在外，除了根据它们的被覆层已被完全剥蚀了的信念，我们怎能得到解释呢？广大面积上都有这等岩石的存在，是无可怀疑的：巴赖姆（Parime）的花岗岩地区，据洪堡（Humboldt）的描述，至少比瑞士大十九倍。在亚马逊河之南，布埃（Boué）曾划出一块由花岗岩构成的地区，它的面积等于西班牙、法国、意大利、德国的一部分以及英国诸岛的面积的总合。这一地区还没有仔细被调查过，但是根据旅行家们所提出的一致证据，花岗岩的面积是很大的，例如，冯埃虚维格（Von Eschwege）曾经详细地绘制了这种岩石的区域图，它从里约热内卢延伸到内地，成一直线，长达260地理的英里①；我朝另一方向旅行过150英里，所看到的全是花岗岩。有无数标本是沿着从里约热内卢到普拉他河口的全部海岸

---

① 赤道上经度一分的长度约合1,854米。——译者

（全程1,100地理的英里）搜集来的，我检查过它们，它们都属于这一类岩石。沿着普拉他河全部北岸的内地，我看到除去近代的第三纪层外，只有一小部分是属于轻度变质岩的，这大概是形成花岗岩系的一部分原始被覆物的唯一岩石。现在谈谈大家所熟知的地区，美国和加拿大，我曾根据罗杰斯教授（Prof. H. D. Rogers）的精美地图所指出的，把它剪下来，并用剪下图纸的重量来计算，我发现变质岩（半变质岩不包含在内）和花岗岩的比例是19:12.5，二者的面积超过了全部较新的古生代地质层。在许多地方，如果把一切不整合地被覆在变质岩和花岗岩上面的沉积层除去，则变质岩和花岗岩比表面上所见到的还要伸延得广远，而沉积层本来不能形成结晶花岗岩的原始被覆物。因此，在世界某些地方的整个地质层可能已经完全被磨灭了，以致没有留下一点遗迹。

这里还有一事值得稍加注意。在上升期间，陆地面积以及连接的海的浅滩面积将会增大，而且常常形成新的生物生活场所；前面已经说过，那里的一切环境条件对于新变种和新种的形成是有利的；但是这等期间在地质记录上一般是空白的。另一方面，在沉陷期间，生物分布的面积和生物的数目将会减少（最初分裂为群岛的大陆海岸除外），结果，在沉陷期间，虽然会发生生物的大量绝灭，但少数新变种或新物种却会形成；而且也是在这一沉陷期间，富含化石的沉积物将被堆积起来。

任何一个地质层中许多中间变种的缺乏

根据上述的这些考察，可知地质记载，从整体来看，无疑是极不完全的。但是，如果把我们的注意力只局限在任何一种地质层上，我们就更难理解为什么始终生活在这个地质层中的近似物种之间，没有发现密切级进的诸变种。同一个物种在同一地质层的上部和下部呈现着一些变种，这些情形曾见于记载；特劳希勒得（Trautschold）所举出的有关菊石（Ammonites）的许多事例便是这样的；又如喜干道夫（Hilgendorf）曾描述过一种极奇异的情形——在瑞士淡水沉积物的连续诸层中有复形扁卷螺（Planorbis multiformis）的十个级进的类型。虽然各地质层的沉积无可争论地需要极久的年代，还可以举出若干理由来说明为什么在各个地质层中普通不包含一条级进的连锁系列，介于始终在那里生活的物种之间；但我对于下述理由还不能给予适当相称的评价。

虽然各地质层可以表示一个极久时间的过程，但比起一个物种变为另一个物种所需要的时间，可能还显得短些。两位古生物学者勃龙和伍德沃德（Woodward）曾经断言各地质层的平均存续期间比物种的类型的平均存续期间长二倍或三倍。我知道他们的意见虽然很值得尊重，但是，在我看来，似乎有不可克服的许多困难，阻碍着我们对于这种意见作出任何恰当的结论。当我们看到一个物种最初在任何地质层的中央部分出现时，就会极其轻率地去推论它以前不曾在他处存在过。还有，当我们看到一个物种在一个沉积层最后部分形成以前就消灭了的时候，将会同等轻率地去假定这个物种在那时已经绝灭了。我们忘记了欧洲的面积和世界的其他部分比较起来是何等的小；而全欧洲的同一地质层的几个阶段也不是完全确切相关的。

我们可以稳妥地推论，一切种类的海产动物由于气候的和其他的变化,都曾作过大规模的迁徙;当我们看到一个物种最初在任何地质层中出现时,可能是这个物种在那个时候初次迁移到这个区域中去的。例如,众所周知,若干物种在北美洲古生代层中出现的时间比在欧洲同样地层中出现的时间为早;这显然由于它们从美洲的海迁移到欧洲的海中是需要时间的。在考察世界各地的最近沉积物的时候,到处都可看见少数至今依然生存的某些物种在沉积物中虽很普通,但在周围密接的海中则已绝灭,或者,相反地,某些物种在周围邻接的海中现在虽很繁盛,但在这一特殊的沉积物中却是绝无仅有的。考察一下欧洲冰期内(这只是全地质学时期的一部分)的生物的确实迁徙量;并且考察一下在这冰期内的海陆沧桑的变化,气候的极端变化,以及时间的悠久经过,将是最好的一课。然而含有化石遗骸的沉积层,在世界的任何部分,是否曾经在这一冰期的整个期间内同一区域内连续进行堆积,是可以怀疑的。例如,密西西比(Mississippi)河口的附近,在海产动物最繁生的深度范围以内,沉积物大概不是在冰期的整个期间内连续堆积起来的:因为我们知道,在这个期间内,美洲的其他地方曾经发生过巨大的地理变化。像在密西西比河口附近浅水中于冰期的某一部分期间内沉积起来的这等地层,在上升的时候,生物的遗骸由于物种的迁徙和地理的变化,大概会最初出现和消失在不同的水平面中。在遥远的将来,如果有一位地质学者调查这等地层,大概要试作这样的结论,认为在那里埋藏的化石生物的平均持续过程比冰期的期间为短,而实际上却远比冰期为长,这就是说,它们从冰期以前一直延续到今日。

如果沉积物能在长久期间内连续进行堆积,并且这期间足够进行缓慢的变异过程,那么在这样的时候,才能在同一个地质层的上部和下部得到介于两个类型之间的完全级进的系列;因此,这堆积物一定是极厚的;并且进行着变异的物种一定是在整个期间内都生活在同一区域中。但是我们已经知道,一个厚的而全部含有化石的地质层,只有在沉陷期间才能堆积起来;并且沉积物的供给必须与沉陷量接近平衡,使海水深度保持接近一致,这样才可以使同种海产物种在同一地方内生活;但是,这种沉陷运动有使沉积物所来自的地面沉没在水中的倾向,这样,在沉陷运动连续进行的期间,沉积物的供给便会减少。事实上,沉积物的供给和沉陷量之间的完全接近平衡,大概是一种罕见的偶然事情;因为不止一个古生物学者都观察到在极厚的沉积物中,除了它们的上部和下部的范围附近,通常是没有生物遗骸的。

各个单独的地质层,也和任何地方的整个地质层相似,它的堆积,一般是间断的。当看到,而且确能常常看到,一个地质层由极其不同的矿物层构成时,我们可以合理地去设想沉积过程或多或少是曾经间断过的。虽然极其精密地对一个地质层进行考察,但关于这个地质层的沉积所耗费的时间长度,我们并不能得到任何概念。许多事例阐明,厚仅数英尺的岩层,却代表着其他地方厚达数千英尺的,因而在堆积上需要莫大时间的地层。忽视这一事实的人们,甚至会怀疑这样薄的地质层会代表长久时间的过程。还有,一个地质层的下层在升高后,被剥蚀、再沉没,继而被同一地质层的上层所覆盖,在这方面其例也很多。这等事实阐明,在它的堆积期间内有何等广阔而容易被人忽视的间隔时期。在另外一些情形里,巨大的化石树依然像当时生长时那样地直立着,这明显地证明了,在沉积过程中,有许多长的间隔期间以及水平面的变化,如果没有这等树木被保存下来,大概不会想象出时间的间隔和水平面的变化的。例如,莱尔爵士和道森博士曾在新斯科舍(Nova Scotia)发见了1,400英尺厚的石炭纪层,它含有古代树根的层次,彼此相叠,不少于68个不同的水平面。因此,如果在一个地质层的下部、中部和上部出现了同一个物种时,可能是这个物种没有在沉积的全部期间生活在同一地点,而是在同一个地质时代内它曾经经过几度的绝迹和重现。所以,如果这个物种在任何一个地质层的沉积期间内发生了显著的变异,则这一地质层的某一部分不会含有在我们理论上一定存在的一切微细的中间级进,而只是含有突然的、虽然也许是轻微的、变化的类型。

最重要的是要记住,博物学者们没有金科玉律用来区别物种和变种;他们承认各个物种都有细小的变异性,但当他们遇到任何两个类型之间有稍微大一些的差异量,而没有最密切的中间级进把它们连接起来,就要把这两个类型列为物种;按照刚才所讲的理由,我们不可能希望在任何一个地质的断面中都看到这种连接。假定B和C是两个物种,并且假定在下面较古的地层中发见了第三个物种A;在这种情形下,纵使A严格地介于B和C之间,除非它能同时地被一些极密切的中间变种与上述任何一个类型或两个类型连接起来,A就会简单地被排列为第三个不同的物种。不要忘记,如同前面所解释的,A也许是B和C的真正原始祖先,而且在各方面并不一定严格地都介于它们二者之间。所以,我们可能从同一个地质层的下层和上层中得到亲种和它的若干变异了的后代,不过如果我们没有同时得到无数的过渡级进,我们将辨识不出它们的血统关系,因而就会把它们排列为不同的物种。

众所周知,许多古生物学者们是根据何等微小的差异来区别他们的物种的。如果这些标本得自同一个地质层的不同层次,他们就会更不犹豫地把它们排列为不同的物种。某些有经验的贝类学者,现在已把多比内(D'Orbigny)和其他学者所定的许多极完全的物种降为变种了;并且根据这种观点,我们确能看到按照这一学说所应当看到的那类变化的证据。再看一看第三纪末期的沉积物,大多数博物学者都相信那里所含有的许多贝壳和现今生存的物种是相同的;但是某些卓越的博物学者,如阿加西斯和匹克推特(Pictet),却主张所有这等第三纪的物种和现今生存的物种都是明确不同的,虽然它们的差别甚微;所以,除非我们相信这些著名的博物学者被他们的空想所误,而承认第三纪后期的物种确与它们的现今生存的代表并没有任何不同,或者除非我们与大多数博物学者的判断相反,承认这等第三纪的物种确与近代的物种完全不同,我们就能在这里获得所需要的那类微细变异屡屡发生的证据。如果我们观察一下稍微广阔一些的间隔时期,就是说观察一下同一个巨大地质层中的不同而连续的层次,我们就会看到其中埋藏的化石,虽然普通被列为不同的物种,但彼此之间的关系比起相隔更远的地质层中的物种,要密切得多;所以,关于朝着这个学说所需要的方向的那种变化,我们在这里又得了无疑的证据;但是关于这个问题,我将留待下章再加讨论。

关于繁殖快而移动不大的动物和植物,像前面已经看到的那样,我们有理由来推测,它们的变种最初一般是地方性的;这等地方性的变种,非到它们相当程度地被改变了和完成了,不会广为分布和排除它们的亲类型的。按照这种观点,在任何地方的一个地质层中要想发见任何两个类型之间的一切早期过渡阶段的机会是很小的,因为连续的变化被假定是地方性的,即局限于某一地点的。大多数海产动物的分布范围都是广大的;并且我们看到,在植物里,分布范围最广的,最常呈现变种;所以,关于贝类以及其他海产动物,那些具有最广大分布范围的,远远超过已知的欧洲地质层界限以外的,最常先产生地方变种,终于产生新物种;因此,我们在任何一个地质层中查出过渡诸阶段的机会又大大地被减少了。

近来福尔克纳博士(Dr.Falconer)所主张的一种更重要的议论,引致了同样的结果,即各个物种进行变化的时期,虽然用年代计算是长久的,但比起它们没有进行任何变化的时期,大概还是短的。

不应忘记,在今日能用中间变种把两个类型连接起来的完全标本是很稀少的,这样,除非从许多地方采集到许多标本以后,很少能证明它们是同一个物种。而在化石物种方面很少能够做到这样。我们只要问问,例如,地质学者在某一未来时代能否证明我们的牛、绵羊、马和狗的各品种是从一个或几个原始祖先传下来的,又如,栖息在北美洲海岸的某些海贝实际上是变种呢,还是所谓的不同物种呢?——它们被某些贝类学者列为物种,不同于它们的欧洲代表种,而被其他一些贝类学者仅仅列为变种,这样问了之后,我们恐怕就能最好地了解用无数的、微细的、中间的化石连锁来连接物种是不可能的。未来的地质学者只有发见了化石状态的无数中间级进之后,才能证明这一点,而这种成功是极其不可能的。

相信物种的不变性的作者们反复地主张地质学没有提供任何连锁的类型。我们在下章将会看到这种主张肯定是错误的。正如卢伯克爵士说过的,"各个物种都是其他近似类型之间的连锁"。如果我们以一个具有二十个现存的和绝灭的物种的属为例,假定五分之四被毁灭了,那么没有人会怀疑残余的物种彼此之间将会显得格外不同。如果这个属的两极端类型偶然这样被毁灭了,那么这个属将和其他的近似属更不相同。地质学研究所没有揭发的是,以前曾经有无限数目的中间级进存在过,它们就像现存变种那样地微细,并且把几乎所有现存的和绝灭的物种联结在一起。但不应期望可以做到这样;然而这却被反复地提出,作为反对我的观点的一个最重大的异议。

用一个想象的例证把上述地质记录不完全的诸原因总结一下,还是值得的。马来群岛的面积大约相当于从北角（North Cape）到地中海以及从英国到俄罗斯的欧洲面积；所以,除去美国的地质层之外,它的面积与和一切多少精确调查过的地质层的全部面积不相上下。我完全同意戈德温—奥斯汀先生（Mr.Godwin-Austen）的意见,他认为马来群岛的现状（它的无数大岛屿已被广阔的浅海所隔开）,大概可以代表以前欧洲的大多数地质层正在进行堆积的当时状况。马来群岛在生物方面是最丰富的区域之一；然而,如果把一切曾经生活在那里的物种都搜集起来,就会看出它们在代表世界自然史上将是何等地不完全！

但是我们有各种理由可以相信,马来群岛的陆栖生物在我们假定堆积在那里的地质层中,一定被保存得极不完全。严格的海岸动物，或生活在海底裸露岩石上的动物，被埋藏在那里的，不会很多；而且那些被埋藏在砾石和沙中的生物也不会保存到久远的时代。在海底没有沉积物堆积的地方，或者在堆积的速率不足以保护生物体腐败的地方，生物的遗骸便不能被保存下来。

富含各类化石的，而且其厚度在未来时代中足以延续到如过去第二纪层那样悠久时间的地质层，在群岛中一般只能于沉陷期间被形成。这等沉陷期间彼此要被巨大的间隔时期所分开，在这间隔时期内，地面或者保持静止或者继续上升；当继续上升的时候，在峻峭海岸上的含化石的地质层，会被不断的海岸作用所毁坏，其速度差不多和堆积速度相等，就如我们现今在南美洲海岸上所见到的情形那样。在上升期间，甚至在群岛间的广阔浅海中，沉积层也很难堆积得很厚，或者说也很难被其后的沉积物所覆盖或保护，因而没有机会可以存续到久远的未来。在沉陷期间，生物绝灭的大概极多；在上升期间，大概会出现极多的生物变异，可是这个时候的地质记录更不完全。

群岛全部或一部分沉陷以及与此同时发生的沉积物堆积的任何漫长时间，是否会超过同一物种类型的平均持续期间，是可以怀疑的；这等偶然的事情对于任何两个或两个以上物种之间的一切过渡级进的保存是不可缺少的。如果这等级进，没有全部被保存下来，过渡的变种看去就好像是许多新的虽然是密切近似的物种。各个沉陷的漫长期间还可能被水平面的振动所间断，同时在这样长久的期间内，轻微的气候变化也可能发生；在这等情形下，群岛的生物就要迁移，因而在任何一个地质层里就不能保存有关它们变异的密切连接的记录。

群岛的多数海产生物,现在已超越了它的界限而分布到数千英里以外;以此类推,可以明确地使我们相信,主要是这些广为分布的物种,纵使它们之中只有一些能够广为分布,最常产生新变种;这等变种最初是地方性的即局限于一个地方的,但当它们得到了任何决定性的优势,即当它们进一步变异和改进时,他们就会慢慢地散布开去,并且把亲缘类型排斥掉。当这等变种重返故乡时,因为它们已不同于先前的状态,虽然其程度也许是极其轻微的,并且因为它们被发现都是埋藏在同一地质层的稍稍不同的亚层中,所以按照许多古生物学者所遵循的原理,这些变种大概会被列为新而不同的物种。

如果这等说法有某种程度的真实性,我们就没有权利去期望在地质层中找到这等无限数目的、差别微小的过渡类型,而这些类型,按照我们的学说,曾经把一切同群的过去物种和现在物种连接在一条长而分支的生物连锁中。我们只应寻找少数的连锁,并且我们确实找到了它们——它们的彼此关系有的远些,有的近些;而这等连锁,纵使曾经是极密切的,如果见于同一地质层的不同层次,也会被许多生物学者列为不同的物种。我不讳言,如果不是在每一地质层的初期及末期生存的物种之间缺少无数过渡的连锁,而对我的学说构成如此严重威胁的话,我将不会想到在保存得最好的地质断面中,记录还是如此贫乏。

全群近似物种的突然出现

物种全群在某些地质层中突然出现的事情,曾被某些古生物学者——如阿加西斯、匹克推特和塞奇威克(Sedgwick)——看作是反对物种能够变迁这一信念的致命异议。如果属于同属或同科的无数物种真的会一齐产生出来,那么这种事实对于以自然选择为依据的进化学说,的确是致命的。因为依据自然选择,所有从某一个祖先传下来的一群类型的发展,一定是一个极其缓慢的过程;并且这些祖先一定在它们的变异了的后代出现很久以前就已经生存了。但是,我们常常把地质记录的完全性估价得过高,并且由于某属或某科未曾见于某一阶段,就错误地推论它们以前没有在那个阶段存在过。在所有的情形下,只有积极性的古生物证据,才可以完全信赖;而消极性的证据,如经验所屡屡指出的,是没有价值的。我们常常忘记,整个世界与被调查过的地质层的面积比较起来,是何等地巨大;我们还会忘记物种群在侵入欧洲的古代群岛和美国以前,也许在他处已经存在了很久,而且已经慢慢地繁衍起来了。我们也没有适当地考虑到在我们的连续地质层之间所经过的间隔时间,——在许多情形下,这一时间大概要比各个地质层堆积起来所需要的时间更长久。这些间隔会给予充分的时间以使物种从某一个亲类型繁生起来;而这等群或物种在以后生成的地质层中好像突然被创造出来似地出现了。

这里我要把以前已经说过的话再说一遍,即,一种生物对于某种新而特别的生活方式的适应,例如空中飞翔,大概是需要长久连续的年代的;结果,它们的过渡类型常常会在某一区域内留存很久;但是,如果这种适应一旦成功,并且少数物种由于这种适应比别的物种获得了巨大的优势,那么只要较短的时间就能产生出许多分歧的类型来,这些类型便迅速地、广泛地散布于全世界。

匹克推特教授在对本书的优秀书评里，评论了早期的过渡类型，并以鸟类作为例证，他不能看出假想的原始型的前肢的连续变异可能有什么利益。但是看一看"南方海洋"（Southern Ocean）上的企鹅；这等鸟的前肢，不是处于"既非真的臂，也非真的翼"这种真正的中间状态之下吗？然而这等鸟在生活斗争中胜利地占据了它们的地位；因为它们的个体数目是无限多的，而且它们的种类也是很多的。我并不是假定这里所见到的就是鸟翅所曾经经过的真实过渡级进。但是翅膀大概可以有利于企鹅的变异了的后代，使它首先变为像大头鸭那样地能够在海面上拍拍，终于可以从海面飞起而滑翔于空中，相信这一点又有什么特别的困难呢？

我现在举几个少数例子，来证明前面的话，并且示明在假定全群物种曾经突然产生的事情上我们何等容易犯错误。甚至在匹克推特关于古生物学的伟大著作第一版（出版于1844—1846年）和第二版（1853—1857年）之间的那样一个短暂期间内，对于几个动物群的开始出现和消灭的结论，就有很大的变更；而第三版大概还需要有更大的改变。我可以再提起一件熟知的事实，在不久之前发表的一些地质学论文中，都说哺乳动物是在第三纪开头才突然出现的。而现在已知的富含化石哺乳动物的堆积物之一是属于第二纪层的中央部分的；并且在接近这一个大纪开头的新红砂岩中发见了真的哺乳动物。居维叶一贯主张，在任何第三纪层中没有猴子出现过；但是，目前在印度、南美洲和欧洲已于更古的第三纪中新世层中发见了它的绝灭种。若不是在美国的新红砂岩中有足迹被偶然保存下来，谁敢设想在那时代至少有不下三十种不同的鸟形动物——有些是巨大的——曾经存在呢？而在这等岩层中没有发现这等动物遗骨的一块碎片。不久以前，一些古生物学者主张整个鸟纲是在始新世突然产生的；但是现在我们知道，根据欧文教授的权威意见，在上部绿砂岩的沉积期间的确已有一种鸟生存了；更近，在索伦何芬（Solenhofen）的鲕状板岩（oolitic slates）中发现了一种奇怪的鸟，即始祖鸟，它们具有蜥蜴状的长尾，尾上每节生有一对羽毛，并且翅膀上生有两个发达的爪。任何近代的发现没有比这个发现更有力地阐明了，我们对于世界上以前的生物，所知道的是何等之少。

我再举一例，这是我亲眼看到的，它曾使我大受感动。我在一篇论化石无柄蔓足类的报告里曾说道，根据现存的和绝灭的第三纪物种的大量数目，根据全世界——从北极到赤道——栖息于从高潮线到50英寻各种不同深度中的许多物种的个体数目的异常繁多，根据最古的第三纪层中被保存下来的标本的完整状态，根据甚至一个壳瓣（valve）的碎片也能容易地被辨识；根据这一切条件，我曾推论如果无柄蔓足类曾经生存于第二纪，它们肯定地会被保存下来而且被发现；但因为在这一时代的一些岩层中并没有发现过它们的一个物种，所以我曾断言这一大群是在第三纪的开头突然发展起来的。这使我很痛苦，因为当时我想，这会给物种的一个大群的突然出现增加一个事例。但是当我的著作就要出版的时候，一位练达的古生物学者波斯开先生（M. Bosquet）寄给我一张完整的标本图，它无疑是一种无柄蔓足类，这化石是他亲手从比利时的白垩层中采到的。就好像是为了使这种情形愈加动人似的，这种蔓足类是属于一个很普通的、巨大的、遍地存在的一属,即藤壶属,而在这一属中还没有一个物种曾在任何第三纪层中被发现过。更近的时候,伍德沃德在白垩层上部发现了无柄蔓足类的另外一个亚科的成员,四甲藤壶(Pyrgoma);所以我们现在已有丰富的证据来证明这群动物曾在第二纪存在过。

有关全群物种分明突然出现的情形,被古生物学者常常提到的,就是硬骨鱼类。阿加西斯说,它们的出现是在白垩纪下部。这一鱼类包含现存物种的大部分。但是,侏罗纪的和三叠纪的某些类型现在普遍都被认为是硬骨鱼类;甚至某些古生代的类型也这样被一位高等权威学者分在这一类里。如果硬骨鱼类真是在北半球的白垩层开头时突然出现的,这当然是值得高度注意的事实;但是,除非能阐明这一物种在世界其他地方也在同一时期内突然地和同时地发展了,它并没有造成不可克服的困难。在赤道以南并没有发现过任何化石鱼类,对此就不必多说了;而且读了匹克推特的古生物学,当可知道在欧洲的几个地质层也只发现过很少物种。某些少数鱼科现今的分布范围是有限制的;硬骨鱼类先前大概也有过相似的被限制的分布范围,它们只是在某一个海里大事发展之后,才广泛地分布开去。同时我们也没有任何权利来假定世界上的海从南到北永远是自由开放的,就像今天的情形那样。甚至在今天,如果马来群岛变为陆地,则印度洋的热带部分大概会形成一个完全被封锁的巨大盆地,在那里海产动物的任何大群都可能繁衍起来;直到它们的某些物种变得适应了较冷的气候,并且能够绕过非洲或澳洲的南方的角,而因此到达其他远处海洋时,这等动物大概要局限在那一地区的。

根据这等考察,根据我们对于欧洲和美国以外地方的地质学的无知,并且根据近十余年来的发现所掀起的古生物学知识中的革命,我认为对于全世界生物类型的演替问题进行独断,犹如一个博物学者在澳洲的一个不毛之地待了五分钟之后就来讨论那里生物的数量和分布范围一样,似乎是太轻率了。

近似物种群在已知的最下化石层中的突然出现

还有一个相似的难点,更加严重。我所指的是动物界的几个主要部门的物种在已知的最下化石岩层中突然出现的情形。大多数的讨论使我相信,同群的一切现存物种都是从一个单一的祖先传下来的,这也同样有力地适用于最早的既知物种。例如,一切寒武纪的和志留纪的三叶虫类(trilobites)都是从某一种甲壳动物传下来的,这种甲壳类一定远在寒武纪以前就已生存了,并且和任何既知的动物可能都大大有所不同。某些最古的动物,如鹦鹉螺(Nautilus)、海豆芽(Lingula)等等,与现存物种并没有多大差异;按照我们的学说,这些古老的物种不能被假定是其后出现的同群的一切物种的原始祖先,因为它们不具有任何的中间性状。

所以,如果我的学说是真实的,远在寒武纪最下层沉积以前,必然要经过一个长久的时期,这时期与从寒武纪到今日的整个时期相比,大概一样地长久,或者还要更长久得多;而且在这样广大的时期内,世界上必然已经充满了生物。这里我们遇到了一个强有力的异议;因为地球在适于生物居住的状态下是否已经经历了那么长久,似可怀疑。汤普森爵士(Sir. W. Thompson)断言,地壳的凝固不会在两千万年以下或四亿万年以上，大概是在九千八百万年以下或两亿万年以上。如此广泛的差限，表明了这些数据是很可怀疑的；而且其他要素今后还可能被引入到这个问题里来。克罗尔先生计算自从寒武纪以来大约已经经过六千万年，但是根据从冰期开始以来生物的微小变化量来判断，这与寒武纪层以来生物确曾发生过大而多的变化相比较，六千万年似乎太短；而且以前的一亿四千万年对于在寒武纪中已经存在的各种生物的发展，也不能被看作是足够的。然而，如汤普森爵士所主张的，在极早的时代，世界所处的物理条件，其变化可能比今日更加急促而激烈；而这等变化则有助于诱使当时生存的生物以相应速率发生变化。

至于在寒武系以前的这等假定最早时期内，为什么没有发现富含化石的沉积物呢？关于这一问题我还不能给予圆满的解答。以默奇森爵士为首的几位卓越的地质学者们最近还相信，我们在志留纪最下层所看到的生物遗骸，是生命的最初曙光。其他一些高度有能力的鉴定者们，如莱尔和福布斯，则反对这一结论。我们不要忘记，精确知道的，不过是这个世界的一小部分。不久以前，巴兰得(M.Barrande)在当时已知的志留系之下，发现了另外一个更下的地层，这一层富有特别的新物种；而现在希克斯先生(Mr.Hicks)在南威尔士(South Wales)的更下面的下寒武纪层中，发现了富有三叶虫的，而且含有各种软体动物和环虫类的岩层。甚至在某些最低等的无生岩(azoicrock)中，也有磷质小块和沥青物质存在，这大概暗示了在这等时期中的生命。加拿大的劳伦纪层中有始生虫(Eozoon)存在，已为一般所承认。在加拿大的志留系之下有三大系列的地层，在最下面的地层中曾发现过始生虫。洛根爵士（Sir W.Logan）说道："这三大系列地层总和起来的厚度可能远远超过以后从古生代基部到现在的所有岩石的厚度。如此，我们就被带回到一个如此辽远的时代，以致某些人可能把巴兰得所谓的原始动物的出现，看作是比较近代的事情。"始生虫的体制在一切动物纲中是最低级的，但是在它所属的这一纲中它的体制却是高级的；它曾以无限的数目存在过，正如道森博士所说的，它肯定以其他的微小生物为食饵，而这些微小生物也一定是大量生存的。因此，我在 1859 年所写的有关生物远在寒武纪以前就已存在的一些话——这和以后洛根爵士所说的几乎相同——被证明是正确的了。尽管如此，要对寒武系以下为什么没有富含化石的巨大地层的叠积，举出任何好的理由，还是有很大困难的。要说那些最古的岩层已经由于剥蚀作用而完全消失，或者说它们的化石由于变质作用而整个消灭，似乎是不可能的，因为，果真如此，我们就会在继它们之后的地质层中只发现一些微小的残余物，并且这等残余物常常是以部分的变质状态存在的。但是，我们所拥有的关于俄罗斯和北美洲的巨大地面上的志留纪沉积物的描述，并不支持这样的观点：一个地质层愈古愈是不可避免地要蒙受极度的剥蚀作用和变质作用。

目前对于这种情形还无法加以解释；因而这会被当作一种有力的论据来反对本书所持的观点。为了指出今后可能得到某种解释，我愿提出以下的假说。根据在欧洲和美国的若干地质层中的生物遗骸——它们似乎没有在深海中栖息过——的性质；并且根据构成地质层的厚达数英里的沉积物的量，我们可以推论产生沉积物的大岛屿或大陆地，始终是处在欧洲和北美洲的现存大陆附近。后来阿加西斯和其他一些人也采取了同样的观点。但是我们还不知道在若干连续地质层之间的间隔期间内，事物的状态曾经是怎样的；欧洲和美国在这等间隔期间内，究竟是干燥的陆地，还是没有沉积物沉积的近陆海底，或者是一片广阔的、深不可测的海底，我们还不知道。

　　看看现今的海洋，它是陆地的三倍，那里还散布着许多岛屿；但是我们知道，除新西兰以外，几乎没有一个真正的海洋岛（如果新西兰可以被称为真正的海洋岛）提供过一件古生代或第二纪地质层的残余物。因此，我们大概可以推论，在古生代和第二纪的时期内，大陆和大陆岛屿没有在今日海洋的范围内存在过；因为，如果它们曾经存在过，那么古生代层和第二纪层就有由它们的磨灭了的和崩溃了的沉积物堆积起来的一切可能；并且这等地层，由于在非常长久时期内一定会发生水平面的振动，至少有一部分隆起了。于是，如果我们从这等事实可以推论任何事情，那么我们就可以推论，在现今海洋展开的范围内，自从我们有任何记录的最远古时代以来，就曾有过海洋的存在；另一方面我们也可以推论，在现今大陆存在的处所，也曾有过大片陆地存在，它们自从寒武纪以来无疑地蒙受了水平面的巨大震动。在我的论珊瑚礁一书中所附的彩色地图，使我作出如下的结论，即各大海洋至今依然是沉陷的主要区域，大的群岛依然是水平面振动的区域，大陆依然是上升的区域。但是我们没有任何理由设想，自从世界开始以来，事情就是这样依然如故的。我们大陆的形成，似乎由于在多次水平面振动的时候，上升力量占优势所致；但是这等优势运动的地域,难道在时代的推移中没有变化吗?远在寒武纪以前的一个时期中,现今海洋展开的处所,也许有大陆曾经存在过,而现今大陆存在的处所,也许有清澄广阔的海洋曾经存在过。例如,如果太平洋海底现在变为一片大陆,纵使那里有比寒武纪层还古的沉积层曾经沉积下来,我们也不应假定它们的状态是可辨识的。因为这些地层,由于沉陷到更接近地球中心数英里的地方,并且由于上面有水的非常巨大的压力,可能比接近地球表面的地层,要蒙受远为严重的变质作用。世界上某些地方的裸露变质岩的广大区域,如南美洲的这等区域,一定曾在巨大压力下蒙受过灼热的作用,我总觉得对于这等区域,似乎需要给予特别的解释;我们大概可以相信,在这等广大区域里,我们可以看到许多远在寒武纪以前的地质层是处在完全变质了的和被剥蚀了的状态之下的。

这里所讨论的几个难点是,——虽然在我们的地质层中看到了许多介于现今生存的物种和既往曾经生存的物种之间的连锁,但并没有看见把它们密切连接在一起的无数微细的过渡类型;——在欧洲的地质层中,有若干群的物种突然出现;——照现在所知,在寒武纪层以下几乎完全没有富含化石的地质层;——所有这一切难点的性质无疑都是极其严重的。最卓越的古生物学者们,即居维叶、阿加西斯、巴兰得、匹克推特、福尔克纳、福布斯等,以及所有最伟大的地质学者们,如莱尔、默奇森、塞奇威克等,都曾经一致地而且常常猛烈地坚持物种的不变性。因此我们就可以看到上述那些难点的严重情形了。但是,莱尔爵士现在对于相反的一面给予了他的最高权威的支持;并且大多数的地质学者和古生物学者对于他们的以前信念也大大地动摇了。那些相信地质记录多少是完全的人们，无疑还会毫不犹豫地反对这个学说的。至于我自己，则遵循莱尔的比喻，把地质的记录看作是一部已经散失不全的，并且常用变化不一致的方言写成的世界历史；在这部历史中，我们只有最后的一卷，而且只与两三个国家有关系。在这一卷中，又只是在这里或那里保存了一个短章；每页只有寥寥几行。慢慢变化着的语言的每个字，在连续的各章中又多少有些不同，这些字可能代表埋藏在连续地质层中的，而且被错认为突然发生的诸生物类型。按照这种观点，上面所讨论的难点就可以大大地缩小，或者甚至消失。

第十一章　论生物在地质上的演替

> 新种慢慢地陆续出现——它们的变化的不同速率——物种一旦灭亡即不再出现——在出现和消灭上物种群所遵循的一般规律与单一物种相同——论绝灭——全世界生物类型同时发生变化——绝灭物种相互间以及绝灭物种与现存物种相互间的亲缘——古代类型的发展状况——同一区域内同一模式的演替——前章和本章提要。

现在我们看一看,与生物在地质上的演替有关的若干事实和法则,究竟是与物种不变的普通观点最相一致呢,还是与物种通过变异和自然选择缓慢地、逐渐地发生变化的观点最相一致呢。

无论在陆上和水中,新的物种是极其缓慢地陆续出现的。莱尔曾阐明,在第三纪的若干阶段里有这方面的证据,这几乎是不可能加以反对的;而且每年都有一种倾向把各阶段间的空隙填充起来,并使绝灭类型与现存类型之间的比例愈益成为级进的。在某些最近代的岩层里(如果用年来计算,虽然确属极古代的),其中不过只有一两个物种是绝灭了的,并且其中不过只有一两个新的物种是第一次出现的,这些新的物种或者是地方性的,或者据我们所知,是遍于地球表面的。第二纪地质层是比较间断的;但据勃龙说,埋藏在各层里的许多物种的出现和消灭都不是同时的。

不同纲和不同属的物种,并没有按照同一速率或同一程度发生变化。在较古的第三纪层里,少数现存的贝类还可以在多数绝灭的类型中找见。福尔克纳曾就同样事实举出过一个显著例子,即在喜马拉雅山下的沉积物中有一种现存的鳄鱼与许多消灭了的哺乳类和爬行类在一起。志留纪的海豆芽与本属的现存物种差异很小;然而志留纪的大多数其他软体动物和一切甲壳类已经大大地改变了。陆栖生物似乎比海栖生物变化得快,在瑞士曾经观察到这种动人的例子。有若干理由可以使我们相信,高等生物比下等生物的变化要快得多;虽然这一规律是有例外的。生物的变化量,按照匹克推特的说法,在各个连续的所谓地质层里并不相同。然而,如果我们把密切关联的任何地质层比较一下,便可发现一切物种都曾经进行过某种变化。如果一个物种一度从地球表面上消失,没有理由可以使我们相信同样的类型会再出现。只有巴兰得所谓的"殖民团体"对于后一规律是一个极明显的例外,它们有一个时期曾侵入到较古的地质层里,于是使既往生存的动物群又重新出现了;但莱尔的解释是,这是从一个判然不同的地理区域暂时移入的一种情形,这种解释似乎可以令人满意。

这些事实与我们的学说很一致,这学说并不包括那种僵硬的发展规律,即一个地域内所有生物都突然地,或者同时地,或者同等程度地发生变化。就是说变异的过程一定是缓慢的,而且一般只能同时影响少数物种;因为各个物种的变异性与一切别的物种的变异性并没有关系。至于可以发生的这等变异即个体差异,是否会通过自然选择而多少被积累起来,因而引起或多或少的永久变异量,则需取决于许多复杂的临时事件——取决于具有有利性质的变异,取决于自由的交配,取决于当地的缓慢变化的物理条件,取决于新移住者的迁入,并且取决于与变化着的物种相竞争的其他生物的性质。因此,某一物种在保持相同形态上应比其他物种长久得多;或者,纵有变化,也变化得较少,这是毫不足怪的。我们在各地方的现存生物之间发现了同样的关系;例如,马得拉的陆栖贝类和鞘翅类,与欧洲大陆上的它们最近亲缘差异很大,而海栖贝类和鸟类却依然没有改变。根据前章所说的高等生物对于它们有机的和无机的生活条件有着更为复杂的关系,我们大概就能理解陆栖生物和高等生物比海栖生物和下等生物的变化速度显然要快得多。当任何地区的生物多数已经变异了和改进了的时候,我们根据竞争的原理以及生物与生物在生活斗争中的最重要的关系,就能理解不曾在某种程度上发生变异和改进的任何类型大概都易于绝灭。因此,我们如果注意了足够长的时间,就可以明白为什么同一个地方的一切物种终久都要变异,因为不变异的就要归于绝灭。

同纲的各成员在长久而相等期间内的平均变化量大概近乎相同;但是,因为富含化石的、持续久远的地质层的堆积有赖于沉积物在沉陷地域的大量沉积,所以现在的地质层几乎必须在广大的、不规则的间歇期间内堆积起来;结果,埋藏在连续地质层内的化石所显示的有机变化量就不相等了。按照这一观点,每个地质层并不标志着一种新而完全的创造作用,而不过是在徐徐变化着的戏剧里随便出现的偶然一幕罢了。

我们能够清楚地知道,为什么一个物种一旦灭亡了,纵使有完全一样的有机的和无机的生活条件再出现,它也绝不会再出现了。因为一个物种的后代虽然可以在自然组成中适应了占据另一物种的位置(这种情形无疑曾在无数事例中发生),而把另一物种排挤掉;但是旧的类型和新的类型不会完全相同;因为二者几乎一定都从它们各自不同的祖先遗传了不同的性状;而既已不同的生物将会按照不同的方式进行变异。例如,如果我们的扇尾鸽都被毁灭了,养鸽者可能育出一个和现有品种很难区别的新品种来。但原种岩鸽如果也同样被毁灭掉,我们有各种理由可以相信,在自然状况下,亲类型一般要被它们改进了的后代所代替和消灭,那么在这种情形下,就很难相信一个与现存品种相同的扇尾鸽,能从任何其他鸽种,或者甚至从任何其他十分稳定的家鸽族育出来,因为连续的变异在某种程度上几乎一定是不同的,并且新形成的变种大概会从它的祖先那里遗传来某种不同的特性。

物种群,即属和科,在出现和消灭上所遵循的规律与单一物种相同,它的变化有缓急,也有大小。一个群,一经消灭就永不再现;这就是说,它的生存无论延续到多久,总是连续的。我知道对于这一规律有几个显著的例外,但是例外是惊人的少,少到连福布斯、匹克推特和伍德沃德(虽然他们都坚决反对我们所持的这种观点)都承认这个规律的正确性;而且这一规律与自然选择学说是严格一致的。因为同群的一切物种无论延续到多久,都是其他物种的变异了的后代,都是从一个共同祖先传下来的。例如,在海豆芽属里,连续出现于所有时代的物种,从下志留纪地层到今天,一定都被一条连绵不断的世代系列连接在一起。

在前章里我们已经说过，物种的全群有时会呈现一种假象，表现出好似突然发展起来的；我对于这种事实已经提出了一种解释，这种事实如果是真实的话，对于我的观点将会是致命伤。但是这等情形确是例外；按照一般规律，物种群逐渐增加它的数目，一旦增加到最大限度时，便又迟早要逐渐地减少。如果一个属里的物种的数目，一个科里的属的数目，用粗细不同的垂直线来代表，使此线通过那些物种在其中发现的连续的质层向上升起，则此线有时在下端起始之处会假象地表现出并不尖锐，而是平截的；随后此线跟着上升而逐渐加粗，同一粗度常常可以保持一段距离，最后在上层岩床中逐渐变细而至消失，表示此类物种已渐减少，以至最后绝灭。一个群的物种数目的这种逐渐增加，与自然选择学说是严格一致的，因为同属的物种和同科的属只能缓慢地、累进地增加起来；变异的过程和一些近似类型的产生必然是一个缓慢的、逐渐的过程——一个物种先产生两个或三个变种，这等变种慢慢地转变成物种，它又以同样缓慢的步骤产生别的变种和物种，如此下去，就像一株大树从一条树干上抽出许多分枝一样，直到变成大群。

论 绝 灭

前此我们只是附带地谈到了物种和物种群的消灭。根据自然选择学说，旧类型的绝灭与新而改进的类型的产生是有密切关系的。旧观念认为地球上一切生物在连续时代内曾被灾变一扫而光，这已普遍地被抛弃了，就连埃利·得博蒙（Elie de Beaumont)、默奇森、巴兰得等地质学者们也都抛弃了这种观念,他们的一般观点大概会自然地引导他们到达这种结论。另一方面,根据对第三纪地质层的研究,我们有各种理由可以相信,物种和物种群先从这个地方、然后从那个地方、终于从全世界挨次地、逐渐地消灭。然而在某些少数情形里,由于地峡的断落而致大群的新生物侵入到邻海里去,或者由于一个岛的最后沉陷,绝灭的过程可能曾经是迅速的。单一的物种也好,物种的全群也好,它们的延续期间都极不相等;有些群,如我们所见到的,从已知的生命的黎明时代起一直延续到今日;有些群在古生代结束之前就已经消灭了。似乎没有一条固定的法则可以决定任何一个物种或任何一个属能够延续多长时期。我们有理由相信,物种全群的消灭过程一般要比它们的产生过程为慢;如果它们的出现和消灭照前面所讲的用粗细不同的垂直线来代表,就可发见出这条表示绝灭进程线的上端的变细,要比表示初次出现和早期物种数目增多的下端来得缓慢。然而,在某些情形里,全群的绝灭,例如菊石,在接近第二纪末,曾经奇怪地突然发生了。

物种的绝灭曾陷入极其无理的神秘中。有些作者甚至假定,物种就像个体有一定的寿命那样地也有一定的存续期间。大概不会有人像我那样地曾对物种的绝灭感到惊奇。我在拉普拉塔曾于柱牙象(Mastodon)、大懒兽(Megatherium)、弓齿兽(Toxodon)以及其他已经绝灭的怪物的遗骸中发现一颗马的牙齿,这些怪物在最近的地质时代曾与今日依然生存的贝类在一起共存,这真使我惊奇不止。我之所以感到惊奇,是因为自从马被西班牙人引进南美洲以后,就在全南美洲变成为野生的,并且以无比的速率增加了它们的数量,于是我问自己,在这样分明极其有利的生活条件下是什么东西会把以前的马在这样近的时代消灭了呢。但是我的惊奇是没有根据的。欧文教授即刻看出这牙齿虽然与现存的马齿如此相像,却属于一个已经绝灭了的马种的。如果这种马至今依然存在,只是稀少些,大概任何博物学者对于它们的稀少一点也不会感到惊奇;因为稀少现象是所有地方的所有纲里的大多数物种的属性。如果我们自问,为什么这一个物种或那一个物种会稀少呢。那么可以回答,是由于它的生活条件有些不利;但是,哪些不利呢,我们却很难说得出。假定那种化石马至今仍作为一个稀少的物种而存在,我们根据与所有其他哺乳动物(甚至包括繁殖率低的象)的类比,以及根据家养马在南美洲的归化历史,肯定会感到它在更有利的条件下,一定会在很少几年内布满整个大陆。但是我们无法说出抑制它增加的不利条件是什么,是由于一种偶然事故呢,还是由于几种偶然事故,也无法说出在马一生中的什么时候、在怎样程度上这些生活条件各自发生作用的。如果这些条件日益变得不利,不管如何缓慢,我们确实不会觉察出这种事实,然而那种化石马一定要渐渐地稀少,而终至绝灭;——于是它的地位便被那些更成功的竞争者取而代之。

我们很难经常记住,各种生物的增加是在不断地受着不能觉察的敌对作用所抑制的;而且这等不能觉察的作用完全足以使它稀少,以至最后绝灭。对于这个问题我们了解得如此之少,以致我曾听到有些人对柱牙象以及更古的恐龙那样大怪物的绝灭屡屡表示惊异,好像只要有强大的身体就能在生活战争中取得胜利似的。恰恰相反,只是身体大,如欧文所阐明的,在某些情形里,由于大量食物的需要，反会决定它更快地绝灭。在人类没有栖住在印度或非洲以前，必有某种原因曾经抑制了现存象的继续增加。极富才能的鉴定者福尔克纳博士相信，抑制印度象增加的原因，主要是昆虫不断地折磨了、削弱了它们；布鲁斯对于阿比西尼亚的非洲象，也作过同样的结论。昆虫和吸血蝙蝠的确决定了南美洲几处地方的归化了的大形四足兽类的生存。

在更近的第三纪地质层里，我们看到许多先稀少而后绝灭的情形；并且我们知道，通过人为的作用，一些动物之局部的或全部的绝灭过程，也是一样的。我愿意重复地说一下我在1845年发表的文章，那文章认为物种一般是先稀少，然后绝灭，这就好像病是死的前驱一样。但是，如果对于物种的稀少并不感到奇怪，而当物种绝灭的时候却大感惊异，这就好像对于病并不感到奇怪，而当病人死去的时候却感到惊异，以致怀疑他是死于某种暴行一样。

自然选择学说是建筑在以下的信念上的：各个新变种，最终是各个新物种，由于比它的竞争者占有某种优势而被产生和保持下来；而且较为不利的类型的绝灭，几乎是不可避免的结果。在我们的家养生物中也有同样的情形，如果一个新的稍微改进的变种被培育出来，它首先就要排挤掉在它附近的改进较少的变种；当它大被改进的时候，就会像我们的短角牛那样地被运送到远近各地，并在他处取其他品种的地位而代之。这样，新类型的出现和旧类型的消失，不论是自然产生的或人工产生的，就被联结在一起了。在繁盛的群里，一定时间内产生的新物种类型的数目，在某些时期大概要比已经绝灭的旧物种类型的数目为多；但是我们知道，物种并不是无限继续增加的，至少在最近的地质时代内是如此，所以，如果注意一下晚近的时代，我们就可以相信，新类型的产生曾经引起差不多同样数目的旧类型的绝灭。

如同前面所解释过的和用实例说明过的那样，在各方面彼此最相像的类型之间，竞争也一般进行得最为剧烈。因此，一个改进了的和变异了的后代一般会招致亲种的绝灭；而且，如果许多新类型是从任何一个物种发展起来的，那么这个物种的最近亲缘，即同属的物种，最容易绝灭。因此，如我相信的，从一个物种传下来的若干新物种，即新属，终于会排挤掉同科的一个旧属。但也屡屡有这样的情形，即某一群的一个新物种夺取了别群的一个物种的地位，因而招致它的绝灭。如果许多近似类型是从成功的侵入者发展起来的，势必有许多类型要让出它们的地位；被消灭的通常是近似类型，因为它们一般由于共同地遗传了某种劣性而受到损害。但是，让位给其他变异了的和改进了的物种的那些物种，无论是属于同纲或异纲，总还有少数可以保存到一个长久时间，这是因为它们适于某些特别的生活方式，或者因为它们栖息在远离的、孤立的地方，而逃避了剧烈的竞争。例如，三角蛤属（Trigonia）是第二纪地质层里的一个贝类的大属，它的某些物种还残存在澳洲的海里，而且硬鳞鱼类这个几乎绝灭的大群中的少数成员，至今还栖息在我们的淡水里。所以如同我们看到的，一个群的全部绝灭过程要比它的产生过程缓慢些。

关于全科或全目的明显突然绝灭，如古生代末的三叶虫和第二纪末的菊石，我们必须记住前面已经说过的情形，即在连续的地质层之间大概间隔着广阔的时间，而在这些间隔时间内，绝灭大概是很缓慢的。还有，如果一个新群的许多物种，由于突然的移入，或者由于异常迅速的发展，而占据了一个地区，那么，多数的旧物种就会以相应快的速度而绝灭；这样让出自己地位的类型普通都是那些近似类型，因为它们共同具有同样的劣性。

因此，在我看来，单一物种以及物种全群的绝灭方式是与自然选择学说十分一致的。我们对于物种的绝灭，不必惊异；如果一定要惊异的话，那么还是对我们的自以为是——一时想象我们是理解了决定各个物种生存的许多复杂的偶然事情，表示惊异吧。各个物种都有过度增加的倾向，而且有我们很少觉察得出某种抑止作用常在活动，如果我们一刻忘记这一点，那么整个自然组成就会弄得完全不可理解。不论何时，如果我们能够确切说明为什么这个物种的个体会比那个物种的个体为多；为什么这个物种，而不是那个物种能在某一地方归化；一直到了那时，才能对于我们为什么不能说明任何一个特殊的物种或者物种群的绝灭，正当地表示惊异。

全世界生物类型几乎同时发生变化

生物类型在全世界几乎同时发生变化，任何古生物学的发现很少有比这个事实更加动人的了。例如，在极其不同气候下的，虽然没有一块白垩矿物碎块被发现的许多辽远地方，如在北美洲，在赤道地带的南美洲，在火地，在好望角，以及在印度半岛，我们欧洲的白垩层都能被辨识出来。因为在这等辽远的地方，某些岩层中的生物遗骸与白垩层中的生物遗骸呈现了明显的类似性。

所见到的并不见得是同一物种,因为在某些情形里没有一个物种是完全相同的,但它们属于同科、同属和属的亚属,而且有时仅在极细微之点上,如表面上的斑条,具有相似的特性。还有,未曾在欧洲的白垩层中发现的,但在它的上部或下部地质层中出现的其他类型,同样出现在这等世界上的辽远地方。若干作者曾在俄罗斯、欧洲西部和北美洲的若干连续的古生代层中观察到生物类型具有类似的平行现象;按照莱尔的意见,欧洲和北美洲的第三纪沉积物也是这样的。纵使完全不顾"旧世界"和"新世界"所共有的少数化石物种,古生代和第三纪时期的历代生物类型的一般平行现象仍然是显著的,而且若干地质层的相互关系也能够容易地被确定下来。

然而,这等观察都是关于世界上的海栖生物的:我们还没有充分的资料可以判断在辽远地方里的陆栖生物和淡水生物是否也同样地发生过平行的变化。我们可以怀疑它们是否曾经这样变化过:如果把大懒兽、磨齿兽(Mylodon)、长头驼(马克鲁兽)和弓齿兽从拉普拉塔带到欧洲,而不说明它们的地质上的地位,大概没有人会推想它们曾经和一切依然生存的海栖贝类共同生存过;但是,因为这等异常的怪物曾和柱牙象和马共同生存过,所以至少可以推论它们曾经在第三纪的某一最近时期内生存过。

当我们说海栖的生物类型曾经在全世界同时发生变化时,绝不假定这种说法是指同年,同一世纪,甚至不能假定它有很严格的地质学意义;因为,如果把现在生存于欧洲的和曾经在更新世(如用年代来计算,这是一个包括整个冰期的很遥远的时期)生存于欧洲的一切海栖动物与现今生存于南美洲或澳洲的海栖动物加以比较，便是最熟练的博物学者，大概也很难指出极其密切类似南半球的那些动物是欧洲的现存动物还是欧洲的更新世的动物。还有几位高明的观察者主张，美国的现存生物与曾经在欧洲第三纪后期的某些时期中生存的那些生物之间的关系，比起它们与欧洲的现存生物之间的关系，更为密切；如果的确是这样的话，那么，现在沉积于北美洲海岸的化石层，今后显然应当与欧洲较古的化石层归为一类。尽管如此，如果展望遥远将来的时代，我们可以肯定，一切较近代的海成地质层，即欧洲的、南北美洲的和澳洲的上新世的上层、更新世层以及严格的近代层，由于它们含有多少类似的化石遗骸，由于它们不含有只见于较古的下层堆积物中的那些类型，在地质学的意义上是可以正确地被列为同时代的。

在上述的广泛意义里，生物类型在世界的远隔的诸地方同时发生变化的事实，曾经大大地打动了那些可称赞的观察者们，如得韦纳伊（MM.de Verneuil）和达尔夏克（d'Archiac）。当他们说到欧洲各地方的古生代生物类型的平行现象之后，又说："我们如果被这种奇异的程序所打动，而把注意力转向到北美洲，并且在那里发见一系列的类似现象，那么可以肯定所有这等物种的变异，它们的绝灭，以及新物种的出现，显然绝不能仅仅是由于海流的变化或其他多少局部的和暂时的他种原因，而是依据支配全动物界的一般法则的。"巴兰得先生曾经有力地说出大意完全相同的话。把海流、气候或其他物理条件的变化，看作是处于极其不同气候下的全世界生物类型发生这等大变化的原因，诚然是太轻率了。正如巴兰得所指出的，我们必须去寻求其所依据的某一特殊法则。如果我们讨论到生物的现在分布情形，并且看到各地方的物理条件与生物本性之间的关系是何等微小，我们将会更加清楚地理解上述的那一点。

全世界生物类型平行演替这一重大事实，可用自然选择学说得到解释。新物种由于对较老的类型占有优势而被形成；这等在自己地区既居统治地位的，或比其他类型占有某种优势的类型，将会产生最大数目的新变种，即初期的物种。我们在植物中可以找到关于这一问题的明确证据：占有优势的，即最普通的而且分散最广的植物会产生最大数目的新变种。占有优势的、变异着的而且分布辽阔的并在某种范围内已经侵入到其他物种领域的物种，当然一定是具有最好机会作进一步分布的并且在新地区产生新变种和物种的那些物种。分散的过程，常常是很缓慢的，因为这要取决于气候的和地理的变化，要取决于意外的偶然事件，并且要取决于新物种对于它们必须经过的各种气候的逐步驯化。但是，随着时间的推移，占有优势的类型一般会在分布上得到成功，而最后取得胜利。在分离的大陆上的陆栖生物的分散大概要比连接的海洋中的海栖生物来得缓慢些。所以我们可以预料到，陆栖生物演替中的平行现象，其程度不如海栖生物的那样严密，而我们看到的也确是如此。

这样，在我看来，全世界同样生物类型的平行演替，就其广义来说，它们的同时演替，与新物种的形成是由于优势物种的广为分布和变异这一原理很相符合；这样产生的新物种本身就是优势的，因为它们已经比曾占优势的亲种和其他物种具有某种优越性，并且将进一步地分布、进行变异和产生新类型。被击败的和让位给新的胜利者的老类型，由于共同地遗传了某种劣性，一般都是近似的群；所以，当新而改进了的群分布于全世界时，老的群就会从世界上消失；而且各地类型的演替，在最初出现和最后消失方面都倾向于一致的。

还有与这个问题相关联的另一值得注意之点。我已经提出理由表示相信：大多数富含化石的巨大地质层，是在沉降期间沉积下来的；不具化石的空白极长的间隔，是在海底的静止时，或者隆起时，同样也在沉积物的沉积速度不足以淹没和保存生物的遗骸时出现的。在这等长久的和空白间隔时期，我想象各地的生物都曾经历了相当的变异和绝灭，而且从世界的其他地方进行了大量的迁徙。因为我们有理由相信，广大地面曾蒙受同一运动的影响，所以严格的同一时代的地质层，大概往往是在世界同一部分中的广阔空间内堆积起来的；但我们绝没有任何权利来断定这是一成不变的情形，更不能断定广大地面总是不变地要受同一运动的影响。当两个地质层在两处地方于几乎一样的，但并不完全一样的期间内沉积下来时，按照前节所讲的理由，在这两种情形中应该看到生物类型中相同的一般演替；但是物种大概不会是完全一致的；因为对于变异、绝灭和迁徙，这一地方比那一地方可能有稍微多点的时间。

我猜想在欧洲是有这种情形的。普雷斯特维奇先生（Mr. Prestwich）在关于英法两国始新世沉积物的可称赞的论文里，曾在两国的连续诸层之间找出了严密的一般平行现象；但是当他把英国的某些层与法国的某些层加以比较时，虽然他看出两地同属的物种数目非常一致，然而物种本身，却有差异，除非假定有一海峡把两个海分开,而且在两个海里栖息着同时代的但不相同的动物群,否则从两国接近这一点来考虑,此等差异实难解释。莱尔对某些第三纪后期的地质层也作过相似的观察。巴兰得也指出在波希米亚和斯堪的纳维亚的连续的志留纪沉积物之间有着显著的一般平行现象;尽管如此,他还是看出了那些物种之间有着可惊的巨大差异量。如果这等地方的地质层不是在完全相同的时期内沉积下来的——某一地方的地质层往往相当于另一地方的空白间隔——而且,如果两处地方的物种是在若干地质层的堆积期间和它们之间的长久间隔期间徐徐进行变化的;那么在这种情形下,两处地方的若干地质层按照生物类型的一般演替,大概可以被排列为同一顺序,而这种顺序大概会虚假地呈现出严格的平行现象;尽管如此,物种在两处地方的显然相当的诸层中并不见得是完全相同的。

绝灭物种之间的亲缘及其与现存类型之间的亲缘

现在让我们考察一下绝灭物种与现存物种之间的相互亲缘。一切物种都可归入少数的几个大纲;这一事实根据生物由来的原理即刻可以得到解释。任何类型愈古老,按照一般规律,它与现存类型之间的差异便愈大。但是,按照巴克兰(Buckland)很久以前所阐明的,绝灭物种都可以分类在至今还在生存的群里,或者分类在这些群之间。绝灭的生物类型可以有助于填满现存的属、科和目之间的间隔,这的确是真实的;但是,因为这种说法常被忽视或者甚至被否认，所以谈一谈这个问题并举出一些事例，是有好处的。如果我们把注意力局限在同一个纲里的现存物种或绝灭物种，则其系列的完整就远不如把二者结合在一个系统中。在欧文教授的文章中，我们不断地遇到概括的类型这种用语，这是用于绝灭动物上的；在阿加西斯的文章中，则用预示型或综合型；一切这等用语所指的类型，事实上都是中间的即连接的连锁。另一位卓越的古生物学者高得利（M.Gaudry）曾以最动人的方式阐明他在阿提卡（Attica）发现的许多化石哺乳类打破了现存属之间的间隔。居维叶曾把反刍类（Ruminants）和厚皮类（Pachyderms）排列为哺乳动物中最不相同的两个目；但是有如此众多的化石连锁被发掘出来了，以致欧文不得不改变全部的分类法，而把某些厚皮类与反刍类一齐放在同一个亚目中；例如，他根据中间级进取消了猪与骆驼之间的明显的广大间隔。有蹄类（Ungulata）即生蹄的四足兽，现在分为双蹄和单蹄两部分；但是南美洲的长头驼把这两大部分在一定的程度上联结起来了。没有人会否认三趾马是介于现存的马和某些较古的有蹄类型之间的。由热尔韦教授（Prof.Gervais）命名的南美洲印齿兽（Typotherium）在哺乳动物的链条中是一个何等奇异的连锁，它不能被纳入任何一个现存的目里。海牛类（Sirenia）形成了哺乳动物中很特殊的一群，现存的儒艮（dugong）和泣海牛（lamentin）的最显著特征之一就是完全没有后肢，甚至连一点残余的痕迹也没有留下；但是，按照弗劳尔教授的意见，绝灭的海豕（Halitherium）都有一个骨化的大腿骨，与骨盆内的很发达的杯状窝连接在一起，这样就使它接近了有蹄的四足兽，而海牛类则在其他方面与有蹄类相近似。鲸鱼类与一切其他哺乳类大不相同,但是,第三纪的械齿鲸(Zeuglodon)和鲛齿鲸(Squalodon)曾被某些博物学者列为一目,而赫胥黎教授却认为它们是无疑的鲸类,"而且对水栖食肉兽构成联结的连锁"。

上述博物学者①曾阐明,甚至鸟类和爬行类之间的广大间隔,出乎意料地一方面由鸵鸟和绝灭的始祖鸟,又一方面由恐龙的一种,细颚龙(Compsognathus)——这包含一切陆栖爬虫的最大的一类,部分地连接起来了。至于无脊椎动物,无比的权威巴兰得说,他每日都得到启发:虽然的确可以把古生代的动物分类在现存的群里,但在这样古老的时代,各群并不像今天一样地区别得那么清楚。

有些作者反对把任何绝灭物种或物种群看作是任何两个现存物种或物种群之间的中间物。如果这个名词的意义是指一个绝灭类型在它的一切性状上都是直接介于两个现存类型或群之间的话,这种反对或许是正当的。但是在自然的分类里,许多化石物种的确处于现存物种中间,而且某些绝灭属处于现存属中间,甚至处于异科的属中间。最普通的情形似乎是(特别是差异很大的群,如鱼类和爬行类),假定它们今日是由二十个性状来区别的,则古代成员赖以区别的性状当较少,所以这两个群在以前多少要比在今日更为接近些。

普通相信,类型愈古,其某些性状就愈能把现在区别很大的群连接起来。这种意见无疑只能应用于在地质时代的行程中曾

---

① 即赫胥黎。——译者

经发生过巨大变化的那些群；可是要证明这种主张的正确性却是困难的，因为，甚至各种现存动物，如肺鱼，已被发现常常与很不相同的群有亲缘关系。然而，如果我们把古代的爬行类和两栖类、古代的鱼类、古代的头足类以及始新世的哺乳类，与各该纲的较近代成员加以比较时，我们一定会承认这种意见是有真实性的。

让我们看一看这几种事实和推论与伴随着变异的生物由来学说符合到什么程度。因为这个问题有些复杂，我必须请读者再去看看第四章的图解。我们假定有数字的斜体字代表属，从它们那里分出来的虚线代表每一属的物种。这图解过于简单，列出来的属和物种太少，不过这对于我们并不重要。假定横线代表连续的地质层，并且把最上横线以下的一切类型都看作是已经绝灭了的。三个现存属，a^{14}，q^{14}，p^{14}就形成一个小科；b^{14}，f^{14}是一个密切近似的科或亚科；o^{14}，i^{14}，m^{14}是第三个科。这三个科和从亲类型（A）分出来的几条系统线上的许多绝灭属合起来成为一个目，因为它们都从古代原始祖先共同遗传了某些东西。根据以前这个图解所说明过的性状不断分歧的原理，不论任何类型，愈是近代的，一般便愈与古代原始祖先不同。因此，我们对最古化石与现存类型之间差异最大这个规律便可有所了解。然而我们绝不可假设性状分歧是一个必然发生的偶然事件；它完全取决于一个物种的后代能否因为性状分歧而在自然组成中攫取许多的、不同的地位。所以，一个物种随着生活条件的稍微改变而略被改变，并且在极长的时期内还保持着同样的一般特性，如同我们见到的某些志留纪类型的情形，是十分可能的。这种情形在图解中是用

F^{14}来表示的。

一切从(A)传下来的许多类型,无论是绝灭的和现存的,如同前面说过的,形成一个目;这一个目由于绝灭和性状分歧的连续影响,便被分为若干亚科和科,其中有些被假定已在不同的时期内灭亡了,有些却一直存续到今天。

考察一下图解,我们便可看出:如果假定埋藏在连续地质层中的许多绝灭类型,是在这个系列的下方几个点上发现的,那么最上线的三个现存科的彼此差异就会少些。例如,如果a^1,a^5,a^{10},f^8,m^3,m^6,m^9等属已被发掘出来,那三个科就会如此密切地联结在一起,大概它们势必会连合成一个大科,这与反刍类和某些厚皮类曾经发生过的情形几乎是一样的。然而有人反对把绝灭属看作是联结起三个科的现存属的中间物,这种意见一部分也许是对的,因为它们之成为中间物,并不是直接的,却是通过许多大不相同的类型,经过长而迂回的路程的。如果许多绝灭类型是在中央的横线之一,即地质层——例如 No.Ⅵ——之上发现的,而且在这条线的下面什么也没有发现,那么各科中只有两个科(在左边a^{14}等和b^{14}等两个科)大概势必合而为一;留下的这两个科在相互差异上要比它们的化石被发现以前来得少些。还有,在最上线上由八个属(a^{14}到m^{14})形成的那三个科,如果假定以六种主要的性状而彼此区别,那么曾经在Ⅵ横线那个时代生存过的各科,肯定要以较少数目的性状而互相区别;因为它们在进化的这样早期阶段,从共同祖先分歧的程度大概要差些。这样,古老而绝灭的属在性状上便多少介于它们的变异了的后代之间,或介于它们的旁系亲族之间。

在自然状况下，这个过程要比在图解中所表示的复杂得多；因为群的数目会更多；它们存续的时间会极端不等，而且它们变异的程度也不会相同。因为我们所掌握的不过是地质记录的最后一卷，而且是很不完全的，除去在稀有的情况下，我们没有权利去期望把自然系统中的广大间隔填充起来，因而把不同的科或目联结起来。一切我们所能期望的，只是那些在既知地质时期中曾经发生过巨大变异的群，应该在较古的地质层里彼此稍微接近些；所以较古的成员要比同群的现存成员在某些性状上的彼此差异来得少些；根据我们最优秀古生物学者们的一致证明，情形常常是这样。

这样，根据伴随着变异的生物由来学说，有关绝灭生物类型彼此之间，及其与现存类型之间的相互亲缘关系的主要事实便可圆满地得到解释，而用其他任何观点是完全不能解释这等事实的。

根据同一学说，明显地，地球历史上任何一个大时期内的动物群，在一般性状上将介于该时期以前和以后的动物之间。这样，生存在图解上第六个大时期的物种，是生存在第五个时期的物种的变异了的后代，而且是第七个时期的更加变异了的物种的祖先；因此，它们在性状上几乎不会不是介于上下生物类型之间的。然而我们必须承认某些以前的类型已经全部绝灭，必须承认在任何地方都有新类型从其他地方移入，还必须承认在连续地质层之间的长久空白间隔时期中曾发生过大量变化。承认了这些事情，则每一个地质时代的动物群在性状上无疑是介于前后动物群之间的。关于这点我们只要举出一个事例就可以了，即当泥盆系最初被发见时，这个系的化石立刻被古生物学者们认为在性状上是介于上层的石炭系和下层的志留系之间的。但是,每一个动物群并不一定完全介于中间,因为在连续的地质层中有不等的间隔时间。

每一时代的动物群从整体上看,在性状上是近乎介于以前的和以后的动物群之间的,某些属对于这一规律虽为例外,但不足以构成异议以动摇此说真实性。例如,福尔克纳博士曾把柱牙象和象类的动物按照两种分类法进行排列——第一个按照它们的互相亲缘,第二个按照它们的生存时代,结果二者并不符合。具有极端性状的物种,不是最古老的或最近代的;具有中间性状的物种也不是属于中间时代的。但是在这种以及在其他类似的情形里,如果暂时假定物种的初次出现和消灭的记录是完全的(并不会有这种事),我们就没有理由去相信连续产生的各种类型必定有相等的存续时间。一个极古的类型可能有时比在其他地方后生的类型存续得更为长久,栖息在隔离区域内的陆栖生物尤其如此。试以小事情来比大事情;如果把家鸽的主要的现在族和绝灭族按照亲缘的系列加以排列,则这种排列大概不会与其产出的顺序密切一致,而且与其消灭的顺序更不一致;因为,亲种岩鸽至今还生存着;许多介于岩鸽和传书鸽之间的变种已经绝灭了;在喙长这一主要性状上站在极端的传书鸽,比站在这一系列相反一端的短嘴翻飞鸽发生较早。

来自中间地质层的生物遗骸在某种程度上具有中间的性状,与这种说法密切关联的有一个事实,是一切古生物学者所主张的,即两个连续地质层的化石彼此之间的关系,远比两个远隔的地质层的化石彼此之间的关系,更为密切。匹克推特举出一个熟知的事例;来自白垩层的几个阶段的生物遗骸一般是类似的,虽然各个阶段中的物种有所不同。仅仅这一事实，由于它的一般性，似乎已经动摇了匹克推特教授的物种不变的信念。凡是熟知地球上现存物种分布的人，对于密切连续的地质层中不同物种的密切类似性，不会企图用古代地域的物理条件保持近乎一样的说法去解释的。让我们记住，生物类型，至少是栖息在海里的生物类型，曾经在全世界几乎同时发生变化，所以这些变化是在极其不同的气候和条件下进行的。试想更新世包含着整个冰期，气候的变化非常之大，可是看一看海栖生物的物种类型所受到的影响却是何等之小。

密切连续的地质层中的化石遗骸，虽然被排列为不同的物种，但密切相似，其全部意义根据生物由来学说是很明显的。因为各地质层的累积往往中断，并且因为连续地质层之间存在着长久的空白间隔，如我在前章所阐明的，我们当然不能期望在任何一个或两个地质层中，找到在这些时期开始和终了时出现的物种之间的一切中间变种；但是我们在间隔的时间（如用年来计量这是很长久的，如用地质年代来计量则并不长久）之后，应该找到密切近似的类型，即某些作者所谓的代表种；而且我们确曾找到了。总之，正如我们有权利所期望的那样，我们已经找到证据来证明物种类型的缓慢的、难被觉察的变异。

古代生物类型与现存生物类型
相比较的发展状态

我们在第四章里已经看到，已经成熟了的生物的器官的分化和专业化程度,是它们完善化或高等化程度的最好标准。我们也曾看到,器官的专业化既然对于生物有利益,自然选择就有使各生物的体制愈益专业化和完善化的倾向,在这种意义上,就是使得它们愈益高等化了;虽然同时自然选择可以听任许多生物具有简单的和不改进的器官,以适应简单的生活条件,并且在某些情形下,甚至使其体制退化或简单化,而让这等退化生物能够更好地适应生活的新行程。在另一种和更一般的情形里,新物种变得优于它们的祖先;因为它们在生活斗争中必须打败一切与自己进行切身竞争的较老类型。我们因此可以断言,如果始新世的生物与现存的生物在几乎相似的气候下进行竞争,前者就会被后者打败或消灭,正如第二纪的生物要被始新世的生物以及古生代的生物要被第二纪的生物所打败一样。所以,根据生存竞争中的这种胜利的基本试验,以及根据器官专业化的标准,按照自然选择的学说,近代类型应当比古代老类型更为高等。事实果真是这样的吗?大多数古生物学者大概都会作出肯定的回答,而这种回答虽然难于证明,似乎必须被认作是正确的。

某些腕足类从极其遥远的地质时代以来,只发生过轻微的变异;某些陆地的和淡水的贝类从我们所能知道的它们初次出现的时候以来,差不多就保持着同样的状态,然而这些事实对于上述的结论并不是有力的异议。如卡彭特博士(Dr.Carpenter)所主张的,有孔类(Foraminifera)的体制甚至从劳伦纪以来就没有进步过,但这并不是不能克服的难点;因为有些生物必须继续地适应简单的生活条件,还有什么比低级体制的原生动物能够更好地适于这种目的吗?如果我的观点把体制的进步看作是一种必不可少的条件，那么上述的异议对于我的观点则是致命的打击。又例如，如果上述有孔类能够被证明是在劳伦纪开始存在的，或者上述腕足类是在寒武纪开始存在的，那么上述的异议对于我的观点也是致命的打击；因为在这种情形下，这等生物还没有足够的时间可以发展到当时的标准。当进步到任何一定高度的时候，按照自然选择的学说，就没有再继续进步的必要；虽然在各个连续的时代，它们势必稍微被改变，以便与它们的生活条件的微细变化相适应，而保持它们的地位。前面的异议系于另一个问题，即：我们是否确实知道这世界曾经历几何年代以及各种生物类型最初出现在什么时候；而这个问题是很费讨论的。

体制，从整体看来，是否进步，在许多方面都是异常错综复杂的问题。地质记录在一切时代都是不完全的，它不能尽量追溯到往古而毫无错误地明白指出在已知的世界历史里，体制曾经大大进步了。甚至在今天，注意一下同纲的成员，哪些类型应当被排列为最高等的，博物学者们的意见就不一致；例如，有些人按照板鳃类（selaceans）即鲨鱼类的构造在某些要点上接近爬行类，就把它们看作是最高等的鱼类；另外有些人则把硬骨鱼类看作是最高等的。硬鳞鱼类介于板鳃类和硬骨鱼类之间；硬骨鱼类今日在数量上是占优势的，但从前只有板鳃类和硬鳞鱼类生存，在这种情形下，依据所选择的高低标准，就可以说鱼类在它的体制上曾经进步了或退化了。企图比较不同模式的成员在等级上的高低，似乎是没有希望的；谁能决定乌贼是否比蜜蜂更为高等呢？——伟大的冯贝尔相信，蜜蜂的体制"事实上要比鱼类的体制更为高等，虽然这种昆虫属于另一种模式"。在复杂的生存斗争里，完全可以相信甲壳类在它们自己的纲里并不是很高等的，但它能打败软体动物中最高等的头足类；这等甲壳类虽然没有高度的发展，如果拿一切考验中最有决定性的竞争法则来判断，它在无脊椎动物的系统里会占有很高的地位。当决定哪些类型在体制上是最进步的时候，除却这等固有的困难以外，我们不应当只拿任何两个时代中的一个纲的最高等成员来比较——虽然这无疑是决定高低程度的一种要素，也许是最重要的要素——我们应当拿两个时代中的一切高低成员来比较。在一个古远的时代，最高等的和最低等的软体动物，头足类和腕足类，在数量上是极多的；在今天，这两类已大大减少了，而具有中间体制的其他种类却大大增加了；结果，有些博物学者主张软体动物从前要比现在发达得高些；但在反对的方面也举出强有力的例子，这就是腕足类的大量减少，以及现存头足类虽在数量上是少的，但体制却比它们的古代代表高得多了。我们还应当比较两个任何时代的全世界高低各纲的相对比例数：例如，如果今日有五万种脊椎动物生存着，并且如果我们知道以前某一时代只有一万种生存过，我们就应当把最高等的纲里这种数量的增加（这意味着较低等类型的大量被排斥）看作是全世界生物体制的决定性的进步。因此，我们可以知道，在这样极端复杂的关系下，要想对于历代不完全知道的动物群的体制标准进行完全公平的比较，是何等极端的困难。

只要看看某些现存的动物群和植物群，我们就更能明白地理解这种困难了。欧洲的生物近年来以非常之势扩张到新西兰，并且夺取了那里许多土著动植物先前占据的地方，据此我们必须相信：如果把大不列颠的所有动物和植物放到新西兰去，许多英国的生物随着时间的推移大概可以在那里彻底归化，而且会消灭许多土著的类型。另一方面，从前很少有一种南半球的生物曾在欧洲的任何部分变为野生的，根据这种事实，如果把新西兰的一切生物放到大不列颠去，我们很可怀疑它们之中是否会有很多的数目能够夺取现在被英国植物和动物占据着的地方。从这种观点来看，大不列颠的生物在等级上要比新西兰的生物高得多了。然而最熟练的博物学者，根据二地物种的调查，并不能预见到这种结果。

阿加西斯和若干其他有高度能力的鉴定者都坚决主张，古代动物与同纲的近代动物的胚胎在某种程度上是类似的；而且绝灭类型在地质上的演替与现存类型的胚胎发育是近乎平行的。这种观点与我们的学说极其一致。在下章里我当说明成体和胚胎的差异是由于变异在一个不很早的时期发生、而在相应年龄得到遗传的缘故。这种过程，听任胚胎几乎保持不变，同时使成体在连续的世代中继续不断地增加差异。因此胚胎好像是被自然界保留下来的一张图画，它描绘着物种先前未曾大事变化过的状态。这种观点大概是正确的，然而也许永远不能得到证明。例如，最古的已知哺乳类、爬行类和鱼类都严格地属于它们的本纲，虽然它们之中有些老类型彼此之间的差异比今日同群的典型成员彼此之间的差异稍少，但要想找寻具有脊椎动物共同胚胎特性的动物，恐非等到在寒武纪地层的最下部发现富有化石的岩床之后，大概是不可能的——但发见这种地层的机会是很少的。

在第三纪末期同一地域内同样模式的演替

许多年前克利夫特先生(Mr.Clift)曾阐明,从澳洲洞穴内找到的化石哺乳动物与该洲的现存有袋类是密切近似的。在南美洲拉普拉塔的若干地方发现的类似犰狳甲片的巨大甲片中,同样的关系也是显著的,甚至未经训练的眼睛也可以看出。欧文教授曾以最动人的方式阐明,在拉普拉塔埋藏的无数化石哺乳动物,大多数与南美洲的模式有关系。从伦德(MM.Lund)和克劳森(Clausen)在巴西洞穴里采集的丰富化石骨中,可以更明白地看到这种关系。这等事实给我的印象极深,我曾在1839年和1845年坚决主张"模式演替的法则"和"同一大陆上死亡者和生存者之间的奇妙关系"。欧文教授后来把这种概念扩展到"旧世界"的哺乳动物上去。在这位作者复制的新西兰绝灭巨型鸟中,我们看到同样的法则。我们在巴西洞穴的鸟类中也可看到同样的法则。伍德沃德教授曾阐明同样的法则对于海栖贝类也是适用的,但是由于大多数软体动物分布广阔,所以它们并没有很好地表现出这种法则。还可举出其他的例子,如马得拉的绝灭陆栖贝类与现存陆栖贝类之间的关系,以亚拉尔里海(Aralo-Caspian)的绝灭碱水贝类与现存碱水贝类之间的关系。

那么,同一地域内同一模式的演替这个值得注意的法则意味着什么呢?如果有人把同纬度下澳洲的和南美洲的某些地方的现存气候加以比较之后,就企图以不同的物理条件来解释这两个大陆上生物的不同,而另一方面又以相同的物理条件来解释第三纪末期内各个大陆上同一模式的一致，那么，他可算是大胆了。也不能断言有袋类主要或仅仅产于澳洲；贫齿类以及其他美洲模式的动物仅仅产于南美洲，是一种不变的法则。因为我们知道，在古代欧洲曾有许多有袋类动物栖住过；并且我在上述出版物中曾经阐明美洲陆栖哺乳类的分布法则，从前和现在是不同的。从前北美洲非常具有该大陆南半部分的特性；南半部分从前也比今天更为密切近似北半部分。根据福尔克纳和考特利（Cautley）的发见，同样地我们知道印度北部的哺乳动物，从前比今天更为密切近似非洲的哺乳动物。关于海栖动物的分布，也可以举出类似的事实来。

按照伴随着变异的生物由来学说，同一地域内同样模式持久地但并非不变地演替这一伟大法则，便立刻得到说明；因为世界各地的生物，在以后连续的时间内，显然都倾向于把密切近似而又有某种程度变异的后代遗留在该地，如果一个大陆上的生物从前曾与另一大陆上的生物差异很大，那么它们的变异了的后代将会按照近乎同样的方式和程度发生更大的差异。但是经过了很长的间隔期间以后，同时经过了容许大量互相迁徙的巨大地理变化以后，较弱的类型会让位给更占优势的类型，而生物的分布就完全不会一成不变了。

有人也许以嘲笑的方式来问，我是否曾假定从前生活在南美洲的大懒兽以及其他近似的大怪物曾遗留下树懒、犰狳和食蚁兽作为它们的退化了的后代。这是完全不能承认的。这等巨大动物曾全部绝灭，没留下后代。但在巴西的洞穴内有许多绝灭的物种在大小和一切其他性状上与南美洲现存物种密切近似；这等化石中的某些物种也许是现存物种的真实祖先。千万不要忘记，按照我们的学说，同属的一切物种都是某一物种的后代，所以，如果有各具八个物种的六个属，见于一个地质层中，而且有六个其他近似的或代表的属见于连续的地层中，它们也具有同样数目的物种，那么，我们可以断言，一般各个较老的属只有一个物种会留下变异了的后代，构成含有若干物种的新属，各个老属的其他七个物种皆归灭亡，而没有留下后代。还有更普通的情形，即六个老属中只有两个或三个属的两个物种或三个物种是新属的双亲；其他物种和其他老属全归绝灭。在衰颓的目里，如南美洲的贫齿类，属和物种的数目都在减少下去，所以只有更少的属和物种能留下它们的变异了的嫡系后代。

前章和本章提要

我曾试图阐明，地质记录是极端不完全的；只有地球一小部分曾被仔细地做过地质学的调查；只有某些纲的生物在化石状态下大部分被保存下来；在我们博物馆里保存的标本和物种的数目，即使与仅仅一个地质层中所经历的世代数目相比也完全等于零。由于沉陷对富含许多类化石物种而且厚到足以经受未来陵削作用的沉积物的累积几乎是必要的，因此，在大多数连续地质层之间必有长久的间隔期间；在沉陷时代大概有更多的绝灭生物，在上升时代大概有更多的变异而且记录也保存得更不完全；各个单一的地质层不是继续不断地沉积起来的；各个地质层的持续时间与物种类型的平均寿命，比较起来，大概要短些；在任何一个地域内和任何一个地质层中,迁徙对于新类型的初次出现,是有重要作用的;分布广的物种是那些变异最频繁的,而且经常产生新种的那些物种;变种最初是地方性的;最后一点,各个物种虽然必须经过无数的过渡阶段,但各个物种发生变化的时期如用年代来计算大概是多而长的,不过与各个物种停滞不变的时期比较起来,还是短的。如果把这等原因结合起来看,便可大致说明为什么我们没有发现中间变种(虽然我们确曾发现过许多连锁)以极微细级进的阶梯把一切绝灭的和现存的物种联结起来。还必须经常记住,两个类型之间的任何连接变种,也许会被发现,但若不是整个连锁全部被发现,就会被排列为新的、界限分明的物种;因为不能说我们已经有了任何确实的标准,可以用来辨别物种和变种。

凡是不接受地质记录是不完全的这一观点的人,当然不能接受我们的全部学说。因为他会徒劳地发问,以前必曾把同一个大地质层内连续阶段中发现的那些密切近似物种或代表物种连接起来的无数过渡连锁在哪里呢?他会不相信在连续的地质层之间一定要经过悠久的间隔期间;他会在考察任何一个大区域的地质层时,如欧洲那样的地质层,忽略了迁徙起着何等重要的作用;他会极力主张整个物种群分明是(但常常是假象的)突然出现的。他会问:必有无限多的生物生活在寒武系沉积起来的很久以前,但它们的遗骸在哪里呢?现在我们知道,至少有一种动物当时确曾存在过;但是,我仅能根据以下的假设来回答这最后的问题,即今日我们的海洋所延伸的地方,已经存在了一个极长久的期间,上下升降着的大陆在其今日存在之处,自寒武系开始以来就已经存在了；而远在寒武纪以前，这个世界呈现了完全不同的另一种景象；由更古地质层形成的古大陆，今日仅以变质状态的遗物而存在，或者还埋藏在海洋之下。

如果克服了这等难点，其他古生物学的主要重大事实便与根据变异和自然选择的生物由来学说十分一致。这样，我们就可以理解，新物种为什么是慢慢地、连续地产生的；为什么不同纲的物种不必一起发生变化，或者以同等速度、以同等程度发生变化，然而一切生物毕竟都发生了某种程度的变异。老类型的绝灭差不多是产生新类型的必然结果。我们能够理解为什么一个物种一旦消灭就永不再现。物种群在数目上的增加是缓慢的，它们的存续时期也各不相等；因为变异的过程必然是缓慢的，而且取决于许多复杂的偶然事件。属于优势大群的优势物种有留下许多变异了的后代的倾向，这些后代便形成新的亚群和群。当这等新群形成之后，势力较差的群的物种，由于从一个共同祖先那里遗传到低劣性质，便有全部绝灭、同时不在地面上留下变异了的后代的倾向。但是物种全群的完全绝灭常常是一个缓慢的过程，因为有少数后代会在被保护的和孤立的场所残存下来的。一个群如果一旦完全绝灭，就不再出现；因为世代的连锁已经断了。

我们能够理解为什么分布广的和产生最大数目的变种的优势类型，有以近似的但变异了的后代分布于世界的倾向；这等后代一般都能够成功地压倒那些在生存斗争中较为低劣的群。因此，经过长久的间隔期间之后，世界上的生物便呈现出曾经同时发生变化的光景。

我们能够理解，为什么古今的一切生物类型汇合起来只成为少数的几个大纲。我们能够理解，由于性状分歧的连续倾向，为什么类型愈古，它们一般与现存类型之间的差异便愈大；为什么古代的绝灭类型常有把现存物种之间的空隙填充起来的倾向，它们往往把先前被分作两个不同的群合而为一；但更普通的是只把它们稍微拉近一些。类型愈古，它们在某种程度上便愈加常常处于现在不同的群之间；因为类型愈古，它们与广为分歧之后的群的共同祖先愈接近，结果也愈加类似。绝灭类型很少直接介于现存类型之间；而仅是通过其他不同的绝灭类型的长而迂曲的路，介于现存类型之间。我们能够明白知道，为什么密切连续的地质层的生物遗骸是密切近似的；因为它们被世代密切地联结在一起了。我们能够明白知道为什么中间地质层的生物遗骸具有中间性状。

历史中各个连续时代内的世界生物，在生活竞争中打倒了它们的祖先，并在等级上相应地提高了，它们的构造一般也变得更加专业化；这可以说明很多古生物学者的普通信念——体制就整体来说是进步了。绝灭的古代动物在某种程度上都与同纲中更近代动物的胚胎相类似，按照我们的观点，这种可惊的事实便得到简单的解释。晚近地质时代中构成的同一模式在同一地域内的演替已不再是神秘的了，根据遗传原理，它是可以理解的。

这样，如果地质记录是像许多人所相信的那样不完全，而且，如果至少可以断定这记录不能被证明更加完全，那么对于自然选择学说的主要异议就会大大减少或者消失。另一方面，我认为，一切古生物学的主要法则明白地宣告了，物种是由普通的生殖产生出来的：老类型被新而改进了的生物类型所代替，新而改进了的类型是"变异"和"最适者生存"的产物。

第十二章　地理分布

今日的分布不能用物理条件的差别来解释——障碍物的重要性——同一大陆上的生物的亲缘——创造的中心——由于气候的变化，土地高低的变化，以及偶然原因的散布方法——在冰期中的散布——南方北方的冰期交替。

当考察到地球表面的生物分布时，打动我们的第一件大事，便是各处地方生物的相似或不相似都不能全部用气候的和其他物理的条件来解释。近来几乎每一个研究这个问题的作者都得出这种结论。仅仅美洲的情形差不多就可以证明这种结论的正确性了；因为，如果除了北极地区和北方的温带地区不计外，所有作者都赞同"新世界"和"旧世界"之间的区分是地理分布的最基本分界之一；然而，如果我们在美洲的广袤大陆上旅行，从美国的中央地区到它的最南端，我们将会遇到极其多样的物理条件：潮湿的地区、干燥的沙漠、巍巍的高山、草原、森林、泽地、湖泊和大河，这些地方都是处于各种温度之下的。"旧世界"几乎没有一种气候成外界条件不能与"新世界"相平行——至少有同一物种所一般需要的那样密切的平行。无疑地可以指出，"旧世界"里有些小块地方比"新世界"的任何地方更热,但在这等地方栖息的动物群和周围地方的动物群并没有什么不同;因为一群生物局限在具有稍微特殊条件的小区域里的现象,还很少见。尽管"旧世界"和"新世界"的条件具有这种一般的平行现象,它们的生物却是何等不同呵!

在南半球,如果我们把处在纬度二十五度和三十五度之间的澳洲、南非洲和南美洲西部的广袤陆地加以比较,将会看出一些地方在一切条件上都是极端相似的,然而要指出像三个大陆上动物群和植物群那样严格不同的三种动物群和植物群,大概是不可能的。我们再把南美洲的南纬三十五度以南的生物和二十五度以北的生物加以比较,二地之间有十度的空间,并且处于相当不同的条件下;然而二地生物之间的相互关系,比它们和气候相近的澳洲或非洲的生物之间的关系,更加无比地密切。关于海栖生物也可举出一些类似的事实。

在我们的一般观察里,打动我们的第二件大事是,阻碍自由迁徙的任何种类的障碍物,都与各处地区生物的差异有密切而重要的关系。我们从新旧两世界的差不多所有陆栖生物的重大差异中,可以看到这一点,不过北部地方是例外,那里的陆地几乎都是连接的,气候也相差极微,北部温带地方的类型,就像严格的北极生物目前所进行的自由迁徙那样,大概可以进行自由迁徙的。我们在同纬度下的澳洲、非洲和南美洲生物之间的重大差异中,也可看到同样的事实;因为这等地方的相互隔离几乎已达到顶点。在各个大陆上,我们也看到同样的事实;因为在巍峨而连续的山脉、大沙漠,甚至大河的两边,我们可以看到不同的生物;虽然，由于山脉、沙漠等等并不像隔离大陆的海洋那样地不能越过，或者也不像海洋持续得那样长久，所以同一大陆上生物之间的差异比起不同大陆上生物之间的差异在程度上要差得多。

关于海洋，我们可以看到同样的法则。南美洲东海岸和西海岸的海栖生物，除了极少的贝类、甲壳类和棘皮类是相同的以外，都是很不相同的；但是京特博士最近阐明，在巴拿马地峡的两边约有百分之三十的鱼类是相同的；这一事实使得博物学者们相信这个地峡以前曾经是海面。美洲海岸的西方展开了广阔无边的海洋，没有一个迁徙者可以停脚的岛屿；在这里我们看到另一种类的障碍物，一越过这里，我们就在太平洋的东部诸岛那里遇到别种完全不同的动物群。所以三种海栖动物群在相同的气候下，形成彼此相距不远的平行线，而分布到遥远的北方和南方；但是，由于被不可越过的陆地或大海这样障碍物所隔开，这三种动物群几乎是完全不同的。另一方面，从太平洋热带地方的东部诸岛再向西行，我们就不再遇到不可越过的障碍物，并且那里有可以作为停脚处所的无数岛屿，或者连续的海岸，经过一个半球的旅程后，便到达非洲海岸；在这广阔的空间，我们不会遇到判然不同的海栖动物群。虽然在上述美洲东部、美洲西部和太平洋东部诸岛的三种相近动物群中，只有少数的海栖动物是共同的，但是还有许多鱼类从太平洋分布到印度洋，而且在几乎完全相反的子午线上的太平洋东部诸岛和非洲东部海岸，还有许多共同的贝类。

第三件大事，一部分已包括在上述的叙述里，是同一大陆上或同一海洋里的生物都具有亲缘关系，虽然物种本身在不同地点和不同场所是不相同的。这是一个具有最广泛普遍性的法则，而且每一个大陆都提供了无数的事例。然而当博物学者旅行时，譬如说从北到南，将会遇到亲缘密切而物种不同的连续生物群逐次更替，这种情形一定会打动他们。他会听到密切近似而种类不同的鸟歌唱着几乎相似的调子，他会看到它们的巢虽不完全一样，但具有相似的构造，而且其中的卵具有几乎同样的颜色。在麦哲伦海峡附近的平原上，栖息着鶆䴈（Rhea〔美洲鸵鸟〕）的一个物种，而在拉普拉塔平原以北栖息着同属的另一物种；但没有栖息着像同纬度下非洲和澳洲那样的真正鸵鸟或鸸鹋（emu）。在同一拉普拉塔平原上，我们看到刺鼠（agouti）和绒鼠（bizcacha），这些动物和欧洲的山兔和家兔的习性差不多是一样的，而且都属于啮齿类的同一个目，但是它们的构造显然呈现着美洲的模式。我们登上巍峨的科迪勒拉峰，看到绒鼠的一个高山种；我们注视河川，却看不到海狸（beaver）或麝香鼠（musk-rat），但可以看到河鼠（coypu）和水豚（capybara），这些都是属于南美洲模式的啮齿目的。还有其他无数的例子可以举出。如果我们观察一下远离美洲海岸的岛屿，不管它们的地质构造有着怎样巨大的不同，但栖息在那里的生物在本质上都是属于美洲模式的，纵使它们可能全是特殊的物种。如同前章所说的，我们可以回顾一下过去的时代，我们会看到美洲模式的生物当时在美洲的大陆上和海洋里都是占优势的。在这等事实里我们看到通过空间和时间、遍及水陆的同一地域，并且与物理条件无关的某种深入的有机联系。如果博物学者不想深究这种联系是什么，他一定是感觉迟钝的。

这种联系仅仅是遗传，据我们确切知道的来说，单单这个原因就会使生物彼此十分相像，或者如我们在变种里所看到那样，使它们彼此近乎相像。不同地区的生物的不相像,可以归因于通过变异和自然选择所发生的变化,其次大概要归因于不同的物理条件的一定影响。不相像的程度,取决于较占优势的生物类型在相当长的遥远时期内,从一处到另一处地方的迁徙或多或少受到了有效的障碍;——取决于先前移来的生物的本性和数量,——并且取决于生物之间的相互作用所引起的不同变异的保存;在生活斗争中生物和生物的联系,如我前面常常说起的,是一切关系中最重要的关系。这样,障碍物由于阻止迁徙,便发挥出高度的重要性,正如时间对于通过自然选择的缓慢变异过程所发挥的作用一样重要。分布广的、个体多的,而且已经在它们广布的家乡里战胜了许多竞争者的物种,当扩张到新地方的时候,有取得新地位的最良好机会。在新家乡里,它们会遇到新条件,而且会常常进行更进一步的变异和改进,这样,它们就得到进一步的胜利,并且产生出成群的变异了的后代。依据这种伴随着变异的生物由来原理,我们就能理解为什么属的一部分,全属,甚至一科会如此普遍地和显著地局限在一个地方。

如前章所述,没有证据可以证明有任何必然发展的法则存在。因为各个物种的变异性都有它的独立性质,并且变异性只有在复杂的生活斗争中有利于各个个体的时候,才能被自然选择所利用,所以不同物种的变异量是不会一样的。如果有若干物种在它们的故乡经过长久的互相竞争后,集体地移进一个新的后来成为孤立的地方时,它们就很少发生变异;因为移动和孤立本身并不产生任何作用。这些因素只有使生物相互间发生新的关系,并且以较小的程度与周围的物理条件发生新的联系时,才起作用。

如我们在前章所看到的,有些生物类型从一个极远的地质时代起就保持了差不多相同的性状,所以某些物种曾经在广大的空间内迁徙时,但没有发生大的变化,或者竟完全不发生变化。

按照这等观点说来,同属的若干物种虽然栖息在世界上相距极远的地方,但因为都是从同一个祖先传下来的,所以它们原先一定是在同一个原产地发生的。至于那些在整个地质时期里很少变化的物种,不难相信它们都是从同一地方移来的;因为自从古代以来,在连续发生的地理上和气候上的巨大变化期间,几乎任何大量的迁徙都是可能的。但是在许多其他情形里,我们有理由相信同一属的诸物种是在比较近代的时期内产生的,对这等情形的解说就有很大困难了。同样显然地,同种的个体虽然现今栖息在相距很远而孤立的地方,但它们一定来自它们的双亲最初产生的地点,因为,前面已经说明过,从不同物种的双亲产生出完全相同的个体是不可相信的。

假想的创造之单一中心——我们现在讲一讲博物学者们曾经详细讨论过的一个问题,即物种系在地球表面上一处地方创造出来的呢,还是在多处地方创造出来的呢。至于同一物种如何从一处地方迁徙到今日所看到的那样相距很远而孤立的若干地方,无疑是极难理解的。然而每一物种最初产生在一处地方的这种观点的简单性都会使人心迷。排斥这种观点的人,也就排斥了普通的发生以及其后迁徙的真实原因,并且会把奇迹的作用招引进来。普遍承认在大多数情形下,一个物种栖息的地方总是连续的;如果一种植物或动物栖息在相距很远的两处地方,或者栖息在具有迁徙时不易通过的中间地带的两处地方时,那么这种事情就被认为是值得注意的例外事情。迁徙时通过大海的不可能性，在陆栖哺乳动物大概比在任何其他生物更为明显；因此我们还没有看到同一哺乳动物栖息在相距很远的诸地方而不可能得到解释的事例。大不列颠之具有和欧洲其他部分相同的四足兽类，没有一个地质学者觉得这有什么难解，因为那些地方曾经一度是连接在一起的。但是，如果同一个物种能在隔开的两地产生，那么为什么我们看不见一种欧洲和澳洲或南美洲共有的哺乳动物呢？生活条件是近乎相同的，所以许多欧洲的动物和植物已在美洲和澳洲归化了；而且在南北两半球的这等相距很远的地方也有若干完全相同的土著植物。据我所信，回答是：某些植物由于有各种散布方法，曾经在移徙时通过了广阔而断开的中间地带，但哺乳动物不能在迁徙时通过这等地带。各种障碍物的重大而显著的影响，只有根据大多数的物种产生在障碍物的一边，而不能迁徙到对过一边的这种观点，才能得到解释。少数科，许多亚科，很多属，更多数目的属的分部，只局限在一个单一地方；若干博物学者曾经观察到最自然的属，即其物种的相互联系最密切的那些属，一般都局限在同一个地方，如果它们分布得很广，它们的分布则是连续的。当我们在系列中更下去一步，即下到同种的个体时，如果那里有一个正相反的法则在支配着，而这等个体至少最初并不局限于一个地方，这将是何等奇怪的反常啊！

所以，在我看来，就像许多其他博物学者所想的那样，各个物种仅在一处地方产生，以后，在过去和现在的条件下依靠它的迁徙和生存所许可的力量，再从那地方迁徙出去，这是最可能的一种观点。无疑地在许多情况下，我们不能解释同一物种怎么能够从一个地点移到另一个地点。但是在最近地质时代肯定发生过的地理的和气象的变化，一定会把许多物种的从前的连续分布弄得不连续了。所以我们必须考察，对于分布的连续性的例外是否有如此之多，并且是否有如此严重的性质，以致我们应该放弃从一般考察看来是可能的那一信念——即各个物种都是在一个地区内产生的，并且尽可能地从那里迁徙出去。如把现在生活在相距很远的隔离地点的同一物种的所有例外情况都加以讨论，实在是不胜厌烦，我也从来不敢说能够给许多事例提出任何解释。但是，说过几句引言以后，我当对那些少数最显著的事实，提出讨论；即，关于在相距很远的山顶上以及在北极和南极相距很远的地点生存的同一物种；其次，关于淡水生物的广阔分布（在下章讨论）；第三，关于同一个陆栖的物种出现在虽然被数百英里大海隔开的岛屿及其最近的大陆上。如果同一物种生存在地球表面上相距很远而孤立的地点这件事，能在许多事例中根据各个物种系从一个单一的产地迁徙去的这种观点得到解释，那么，考虑到我们对于从前气候的和地理的变化以及各种一时的输送方法的无知无识，我认为相信单一产地是法则，是无比地最稳妥的了。

当讨论这个问题的时候，我们必须同时考察对于我们同等重要的一件事，即，一属里的若干物种（依照我们的学说必然都是从一个共同祖先传下来的），能否从一个地区进行迁徙，而且在迁徙时发生变异。当栖息在一个地区的大多数物种与另一地区的物种虽密切近似而又不尽相同的时候，如果可以示明它们从一个地区迁徙到另一地区大概是在以往的某一时代进行过，那么我们的一般观点就会更加巩固了；因为依据伴随着变异的生物由来原理,这种现象的解释是显然的。例如,在距离大陆几百英里之处隆起的和形成的一个火山岛随着时间的推移,大概会从大陆接受少数的生物,而它们的后代虽已变化了,但由于遗传仍然会和大陆上的生物有关系。这种性质的情形是普遍的,并且如我们以后还要讲到的,是不能用独立创造的理论来解释的。一个地区的物种和另一地区的物种有联系的这种观点,与华莱士先生所主张的并没有多大不同,他断言,"各个物种的产生,和以前存在的密切近似的物种在空间和时间上都是一致的"。现在已明白知道,他把这种一致归因于伴随着变异的进化。

创造的中心是单一的还是多个的问题,和另一个近似的问题有所不同——另一个问题是同种的所有个体是否从一对配偶传下来的,或从一个雌雄同体的个体传下来的,或者如某些作者所设想的那样,是从许多同时创造出来的个体传下来的。关于从来不杂交的生物,如果它们是存在的话,各个物种一定是从连续变异了的变种传下来的,这些变种曾经互相排斥,但绝不和同种的其他个体或变种相混合;所以,在变异的每一连续阶段,同一类型的一切个体都是从单一亲体传下来的。但在大多数情形下,即关于每次生育时习惯上需行交配的和偶尔进行杂交的一切生物,同一地区的同种的个体,会因互相杂交而差不多保持一致;许多个体会同时进行变化,并且在每一阶段上变异的全量不会是只从单一亲体传下来的。举一个实例来说明我的意思:英国的赛跑马和每一个其他马的品种都不相同,但是它们的异点和优越性并不是单从任何一对亲体传下来的,而是由于在每一世代中对于许多个体继续进行了仔细的选择和训练。

我在上面选出了三类事实，作为"创造的单一中心"学说的最大困难问题，在讨论它们之前，我必须稍微说一说散布的方法。

散布的方法

莱尔爵士以及其他作者已经很好地讨论了这个问题。我在这里只能举出一些较重要的事实及其最简单的摘要。气候的变化对于迁徙一定有过强有力的影响。一处地方，今日由于气候的性质不能为某些生物所通过，但在从前气候不同的时候，大概曾经是迁徙的大路。现在对于这方面的问题即将进行稍微详细的讨论。陆地水平的变化一定也曾有过重要的影响：例如，一条狭窄的地峡现在把两种海栖动物群隔开；如果这条地峡在水中沉没了，或者从前曾经沉没过，那么，这两种动物群就会混合在一起，或者从前已经混合过了。今日的海洋所在之处，在以前的时代内或有陆地把岛屿，甚至可能诸大陆连接在一起，这样，陆栖生物就可以从这地方跑到别地方去。陆地水平的巨大变化，曾经发生在现今生物的存在期间，没有地质学者争论过这一点。福布斯主张，大西洋的一切岛屿，在最近的过去一定曾与欧洲或非洲相连接，并且欧洲也同样与美洲相连接。其他一些作者们就这样假想各海洋都有过陆路可通，而且几乎把每一个岛屿与某一大陆连接在一起。福布斯的论点果然是可以相信的话，那么必须承认，在最近的过去几乎没有一个岛屿是不和某一大陆相连接的。这一观点使可快刀斩乱麻似地解决了同一物种分布到相距极远的地点的问题，而且消除了许多难点；但据我所能判断的来说，我们不能被允许去承认在现今物种存在的期间曾经有过这样巨大的地理变化。在我看来,关于陆地水平或海洋水平的巨大变动,我们固然有丰富的证据;但是并没有证据可以证明我们的诸大陆的位置和范围曾经有过如此重大的变化,以致它们在近代彼此相连接,且和若干介在的海洋岛相连接。我直率地承认先前有过许多岛屿现在沉在海里了,这些岛屿从前可能作为植物和动物迁徙时的歇脚地点的。在产生珊瑚的海里就有这种沉下的岛屿,现今在它们上面有珊瑚环,即环礁(atolls)的标志。将来总有一天会承认各个物种曾是从单一的产地产生的,在充分承认了这一点时,并且随着时间的推移,在我们知道了关于分布方法的某些确实情形时,我们就能稳妥地推测从前陆地的范围了。但我不相信将来能够证明今日非常分离的许多大陆在近代曾是连接在一起的,或者差不多是连接在一起的,并且是和许多现存的海洋岛连接在一起的。若干关于分布的事实,——例如在几乎每个大陆两边的海栖动物群所存在的巨大差异,——若干陆地的甚至海洋的第三纪生物和该处现存生物的密切关系——在岛上栖息的哺乳动物和附近大陆上的哺乳动物的类似程度,一部分取决于介在的海洋深度(以后还要讲到)——这等以及其他这样的事实都和近代曾经发生过极大的地理变化的说法正相反,而这种说法对于福布斯所提出的并被他的追随者所承认的观点是必要的。海洋岛生物的性质及其相对的比例同样的也与海洋岛从前曾与大陆相连接这一信念正相反。况且这等岛屿几乎普遍都有火山的成分,这也不能支持它们都是大陆沉没后残遗物的说法;——如果它们原来作为大陆的山脉而存在的话,那么,至少有些岛会像其他山峰那样地是由花岗岩、变质片岩、古代的化石岩以及其他岩石所构成，而不单是由火山物质的叠积而成的。

现在我必须对什么叫作意外的方法说几句话，其实把它叫作偶然的分布方法更为适当些。这里我单说植物。在植物学的著作里，常常说到这一种或那一种植物不适于广泛传播；但是，关于通过海洋的输送难易可以说还几乎完全不知道。在伯克利先生帮助我做了几种试验前，甚至关于种子对海水的损害作用究有多大的抵抗力也不晓得。我惊奇地发现了在 87 种的种子中有 64 种当浸过 28 日后还能出芽，并且有少数当浸过 137 日后还能成活。值得注意的是，有些目所受到的损害远比别的目为甚：曾对九种荚果植物做过试验，除却一种外都不能很好地抵抗盐水；属于近似目的田基麻科（Hydrophyllaceae）和花荵科（Polemoniaceae）的七个物种当浸过一个月后都死掉了。为了便利，我主要地试验了没有荚或果肉的小种子；因为这些种子在几天之后都沉下去了，所以无论它们是否会受海水的损害，都不能漂浮过广阔的海面。后来我试验了一些较大的果实和荚等等，其中有些能漂浮一个长时期。众所周知，新鲜的木材和干燥的木材的浮力是何等地不同；而且我看到大水往往把带有荚或果实的干植物或枝条冲入海里去。因此，这种想法引导我把 94 种植物的带有成熟果实的茎和枝加以干燥，然后放到海水里去。大多数都很快地沉下去了，但是有些在新鲜时只能漂浮一个短时间，干燥后却能漂浮很长的时间；例如，成熟的榛子即刻便会沉下，但干燥后却能漂浮 90 日，而且这些种子以后还能发芽；带有成熟浆果的石刁柏（asparagus）能漂浮 23 日，干燥后却能漂浮 85 日，而且这等种子以后还能发芽；苦爹莱(Helosciadium)的成熟种子二日便沉下，干燥后大约能漂浮90日，而且以后还会发芽。总计起来，在这94种干植物中，有18种约能漂浮28日；并且在这18种中有些还能漂浮得更久。这就是说，在87个种类的种子中，有64个种类的种子在浸水28日后还能发芽；并且在94个带有成熟果实的不同物种中（与上述试验的物种并不完全相同），有18个约能漂浮28日；所以，如果从这些贫乏的事实能够做出任何推论的话，我们便可断言，在任何地方的100个种类植物的种子中，有14个种类的种子大概能漂浮28日，而且还会保持它们的发芽力。约翰斯顿(Johnsten)的"地文图"上表明有一些大西洋的海流的平均速率一昼夜为33英里（有些海流的速率一昼夜为60英里）；按照这种平均速度，一个地方的100个种类植物的种子中可能有14个种类的种子漂过924英里的海面而达到另一地方，而且搁浅之后如果有向陆风把它们吹到一个适宜的地点，大概还会发芽。

在我做了这些试验以后，马顿斯(M.Martens)也进行了相似的试验，不过方法更好些，因为他把种子放在一个盒子里，使它漂浮在海上，所以种子有时被浸湿，有时被暴露在空气中，就像真的漂浮植物一般。他试验了98类种子，大多数都和我试验的不同；但是他所选用的是许多大果实和海边植物的种子；这大概可以延长它们的漂浮时间并加强它们对于海水损害作用的抵抗力。另一方面，他没有事先使带有果实的植物或枝条干燥；而干燥，如我们曾经说过的，可使某些植物漂浮得更长久些。结果是，在98个不同种类植物的种子中，有18种类植物的种子漂浮了42日，而且以后还能发芽。但是我并不怀疑暴露在波浪中的植物，比起我们的试验中不受剧烈运动影响的植物,在漂浮时间上要短些。所以,大概可以更稳妥地假定,一个植物区系的 100 个种类植物的种子中约有 10 个种类植物的种子,在干燥之后,大概可以漂过 900 英里宽的海面,而且以后还能发芽。大果实常比小果实漂浮得更长久,这事实是有趣的;因为具有大种子或大果实的植物,照得康多尔所说的,一般在分布范围上,是有限制的,它们很难由其他任何方法来输送。

种子有时候可由另一种方法来输送。漂流的木材常被冲到很多岛上去,甚至被冲到位于最广阔的大洋中央的岛上去;太平洋珊瑚岛上的土人专从漂流植物的根间搜求做工具用的石子,这等石子竟作为贵重的税品。我发见当形状不规则的石子夹在树根中间时,间隙里和石子后面常常藏着小块泥土——它们是如此完全严密地藏在里边,以致在极长久的运输期间也不会有一点被冲洗出去;在一株约 50 年生的栎树的根间,有一小块泥土完全严密地藏在那里,在这一块小泥土上有三株双子叶植物发芽了:我确知这个观察是真实的。我还可以指出,鸟的尸体漂浮在海上,有时不致即刻被吃去,在这种漂流的死鸟的嗉囊里有许多种类的种子,很久还保持有生命力:例如豌豆和大巢菜浸在海水里只要几天便死去;但是在人造海水中漂浮过 30 日的一只鸽子的嗉囊内的种子几乎全能发芽,这使我惊奇。

活的鸟,在运输种子上,不失为高度有效的媒介者。我能够举出许多事实来示明许多种类的鸟何等常常地被大风吹过很远的海面。我们可以稳妥地假定,在这种情形下,飞的速度可能常常是一点钟 35 英里;有些作者做过更高的估计。我从不曾看见过养分丰富的种子能通过鸟肠的事例；但是果实的坚硬种子甚至能够通过火鸡的消化器官而不损坏。在两个月的期间，我在我的花园里从小鸟的粪里拣出了12个种类的种子，它们似乎都是完好的，我试验了一些种子，还能发芽。但是下述的事实更加重要：鸟的嗉囊并不分泌胃液，而且根据我的试验，一点也不会损害种子的发芽力；那么，当一只鸟看到并吃掉大批的食物后，我们可以肯定地断言，一切谷粒在12或者甚至18小时内，不会都进入到沙囊里去的。一个鸟在这一段时间里大概会容易地被风吹到500英里以外，而且我们知道，鹰是找寻倦鸟的，它们的被撕裂的嗉囊中的含有物可能这样被容易地散布出去。有些鹰和猫头鹰（owls）把捕获物整个吞下，经过十二到二十小时的一段时间，在它们吐出的食物团块中，根据在动物园里所做的试验，我知道，还有能发芽的种子。有些燕麦、小麦、粟、加那利草（canary）、大麻、三叶草和甜菜的种子，在不同食肉鸟的胃里经过十二到二十一小时之后，还能发芽；两粒甜菜的种子经过两日又十四小时后，还能生长。我发见淡水鱼类吃食多种陆生植物和水生植物的种子，鱼常常被鸟吃掉，这样，种子就可能从一处地方输送到另一处地方去。我曾把许多种类的种子塞进死鱼的胃里，随后拿它们给鱼鹰、鹳（storks）和鹈鹕（pelicans）去吃，隔了许多小时之后，这等鸟把种子集在小团块里吐出来了，或者跟着粪排出去；在这等被排出的种子中有些还保持了发芽力。然而有些种子经过这种过程之后死掉了。

飞蝗有时候从陆地被风吹送到很远的地方；我曾在距离非洲海岸370英里之处亲自捉到一只，听说别人在更远的地方也曾捉到过它们。洛牧师(Rev.R.T.Lowe)告诉莱尔爵士说,1844年11月间大群飞蝗到过马德拉岛,它们是无数之多,就像暴风雪时的雪片一般,一直高到用望远镜刚刚能看到的地方。在二三日间,它们团团地疾飞着,慢慢形成了一个至少有五六英里直径的大椭圆形,夜间降落在较高的树上,树上全被它们遮满了。随后它们就像突然出现那样地在海上消失了,并且以后没有再到那里。现在,纳塔尔(Natal)①某些地方的一些农民相信,常常飞到那里的大群飞蝗的粪中有一些有害的种子被留在他们的草地上,虽然这种说法没有充分的证据。由于这种信念,怀尔先生(Mr.Weale)曾在一封信里寄给我一小包干粪块,我在显微镜下检查出其中有几粒种子,种下后,长出七株茅草植物,属于两个物种,两个属。因此,像飞到马德拉那样的一群蝗虫,大概可以容易地把几个种类的植物输送到距离大陆很远的岛屿上去的。

鸟的喙和脚虽然一般是清洁的,但有时候也沾有泥土:有一次我曾从一只鹧鸪的脚上取出六十一英厘重的干黏土,另一次我取出二十二英厘,并且在泥土中有一块像大巢菜种子一般大小的小石子。还有一个更好的例子:一位朋友寄给我一只丘鹬(woodcock)的腿,胫上粘着一小块干土,只有九英厘重,其中含有一粒蛙灯心草(Juncus bufonius)的种子,而且还能发芽和开花。布赖顿(Brighton)②地方的斯惠司兰先生(Mr.Swaysland)最近四十年来密切观察我们的候鸟,他告诉我说,他常乘鹡鸰(Motacillæ)、穗鵖(Wheatears)和欧洲石鵖(Saxicolae)初到我们岸边,还没有降

---

① 在非洲最南部。——译者
② 在英格兰的南端,面临英吉利海峡。——译者

落以前,把它们打下来;他好几次注意到有小块泥土附着在它们的脚上。有许多事实可以示明泥土中含有种子是极其一般的情形。例如,牛顿教授(Prof.Newton)送给我一只因为受伤而不能起飞的红足石鸡(Caccabis rufa)的腿,上面附着一团泥土,重达六盎司半。这块泥土被保存了三年,但是把它打碎后,浸湿,放在钟形玻璃罩下,不下82株植物从其中生长出来了:在这等植物里有12株单子叶植物,包含普通的燕麦和至少一种茅草在内,并且还有70株双子叶植物,从这些双子叶植物的幼叶来判断,至少有三个不同的物种。有这样的事实摆在我们面前,可知许多鸟类每年被大风吹过海洋的巨大空间,每年迁徙——例如,几百万只三趾鹑(quail)飞过地中海,它们一定会偶然地把附着在脚或喙上的污物中的种子输送出去,对此我们还能有所怀疑吗?但是这个问题以后我还要讨论。

我们知道冰山有时载荷着土和石,甚至挟带着树枝、骨头和陆栖鸟类的巢,所以不必怀疑,如莱尔所提出的,它们一定有时在北极区和南极区把种子从一处地方输送到另一处地方;而且在冰期,从现在的温带的一处地方把种子输送到另一处地方。在亚速尔群岛上,如果拿靠近大陆的大西洋的其他岛屿上的物种来比较,它有更多和欧洲共通的植物,并且拿纬度来比较,这些植物多少带有北方的特性(如沃森先生所说的),我从这情形推测,这等岛屿上的种子是在冰期部分地由冰带去的。我曾请求莱尔爵士写信给哈通先生(Mr.Hartung),问他在那些岛上是否看到过漂石,他回答说,他曾看到过花岗岩和其他岩石的巨大碎块,而这些岩石不是该群岛原来就有的。因此我们可以稳妥地推论,冰山从前曾把装来的岩石卸在这等海中央的群岛的岸上,这些岩石至少可能带来了少数北方植物的种子。

考虑到这几种输送方法以及今后无疑将被发现的其他输送方法,几多万年以来,年复一年地起着作用,我想,许多植物如果没有这样被广泛输送出去,简直是奇怪的事情。这等输送方法有时被称为偶然的,但这不是严格正确的说法;海流不是偶然的,定期风的方向何尝是偶然的。这里应当注意,任何输送的方法很少能把种子运到很远的距离:因为种子如受海水作用的时间太久,就不能再保持它们的生活力;并且它们也不能在鸟类的嗉囊或肠子里长久携带。然而这等方法却足以通过几百英里宽的海面、或者从这岛到那岛、或者从大陆到邻近的岛进行偶然的输送,但不能从一个相距很远的大陆输送到另一个大陆。相距很远的大陆上植物区系不会因这等方法而混淆起来;它们仍然像今日一样,保持着区别分明。海流,由于它们的走向,不会把种子从北美洲带到不列颠,虽然它们大概会而且实际把种子从西印度带到我国的西部海岸,在那里,如果它们没有由于长久的海水浸泡而死去,大概也不会忍耐我们的气候的。差不多每年总有一两只陆鸟被风吹过整个大西洋,从北美洲来到爱尔兰和英格兰的西部海岸;但是只有一种方法可以使这等稀有的漂泊者来输送种子,即用附着在它们的脚上或喙上的污物的方法,而这事情本身却是罕见的偶然之事。甚至在这种情形下,一粒种子落在适宜的土壤上而达到成熟,其机会是何等之少啊!但是,因为像大不列颠那样生物繁多的岛,根据所能知道的,在最近的几世纪内没有通过偶然的输送方法从欧洲或者其他任何大陆容纳过移住者(很难证明这一点),从而就主张生物贫乏的岛,离大陆更远,便不会用相似的方法容纳移住者,如果这样想,就要犯重大的错误。如果有一百个种类的种子或动物输入到一个岛,纵使这个岛的生物远不如不列颠的那样繁多,而能很好适应它的新家乡和归化的,大概不会多于一个种类。但在悠久的地质时期内,当那个岛正在隆起并且在那里没有繁多的生物栖息以前,对于偶然的输送方法的效果并不能作出有力的反对议论。在一个几乎是不毛的岛上,只有少数或者没有破坏性的昆虫或鸟类生存在那里,差不多每一粒偶然来到的种子,如果有适宜的气候,大概都会发芽和成活的。

在冰期中的散布

在被数百英里低地隔开的山顶上有许多相同的植物和动物,而高山种是不能在低地上生活的,这是即知的关于同一物种生活在相距很远的地点而彼此间显然没有可能从一处地方迁徙到另一处地方的最动人事例之一。在阿尔卑斯(Alps)或比利牛斯(Pvrenees)①的积雪区,和欧洲极北部分,有何等多的同种植物存在,这的确是值得注意的事实;但美国怀特山(White Mountains)②上的植物和拉布拉多(Labrador)的植物完全相同,阿萨·格雷说,它们和欧洲最高山上的植物也几乎完全相同,这

---

① 阿尔卑斯山横亘于欧洲中央而稍偏西南,主要山系在德、法、意、瑞诸国。比利牛斯山在法国与西班牙之间,多雪线以上之高峰。——译者
② 在加拿大哈得逊湾与圣罗连士湾之间,土地呈高原性,东部最高达1,800公尺。——译者

是更值得注意的。甚至早在1747年以前,这样的事实就使葛美伦(Gmelin)断言同一物种一定是在许多相距很远的地点被独立创造的;要不是阿加西斯和其他人士唤起了对于冰期的生物注意,我们也许要停留在这种信念里的。冰期,如我们以后就要讲到的,可给这等事实提供一个简单的解释。我们几乎有各种可以想象到的有机的和无机的证据来证明,在很近的地质时期内,欧洲中央部分和北美洲都是处于北极的气候之下的。苏格兰和威尔士的山岳用它们山腰的划痕、表面的磨光和带去的漂石,表明那里的山谷以前曾经充满了冰川,这比火后的房屋废墟更能清楚地说明以往的情形。欧洲气候的变化如此之大,以致在意大利北部古代冰川所留下的巨大冰碛上,现在已经长满了葡萄和玉蜀黍。在美国的大部分地方所看到的漂石和有划痕的岩石,明白地显示出从前那里有一个寒冷的时期。

从前冰期气候对于欧洲生物分布的影响,如福布斯所解释的,大致如下。但我们如果假定新冰期是慢慢来的,随后就像从前所发生的情形那样又慢慢地过去的,将会更容易地追踪这等变化。当寒冷到来,并且各个南方地带变得适于北方生物的时候,北方生物便会占据温带生物的从前地位。同时南方生物便会一步一步地南移,除非它们被障碍所阻挡,它们就要死亡。山上将会遮盖了雪和冰,从前的高山生物大概要降到平地来的。寒冷达到极点时,北极的动物群和植物群,便会布满欧洲的中央各地,向南一直可到阿尔卑斯和比利牛斯,甚至可以伸延到西班牙。现在美国的温带地区同样也会布满北极的植物和动物,而且它们和欧洲的那些植物和动物大概大致相同;因为我们假定曾向南方各地迁徙的现在北极圈的生物，在全世界都是显著一致的。

当温暖回转时，北极生物大概要向北退去，后面紧紧跟着的是更温和地区的生物。当山脚下的雪融解时，北极生物遂占据了这个清洁的融解的地方，温暖渐渐增加，雪渐渐向上方融解，它们也渐渐迁移到山上去，这时候它们的一部分兄弟们则启程北去。因此，到了温暖完全回转时，曾经共同生活在欧洲和北美洲低地的同种生物，又将再次见于"旧世界"和"新世界"的寒冷地区，以及相距很远的许多孤立的山顶上了。

这样，我们就能理解在非常远隔的各地，如北美和欧洲的高山，为什么许多植物是相同的。这样，我们还能理解为什么各个山脉的高山植物与其正北方或近乎正北方的北极类型更是特别地有关系；因为寒冷到来时的第一次迁徙以及温暖回转时的再迁徙，一般是向着正南和正北的。例如，苏格兰的高山植物，如沃森先生所说的，以及比利牛斯的高山植物，如雷蒙德（Ramond）所说的，更是和斯堪的纳维亚北部的植物特别地相似；美国的和拉布拉多的相似；西伯利亚山上的和俄国北极区的相似。因为这等观点是以从前确有的冰期为根据的，所以在我看来，它能极其满意地解释欧洲和美洲的高山植物以及寒带植物的现在分布状况；因此，当我们在其他地区发现同一物种生活在相距很远的山顶上，纵使没有其他证据，我们几乎也可以断定，较冷的气候从前曾经允许它们通过中间低地进行迁徙，而现在这个中间低地已变得太暖，不适于它们生存了。

因为北极类型随着气候的变化，起初向南方移动，后来再退回北方，所以它们在长途迁徙时，不会遇到任何重大不同的气候；

并且因为它们是集体迁徙的,所以它们的相互关系不会受到很大的扰乱。因此,按照本书所恳切说明的原理,这等类型将不会发生很大的变异。但高山生物当温暖回转的时候就被隔离了,起初在山脚下,最终在山顶上,其情形就有些不同了;因为所有相同的北极物种都留在彼此相距很远的山脉中,而且能在那里生存,是不可能的事情;它们还很可能和古代高山物种相混合,这些古代高山物种在冰期开始以前一定已经生长在山上,并且在最冷的时期一定会暂时地被驱逐到平地上来;它们还会受到多少不同的气候的影响。它们的相互关系在某种程度上会因此受到扰乱,结果它们就容易发生变异;而且它们确曾发生了变异;如果我们拿欧洲几个大山脉上的高山植物和动物来互相比较,虽然许多物种还是相同的,有些却成为变种,有些成为可疑的类型或亚种,更有一些成为代表各个山脉的密切近似的但不相同的物种了。

在上述例证里,我曾假定这想象的冰期开始时,环绕北极地方的北极生物就像它们今日那样地一致。但是还必须假定,许多当时全世界亚北极的和某些少数温带的类型,也是相同的,因为今日生存在北美洲和欧洲的平原上以及低坡上的某些物种也是相同的;可以质问:我怎样解释在真的冰期开始时全世界的亚北极类型和温带类型一致的程度。今日"旧世界"和"新世界"的亚北极带以及北温带的生物是被整个大西洋和北太平洋隔开了。冰期中,"旧世界"和"新世界"的生物居住在比现在的位置更向南,它们一定更加完全地被更加广阔的海洋隔开了;所以很可以质问:同一物种在当时或者以前怎么能够进入这两个大陆。我相信它的解释在冰期开始前的气候性质。在新上新世时期,世界上大多数生物在种别上和今日是相同的,并且我有可靠的理由相信当时的气候要比今日暖和些。因此,我们可以假定,今日生活在纬度六十度之下的生物,在上新世的期间却生活在纬度六十六到六十七度之间的北极圈下的更北方;而现在的北极生物当时则生活在还要接近北极的中断陆地上。现在我们看一看地球仪,就可知道在北极圈下,有差不多连续的陆地从欧洲西部通过西伯利亚一直到美洲东部。这种环极陆地的连续性,使生物在较适宜的气候下可以自由迁徙,于是"旧世界"和"新世界"的亚北极生物和温带生物在冰期以前的假定一致性,便可得到解释。

根据上面所讲的各种理由,可以相信我们的大陆虽然经过地面水平的巨大变动,但长久保持了几乎相同的相对位置,我极愿意引申上述观点,并作出如下推论,即在更早的和最热的时期,例如旧上新世的时期,大多数同样的植物和动物都是栖息在几乎连续的环极陆地上的;而且,无论"旧世界"或"新世界"的这等植物和动物,在冰期还没有开始的很久以前,随着气候的逐渐变冷,开始慢慢地南移。如我所相信的,我们在欧洲中部和美国可以看到大多数它们的后代已发生了变化。根据这种观点,我们就能理解为什么北美洲和欧洲的生物之间的关系很少是相同的,——如果考虑到两个大陆的距离以及它们被整个大西洋所隔开,就可以知道这是一个高度值得注意的关系。我们还能进一步理解某些观察者所提出的一件奇异的事实:第三纪末期的欧洲和美洲的生物之间的相互关系比起今日更为密切;因为在这等比较温暖的时期,"旧世界"和"新世界"的北部差不多被陆地连接在一起,可以作为一个桥梁供两处生物的迁徙,后来由于寒冷,这个桥梁就不能通行了。

在上新世的温度慢慢降低的期间，栖息在"新世界"和"旧世界"的共同物种即向北极圈以南迁徙，此后它们相互之间就要完全隔绝。就更温暖地方的生物来说，一定在很久的时期以前就发生了这种隔离。当这种植物和动物向南迁移的时候，就会在一处大地区与美洲土著生物相混合，而且势必和它们相竞争；在另一处大地区则和"旧世界"的生物相混合，而且也势必和它们相竞争。结果，各种事情都有利于它们发生大量变异——远比高山植物发生的变异为大，因为高山植物仅在极其近代的期间内被隔离在欧洲和北美洲的若干山脉上和北极陆地上。因此，当我们比较"新世界"和"旧世界"的温带地区的现存生物时，我们只找到很少数相同的物种（虽然阿萨·格雷最近指出两地植物相同的情况比从前料想的为多），但我们在每一个大纲里可以找到许多类型，某些博物学者把它们列为地理族，另外一些博物学者则把它们列为不同的物种；还有大量密切近似的或代表的类型被一切博物学者列为不同的物种。

陆地上如此，海里也是这样，海栖动物群在上新世，甚至在更早的期间沿着北极圈的连续岸边几乎一致地向南迁徙，根据变异的学说，便可解释今日完全隔离的海洋里生活的类型何以密切近似。这样，我想我们便能理解在温暖的北美洲东西两岸的至今仍然生存的和已经绝灭的类型之间的关系何以密切近似；我们还能理解更值得注意的一个事实，即栖息在地中海和日本海的许多甲壳类（如代那的可称赞的著作所描述的）、某种鱼类以及其他海栖动物的密切近似关系，——地中海和日本海今日已被整个的大陆和海洋的广大空间所隔开了。

现在或者先前栖息在北美洲东西两岸沿海的、地中海和日本海的以及北美洲和欧洲的温带陆地的物种之间的密切关系，是不能用创造学说来解释的。我们不能说，该地的物理条件是相似的，因而创造出来的物种也是相似的；因为，比方我们把南美洲的某些部分和南非洲或澳洲的某些部分加以比较，我们便知道这些地方的一切物理条件都是密切相似的，但它们的生物却完全不相似。

北方和南方的冰期交替

我们必须回到更直接的问题。我相信福布斯的观点大可扩展。在欧洲，从不列颠西海岸到乌拉尔(Oural)山脉，并且南到比利牛斯山，我们看到冰期的最明显的证据。根据冰冻的哺乳动物和山岳植被的性质，我们可以推论西伯利亚也曾受过相似的影响。胡克博士说，在黎巴嫩(Lebanon)①，从前有常年的积雪盖满了中脊，并且从此处出发的冰川下泻到四千英尺的山谷里。这位观察者最近在非洲北部的阿特拉斯(Atlas)②山脉低处发现了大冰碛。沿着喜马拉雅山，在距离那里九英里的各地，冰川留下了它们从前下泻的痕迹；胡克博士在锡金(Sikkim)看到过玉蜀黍生长在古代的巨大的冰碛上。亚洲大陆南的赤道那一边，根据哈斯

---

① 在亚洲西部，为叙利亚的一个山脉，高达 2,750 公尺。——译者
② 为非洲北部的大山脉，自摩洛哥的大西洋岸，绵延至东方突尼斯海岸。——译者

特博士(Dr.J.Haast)和海克托博士(Dr.Hector)的优秀研究,我们知道在新西兰从前曾有过巨大的冰川流到低地;胡克博士在这个岛上的隔离很远的山上发现有同样的植物,也说明了在那里从前曾经有过一段寒冷时期。根据克拉克牧师(Rev.W.B.Clark)写信告诉我的事实,澳洲东南角的山上显然也有从前冰川活动的痕迹。

看一看美洲;在它的北半部大陆的东侧,南至纬度36度—37度处,曾发现由冰川带来的岩石碎片,在气候已经发生了很大变化的太平洋沿岸,南至纬度46度的地方也有这样发见。在落基山(Rocky Mountains)上也曾看到过漂石。在近赤道之下的南美科迪勒拉山,冰川曾经一度远远扩张到它们今日的高度以下。我在智利的中部调查过一个含有大漂石的巨大岩屑堆,横穿泡地罗(Portillo)山谷,在那里无疑曾经一度形成过巨大的冰碛;而且福布斯先生告诉我说,他在南纬13度到30度之间的科迪勒拉山的高约一万二千英尺的各地,发现了一些沟痕很深的岩石以及含有凹槽的小砾石的大岩屑堆,这些与他在挪威所习见者相类似。在科迪勒拉的这整个的区域内,甚至极高之处,今日也没有真正的冰川存在了。在这个大陆两边的更南方,从南纬41度到最南端,有无数的漂石都是从遥远的原产地运来的,在这里我们可以找到从前冰川活动的最明显的证据。

由于冰川的活动曾经扩展到南北两半球的全部——由于南北两半球的冰期按照地质学的意义来说都是属于近代的——由于南北两半球的冰期极其长久的持续,这是可以由它所发生的影响量推论出来的——最后,由于冰川最近曾沿科迪勒拉山全线下降至地平线——由于这几种事实，我在以前一个时期曾以为我们不可避免地要做出如下结论，即全世界的温度，在冰期曾经同时降低。但目前克罗尔先生在一系列可称赞的文章里曾企图说明，气候的结冰状态是各种物理原因的结果，而这等原因是由于地球轨道的离心性的增大才发生作用。所有这些原因都会导致同样的结果；但是，最有力的，似乎是轨道的离心性作用对于海流的间接影响。据克罗尔先生说，每一万年或一万五千年，寒冷时期会规则地循环；每隔长久的间歇时期，寒冷因为某些偶发事件，是极端严酷的；偶然事件中最重要的，如莱尔爵士所指出的，是水陆的相对位置。克罗尔先生相信最近的一次大冰期是在二十四万年以前，并且持续了约六万年，其间气候仅有微小的变化。关于更古的冰期，某些地质学者根据直接的证据，相信它们曾经出现在中新世和始新世的地质层，至于更古的地质层就不必提了。但是克罗尔先生得到的结果，对于我们最重要的是，当北半球经过寒冷时期的时候，南半球的温度主要由于海流方向的改变，实际上是升高了，它的冬季气候是很暖和的。反之，当南半球经过冰期的时候，北半球也是如此。这一结论非常有助于说明地理分布问题，所以我坚决地倾向于相信它；但我首先举出一些需要解释的事实。

在南美洲，胡克博士曾阐明，火地的显花植物（它们在该地贫乏的植物群中构成了不小的部分）除去许多密切近似的物种之外，有四十到五十种和相距辽远的，且处于另一半球内的北美洲和欧洲的植物相同。在赤道下的美洲高山上，生有大群属于欧洲属的特殊物种。在巴西的阿更山（Organ Mountains）山上，加得纳(Gardner)看到少数温带欧洲的属,一些南极的属,以及一些安第斯山(Andean)的属,这些属并不生于低下的中间热带地方。在加拉加斯(Caraccas)的西拉(Silla),著名的洪堡很久以前就发见了属于科迪勒拉山的特有属的物种。

在非洲的阿比西尼亚的山上,有若干欧洲的特有物种以及好望角的植物群的少数代表。在好望角,有很少数的欧洲物种可以相信不是人为引进去的,并且在山上有若干不见于非洲热带地方的若干欧洲代表类型。胡克博士近年也曾阐明,几内亚湾(Gulf of Guinea)①内极高的费尔安多波(Fernando Po)岛的高地上以及邻近的喀麦隆山(Cameroon Mountains)②上的若干植物,与阿比西尼亚山上的以及温带欧洲的植物之间的关系是密切的。我听胡克博士说,洛牧师在佛德角群岛(Cape Verde)③上发见了这些温带植物。同样的温带类型差不多在赤道之下横穿非洲的整个大陆,一直扩张到威德角群岛的山上。自有植物分布记载以来,这是最惊人的事实之一。

在喜马拉雅山和印度半岛的与外界隔离的山脉上,在锡兰的高地上,以及在爪哇的火山顶上,生有完全相同的、或彼此代表的、并且同时代表欧洲的、但不见于中间炎热低地的许多植物。在爪哇的高峰上所采集的各属植物的目录,竟是欧洲小丘上采集物的一幅图画!还有更动人的事实,是生在婆罗洲山顶上的某些

---

① 在非洲西海岸。——译者
② 为西非最高之山地,海拔 2,500 公尺。——译者
③ 在非洲大陆的最西端,位于西经十七度三十五分,北纬十四度四十三分。——译者

植物竟代表特殊的澳洲类型。某些这等澳洲类型，我听胡克博士说，沿着马六甲高地扩张出去，一面稀疏地散布在印度，一面向北去，直到日本。

在澳洲南方的山上，米勒博士曾发见过若干欧洲的物种；不是人为引进去的其他物种则生长在低地；胡克博士告诉我，见于澳洲的但不见于中间炎热地方的欧洲植物属可以被列成一个长的目录。在胡克博士的那部可称赞的《新西兰植区系概论》里，关于该大岛的某些植物也举出了类似的和动人的事实。因此，我们知道某些生长在世界各地热带的较高的高山上的植物，以及生长在南北温带平原上的植物，不是同一物种，就是同一物种的变种。然而必须注意，这等植物不是严格的北极类型；因为照沃森先生说，"从北极退向赤道，高山植物群或山岳植物群实际上逐步减少了北极的性质"。除却这等同一的和密切近似的类型外，还有许多生长在同样远隔地域的物种，属于现在中间热带低地所没有的属。

这些简单的叙述只适用于植物；但是在陆栖动物方面，也可举出少数类似的事实。海栖动物中也有同样的情形；我愿援引最高权威代拿教授的一段叙述作为例子，他说"新西兰和大不列颠正处在地球上正相反对的位置，但是这两处地的甲壳类的密切相似，甚于世界的其他任何部分，这的确是一件可惊的事实"。理查森爵士也说，在新西兰，塔斯马尼亚（Tasmania）[①]等海岸，有北方的鱼重现。胡克博士告诉我说，新西兰和欧洲有二十五个藻类的

---

① 在澳大利亚大陆的东南，中隔巴斯海峡，与澳大利亚大陆相对。——译者

物种是共通的，但它们不曾见于中间的热带海中。

根据上述事实——即在横穿整个赤道非洲的高地上，沿着印度半岛直到锡兰和马来群岛，以及在并不如此显著地横穿热带南美洲的广大地面上，都有温带类型的存在，差不多可以确定：在从前的某一时期，无疑是在冰期的最严酷的期间，曾有相当数量的温带类型借住在这等大陆的赤道区域的各处低地。在这一时期，在海平面上的赤道地带气候大概和现在同纬度的五千英尺到六千英尺高处的气候差不多相同，甚至还要冷些。在最冷的时期，赤道区域的低地一定遮盖混生的热带植被和温带植被，就像胡克所描述的繁生在喜马拉雅山高四千英尺到五千英尺的低坡上的植物一样，不过温带类型大概占有较大的优势。还有，曼先生（Mr.Mann）在几内亚湾中的费尔安多波的多山岛上，发现了温带欧洲的类型开始出现在约五千英尺的高处。在巴拿马的山上，西曼博士（Dr.Seemann）只在两千英尺的高处发现了和墨西哥植被一样的植被，他说，"热带的类型和谐地与温带类型相混合"。

现在让我们看一看克罗尔先生的结论——当北半球遭遇到大冰期的极端寒冷的时候，南半球实际上要比平时暖和些；这一结论是否对于今日显然不能解释的两半球的温带地方和热带山岳上的各种生物的分布，给予任何明白的解释。冰期，如用年代来计算，必然是极长久的；我们如果记得某些归化的植物和动物在数世纪内曾经分布到何等广大的空间，那么，这一时期对于任何数量的迁徙将是绰绰有余的。当寒冷渐渐增强的时候，我们知道北极类型便侵入了温带地方；并且从刚才所举出的事实看来，某些较强壮的、优势的、分布最广的温带类型无疑会侵入赤道地带的低地。这等炎热的低地生物同时会移往南方的热带和亚热带地区,因为南半球在这个时期是比较温热的。当冰期将要完结的时候,因为两半球渐渐恢复了从前的温度,所以生活在赤道下的低地的北温带类型遂被驱逐到从前的家乡,或者被毁灭,而由从南方回来的赤道地带类型所代替。然而,有些北温带类型几乎肯定会登上任何邻近的高地,假如这地方有足够的高度,它们就会像欧洲山岳上的北极类型那样地长久生存在那里。甚至气候不完全适合于它们,它们也会生存的,因为温度的变化一定是很缓慢的,而植物又确有驯化的一定能力,它们把抵抗寒暑的不同的体力传递给后代的事情说明了这一点。

　　按照事情的正规进行,当轮到南半球蒙受严酷的冰期时,北半球大概要变得温暖些,于是南方的温带类型便会侵入赤道地带的低地。以前留在山上的北方类型现在就要走下山来而与南方类型混合在一起。南方类型到温暖回转时,仍然要回到从前的家乡,留下少数的物种在山上,并且携带着某些曾经从山上险要处走下来的北温带类型,一起走向南方。这样,我们就会在南北温带以及在中间热带地区高山上看到少数完全相同的物种。但是在这等山上或者相反半球上长久留下来的物种,是必须与许多新类型相竞争,并且会暴露在多少不同的物理条件之下;因此它们就会显著地易于变化,并在今日一般都作为变种或代表种而存在;实际的情形就是这样。我们还需记住,以前的冰期在两半球曾经几度出现;因为这就可以依据同样原理来解释许多十分不同的物种栖息在同样的远隔地域上,而且它们隶属于现今在中间炎热地带见不到的属。

关于美洲，胡克坚决主张，关于澳洲，得康多尔坚决主张，相同的或稍微变异了的物种从北向南的迁徙，多于从南向北的迁徙，这是一件值得注意的事实。然而，我们在婆罗洲和阿比西尼亚的山上还看到南方的类型。我猜想这种偏重于从北向南的迁徙，是由于北方陆地范围较大，并且由于北方类型在其故乡生存的数量较多，结果，通过自然选择和竞争，它们便较南方类型的完善化的阶段较高，即占有优势的力量。这样，在冰期的交替期间，当两群生物在赤道的地区相混合时，北方类型就较有力量，能够保持山上的位置，并且以后能和南方类型一同南移；但南方类型对于北方类型并不能做到这样。今日还有这种情形，我们看到很多的欧洲生物布满在拉普拉塔、新西兰，并且较小程度地布满在澳洲，而且打败了那里的土著生物；然而，近二世纪或三世纪从拉普拉塔，近四十年或五十年从澳洲，虽然有容易附着种子的兽皮、羊毛以及其他媒介物大批地输入到欧洲，但是在北半球任何地方归化的南方类型却为数极少。不过印度的尼尔盖利山（Neilgherrie Mountains）提供了局部的例外；因为我听到胡克博士说，澳洲类型在那里迅速地繁殖了，而且归化了。在最后的大冰期以前，无疑地，热带山上一定充满了特有的高山类型；但是这等类型几乎到处都被在北方的较大地区和较完备的生物工厂中产生出来的更占优势的类型压倒了。在许多岛上，土著生物和外来的归化生物差不多数目相等，甚至已居少数；这是它们走向绝灭的第一阶段。山是陆地上的岛，山上的生物已屈服于在北方较大地域内产生出来的生物，这真像岛上生物已屈服于并继续屈服于由人力而归化的大陆生物。

同样的原理可以适用于北温带、南温带以及热带山上的陆栖动物和海栖生物的分布。在冰期的鼎盛期间,当海流和现在很不相同时,有些温带海洋的生物可能到达了赤道;其中的少数大概能乘着寒流立刻再向南迁徙,而其他则停留在和生存在较冷的深处中,直到南半球遇到冰期的气候时,它们才能更向前进;按照福布斯的意见,这种情形就和北极生物至今仍栖息于北方的温带海洋深处的孤立地方几乎是一样的。

我远非设想,今日生活在隔离得如此遥远的南方和北方,并且有时生活在中间山脉上的同一物种和近似物种的亲缘及其分布的所有难点,都可用上述观点来消除。我们还不能指出迁徙的精确路线。我们不能说明为什么某些物种迁徙了,而其他物种没有迁徙;为什么某些物种变异了并且产生了新类型,而其他物种却依然保持不变。直到我们能说明,为什么某一物种能够借人力在异乡归化,而其他物种不能如此;为什么某一物种比其家乡的另一物种分布得远至二倍或三倍,而且多至二倍或三倍,否则我们就不能希望解释上述事实。

还有各种特别的难点留待解决;例如,胡克博士所阐明的,在凯尔盖朗岛(Kerguelen Land)、新西兰和富其亚(Fuegia)这样辽远的地点,生长着同样的植物;但按照莱尔的意见:冰山大概对于这些植物的分布有关系。在南半球的这等地方以及其他远隔地方生存的物种,虽然是不同的,但却完全属于南方的属,这是一个更值得注意的情形。有些物种是如此地不同,以致我们不能设想,自从最近的冰期开始以来,有足够的时间可供它们迁徙和此后进行必要程度的变异。这种事实似乎指明了同属的不同物种是从一个共同的中心点向四面八方迁徙的；并且我以为在南半球和在北半球一样，在最近的冰期开始以前，曾有一个比较温暖的时期，那时候，现在被冰覆盖着的南极地方，支持了一个高度特殊而孤立的植物群。可以设想，在最近冰期内这个植物群没有被消灭之前，少数类型由于偶然的输送方法以及由于现今已沉没了的岛屿作为歇脚点的帮助，就已经在南半球的各处地方广阔地散布开了。这样，美洲的、澳洲的和新西兰的南岸，大概会稍微沾染上这种生物的特殊类型。

莱尔爵士在一篇动人的文章里，用着和我几乎一样的说法来推论全世界气候的大转变对于地理分布的影响。并且我们现在又看到克罗尔先生的结论——一个半球上的连续冰期和对面半球上的温暖期是一致的——和物种缓慢变化的观点一起解释了相同的或相似的生物类型分布在地球各处的许多事实。生命的水流在一个时期，从北向南流，在另一个时期，则从南向北流，在两种情形下都曾流到赤道。但是生命的水流自北流者，其力量较大于自南流者，结果它就能比较自由地在南方泛滥。因为潮水沿着水平线把漂流物留下，它们在潮水最高的岸边继续上升，所以生命的水流沿着从北极低地到赤道下的高地这一条徐徐上升的线上把漂留的生物留在我们的山顶上。这样搁浅留下来的生物可以和人类的未开化种族相比拟，他们被驱逐到并且生存在差不多各处的山间险要之处，这些地方就是我们感到兴趣的一种记录，表明周围低地居住者的既往状态。

第十三章 地理分布(续前)

淡水生物的分布——论海洋岛上的生物——两栖类和陆栖哺乳类的不存在——岛屿生物与最近大陆上生物的关系——从最近原产地移来的生物及其以后的变化——前章和本章的提要。

淡 水 生 物

因为湖泊和河流系统被陆地障碍物所隔开,所以大概会想到淡水生物在同一地区里不会分布很广,又因为海是更加难以克服的障碍物,所以大概会想到淡水生物不会扩张到遥远的地区。但是情形恰恰相反。不但属于不同纲的许多淡水物种有广大的分布,而且近似物种也以可惊的方式遍布于世界。当第一次在巴西各种淡水中采集生物时,我记得十分清楚,我对于那里的淡水昆虫、贝类等与不列颠的很相似而周围陆栖生物与不列颠的很不相似,感到非常惊奇。

但是,关于淡水生物广为分布的能力,我想在大多数情形里可以做这样的解释:它们以一种高度对自己有用的方式变得适合于在它们自己的地区里从一池塘、从一河流到另一河流经常进行短距离的迁徙；从这种能力发展为广远的分布将是近乎必然的结果。我们在这里只能考虑少数几个例子；其中最不容易解释的是鱼类。以前相信同一个淡水物种永远不能在两个彼此相距很远的大陆上存在。但是京特博士最近阐明，南乳鱼（Galaxias attenuatus）栖息在塔斯马尼亚、新西兰、福克兰岛和南美洲大陆。这是一个奇异的例子，它大概可以表示在从前的一个温暖时期里这种鱼从南极的中心向外分布的情形。可是由于这一属的物种也能用某种未知的方法渡过距离广远的大洋，所以京特的例子在某种程度也就不算稀奇了：例如，新西兰和奥克兰诸岛（Auckland Islands）[①]相距约230英里，但两地都有一个共同的物种。在同一大陆上，淡水鱼常常分布很广，而且变化莫测；因为在两个相邻的河流系统里有些物种是相同的，有些却完全不相同。

淡水鱼类大概由于所谓的意外方法而偶然地被输送出去。例如，鱼被旋风卷起落在遥远的地点还是活的，并不是很稀有的事；并且我们知道卵从水里取出来以后经过相当长的时间还保持它们的生活力。尽管如此，它们的分布主要还应归因于在最近时期里陆地水平的变化而使河流得以彼此流通的缘故。还有，河流彼此相流通的事也发生在洪水期中，这里却没有陆地水平的变化。大多数连续的山脉自古以来就必定完全阻碍两侧河流汇合在一起，两侧鱼类的大不相同，也导致了相同的结论。有些淡水鱼属于很古的类型，在这等情形下，对于巨大的地理变化就有充分的时间，因而也有充分的时间和方法进行大量的迁徙。再者，

---

① 在新西兰的北方。——译者

京特博士最近根据几种考察，推论出鱼类能够长久地保持同一的类型。如果对于咸水鱼类给予小心的处理，它们就能慢慢地习惯于淡水生活；按照法伦西奈（Valenciennes）的意见，几乎没有一类鱼，其一切成员都只在淡水里生活，所以属于淡水群的海栖物种可以沿着海岸游得很远，并且变得再适应远地的淡水，大概也不甚困难。

淡水贝类的某些物种分布很广，并且近似的物种也遍布全世界，根据我们的学说，从共同祖先传下的近似物种，一定是来自单一源流。它们的分布情况起初使我大惑不解，因为它们的卵不像是能由鸟类输送的；并且卵与成体一样，都会立刻被海水杀死。我甚而不能理解某些归化的物种怎样能够在同一地区里很快地分布开去。但是我所观察的两个事实——无疑其他事实还会被发现——对于这一问题提供了一些说明。当鸭子从盖满浮萍（duckweed）的池塘突然走出时，我曾两次看到这些小植物附着在它们的背上；并且曾经发生过这样的事情：把一些浮萍从一个水族培养器移到另一个水族培养器里时，我曾无意中把一个水族培养器里的贝类移入到另一个。不过还有一种媒介物或者更有效力：我把一只鸭的脚挂在一个水族培养器里，其中有许多淡水贝类的卵正在孵化；我找到许多极端细小的、刚刚孵化的贝类爬在它的脚上，并且是如此牢固地附着在那里，以致脚离开水时，它们并不脱落，虽然它们再长大一些就会自己落下的。这些刚刚孵出的软体动物虽然在它们的本性上是水栖的，但它们在鸭脚上，在潮湿的空气中，能活到十二至二十小时；在这样长的一段时间里，鸭或鹭鸶（heron）至少可以飞行六百或七百英里；如果它们被风吹过海面到达一个海洋岛或其他遥远的地点,必然会降落在一个池塘或小河里。莱尔爵士告诉我,他曾捉到一只龙虱(Dytiscus),有盾螺(Ancylus,一种像蜮〔limpet〕的淡水贝)牢固地附着在它的上面;并且同科的水甲虫细纹龙虱(Colymbetes),有一次飞到比格尔号船上,当时这只船距离最近的陆地是四十五英里:没有人能够说,它可以被顺风吹到多远。

关于植物,早就知道很多淡水的,甚至沼泽的物种分布得非常之远,在大陆上并且在最遥远的海洋岛上,都是如此。按照得康多尔的意见,含有很少数水栖成员的陆栖植物的大群显著地表现了这种情形;因为它们似乎由于水栖,便立刻获得了广大的分布范围。我想,这一事实可以由有利的分布方法得到说明。我以前说过少量的泥土有时会附着在鸟类的脚上和喙上。涉禽类经常徘徊池塘的污泥边缘,它们如果突然受惊飞起,脚上大概极可能带着泥土。这一目的鸟比任何其他目的鸟漫游更广;它们有时来到最遥远的和不毛的海洋岛上;它们大概不会降落在海面上,所以,它们脚上的任何泥土就不致被洗掉;当到达陆地之后,它们必然会飞到它们的天然的淡水栖息地。我不相信植物学者能体会到在池塘的泥里含有何等多的种子;我曾经做过几个小试验,但是在这里只能举出一个最动人的例子:我在二月里从一个小池塘边的水下三个不同地点取出三调羹污泥,在干燥以后只有六又四分之三盎司重;我把它盖起来,在我的书房里放了六个月,当每一植株长出来时,把它拔出并加以计算;这些植物属于很多种类,共计有 537 株;而那块黏软的污泥在一个早餐杯里就可以盛下了!考虑到这等事实,我想,如果水鸟不把淡水植物的种子输送到遥远地点的、没有生长植物的池塘和河流，倒是不能解释的事情了。这同样的媒介对于某些小型淡水动物的卵大概也会有作用的。

其他未知的媒介大概也发生过作用。我曾经说过淡水鱼类吃某些种类的种子，虽然它们吞下许多别的种子后再吐出来；甚至小的鱼也会吞下相当大的种子，如黄睡莲和眼子菜属（Potamogeton）的种子。鹭鸶和别的鸟，一个世纪又一个世纪地天天在吃鱼；吃了鱼之后，它们便飞起，并走到别的水中，或者被风吹过海面；并且我们知道在许多小时以后随着粪便排出的种子，还保持着发芽的能力。以前当我看到那精致的莲花（Nelumbium）的大型种子，又记得得康多尔关于这种植物分布的意见时，我想它的分布方法一定是不能理解的；但是奥杜旁说，他在鹭鸶的胃里找到过南方莲花（按照胡克博士的意见，大概是大型北美黄莲花〔Nelumbium luteum〕）的种子。这种鸟必然常常在胃里装满了食物以后又飞到远方的池塘，然后饱吃一顿鱼，类推的方法使我相信，它会把适于发芽状态的种子在成团的粪中排出。

当考察这几种分布方法时，应该记住，一个池塘或一条河流，例如，在一个隆起的小岛上最初形成时，其中是没有生物的；于是一粒单个的种子或卵将会获得成功的良好机会。在同一池塘里的生物之间，不管生物种类怎样少，总有生存斗争，不过甚至充满生物的池塘的物种数目与生活在相同面积的陆地上的物种数目相比，前者总是少的，所以，它们之间的竞争比陆栖物种之间的竞争就较不剧烈；结果外来的水生生物的侵入者在取得新的位置上比陆上的移居者有较好的机会。我们还应记住，许多淡水生物在自然系统上是低级的，而且我们有理由相信，这样的生物比高等生物变异较慢；这就使水栖物种的迁徙有了时间。我们不应忘记，许多淡水类型从前大概曾经连续地分布在广大面积上，然后在中间地点绝灭了。但是淡水植物和低等动物，不论它们是否保持同一类型或在某种程度上变化了，其分布显然主要依靠动物，特别是依靠飞翔力强的，并且自然地从这一片水飞到另一片水的淡水鸟类把它们的种子和卵广泛散布开去。

论海洋岛上的生物

不但同一物种的一切个体都是由某一地区迁徙出来的，而且现在栖息在最遥远地点的近似物种也都是由单一地区——即它们早期祖先的诞生地迁徙出来的，根据这一观点，我曾选出有关分布的最大困难的三类事实，现在对其中的最后一类事实加以讨论。我已经举出我的理由，说明我不相信在现存物种的期间内，大陆曾有过如此巨大规模的扩展，以致这几个大洋中的一切岛屿都曾因此充满了现在的陆栖生物。这一观点消除了很多困难，但是与有关岛屿生物的一切事实不相符合。在下面的论述中，我将不限于讨论分布的问题，同时也要讨论到与独立创造学说和伴随着变异的生物由来学说之真实性有关的某些其他情形。

栖息在海洋岛上的一切类别的物种在数量上与同样大小的大陆面积的物种相比是稀少的：得康多尔在植物方面，沃拉斯顿在昆虫方面，都承认了这个事实。例如，有高峻山岳和多种多样地形的，而且南北达780英里的新西兰，加上外围诸岛奥克兰、坎贝尔(Campbell)和查塔姆(Chatham)[①]一共也不过只有960种显花植物；如果我们把这种不大的数目，与繁生在澳洲西南部或好望角的同等面积上的物种相比较，我们必须承认有某种与不同物理条件无关的原因曾经引起了物种数目上的如此巨大差异。甚至条件一致的剑桥还具有847种植物，盎格尔西小岛具有764种，但是有若干蕨类植物和引进植物也包括在这些数目里，而且从其他方面讲，这个比较也不十分恰当。我们有证据可以说阿森松(Ascension)[②]这个不毛岛屿本来只有不到六种显花植物；可是现在有许多物种已在那里归化了，就像许多植物在新西兰和每一其他可以举出的海洋岛上归化的情形一样。在圣海伦那(St. Helena)，有理由相信归化的植物和动物已经几乎消灭了或者完全消灭了许多本地的生物。谁承认每一物种是分别创造的学说，就必须承认有足够大量数目的最适应的植物和动物并不是为海洋岛创造的；因为人类曾经无意识地使那些岛充满了生物，在这方面他们远比自然做得更加充分、更加完善。

虽然海洋岛上的物种数目稀少，但是特有的种类（即在世界上其他地方找不到的种类）的比例经常是极其大的。例如，如果我们把马德拉岛上特有陆栖贝类，或加拉帕戈斯群岛上的特有鸟类的数目与任何大陆上找到的它们的数目加以比较，然后把这等岛屿的面积与大陆的面积加以比较，我们将会看到这是真实的。这种事实在理论上是可以料想到的，因为，正如已经说明过的，物种经过长久的间隔期间以后偶然到达一个新的隔离地区，势必与

[①] 在南美洲加拉巴哥群岛中。——译者
[②] 在非洲西方之大西洋上，位于圣海伦那岛西北1,200公里。——译者

新的同住者进行竞争,极容易发生变异,并会常常产生出成群的变异了的后代。可是绝不能因为一个岛上的一纲的物种几乎是特殊的,就认为其他纲的一切物种或同纲的其他部分的物种也必然是特殊的;这种不同,似乎一部分由于没有变化的物种曾经集体地移入,所以它们彼此的相互关系没有受到多大扰乱;一部分由于没有变化过的物种经常从原产地移入,岛上的生物与它们进行了杂交。应该记住,这样杂交后代的活力一定会增强;所以甚至一个偶然的杂交也会产生比预料更大的效果。我愿举几个例子来说明上述论点:在加拉帕戈斯群岛上有26种陆栖鸟;其中有21(或者23)种是特殊的,而在11种海鸟里只有两种是特殊的;显然,海鸟比陆栖鸟能够更加容易地、更加经常地到达这些岛上。另一方面,百慕大(Bermuda)①和北美洲的距离,就像加拉帕戈斯群岛和南美洲的距离几乎一样,而且百慕大有一种很特殊的土壤,但它并没有一种特有的陆息鸟;我们从琼斯先生(Mr.J.M.Jones)写的有关百慕大的可称赞的报告中知道,有很多北美洲的鸟类偶然地或者甚至经常地来到这个岛上。据哈考特先生(Mr.E.V.Harcourt)告诉我,几乎每年都有很多欧洲的和非洲的鸟类被风吹到马德拉;这个岛屿有99种鸟栖息着,其中只有一种是特殊的,虽然它与欧洲的一个类型有密切的关系;三个或四个其他物种只见于这一岛屿和加那利群岛。所以,百慕大的和马德拉的诸岛充满了从邻近大陆来的鸟,那些鸟长久年代以来曾在那里进行了斗争,并且变得相互适应了。因此,定居在新的家乡以后,每

---

① 在北美洲纽芬兰岛之南海中,距纽约市1,083公里。——译者

一种类将被其他种类维持在它的适宜地点上和习性中,结果就不容易发生变化。任何变异的倾向,还会由于与常从原产地来的没有变异过的移入者进行杂交而受到抑制。再者,马德拉栖息着惊人数量的特殊陆栖贝类,但没有一种海栖贝类是这里的海洋所特有的;现在,虽然我们不知道海栖贝类是怎样分布的,可是我们能够知道它们的卵或幼虫,附着在海藻或漂浮的木材上或涉禽类的脚上,就能输送过三四百英里的海洋,在这一方面它们要比陆栖贝类容易得多。栖息在马德拉的不同目的昆虫表现了差不多平行的情形。

海洋岛有时缺少某些整个纲的动物,它们的位置被其他纲所占据;这样,爬行类在加拉帕戈斯群岛,巨大的无翼鸟在新西兰,便占有了或最近占有了哺乳类的位置。虽然新西兰在这里是被当作海洋岛论述的,但是它是否应该这样划分,在某种程度上还是可疑的;它的面积很大,并且没有极深的海把它和澳洲分开;根据它的地质的特性和山脉的方向,克拉克牧师最近主张,应该把这个岛以及新喀里多尼亚(New Caledonia)[①]视为澳洲的附属地。讲到植物,胡克博士曾经阐明,在加拉帕戈斯群岛不同目的比例数,与它们在其他地方的比例数很不相同。所有这些数量上的差异以及某些动物和植物的整个群的缺乏,一般都是用岛上的物理条件的假想差异来解释的;但是这种解释很值得怀疑。移入的便利与否似乎与条件的性质有同等的重要性。

关于海洋岛的生物,还有许多可注意的小事情。例如,在没

---

① 在澳大利亚大陆之东,位于美拉尼西亚群岛之最南。——译者

有一只哺乳动物栖息的某些岛上,有些本地的特有植物具有美妙的带钩种子;可是,钩的用途在于把种子由四足兽的毛或毛皮带走,没有比这种关系更加明显的了。但是带钩的种子大概可以由其他方法被带到一个岛上去;于是,那种植物经过变异,就成为本地的特有物种了,它仍然保持它的钩,这钩便成为一种无用的附属物,就像许多岛上的昆虫,在它们愈合的翅鞘下仍有皱缩的翅。再者,岛上经常生有树木或灌木,它们所属的目在其他地方只包括草本物种;而树木,依照得康多尔所阐明的,不管原因怎样,一般分布的范围是有限的。因此,树木极少可能到达遥远的海洋岛;草本植物没有机会能够与生长在大陆上的许多充分发展的树木胜利地进行竞争,因而草本植物一旦定居在岛上,就会由于生长得愈来愈高,并高出其他草本植物而占有优势。在这种情形下,不管植物属于哪一目,自然选择就有增加它的高度的倾向,这样就使它先变成灌木,然后变成乔木。

两栖类和陆栖哺乳类不见于海洋岛上

关于海洋岛上没有整目的动物的事,圣樊尚很久以前就曾说过,大洋上点缀着许多岛屿,但从未发现有两栖类(蛙、蟾蜍、蝾螈)。我曾煞费苦心地企图证实这种说法,发见除了新西兰、新喀里多尼亚、安达曼(Andaman Island)诸岛,或者还有所罗门(Salomon)和塞舌尔(Seychelles)诸岛[①]以外,这种说法是对的。但是

---

① 在印度洋中毛里求斯岛北 1,512 公里。——译者

我曾经说过新西兰和新喀里多尼亚是否应该被列为海洋岛，还可怀疑；至于安达曼、所罗门诸岛以及塞舌尔是否应该列为海洋岛，就更值得怀疑了。那么多的真正海洋岛上一般都没有蛙、蟾蜍和蝾螈，是不能用海洋岛的物理条件来解释的；诚然，岛屿似乎特别适于这类动物；因为蛙曾经被带进马德拉、亚速尔和毛里求斯去，它们在那里大量繁生，以致成为可厌之物。但是因为这类动物和它们的卵遇到海水就立刻死亡（据我们所知道的，有一个印度的物种是例外），它们很难输送过海，所以我们可以知道它们为什么不存在于真正的海洋岛上。但是，它们为什么不在那里被创造出来，按照特创论就很难解释了。

哺乳类提供了另一种相似的情形。我曾仔细地寻找最古老的航海记录，并没有找到过一个毫无疑问的事例可以表示陆栖哺乳类（土人饲养的家畜除外）栖息在离开大陆或大的陆岛300英里以外的岛屿上；在许多离开大陆更近的岛屿上也同样没有。福克兰群岛有一种似狼的狐狸，极像是一种例外；但是这群岛屿不能看作是海洋岛，因为它位于与大陆相连的沙洲上，其距离约280英里；还有，冰山以前曾把漂石带到它的西海岸，它们以前也可能把狐狸带过去，这在北极地区是经常有的事。可是并不能说，小岛不能养活至少是小的哺乳类，因为它们在世界上许多地方生活在靠近大陆的小岛上；并且几乎不能举出一个岛，我们的小型四足兽不能在那里归化并大大地繁生。按照特创论的一般观点，不能说那里没有足够的时间来创造哺乳类；许多火山岛是十分古老的，从它们遭受过的巨大陵蚀作用以及从它们第三纪的地层可以看出；那里还有足够的时间来产生出本地所特有的、属于其他纲的物种；我们知道，哺乳动物的新物种在大陆上比其他低于它们的动物以较快的速率产生出来和消灭掉。虽然陆栖哺乳类不见于海洋岛，空中哺乳类却几乎在每一岛上都有。新西兰有两种在世界其他地方找不到的蝙蝠：诺福克岛（Norfolk Island）①、维提群岛（Viti）②、小笠原群岛（Bonin）③、加罗林和马利亚纳群岛（Marianne）④、毛里求斯，都有它们的特产蝙蝠。可以质问：为什么那假定的创造力在遥远的岛上产生出蝙蝠而不产生出其他哺乳类呢？根据我的观点这个问题是容易解答的；因为没有陆栖动物能够渡过海洋的广阔空间，但是蝙蝠却能飞过去。人们曾经看到蝙蝠在白天远远地在大西洋上飞翔；并且有两个北美洲的蝙蝠或者经常地或者偶然地飞到离开大陆600英里的百慕大。我从专门研究这一科动物的汤姆斯先生（Mr. Tomes）那里听到，这一科的许多物种具有广大的分布范围，并且可以在大陆上和遥远的岛上找到它们。因此，我们只要设想这类漫游的物种在它们的新家乡由于它们的新位置而发生变异就可以了，并且我们由此就能理解，为什么海洋岛上虽有本地的特有蝙蝠，却没有一切其他陆栖哺乳类。

　　还有一种有趣的关系，就是把岛屿彼此分开或把岛屿与最近大陆分开的海水深度和它们哺乳类亲缘关系的程度之间有一定的关系。埃尔先生（Mr. Windsor Earl）对这个问题做过一些动人

---

① 在太平洋南部，新西兰的北面。——译者
② 属大洋洲美拉尼西亚，位于澳大利亚雪梨之东北 3,060 公里，新西兰之北 1,930 公里。——译者
③ 即 Ogasawara，在日本之东南太平洋中，位于伊豆群岛之南。——译者
④ 属大洋洲密克罗尼西亚，在加罗林群岛之北。——译者

的观察,以后又被华莱士先生在大马来群岛所做的可称赞的研究大大扩展了,马来群岛以一条深海的空间与西里伯斯(Celebes)①相邻,这条深海分隔出两个十分不同的哺乳类世界。在这些岛的任何一边的海都是相当浅的,这些岛有相同的或密切近似的四足兽栖息着。我还没有时间来研究这个问题在世界一切地方的情形;但是据我研究所及,这种关系是正确的。例如,不列颠和欧洲被一条浅海隔开,两方面的哺乳类是相同的;靠近澳洲海岸的一切岛屿情形也是这样。另一方面,西印度诸岛位于很深的沙洲上,其深度几达 1,000 英寻,在那里我们找到美洲的类型,但是物种甚至属却十分不同。因为一切种类的动物所发生的变化量一部分取决于时间的长短;又因为由浅海隔离的或与大陆隔离的岛屿比由深海隔离的岛屿更有可能在近代连成一片,所以我们能够理解,在隔离两个哺乳类动物群的海水深度和它们的亲缘关系的程度之间存在着怎样的关系——这种关系根据独立创造的学说是十分讲不通的。

以上是关于海洋岛生物的叙述——即,物种数目稀少,本地的特有类型占有多数——某些群的成员发生变化,而同一纲的其他群的成员并不发生变化——某些目,如两栖类和陆栖哺乳类,全部缺如,虽然能飞的蝙蝠是存在的——某些植物目表现特别的比例——草本类型发展成乔木,等等——对这些问题的解释有两种信念,一是认为在悠久过程中偶然输送的方法是有效的,另一认为一切海洋岛以前曾和最近大陆联结在一起,在我看来,前者

---

① 在太平洋西部,位于南洋群岛中巽他群岛之最东。——译者

比后者更加符合实际情况。因为按照后一观点,大概不同的纲会更一致的移入,同时因为物种是集体地移入的,它们的相互关系就不会受大的扰乱,结果它们或者都不发生变化,或者一切物种以比较相同的方式发生变化。

比较遥远岛屿上的生物(或者仍旧保持同一物种的类型或者以后发生变化)究竟有多少曾经到达它们现在的家乡,对这一问题的理解,我不否认是存在许多严重难点的。但是,绝不能忽视,其他岛屿曾经一度作为歇脚点,而现在可能没有留下一点遗迹,我愿详细说明一个困难的例子。几乎一切海洋岛,甚至是最孤立的和最小的海洋岛,都有陆栖贝类栖息着,它们一般是本地特有的物种,但有时是其他地方也有的物种——在这方面古尔德博士曾举出一个太平洋的动人例子。众所周知,陆栖贝类容易被海水杀死;它们的卵,至少是我试验过的卵,在海水里下沉并且被杀死了。可是一定还有某些未知的偶然有效的方法来输送它们。刚孵化的幼体会不会有时附着于栖息在地上的鸟的脚上而因此被输送过去呢?我想起休眠时期中贝壳口上具有薄膜的陆栖贝类,在漂游木材的隙缝中可以浮过相当阔的海湾。并且我发现有几个物种在这种状态下沉没在海水里七天而不受损害:一种罗马蜗牛(Helix pomatia)经过这样处理以后,在休眠中再放入海水中二十天,能够完全复活。在这样长的时期里,这种贝类大概可被平均速度的海流带到 660 地理英里的远处。因为这种罗马蜗牛具有一片厚的石灰质厣(operculum),我把厣除去,等到新的膜形成以后,我再把它浸入海水里十四天,它还是复活了,并且爬走了。奥甲必登男爵(Baron Aucapitaine)以后做过相似的试验:他把属于十个物种的 100 个陆栖贝，放在穿着许多小孔的箱子里，把箱子放在海里十四天。在一百个贝类中，有二十七个复活了。厣的存在似乎是重要的，因为在具有厣的十二个圆口螺（Cyclostoma elegans）中，有十一个生存着。值得注意的是：我所试验的那种罗马蜗牛非常善于抵抗海水，而奥甲必登所试验的其他四个罗马蜗牛的物种，在五十四个标本中没有一个可以复活。但是，陆栖贝类的输送绝不可能完全依靠这种方法；鸟类的脚提供了一个更可能的方法。

岛屿生物与最近大陆上生物的关系

对我们来说最动人的和最重要的事实是，栖息在岛上的物种与最近大陆的并不实际相同的物种有亲缘关系。关于这一点能够举出无数的例子来。位于赤道下的加拉帕戈斯群岛距离南美洲的海岸有 500 到 600 英里之远。在那里几乎每一陆上的和水里的生物都带着明确的美洲大陆的印记。那里有二十六种陆栖鸟；其中有二十一种或者二十三种被列为不同的物种，而且普遍都假定它们是在那里创造出来的；可是这些鸟的大多数与美洲物种的密切亲缘关系，表现在每一性状上，如表现在它们的习性、姿势和鸣声上。其他动物也是如此，胡克博士在他所著的该群岛的可称赞的植物志中，大部分植物也是这样。博物学者们在离开大陆几百英里远的这些太平洋火山岛上观察生物时，就会感到自己是站在美洲大陆上似的。情形为什么会这样呢？为什么假定在加拉帕戈斯群岛创造出来的而不是在其他地方创造出来的物种这样清楚地和在美洲创造出来的物种有亲缘关系呢？在生活条件方面，在岛上的地质性质方面，在岛的高度或气候方面，或者在共同居住的几个纲的比例方面，没有一件是与南美洲沿岸的诸条件密切相似的；事实上，在一切这些方面都是有相当大的区别的。另一方面，加拉帕戈斯群岛和佛得角群岛，在土壤的火山性质、气候、高度和岛的大小方面，则有相当程度的类似；但是它们的生物却是何等完全地和绝对地不同呀！佛得角群岛的生物与非洲的生物相关联，就像加拉帕戈斯群岛的生物与美洲的生物相关联一样。对于这类的事实，根据独立创造的一般观点，是得不到任何解释的；相反地，根据本书所主张的观点，显然地，加拉帕戈斯群岛很可能接受从美洲来的移住者，不管这是由于偶然的输送方法或者由于以前连续的陆地（虽然我不相信这个理论）。而且佛得角群岛也接受从非洲来的移住者；这样的移住者虽然容易地发生变异——而遗传的原理依然泄露了它们的原产地在于何处。

能够举出许多类似的事实：岛上的特有生物与最近大陆上或者最近大岛上的生物相关联，实在是一个近乎普遍的规律。例外是少数的，并且大部分的例外是可以解释的。这样，虽然克格伦陆地距离非洲比距离美洲近些，但是我们从胡克博士的报告里可以知道，它的植物却与美洲的植物相关联，并且关联得很密切；但是根据岛上植物主要是借着定期海流漂来的冰山把种子连着泥土和石块一起带来的观点看来，这种例外就可以解释了。新西兰在本地特有植物上与最近的大陆澳洲之间的关联比起它与其他地区之间的关联更加密切：这大概是可以料想得到的；但是它又清楚地与南美洲相关联,南美洲虽说是第二个最近的大陆,可是离开得那么遥远,所以这事实就成为例外了。但是根据下述观点看来,这个难点就部分地消失了,那就是:新西兰、南美洲和其他南方陆地的一部分生物是从一个近乎中间的虽然遥远的地点即南极诸岛而来的,那是在比较温暖的第三纪和最后的冰期开始以前而南极诸岛长满了植物的时候。澳洲西南角和好望角的植物群的亲缘关系虽然是薄弱的,但是胡克博士使我确信这种亲缘关系是真实的,这是更加值得注意的情形;但是这种亲缘关系只限于植物,并且毫无疑问,将来会得到解释。

决定岛屿生物和最近大陆生物之间的亲缘关系的同样法则,有时可以小规模地但以有趣的方式在同一群岛的范围内表现出来。例如,在加拉帕戈斯群岛的每一分离的岛上都有许多不同的物种栖息着,这是很奇特的事实;但是这些物种彼此之间的关联比它们与美洲大陆的生物或与世界其他地区的生物之间的关联更加密切。这大概是可以料想到的,因为彼此这样接近的岛屿几乎必然地会从同一根源接受移住者,也彼此接受移住者。但是许多移住者在彼此相望的、具有同一地质性质、同一高度、气候等的诸岛上怎么会发生不同的(虽然差别不大)变异呢?长久以来这对我是个难点;但是这主要是由于认为一地区的物理条件是最重要的这一根深蒂固的错误观点而起的;然而,不能反驳的是,各个物种必须与其他物种进行竞争,因而其他物种的性质至少也是同样重要的,并且一般是更加重要的成功要素。现在,如果我们观察栖息在加拉帕戈斯群岛同时也见于世界其他地方的物种,我们可以发现它们在若干岛上有相当大的差异。如果岛屿生物曾由偶然的输送方法而来——比方说，一种植物的种子曾经被带到一个岛上，另一种植物的种子曾经被带到另一个岛上，虽然一切种子都是从同一根源而来的；那么上述的差异的确是可以预料到的。因此，一种移住者在以前时期内最初在诸岛中的一个岛上定居下来时，或者它以后从一个岛散布到另一个岛上时，它无疑会遭遇到不同岛上的不同条件，因为它势必要与一批不同的生物进行竞争；比方说，一种植物在不同的岛上会遇到最适于它的土地已被多少不同的物种所占据，并且还会受到多少不同的敌人的打击。如果在那个时候这物种变异了，自然选择大概就会在不同岛上引起不同变种的产生。尽管如此，有些物种还会散布开去并且在整个群中保持同一的性状，正如我们看到在一个大陆上广泛散布的物种保持着同一性状一样。

在加拉帕戈斯群岛的这种情形里以及在程度较差的某些类似的情形里，真正奇异的事实是，每一个新物种在任何一个岛上一旦形成以后，并不迅速地散布到其他岛上。但是，这些岛，虽然彼此相望，却被很深的海湾分开，在大多数情形里比不列颠海峡还要宽，并且没有理由去设想它们在任何以前的时期是连续地联结在一起的。在诸岛之间海流是迅速的和急激的，大风异常稀少；所以诸岛彼此的分离远比地图上所表现的更加明显。虽然如此，有些物种以及在世界其他部分可以找到的和只见于这群岛的一些物种，是若干岛屿所共有的；我们根据它们现在分布的状态可以推想，它们是从一个岛上散布到其他岛上去的。但是，我想，我们往往对于密切近似物种在自由往来时，便有彼此侵占对方领土的可能性，采取了错误的观点。毫无疑问，如果一个物种比其他物种占有任何优势,它就会在很短的时间内全部地或局部地把它排挤掉;但是如果两者能同样好地适应它们的位置,那么两者大概都会保持它们各自的位置到几乎任何长的时间。经过人的媒介而归化的许多物种曾经以惊人的速度在广大地区里进行散布,熟悉了这种事实,我们就会容易推想大多数物种也是这样散布的;但是我们应该记住,在新地区归化的物种与本地生物一般并不是密切近似的,而是很不相同的类型,如得康多尔所阐明的,在大多数情形下是属于不同的属的。在加拉帕戈斯群岛,甚至许多鸟类,虽然那么适于从一个岛飞到另一个岛,但在不同的岛上还是不相同的;例如,效舌鸫(mocking-thrush)有三个密切近似的物种,每一个物种只局限于自己的岛上。现在,让我们设想查塔姆岛的效舌鸫被风吹到查理士岛(Charles),而后者已有另一种效舌鸫;为什么它应该成功地定居在那里呢? 我们可以稳妥地推论,查理士岛已经繁生着自己的物种,因为每年有比能够养育的更多的蛋产生下来和更多的幼鸟孵化出来;并且我们还可以推论,查理士岛所特有的效舌鸫对于自己家乡的良好适应有如查塔姆岛所特有的物种一样。莱尔爵士和沃拉斯顿先生曾经写信告诉我一个与本问题有关的可注意的事实;即马德拉和附近的圣港(Porto Santo)小岛具有许多不同的而表现为代表物种的陆栖贝类,其中有些是生活在石缝里的;虽然有大量的石块每年从圣港输送到马德拉,可是马德拉并没有圣港的物种移住进来;虽然如此,两方面的岛上都有欧洲的陆栖贝类栖息着,这些贝类无疑比本地物种占有某些优势。根据这些考察,我想,我们对于加拉帕戈斯群岛的若干岛上所特有的物种并没有从一个岛上散布到其他岛上的事,就不必大惊小怪了。再者,在同一大陆上,"先行占据"对于阻止在相同物理条件下栖息的不同地区的物种混入,大概有重要的作用。例如,澳洲的东南部和西南部具有几乎相同的物理条件,并且由一片连续的陆地联络着,可是它们有巨大数量的不同哺乳类,不同鸟类和植物栖息着;据贝茨先生说,栖息在巨大的、开阔的、连续的亚马逊谷地的蝴蝶和其他动物的情形也是这样。

支配海洋岛生物的一般特性的这同一原理,即移住者与它们最容易迁出的原产地的关系,以及它们以后的变异,在整个自然界中有着广泛的应用。我们在每一山顶上、每一个湖泊和沼泽里都可看到这个原理。因为高山物种,除非同一物种在冰期已经广泛散布,都与周围低地的物种是相关联的;这样,南美洲的高山蜂鸟(humming-birds)、高山啮齿类、高山植物等,一切都严格地属于美洲的类型;而且显然地,当一座山缓慢隆起时,生物便会从周围的低地移来。湖泊和沼泽的生物也是这样,除非极方便的输送允许同一类型散布到世界的大部分。从美洲和欧洲洞穴里的大多数盲目动物的性状也可看到这同一原理。还能举出其他类似的事实。我相信,以下情形将被认为是普遍正确的,即在任何两个地区,不问彼此距离多少远,凡有许多密切近似的或代表的物种存在,在那里便一定也有某些相同的物种;并且不管在什么地方,凡有许多密切近似的物种,在那里也必定有被某些博物学者列为不同物种而被其他博物学者仅仅列为变种的许多类型;这些可疑的类型向我们示明了变异过程中的步骤。

某些物种在现在或以前时期中的迁徙能力和迁徙范围,与密切近似物种在世界遥远地点的存在有一定的关系,这种关系还可用另一种更加普通的方式表示出来。古尔德先生很久以前告诉我,在世界各处散布的那些鸟属中,许多物种分布范围是广阔的。我不能怀疑这条规律是普遍正确的,虽然它很难被证明。在哺乳类中,我们看见这条规律显著地表现在蝙蝠中,并以较小的程度表现在猫科和狗科里。同样的规律也表现在蝴蝶和甲虫的分布上。淡水生物的大多数,也是这样,因为在最不同的纲里有许多属分布在世界各处,而且它们的许多物种具有广大的分布范围。这并不是说在分布很广的属里一切物种都有很广阔的分布范围,而是说其中某些物种有很广阔的分布范围。这也不是说在这样的属里物种平均有很广阔的分布范围;因为这大部分要看变化过程进行的程度;比方说,同一物种的两个变种栖息在美洲和欧洲,因此这个物种就有很广的分布范围;但是,如果变异进行得更远一些,那两个变种就会被列为不同的物种,因而它们的分布范围就大大地缩小了。这更不是说能越过障碍物而分布广远的物种,如某些善飞的鸟类,就必然分布得很广,因为我们永远不要忘记,分布广远不仅意味着具有越过障碍物的能力,而且意味着具有在遥远地区与异地同住者进行生存斗争并获得胜利的这种更加重要的能力。但是按照以下的观点——一属的一切物种,虽然分布到世界最遥远的地点,都是从单一祖先传下来的;我们就应该找到,并且我相信我们确能照例找到,至少某些物种是分布得很广远的。

我们应该记住,在一切纲里许多属的起源都是很古的,在这种情形下,物种将有大量的时间可供散布和此后的变异。从地质的证据看来，也有理由相信，在每一个大的纲里比较低等的生物的变化速率，比起比较高等的生物的变化速率更加缓慢；结果前者就会分布广远而仍然保持同一物种性状的较好机会。这个事实以及大多数低级体制类型的种子和卵都很细小并且较适于远地输送的事实，大概说明了一个法则，即任何群的生物愈低级，分布得愈广远；这是一个早经观察到的，并且最近又经得康多尔在植物方面讨论过的法则。

刚刚讨论过的关系——即低等生物比高等生物的分布更加广远——分布广远的属，它的某些物种的分布也是广远的，——高山的、湖泊的和沼泽的生物一般与栖息在周围低地和干地的生物有关联，——岛上和最近大陆上的生物之间有显著关系，——在同一群岛中诸岛上的不同生物有更加密切的亲缘关系，——根据各个物种独立创造的普通观点，这些事实都是得不到解释的，但是如果我们承认从最近的或最便利的原产地的移居以及移居者以后对于它们的新家乡的适应，这就可以得到解释。

前章和本章提要

在这两章里我曾竭力阐明，如果我们适当地估计到我们对于在近代必然发生过的气候变化和陆地水平变化以及可能发生过的其他变化所产生的充分影响是无知的，——如果我们记得我们对于许多奇妙的偶然输送方法是何等无知——如果我们记得，而且这是很重要的一点，一个物种在广大面积上连续地分布，而后在中间地带绝灭了，是何等常常发生的事情，——那么，相信同一物种的一切个体,不管它们是在哪里发现的,都传自共同的祖先,就没有不可克服的困难了。我们根据各种一般的论点,特别是根据各种障碍物的重要性,并且根据亚属、属和科的相类似的分布,得出上述结论,许多博物学者在单一创造中心的名称下也得出这一结论。

至于同一属的不同物种,按照我们的学说,都是从一个原产地散布出去的;如果我们像上述那样地估计到我们的无知,并且记得某些生物类型变化得很缓慢,因而有大量时间可供它们迁徙,那么难点绝不是不能克服的;虽然在这种情形下,就像在同一物种的个体的情形下一样,难点往往是很大的。

为了说明气候变化对于分布的影响,我曾经试图阐明最后的一次冰期曾经发生过多么重要的作用,它甚至影响到赤道地区,并且它在北方和南方寒冷交替的过程中让相对两半球的生物互相混合,而且把一些生物留在世界的所有部分的山顶上。为了说明偶然的输送方法是何等各式各样,我曾经略为详细地讨论了淡水生物的散布方法。

如果承认同一物种的一切个体以及同一属的若干物种在时间的悠久过程中曾经从同一原产地出发,并没有不可克服的难点;那么一切地理分布的主要事实,都可以依据迁徙的理论,以及此后新类型的变异和繁生,得到解释。这样,我们便能理解,障碍物,不问水陆,不仅在分开而且在显然形成若干动物区域和植物区域上,是有高度重要作用的。这样,我们还能理解同一地区内近似动物的集中化,比方说在南美洲,平原和山上的生物,森林、沼泽和沙漠的生物,如何以奇妙的方式彼此相关联,并且同样地与过去栖息在同一大陆上的绝灭生物相关联。如果记住生物与生物之间的相互关系是最高度重要的，我们就能知道为什么具有几乎相同的物理条件的两个地区常常栖息着很不相同的生物类型；因为根据移住者进入一个或两个地区以来所经过的时间长度；根据交通性质所容许的某些类型而不是其他类型以或多或少的数量迁入；根据那些移入的生物是否彼此以及与本地生物进行或多或少的直接竞争；并且根据移入的生物发生变异的快慢，所以在两个地区或更多的地区里就会发生与它们的物理条件无关的无限多样性的生活条件，——根据这种种情况，那里就会有一个几乎无限量的有机的作用和反作用，——并且我们就会发现某些群的生物大大地变异了，某些群的生物只是轻微地变异了，——某些群的生物大量发展了，某些群的生物仅以微小的数量存在着，——我们的确可以在世界上几个大的地理区里看到这种情形。

依据这些同样的原理，如我曾经竭力阐明的，我们便能理解，为什么海洋岛只有少数生物，而这些生物中有一大部分又是本地所特有的，即特殊的；由于与迁徙方法的关系，为什么一群生物的一切物种都是特殊的，而另一群生物，甚至同纲生物的一切物种都与邻近地区的物种相同。我们能够知道，为什么整个群的生物，如两栖类和陆栖哺乳类，不存在于海洋岛上。同时最孤立的岛也有它们自己特有的空中哺乳类即蝙蝠的物种。我们还能够知道，为什么在岛上存在的或多或少经过变异的哺乳类和这些岛与大陆之间的海洋深度有某种关系。我们能够清楚地知道，为什么一个群岛的一切生物，虽然在若干小岛上具有不同的物种，然而彼此有密切的关系；并且和最近大陆或移住者发源的其他原产地的生物同样地有关系，不过关系较不密切。我们更能知道，两个地区内，不论相距多么远，如果有很密切近似的或代表的物种存在，为什么在那里总可以找到相同的物种。

正如已故的福布斯所经常主张的，生命法则在时间和空间中有一种显著的平行现象；支配生物类型在过去时期内演替的法则与支配生物类型在今日不同地区内的差异的法则，几乎是相同的。在许多事实中我们可以看到这种情形。在时间上每一物种和每一群物种的存在都是连续的；因为对这一规律的显然例外是这么少，以致这些例外可以正当地归因于我们还没有在某一中间的沉积物里发现某些类型，这些类型不见于这种沉积物之中，却见于它的上部和下部：在空间，也是这样的，即，一般规律肯定是，一个物种或一群物种所栖息的地区是连续的，而例外的情形虽然不少，如我曾经企图阐明的，都可以根据以前在不同情况下的迁徙，或者根据偶然的输送方法，或者根据物种在中间地带的绝灭而得到解释。在时间和在空间里，物种以及物种群都有它们发展的最高点。生存在同一时期中的或者生存在同一地区中的物种群，常常有共同的微细特征，如刻纹或颜色。当我们观察过去悠久的连续时代时，正如观察整个世界的遥远地区，我们发现某些纲的物种彼此之间的差异很小，而另一纲的，或者只是同一目的不同组的物种彼此之间的差异却很大。在时间和在空间里，每一纲的低级体制的成员比高级体制的成员一般变化较少；但是在这两种情形里，对于这条规律都有显著的例外。按照我们的学说，在时间和在空间里的这些关系是可以理解的；因为不论我们观察在连续时代中发生变化的近缘生物类型或者观察迁入遥远地方以后曾经发生变化的近缘生物类型,在这两种情形里,它们都被普通世代的同一个纽带联结起来;在这两种情形里,变异法则都是一样的,而且变异都是由同一个自然选择的方法累积起来的。

第十四章　生物的相互亲缘关系：形态学、胚胎学、残迹器官

分类，群下有群——自然系统——分类中的规则和难点，依据伴随着变异的生物由来学说来解释——变种的分类——生物系统常用于分类——同功的或适应的性状——一般的，复杂的，放射状的亲缘关系——绝灭把生物群分开并决定它们的界限——同纲中诸成员之间的形态学，同一个体各部分之间的形态学——胚胎学的法则，依据不在幼小年龄发生的，而在相应年龄遗传的变异来解释——残迹器官；它们的起源的解释——提要。

分　　类

从世界历史最古远的时代起，已经发现生物彼此相似的程度逐渐递减，所以它们可以在群下再分成群。这种分类并不像在星座中进行星体分类那样的随意。如果说某一群完全适于栖息在陆地上，而另一群完全适于栖息在水里，一群完全适于吃肉而另一群完全适于吃植物性物质，等等。那么群的存在就太简单了；但是事实与此却大不相同，因为大家都知道，甚至同一亚群里的

成员也具有不同的习性，这一现象是何等的普遍。在第二和第四章讨论"变异"和"自然选择"时，我曾企图阐明，在每一地区里，变异最多的，是分布广的、散布大的、普通的物种，即优势物种。由此产生的变种即初期的物种最后可以转化成新而不同的物种；并且这些物种，依据遗传的原理，有产生其他新的优势物种的倾向。结果，现在的大群，一般含有许多优势物种，还有继续增大的倾向。我还企图进一步阐明，由于每一物种的变化着的后代都尝试在自然组成中占据尽可能多和尽可能不同的位置，它们就永远有性状分歧的倾向。试观在任何小地区内类型繁多，竞争激烈，以及有关归化的某些事实，便可知道性状的分歧是有根据的。

我还曾企图阐明，在数量上增加着的、在性状上分歧着的类型有一种坚定的倾向来排挤并且消灭先前的、分歧较少和改进较少的类型。请读者参阅以前解释过的用来说明这几个原理之作用的图解[①]；便可看到无可避免的结果是，来自一个祖先的变异了的后代在群下又分裂成群。在图解里，顶线上每一字母代表一个包括几个物种的属；并且这条顶线上的所有的属共同形成一个纲，因为一切都是从同一个古代祖先传下来的，所以它们遗传了一些共同的东西。但是，依据这同一原理，左边的三个属有很多共同之点，形成一个亚科，与右边相邻的两个属所形成的亚科不同，它们是在系统的第五个阶段从一个共同祖先分歧出来的。这五个属仍然有许多共同点，虽然比在两个亚科中的共同点少些；它们组成一个科，与更右边、更早时期分歧出来的那三个属所形

[①] 即第四章里的图解。——译者

成的科不同。一切这些属都是从(A)传下来的,组成一个目,与从(I)传下来的属不同。所以在这里我们有从一个祖先传下来的许多物种组成了属;属组成了亚科、科和目,这一切都归入同一个大纲里。生物在群下又分成群的自然从属关系这个伟大事实(这由于看惯了,并没有经常引起我们足够的注意),依我看来,是可以这样解释的。毫无疑问,生物像一切其他物体一样可以用许多方法来分类,或者依据单一性状而人为地分类,或者依据许多性状而比较自然地分类。例如,我们知道矿物和元素的物质是可以这样安排的。在这种情形下,当然没有族系连续的关系,现在也不能看出它们被这样分类的原因。但是关于生物,情形就有所不同,而上述观点是与群下有群的自然排列相一致的;直到现在还没有提出过其他解释。

我们看到,博物学者试图依据所谓的"自然系统"来排列每一纲内的物种、属和科。但是这个系统的意义是什么呢?有些作者认为它只是这样一种方案:把最相似的生物排列在一起,把最不相似的生物分开;或者认为它是尽可能简要地表明一般命题的人为方法——就是说,用一句话来描述例如一切哺乳类所共有的性状,用另一句话来描述一切食肉类所共有的性状,再用另一句话来描述狗属所共有的性状,然后再加一句话来全面地描述每一种类的狗。这个系统的巧妙和效用是不容置疑的。但是许多博物学者考虑"自然系统"的含义要比这更丰富些;他们相信它揭露了"造物主"的计划;但是关于"造物主"的计划,除非能够详细说明它在时间上或空间上的次序或这两方面的次序,或者详细说明它还有其他什么意义,否则,依我看来,我们的知识并没有因此得到任何补益。像林奈所提出的那句名言，我们常看到它以一种多少隐晦的方式出现，即不是性状创造属，而是属产生性状，这似乎意味着在我们的分类中包含有比单纯类似更为深刻的某种联系。我相信实际情形就是如此，并且相信共同的系统——生物密切类似的一个已知的原因——就是这种联系，这种联系虽然表现有各种不同程度的变异，但被我们的分类部分地揭露了。

让我们现在考虑一下分类中所采用的规则，并且考虑一下依据以下观点所遭遇的困难，这观点就是，分类或者显示了某种未知的创造计划，或者是一种简单的方案，用来表明一般的命题和把彼此最相似的类型归在一起。大概曾经认为（古代就这样认为）决定生活习性的那些构造部分，以及每一生物在自然组成中的一般位置对分类有很高度的重要性。没有比这种想法更错误的了。没有人认为老鼠和鼩鼱（shrew）、儒艮①和鲸鱼、鲸鱼和鱼的外在类似有任何重要性。这等类似，虽然这么密切地与生物的全部生活联结在一起。但仅被列为"适应的或同功的性状"；关于这等类似，俟后再来讨论。任何部分的体制与特殊习性关联愈少，其在分类上就愈重要，这甚至可以说是一般的规律。例如，欧文讲到儒艮时说道，"生殖器官作为与动物的习性和食物关系最少的器官，我总认为它们最清楚地表示真实的亲缘关系。在这些器官的变异中，我们很少可能把只是适应的性状误认为主要的性状"。关于植物，最不重要的是营养与生命所依赖的营养器官；相反地，最重要的却是生殖器官以及它们的产物种子和胚胎，这是

---

① 属海牛类。——译者

多么值得注意的！同样地，在以前我们讨论机能上不重要的某些形态的性状时，我们看到它们常常在分类上有极高度的重要性。这取决于它们的性状在许多近似群中的稳定性；而它们的稳定性主要由于任何轻微的偏差并没有被自然选择保存下来和累积起来，自然选择只对有用的性状发生作用。

一种器官的单纯生理上的重要性并不决定它在分类上的价值，以下事实几乎证明了这一点，即在近似的群中，虽然我们有理由设想，同一器官具有几乎相同的生理上的价值，但它在分类上的价值却大不相同。博物学者如果长期研究过某一群，没有不被这个事实打动的；并且在几乎每一位作者的著作中都充分地承认了这个事实。这里只引述最高权威罗伯特·布朗的话就够了；他在讲到山龙眼科（Proteaceae）的某些器官时，说到它们在属方面的重要性，"像它们的所有器官一样，不仅在这一科中，而且据我所知在每一自然的科中都是很不相等的，并且在某些情形下，似乎完全消失了"。还有，他在另一著作中说道，牛栓藤科（Connaraceae）的各属"在一个子房或多子房上，在胚乳的有无上，在花蕾里花瓣作覆瓦状或镊合状上，都是不同的。这些性状的任何一种，单独讲时，其重要性经常在属以上，虽然合在一起讲时，它们甚至不足以区别纳斯蒂属（Cnestis）和牛栓藤（Connarus）"。举一个昆虫中的例子：在膜翅目里的一个大支群里，照韦斯特伍德所说，触角是最稳定的构造；在另一支群里则差异很大，而且这差异在分类上只有十分次要的价值；可是没有人会说，在同一目的两个支群里，触角具有不同等的生理重要性。同一群生物的同一重要器官在分类上有不同的重要性，这方面的例子不胜枚举。

再者，没有人会说残迹器官在生理上或生活上有高度的重要性；可是毫无疑问，这种状态的器官在分类上经常有很大的价值。没有人会反对幼小反刍类上颚中的残迹齿以及腿上某些残迹骨骼在显示反刍类和厚皮类之间的密切亲缘关系上是高度有用的。布朗曾经极力主张，残迹小花的位置在禾本科草类的分类上有最高度的重要性。

关于那些必须被认为生理上很不重要的，但被普遍认为在整个群的定义上高度有用的部分所显示的性状，可以举出无数的事例。例如，从鼻孔到口腔是否有个通道，按照欧文的意见，这是唯一区别鱼类和爬行类的性状——有袋类的下颚角度的变化——昆虫翅膀的折叠状态——某些藻类的颜色——禾本科草类的花在各部分上的细毛——脊椎动物中的真皮被覆物（如毛或羽毛）的性质。如果鸭嘴兽被覆的是羽毛而不是毛，那么这种不重要的外部性状将会被博物学者认为在决定这种奇怪生物与鸟的亲缘关系的程度上是一种重要的帮助。

微小性状在分类上的重要性，主要取决于它们与许多其他或多或少重要的性状的关系。性状的总体的价值在博物学中确是很明显的。因此，正如经常指出的，一个物种可以在几种性状——无论它具有生理上的高度重要性或具有几乎普遍的优势——上与它的近似物种相区别，可是对于它应该排列在哪里，我们却毫不怀疑。因此，也已经知道，依据任何单独一种性状来分类，不管这种性状如何重要。总是要失败的；因为体制上没有一个部分是永远稳定的。性状的总体的重要性，甚至当其中没有一个性状是重要的时候，也可以单独说明林奈所阐释的格言，即不是性状产生属，而是属产生性状；因为此格言似乎是以许多轻微的类似之点难于明确表示为根据的。全虎尾科的某些植物具有完全的和退化的花；关于后者，朱西厄说，"物种、属、科、纲所固有的性状，大部分都消失了，这是对我们的分类的嘲笑"。当斯克巴属（Aspicarpa）在法国几年内只产生这些退化的花，而与这一目的固有模式在构造的许多最重要方面如此惊人地不合时，朱西厄说，里查德（M.Richard）敏智地看出这一属还应该保留在全虎尾科里。这一个例子很好地说明了我们分类的精神。

实际上，当博物学者进行分类工作时，对于确定一个群的，或者排列任何特殊物种所用的性状，并不注意其生理的价值。如果他们找到一种近乎一致的为许多类型所共有的，而不为其他类型所共有的性状，他们就把它当作一个具有高度价值的性状来应用；如果为少数所共有，他们就把它当作具有次等价值的性状来应用。有些博物学者明确地主张这是正确的原则；并且谁也没有像卓越的植物学者圣·提雷尔那么明确地这样主张。如果常常发现几种微细的性状总是结合地出现，虽然它们之间没有发现显然的联系纽带，也会给它们以特殊的价值。在大多数的动物群中，重要的器官，例如压送血液的器官或输送空气给血液的器官，或繁殖种族的器官，如果是差不多一致的，它们在分类上就会被认为是高度有用的；但是在某些群里，一切这些最重要的生活器官只能提供十分次要价值的性状。这样，正如米勒最近指出的，在同一群的甲壳类里，海萤（Cypridina）具有心脏，而两个密切近似的属，即贝水蚤属（Cypris）和离角蜂虻属（Cytherea），都没有这种器官；海萤的某一物种具有很发达的鳃，而另一物种却不生鳃。

我们能够理解为什么胚胎的性状与成体的性状有相等的重要性，因为自然的分类当然包括一切龄期在内。但是依据普通的观点，绝不能明确地知道为什么胚胎的构造在分类上比成体的构造更加重要，而在自然组成中只有成体的构造才能发挥充分的作用。可是伟大的博物学者爱德华兹和阿加西斯极力主张胚胎的性状在一切性状中是最重要的；而且普遍都认为这种理论是正确的。虽然如此，由于没有排除幼体的适应的性状，它们的重要性有时被夸大了；为了阐明这一点，米勒仅仅依据幼体的性状把甲壳类这一个大的纲加以排列，结果证明这不是一个自然的排列。但是毫无疑问，除去幼体的性状以外，胚胎的性状在分类上具有最高度的价值，这不仅动物是这样，而且植物也是如此。这样，显花植物的主要区分是依据胚胎中的差异，——即依据子叶的数目和位置，以及依据胚芽和胚根的发育方式。我们就要看到，为什么这些性状在分类上具有如此高度的价值，这就是说，因为自然的分类是依据家系进行排列的。

我们分类经常明显地受到亲缘关系的连锁的影响。没有比确定一切鸟类所共有的许多性状更容易的了；但是在甲壳类里，这样的确定直到现在还被认为是不可能的。有一些甲壳类，其两极端的类型几乎没有一种性状是共同的；可是两极端的物种，因为清楚地与其他物种相近似，而这些物种又与另一些物种相近似，这样关联下去，便可明确地认为它们是属于关节动物的这一纲，而不是属于其他纲。

地理分布在分类中也常被应用，特别是被用在密切近似类型的大群的分类中，虽然这并不十分合理。覃明克（Temminck）主张这个方法在鸟类的某些群中是有用的,甚至是必要的;若干昆虫学者和植物学者也曾采用过这个方法。

最后,关于各个物种群,如目、亚目、科、亚科和属等的比较价值,依我看来,至少在现在,几乎是随意估定的。若干最优秀的植物学者如本瑟姆先生及其他人士,都曾强烈主张它们的随意的价值。能够举出一些有关植物和昆虫方面的事例,例如,有一群起初被有经验的植物学者只列为一个属,然后又被提升到亚科或科的等级;这样做并不是因为进一步的研究曾经探查到起初没有看到的重要构造的差异,而是因为具有稍微不同级进的各种差异的无数近似物种以后被发见了。

一切上述分类上的规则、依据和难点,如果我的看法没有多大错误,都可以根据下述观点得到解释,即,"自然系统"是以伴随着变异的生物由来学说为根据的;——博物学者们认为两个或两个以上物种间那些表明真实亲缘关系的性状都是从共同祖先遗传下来的,一切真实的分类都是依据家系的;——共同的家系就是博物学者们无意识地追求的潜在纽带,而不是某些未知的创造计划,也不是一般命题的说明,更不是把多少相似的对象简单地合在一起和分开。

但是我必须更加充分地说明我的意见。我相信各个纲里的群按照适当的从属关系和相互关系的排列,必须是严格系统的,才能达到自然的分类;不过若干分支或群,虽与共同祖先血统关系的近似程度是相等的,而由于它们所经历的变异程度不同,它们的差异量却大有区别;这是由这些类型被置于不同的属、科、部或目中而表示出来的。如果读者不惮烦去参阅第四章里的图解,就会很好地理解这里所讲的意思。我们假定从 A 到 L 代表生存于志留纪的近似的属，并且它们是从某一更早的类型传下来的。其中三个属（A、F 和 I）中，都有一个物种传留下变异了的后代直到今天，而以在最高横线上的十五个属（a^{14} 到 z^{14}）为代表。那么，从单独一个物种传下来的所有这些变异了的后代，在血统上、即家系上都有同等程度的关系；它们可以比喻为第一百万代的宗兄弟；可是它们彼此之间有着广泛的和不同程度的差异。从 A 传下来的、现在分成两个或三个科的类型组成一个目，然而从 I 传下来的，也分成两个科的类型，组成了不同的目。从 A 传下来的现存物种已不能与亲种 A 归入同一个属；从 I 传下来的物种也不能与亲种 I 归入同一个属。可以假定现存的属 F^{14} 只有稍微的改变；于是可以和祖属 F 同归一属，正像某些少数现在仍然生存的生物属于志留纪的属一样。所以，这些在血统上都以同等程度彼此相关联的生物之间所表现的差异的比较价值，就大不相同了。虽然如此，它们的系统的排列不仅在现在是真实的，而且在后代的每一连续的时期中也是真实的。从 A 传下来的一切变异了的后代，都从它们的共同祖先遗传了某些共同的东西，从 I 传下来的一切后代也是这样；在每一连续的阶段上，后代的每一从属的分支也都是这样。但是如果我们假定 A 或 I 的任何后代变异得如此之大，以致丧失了它的出身的一切痕迹，在这种情形下，它在自然系统中的位置就丧失了，某些少数现存的生物好像曾经发生过这种事情。F 属的一切后代，沿着它的整个系统线，假定只有很少的变化，它们就形成单独的一个属。但是这个属，虽然很孤立，将会占据它应有的中间位置。群的表示，如这里用平面的图解指出的，未免过分简单。分支应该向四面八方地分出去。如果把群的名字只是简单地写在一条直线上，它的表示就更加不自然了；并且大家知道，我们在自然界中在同一群生物间所发现的亲缘关系，用平面上的一条线来表示，显然是不可能的。所以自然系统就和一个宗谱一样，在排列上是依据系统的；但是不同群所曾经历的变异量，必须用以下方法来表示，即把它们列在不同的所谓属、亚科、科、部、目和纲里。

举一个语言的例子来说明这种分类观点，是有好处的。如果我们拥有人类的完整的谱系，那么人种的系统的排列就会对现在全世界所用的各种不同语言提供最好的分类；如果把一切现在不用的语言以及一切中间性质的和逐渐变化着的方言也包括在内，那么这样的排列将是唯一可能的分类。然而某些古代语言可能改变得很少，并且产生的新语言也是少数的，而其他古代语言由于同宗的各族在散布、隔离和文化状态方面的关系曾经改变很大，因此产生了许多新的方言和语言。同一语系的诸语言之间的各种程度的差异，必须用群下有群的分类方法来表示；但是正当的，甚至唯一应有的排列还是系统的排列；这将是严格地自然的，因为它依据最密切的亲缘关系把古代的和现代的一切语言联结在一起，并且表明每一语言的分支和起源。

为了证实这一观点，让我们看一看变种的分类，变种是已经知道或者相信从单独一个物种传下来的。这些变种群集在物种之下，亚变种又集在变种之下；在某些情形下，如家鸽，还有其他等级的差异。变种分类所依据的规则和物种的分类大致相同。作者们曾经坚决主张依据自然系统而不依据人为系统来排列变种的必要性；比方说，我们被提醒不要单纯因为凤梨的果实——虽然这是最重要的部分——碰巧大致相同，就把它们的两个变种分类在一起；没有人把瑞典芜菁和普通芜菁归在一起，虽然它们可供食用的、肥大的茎是如此相似。哪一部分是最稳定的，哪一部分就会应用于变种的分类：例如，大农学家马歇尔说，角在黄牛的分类中很有用，因为它们比身体的形状或颜色等变异较小；相反地，在绵羊的分类中，角的用处则大大减少，因为它们较不稳定。在变种的分类中，我认为如果我们有真实的谱系，就会普遍地采用系统的分类；并且这在几种情形下已被试用过。因为我们可以肯定，不管有多少变异，遗传原理总会把那些相似点最多的类型聚合在一起。关于翻飞鸽，虽然某些亚变种在喙长这一重要性状上有所不同，可是由于都有翻飞的共同习性，它们还会被聚合在一起；但是短面的品种已经几乎或者完全丧失了这种习性：虽然如此，我们并不考虑这个问题，还会把它和其他翻飞鸽归入一群，因为它们在血统上相近，同时在其他方面也有类似之处。

关于自然状态下的物种，实际上每一博物学者都已根据血统进行分类；因为他把两性都包括在最低单位，即物种中；而两性有时在最重要性状上表现了何等巨大的差异，是每一位博物学者都知道的：某些蔓足类的雄性成体和雌雄同体的个体之间几乎没有任何共同之处，可是没有人梦想过把它们分开。三个兰科植物的类型即和尚兰（Monachanthus）、蝇兰（Myanthus）和须蕊柱（Catasetum），以前被列为三个不同的属，一旦发现它们有时会在同一植株上产生出来时，它们就立刻被认为是变种；而现在我能够示明它们是同一物种的雄者、雌者和雌雄同体者。博物学者把

第十四章　生物的相互亲缘关系：形态学、胚胎学、残迹器官

同一个体的各种不同的幼体阶段都包括在同一物种中,不管它们彼此之间的差异以及与成体之间的差异有多大,斯登斯特鲁普(Steenstrup)的所谓交替的世代也是如此,它们只有在学术的意义上才被认为属于同一个体。博物学者又把畸形和变种归在同一物种中,并不是因为它们与亲类型部分类似,而因为它们都是从亲类型传下来的。

因为血统被普遍地用来把同一物种的个体分类在一起,虽然雄者、雌者以及幼体有时极端不相同；又因为血统曾被用来对发生过一定量的变异,以及有时发生过相当大量变异的变种进行分类,难道血统这同一因素不曾无意识地被用来把物种集合成属,把属集合成更高的群,把一切都集合在自然系统之下吗？我相信它已被无意识地应用了；并且只有这样,我才能理解我们最优秀的分类学者所采用的若干规则和指南。因为我们没有记载下来的宗谱,我们便不得不由任何种类的相似之点去追寻血统的共同性。所以我们才选择那些在每一物种最近所处的生活条件中最不易发生变化的性状。从这一观点看来,残迹器官与体制的其他部分在分类上是同样地适用,有时甚至更加适用。我们不管一种性状多么微小——像颚的角度的大小,昆虫翅膀折叠的方式,皮肤被覆着毛或羽毛——如果它在许多不同的物种里,尤其是在生活习性很不相同的物种里,是普遍存在的话,它就取得了高度的价值；因为我们只能用来自一个共同祖先的遗传去解释它何以存在于习性如此不同的如此众多的类型里。如果仅仅根据构造上的单独各点,我们就可能在这方面犯错误,但是当若干尽管如何不重要的性状同时存在于习性不同的一大群生物里,从进化学说

看来，我们几乎可以肯定这些性状是从共同的祖先遗传下来的；并且我们知道这等集合的性状在分类上是有特殊价值的。

我们能够理解，为什么一个物种或一个物种群可以在若干最重要的性状上离开它的近似物种，然而还能稳妥地与它们分类在一起。只要有足够数目的性状，尽管它们多么不重要，泄露了血统共同性的潜在纽带，就可以稳妥地进行这样的分类，而且是常常这样做的。即使两个类型没有一个性状是共同的，但是，如果这些极端的类型之间有许多中间群的连锁把它们连接在一起，我们就可以立刻推论出它们的血统的共同性，并且把它们都放在同一个纲里。因为我们发现在生理上具有高度重要性的器官——即在最不相同的生存条件下用来保存生命的器官———般是最稳定的，所以我们给予它们以特殊的价值；但是，如果这些相同的器官在另一个群或一个群的另一部分中被发现有很大的差异，我们便立刻在分类中把它们的价值降低。我们即将看到为什么胚胎的性状在分类上具有这样高度的重要性。地理分布有时在大属的分类中也可以有效地应用，因为栖息在任何不同地区和孤立地区的同属的一切物种，大概都是从同一祖先传下来的。

同功的类似——根据上述观点，我们便能理解真实的亲缘关系与同功的即适应的类似之间有很重要的区别。拉马克首先注意到这个问题，继他之后的有麦克里（Macleay）和其他一些人士。在身体形状上和鳍状前肢上，儒艮和鲸鱼之间的类似，以及这两个目的哺乳类和鱼类之间的类似，都是同功的。不同目的鼠和鼩鼱之间的类似也是同功的；米伐特先生所坚决主张的鼠和一种澳洲小型有袋动物袋鼩鼱（Antechinus）之间的更加密切的类似也

第十四章　生物的相互亲缘关系：形态学、胚胎学、残迹器官

是这样。依我看来，最后这两种类似可以根据下述得到解释，即适于在灌木丛和草丛中作相似的积极活动以及对敌人进行隐避。

在昆虫中也有无数相似的事例；例如，林奈曾被外部表象所误，竟把一个同翅类的昆虫分类为蛾类。甚至在家养变种中，我们也可以看到大致相同的情形，例如，中国猪和普通猪之间的改良品种在体形上有显著的相似，而它们却是从不同的物种传下来的；又如普通芜菁和不同物种的瑞典芜菁在肥大茎部上是相似的。细躯猎狗和赛跑马之间的类似并不比某些作者对大不相同的动物所描述的类似更加奇特。

性状，只有在揭露了血统关系的时候，才在分类上具有真实的重要性，根据这一观点，我们就能明确理解，为什么同功的或适应的性状，虽然对于生物的繁荣极其重要，但对于分类学者来说，却几乎毫无价值。因为属于两个最不相同的血统的动物可能变得适应于相似的条件，因而取得了外在的密切类似；但是这种类似不但不能揭露它们的血统关系，反而会有隐蔽它们的血统关系的倾向。我们还能因此理解以下的明显矛盾，即完全一样的性状，在一个群与另一个群比较时是同功的，而在同功的成员相互比较时却能显示真实的亲缘关系：例如，身体形状和鳍状前肢在鲸与鱼类相比较时只是同功的，都是两个纲对于游水的适应；但是在鲸科的若干成员里，身体形状和鳍状前肢却是表示真实亲缘关系的性状；因为这些部分在整个科中是如此相似，以致我们不能怀疑它们是从共同祖先传下来的，鱼类的情形也这样。

能够举出无数的例子来示明，在十分不同的生物中，个别部分或器官之间因适应于同样的功能而显著类似。狗和塔斯马尼

亚狼即袋狼（Thylacinus）在自然系统上是相距很远的动物,而它们的颚却是密切类似的,这提供了一个好例子。但是这种类似只限于一般外表,如犬齿的突出和臼齿的尖锐形状。因为实际上牙齿之间还是有很大差异的；例如狗在上颚的每一边有四个前臼齿和两个臼齿；而塔斯马尼亚狼有三个前臼齿和四个臼齿。这两种动物的臼齿在大小和构造上也有很大差异。成齿系以前的乳齿系也大不相同。当然,任何人都可以否认这两种动物的牙齿曾经通过连续变异的自然选择而适于撕裂肉类；但是,如果承认这曾在一个例子中发生,却否认它在另一例子中的作用,在我看来是不可理解的。我高兴地发现,像弗劳尔教授这样最高权威也得到了同样的结论。

前一章所举的异常情形,如关于具有发电器官的大不相同的鱼类,——具有发光器官的大不相同的昆虫,——具有粘盘花粉块的兰科植物和萝藦科植物都可归入同功的类似这个项目之下。但是这等情形是如此奇异,以致被用来作为反对我们学说的难点或异议。在一切这等情形下,可以发现器官的生长或发育有根本的差异,它们的成年构造一般也是如此。达到的目的是相同的,但所用的方法表面看来虽然相同,而本质却不相同。以前在同功变异这个术语之下所提到的原理大概也常常在这等场合中发生作用,即同纲的成员,虽然只有疏远的亲缘关系,而它们的体制却遗传有这样多的共同之点,以致它们往往在相似的刺激原因下以相似的方式发生变异；这显然有助于通过自然选择使它们获得彼此相似的部分或器官,而与共同祖先的直接遗传无关。

属于不同纲的物种,由于连续的、轻微的变异常常适应于生

第十四章 生物的相互亲缘关系:形态学、胚胎学、残迹器官

活在几乎相似的条件下,——例如,栖息在陆、空和水这三种因素中,——因此我们或能理解,为什么会有许多数字上的平行现象有时见于不同纲的亚群中。一位被这种性质的平行现象所打动的博物学者,由于任意地提高或降低若干纲中的群的价值(我们的一切经验示明,对于它们的评价至今还是任意的),就会容易地把这种平行现象扩展到广阔的范围;这样,大概就发生了七项的、五项的、四项的和三项的分类法。

还有另一类奇异的情形,就是外表的密切类似不是由于对相似生活习性的适应,却是为了保护而得到的。我指的是贝茨先生首先描述的某些蝶类模仿其他十分不同物种的奇异方式。这一位卓越的观察者阐明,在南美洲的某些地方,例如,有一种透翅蝶(Ithomia),非常之多,大群聚居,在这等蝶群中常常发现另一种蝴蝶,即异脉粉蝶(Leptalis)混在同一群中;后者在颜色的浓淡和斑纹上甚至在翅膀的形状上都和透翅蝶如此密切类似,以致因采集了十一年标本而目光锐利的贝茨先生,虽然处处留神,也不断地受骗。如果捉到这些模拟者和被模拟者,并对它们加以比较时,就会发现它们在重要构造上是很不相同的,不仅属于不同的属,而且也往往属于不同的科。如果这种模拟只见于一两个事例,这就可以当作奇怪的偶合而置之不理。但是,如果我们离开异脉粉蝶模仿透翅蝶的地方继续前进,还可以找到这两个属的其他模拟的和被模拟的物种,它们同样密切类似。总共有不下十个属,其中的物种模拟其他蝶类。模拟者和被模拟者总是栖息在同一地区的;我们从来没有发现过一个模拟者远远地离开它所模拟的类型。模拟者几乎一定是稀有昆虫;被模拟者几乎在每一种情

形下都是繁生成群的。在异脉粉蝶密切模拟透翅蝶的地方,有时还有其他鳞翅类昆虫模拟同一种透翅蝶;结果在同一地方,可以找到三个属的蝴蝶的物种,甚至还有一种蛾类,都密切类似第四个属的蝴蝶。值得特别注意的是,异脉粉蝶属的许多模拟类型能够由级进的系列示明不过是同一物种的诸变种,被模拟的诸类型也是这样;而其他类型则无疑是不同的物种。但是可以质问:为什么把某些类型看作是被模拟者,而把其他类型看作是模拟者呢?贝茨先生令人满意地解答了这个问题,他阐明被模拟的类型都保持它那一群的通常外形,而模拟者则改变了它们的外形,并且与它们最近似的类型不相似。

其次,我们来探究能够提出什么理由来说明某些蝶类和蛾类这样经常地取得另一十分不同类型的外形;为什么"自然"会堕落到玩弄欺骗手段,使博物学者大惑不解呢?毫无疑问,贝茨先生已经想出了正确的解释。被模拟的类型的个体数目总是很大的,它们必定经常大规模地逃避了毁灭,不然它们就不能生存得那么多;现在已经搜集到大量的证据,可以证明它们是鸟类和其他食虫动物所不爱吃的。另一方面,栖息在同一地方的模拟的类型,是比较稀少的,属于稀有的群;因此,它们必定经常地遭受某些危险,不然的话,根据一切蝶类的大量产卵来看,它们就会在三四个世代中繁生在整个地区。现在,如果一种这样被迫害的稀有的群,有一个成员取得了一种外形,这种外形如此类似一个有良好保护的物种的外形,以致它不断地骗过昆虫学家的富有经验的眼睛,那么它就会经常骗过掠夺性的鸟类和昆虫,这样便可以常常避免毁灭。几乎可以说,贝茨先生实际上目击了模拟者变得如此密切类似被模拟者的过程；因为他发现异脉粉蝶的某些类型，凡是模拟许多其他蝴蝶的，都以极端的程度发生变异。在某一地区有几个变种，但其中只有一个变种在某种程度上和同一地区的常见的透翅蝶相类似。在另一地区有两三个变种，其中一个变种远比其他变种常见，并且它密切地模拟透翅蝶的另一类型。根据这种性质的事实，贝茨先生断言，异脉粉蝶首先发生变异；如果一个变种碰巧在某种程度上和任何栖息在同一地区的普通蝴蝶相类似，那么这个变种由于和一个繁盛的很少被迫害的种类相类似，就会有更好的机会避免被掠夺性的鸟类和昆虫所毁灭，结果就会比较经常地被保存下来；——"类似程度比较不完全的，就一代又一代地被排除了，只有类似程度完全的，才能存留下来繁殖它们的种类"。所以在这里，关于自然选择，我们有一个极好的例证。

同样地，华莱士和特里门(Trimen)先生也曾就马来群岛和非洲的鳞翅类昆虫以及某些其他昆虫，描述过若干同等显著的模拟例子。华莱士先生还曾在鸟类中发现过一个这类例子，但是关于较大的四足兽我们还没有例子。模拟的出现就昆虫来说，远比在其他动物为多，这大概是由于它们身体小的缘故；昆虫不能保护自己，除了实在有刺的种类，我从来没有听到过一个例子表明这等种类模拟其他昆虫，虽然它们是被模拟的；昆虫又不能容易地用飞翔来逃避吃食它们的较大动物；因此，用比喻来说，它们就像大多数弱小动物一样，不得不求助于欺骗和冒充。

应该注意，模拟过程大概从来没有在颜色大不相同的类型中发生。但是从彼此已经有些类似的物种开始，最密切的类似，如果是有益的，就能够由上述手段得到；如果被模拟的类型以后逐渐通过任何因素而被改变，模拟的类型也会沿着同一路线发生变化，因而可以被改变到任何程度，所以最后它就会取得与它所属的那一科的其他成员完全不同的外表或颜色。但是，在这个问题上也有一些难点，因为在某些情形中，我们必须假定，若干不同群的古代成员，在它们还没有分歧到现在的程度以前，偶然地和另一有保护的群的一个成员类似到足够的程度，而得到某些轻微的保护；这就产生了以后获得最完全类似的基础。

论联结生物的亲缘关系的性质——大属的优势物种的变异了的后代，有承继一些优越性的倾向，这种优越性曾使它们所属的群变得巨大和使它们的父母占有优势，因此它们几乎肯定地会广为散布，并在自然组成中取得日益增多的地方。每一纲里较大的和较占优势的群因此就有继续增大的倾向；结果它们会把许多较小的和较弱的群排挤掉。这样，我们便能解释一切现代的和绝灭的生物被包括在少数的大目以及更少数的事实。有一个惊人的事实可以阐明，较高级的群在数目上是何等地少，而它们在整个世界的散布又是何等地广泛，澳洲被发现后，从没有增加可立一个新纲的昆虫；并且在植物界方面，据我从胡克博士那里得知，只增加了两三个小科。

在"论生物在地质上的演替"一章里，我曾根据每一群的性状在长期连续的变异过程中一般分歧很大的原理，企图示明为什么比较古老的生物类型的性状常常在某种程度上介于现存群之间。因为某些少数古老的中间类型把变异很少的后代遗留到今天，这些就组成了我们所谓的中介物种（osculant species）或畸变物种（aberrant specis）。任何类型愈是脱离常规，则已灭绝而完全消失的联结类型的数目就一定愈大。我们有证据表明,畸变的群因绝灭而遭受严重损失,因为它们几乎常常只有极少数的物种;而这类物种照它们实际存在的情况看来一般彼此差异极大,这又意味着绝灭。例如,鸭嘴兽和肺鱼属,如果每一属都不是像现在那样由单独一个物种或两三个物种来代表,而是由十多个物种来代表,大概还不会使它们减少到脱离常规的程度。我想,我们只能根据以下的情形来解释这一事实,即把畸变的群看作是被比较成功的竞争者所征服的类型,它们只有少数成员在异常有利的条件下仍旧存在。

沃特豪斯先生曾指出,当一个动物群的成员与一个十分不同的群表现有亲缘关系时,这种亲缘关系在大多数情形下是一般的,而不是特殊的;例如,按照沃特豪斯先生的意见,在一切啮齿类中,哗鼠与有袋类的关系最近;但是在它同这个"目"接近的诸点中,它的关系是一般的,也就是说,并不与任何一个有袋类的物种特别接近。因为亲缘关系的诸点被相信是真实的,不只是适应性的,按照我们的观点,它们就必须归因于共同祖先的遗传。所以我们必须假定,或者,一切啮齿类,包括哗鼠在内,从某种古代的有袋类分支出来,而这种古代有袋类在和一切现存的有袋类的关系中,自然具有中间的性状;或者,啮齿类和有袋类两者都从一个共同祖先分支出来,并且两者以后在不同的方向上都发生过大量的变异。不论依据哪种观点,我们都必须假定哗鼠通过遗传比其他啮齿类曾经保存下更多的古代祖先性状;所以它不会与任何一个现存的有袋类特别有关系,但是由于部分地保存了它们共同祖先的性状,或者这一群的某种早期成员的性状,而间接地与一切或几乎一切有袋类有关系。另一方面，按照沃特豪斯先生所指出的，在一切有袋类中，袋熊（Phascolomys）不是与啮齿类的任何一个物种，而是与整个的啮齿目最相类似。但是，在这种情形里，很可以猜测这种类似只是同功的，由于袋熊已经适应了像啮齿类那样的习性。老得康多尔在不同科植物中做过几乎相似的观察。

依据由一个共同祖先传下来的物种在性状上的增多和逐渐分歧的原理，并且依据它们通过遗传保存若干共同性状的事实，我们就能理解何以同一科或更高级的群的成员都由非常复杂的辐射形的亲缘关系彼此联结在一起。因为通过绝灭而分裂成不同群和亚群的整个科的共同祖先，将会把它的某些性状，经过不同方式和不同程度的变化，遗传给一切物种；结果它们将由各种不同长度的迂回的亲缘关系线（正如在经常提起的那个图解中所看到的）彼此关联起来，通过许多祖先而上升。因为，甚至依靠系统树的帮助也不容易示明任何古代贵族家庭的无数亲属之间的血统关系，而且不依靠这种帮助又几乎不可能示明那种关系，所以我们就能理解下述情况：博物学者们在同一个大的自然纲里已经看出许多现存成员和绝灭成员之间有各式各样亲缘关系，但在没有图解的帮助下，要想对这等关系进行描述，是非常困难的。

绝灭，正如我们在第四章里看到的，在规定和扩大每一纲里的若干群之间的距离有着重要的作用。这样，我们便可依据下述信念来解释整个纲彼此界限分明的原因，例如鸟类与一切其他脊椎动物的界限。这信念就是，许多古代生物类型已完全消灭，而这些类型的远祖曾把鸟类的早期祖先与当时较不分化的其他脊椎动物联结在一起，可是曾把鱼类和两栖类一度联结起来的生物类型的绝灭就少得多。在某些整个纲里，绝灭得更少，例如甲壳类，因为在这里，最奇异不同的类型仍然可以由一条长的而只是部分断落的亲缘关系的连锁联结在一起。绝灭只能使群的界限分明：它绝不能制造群；因为，如果曾经在这个地球上生活过的每一类型都突然重新出现，虽然不可能给每一群以明显的界限，以示区别，但一个自然的分类，或者至少一个自然的排列，还是可能的。我们参阅图解，就可理解这一点；从 A 到 L 可以代表志留纪时期的十一个属，其中有些已经产生出变异了的后代的大群，它们的每一支和亚支的连锁现今依然存在，这些连锁并不比现存变种之间的连锁更大。在这种情形下，就十分不可能下一定义把几个群的若干成员与它们的更加直接的祖先和后代区别开来。可是图解上的排列还是有效的，并且还是自然的；因为根据遗传的原理，比方说，凡是从 A 传下来的一切类型都有某些共同点。正如在一棵树上我们能够区别出这一枝和那一枝，虽然在实际的分叉上，那两枝是连合的并且融合在一起的。照我说过的，我们不能划清若干群的界限；但是我们却能选出代表每一群的大多数性状的模式或类型，不管那群是大的或小的，这样，对于它们之间的差异的价值就提供了一般的概念。如果我们曾经成功地搜集了曾在一切时间和一切空间生活过的任何一个纲的一切类型，这就是我们必须依据的方法。当然，我们永远不能完成这样完全的搜集；虽然如此，在某些纲里我们正在向着这个目标进行；爱德华兹最近在一篇写得很好的论文里强调指出采用模式的高度重要性，不管我们能不能把这些模式所隶属的群彼此分开，并划出界限。

最后，我们已看到随着生存斗争而来的，并且几乎无可避免地在任何亲种的后代中导致绝灭和性状分歧的自然选择，解释了一切生物的亲缘关系中的那个巨大而普遍的特点，即它们在群之下还有群。我们用血统这个要素把两性的个体和一切年龄的个体分类在一个物种之下，虽然它们可能只有少数的性状是共同的；我们用血统对于已知的变种进行分类，不管它们与它们的亲体有多大的不同；我相信血统这个要素就是博物学者在"自然系统"这个术语下所追求的那个潜在的联系纽带。自然系统，在它被完成的范围以内，其排列是系统的，而且它的差异程度是由属、科、目等来表示的，依据这一概念，我们就能理解我们在分类中不得不遵循的规则。我们能够理解为什么我们把某些类似的价值估计得远在其他类似之上；为什么我们要用残迹的、无用的器官，或生理上重要性很小的器官；为什么在寻找一个群与另一个群的关系中我们立刻排弃同功的或适应的性状，可是在同一群的范围内又用这些性状。我们能够清楚地看到一切现存类型和绝灭类型如何能够归入少数几个大纲里；同一纲的若干成员又怎样由最复杂的、放射状的亲缘关系线联结在一起。我们大概永远不会解开任何一个纲的成员之间错综的亲缘关系网；但是，如果我们在观念中有一个明确的目标，而且不去祈求某种未知的创造计划，我们就可以希望得到确实的虽然是缓慢的进步。

赫克尔教授（Prof. Häckel）最近在他的"普通形态学"（Generelle Morphologie）和其他著作里，运用他的广博知识和才能来讨论他所谓的系统发生（phylogeny），即一切生物的血统线。在描绘几个系统中，他主要依据胚胎的性状，但是也借助于同源器官和残迹器官以及各种生物类型在地层里最初出现的连续时期。

这样，他勇敢地走出了伟大的第一步，并向我们表明今后应该如何处理分类。

形 态 学

我们看到同一纲的成员，不论它们的生活习性怎样，在一般体制设计上是彼此相类似的。这种类似性常常用"模式的一致"这个术语来表示；或者说，同一纲的不同物种的若干部分和器官是同源的。这整个问题可以包括在"形态学"这一总称之内。这是博物学中最有趣的部门之一，而且几乎可以说就是它的灵魂。适于抓握的人手、适于掘土的鼹鼠的前肢、马的腿、海豚的鳍状前肢和蝙蝠的翅膀，都是在同一型式下构成的，而且在同一相当的位置上具有相似的骨，有什么能够比这更加奇怪的呢？举一个次要的虽然也是动人的例子：即袋鼠的非常适于在开旷平原上奔跳的后肢，——攀缘而吃叶的澳洲熊（Koala）的同样良好地适于抓握树枝的后肢，——栖息地下、吃昆虫或树根的袋狸（bandicoots）的后肢，——以及某些其他澳洲有袋类的后肢——都是在同一特别的模式下构成的，即其第二和第三趾骨极其瘦长，被包在同样的皮内，结果看来好像是具有两个爪的一个单独的趾。尽管有这种形式的类似，显然，这几种动物的后脚在可能想象到的范围内还是用于极其不同的目的的。这个例子由于美洲的负子鼠（opossums）而显得更加动人，它们的生活习性几乎和某些澳洲亲属的相同，但它们的脚的构造却按照普通的设计。以上的叙述是根据弗劳尔教授的，他在结论中说："我们可以把这叫作模式的符合，但对于这种现象并没有提供多少解释"；他接着说，"难道这不是有力地暗示着真实的关系和从一个共同祖先的遗传吗？"

圣·提雷尔曾极力主张同源部分的相关位置或彼此关联的高度重要性；它们在形状和大小上几乎可以不同到任何程度，可是仍以同一不变的顺序保持联系。比方说，我们从来没有发现过肱骨和前臂骨，或大腿骨和小腿骨颠倒过位置。因此，同一名称可以用于大不相同的动物的同源的骨。我们在昆虫口器的构造中看到这同一伟大的法则：天蛾（sphinx-moth）的极长而螺旋形的喙、蜜蜂或臭虫（bug）①的奇异折合的喙，以及甲虫的巨大的颚，有什么比它们更加彼此不同的呢？——可是用于如此大不相同的目的的一切这等器官，是由一个上唇、大颚和两对小颚经过无尽变异而形成的。这同一法则也支配着甲壳类的口器和肢的构造，植物的花也是这样。

企图采用功利主义或目的论来解释同一纲的成员的这种型式的相似性，是最没有希望的。欧文在他的《四肢的性质》(*Nature of Limbs*)这部最有趣的著作中坦白承认这种企图的毫无希望。按照每一种生物独立创造的通常观点，我们只能说它是这样；——就是"造物主"高兴把每一大纲的一切动物和植物按照一致的设计建造起来；但这并不是科学的解释。

按照连续轻微变异的选择学说，它的解释在很大程度上就简单了，——每一变异都以某种方式对于变异了的类型有利，但是又经常由于相关作用影响体制的其他部分。在这种性质的变化

---

① 包括多种异翅目的昆虫。吸血的臭虫（又称壁虱或床虱）属之。——译者

中,将很少或没有改变原始型式或转换各部分位置的倾向。一种肢的骨可以缩短和变扁到任何程度,同时被包以很厚的膜,以当作鳍用;或者一种有蹼的手可以使它的所有的骨或某些骨变长到任何程度,同时联结各骨的膜扩大,以当作翅膀用;可是一切这等变异并没有一种倾向来改变骨的结构或改变器官的相互联系。如果我们设想一切哺乳类、鸟类和爬行类的一种早期祖先——这可以叫作原型——具有按照现存的一般形式构造起来的肢,不管它们用于何种目的,我们将立刻看出全纲动物的肢的同源构造的明晰意义。昆虫的口器也是这样,我们只要设想它们的共同祖先具有一个上唇、大颚和两对小颚,而这些部分可能在形状上都很简单,这样就可以了;于是自然选择便可解释昆虫口器在构造上和机能上的无限多样性。虽然如此,可以想象,由于某些部分的缩小和最后的完全萎缩,由于与其他部分的融合,以及由于其他部分的重复或增加——我们知道这些变异都是在可能的范围以内的,一种器官的一般形式大概会变得极其隐晦不明,以致终于消失。已经绝灭的巨型海蜥蜴(sea-lizards)的桡足,以及某些吸附性甲壳类的口器,其一般的形式似乎已经因此而部分地隐晦不明了。

我们的问题另有同等奇异的一个分支,即系列同源(serial homologies),就是说,同一个体不同部分或器官相比较,而不是同一纲不同成员的同一部分或器官相比较。大多数生理学家都相信头骨与一定数目的椎骨的基本部分是同源的——这就是说,在数目上和相互关联上是彼此一致的。前肢和后肢在一切高级脊椎动物纲里显然是同源的。甲壳类的异常复杂的颚和腿也是这样。几乎每人都熟知,一朵花上的萼片、花瓣、雄蕊和雌蕊的相互位置以及它们的基本构造，依据它们是由呈螺旋形排列的变态叶所组成的观点，是可以得到解释的。由畸形的植物我们常常可以得到一种器官可能转化成另一种器官的直接证据；并且我们在花的早期或胚胎阶段中以及在甲壳类和许多其他动物的早期或胚胎阶段中，能够实际看到在成熟时期变得极不相同的器官起初是完全相似的。

按照神造的通常观点，系列同源是多么不可理解！为什么脑髓包含在一个由数目这样多的、形状这样奇怪的、显然代表脊椎的骨片所组成的箱子里呢？正如欧文所说，分离的骨片便于哺乳类产生幼体，但从此而来的利益绝不能解释鸟类和爬行类的头颅的同一构造。为什么创造出相似的骨来形成蝙蝠的翅膀和腿，而它们却用于如此完全不同的目的：即飞和走呢？为什么具有由许多部分组成的极端复杂口器的一种甲壳类，结果总是只有比较少数的腿；或者相反的，具有许多腿的甲壳类都有比较简单的口器呢？为什么每一花朵的萼片、花瓣、雄蕊、雌蕊，虽然适于如此不同的目的，却是在同一型式下构成的呢？

依据自然选择的学说，我们便能在一定程度上解答这些问题。我们不必在这里讨论某些动物的身体怎样最初分为一系列的部分，或者它们怎样分为具有相应器官的左侧和右侧，因为这样的问题几乎是在我们的研究范围以外的。可是：某些系列构造大概是由于细胞分裂而增殖的结果，细胞分裂引起从这类细胞发育出来的各部分的增殖。为了我们的目的，只需记住以下的事情就够了：即同一部分和同一器官的无限重复，正如欧文指出的，是一切低级的或很少专业化的类型的共同特征；所以脊椎动物的未知祖先大概具有许多椎骨；关节动物的未知祖先具有许多环节；显花植物的未知祖先具有许多排列成一个或多个螺旋形的叶。我们以前还看到，多次重复的部分，不仅在数目上，而且在形状上，极其容易发生变异。结果，这样的部分由于已经具有相当的数量，并且具有高度的变异性，自然会提供材料以适应最不相同的目的；可是它们通过遗传的力量，一般会保存它们原始的或基本的类似性的明显痕迹。这等变异可以通过自然选择对于它们的以后变异提供基础，并且从最初起就有相似的倾向，所以它们更加会保存这种类似性；那些部分在生长的早期是相似的，而且处于几乎相同的条件之下。这样的部分，不管变异多少，除非它们的共同起源完全隐晦不明，大概是系列同源的。

在软体动物的大纲中，虽然能够阐明不同物种的诸部分是同源的，但可以示明的只有少数的系列同源，如石鳖的亮瓣；这就是说，我们很少能够说出同一个体的某一部分与另一部分是同源的。我们能够理解这个事实，因为在软体动物里，甚至在这一纲的最低级成员里，我们几乎找不到任何一个部分有这样无限的重复，像我们在动物界和植物界的其他大纲里所看到的那样。

但是形态学，正如最近兰克斯特先生在一篇卓越的论文里充分说明的，比起最初所表现的是一个远为复杂的学科。有些事实被博物学者们一概等同地列为同源，对此他划出重要的区别。凡是不同动物的类似构造由于它们的血统都来自一个共同祖先，随后发生变异，他建议把这种构造叫作同源的（homogenous）；凡是不能这样解释的类似构造，他建议把它们叫作同形的（homoplastic）。比方说，他相信鸟类和哺乳类的心脏整个说起来是同源的，——即都是从一个共同的祖先传下来的；但是在这两个纲里心脏的四个腔是同形的，——即是独立发展起来的。兰克斯特先生还举出同一个体动物身体左右侧各部分的密切类似性，以及连续各部分的密切类似性；在这里，我们有了普通被叫作同源的部分，而它们与来自一个共同祖先的不同物种的血统毫无关系。同形构造与我分类为同功变化或同功类似是一样的，不过我的方法很不完备。它们的形成可以部分地归因于不同生物的各部分或同一生物的不同部分曾经以相似的方式发生变异；并且可以部分地归因于相似的变异为了相同的一般目的或机能而被保存下来，——关于这一点，已经举出过许多事例。

博物学者经常谈起头颅是由变形的椎骨形成的；螃蟹的颚是由变形的腿形成的；花的雄蕊和雌蕊是由变形的叶形成的；但是正如赫胥黎教授所说的，在大多数情形里，更正确地说，头颅和椎骨、颚和腿等等，并不是一种构造从现存的另一种构造变形而成，而是它们都从某种共同的、比较简单的原始构造变成的。但是，大多数的博物学者只在比喻的意义上应用这种语言；他们绝不是意味着在生物由来的悠久过程中，任何种类的原始器官——在一个例子中是椎骨，在另一例子中是腿——曾经实际上转化成头颅或颚。可是这种现象的发生看来是如此可信，以致博物学者几乎不可避免地要使用含有这种清晰意义的语言。按照本书所主张的观点，这种语言确实可以使用；而且以下不可思议的事实就可以部分地得到解释，例如螃蟹的颚，如果确实从真实的虽然极简单的腿变形而成，那么它们所保持的无数性状大概是通过遗传而保存下来的。

发生和胚胎学

在整个博物学中这是一个最重要的学科。每一个人都熟悉昆虫变态一般是由少数几个阶段突然地完成的；但是实际上却有无数的、逐渐的、虽然是隐蔽的转化过程。如卢伯克爵士所阐明的，某种蜉蝣类昆虫（Chlöeon）在发生过程中要蜕皮二十次以上，每一次蜕皮都要发生一定量的变异；在这个例子里，我们看到变态的动作是以原始的、逐渐的方式来完成的。许多昆虫，特别是某些甲壳类向我们阐明，在发生过程中所完成的构造变化是多么奇异。然而这类变化在某些下等动物的所谓世代交替里达到了最高峰。例如，有一项奇异的事实，即一种精致的分支的珊瑚形动物，长着水螅体（polypi），并且固着在海底的岩石上，它首先由芽生，然后由横向分裂，产生出漂浮的巨大水母群；于是这些水母产生卵，从卵孵化出浮游的极微小动物，它们附着在岩石上，发育成分支的珊瑚形动物；这样一直无止境地循环下去。认为世代交替过程和通常的变态过程基本上是同一的信念，已被瓦格纳的发现大大地加强了；他发现一种蚊即瘿蚊（Cecidomyia）的幼虫或蛆由无性生殖产生出其他的幼虫，这些其他的幼虫最后发育成成熟的雄虫和雌虫，再以通常的方式由卵繁殖它们的种类。

值得注意的是，当瓦格纳的杰出发现最初宣布的时候，人们问我，对于这种蚊的幼虫获得无性生殖的能力，应当如何解释呢？只要这种情形是唯一的一个，那就提不出任何解答。但是格里姆（Grimm）曾阐明，另一种蚊，即摇蚊（Chironomus），几乎以同样的方式进行生殖,并且他相信这种方法常常见于这一目。瘿蚊有这种能力的是蛹,而不是幼虫;格里姆进一步阐明,这个例子在某种程度上"把瘿蚊与介壳虫科(Coccidae)的单性生殖联系起来";——单性生殖这术语意味着介壳虫科的成熟的雌者不必与雄者交配就能产生出能育的卵。现在知道,几个纲的某些动物在异常早的龄期就有通常生殖的能力;我们只要由逐渐的步骤把单性生殖推到愈来愈早的龄期,——摇蚊所表示的正是中间阶段,即蛹的阶段——或者就能解释瘿蚊的奇异的情形了。

已经讲过,同一个体的不同部分在早期胚胎阶段完全相似,在成体状态中才变得大不相同,并且用于大不相同的目的。同样地,也曾阐明,同一纲的最不相同的物种的胚胎一般是密切相似的,但当充分发育以后,却变得大不相似。要证明最后提到的这一事实,没有比冯贝尔的叙述更好的了:他说,"哺乳类、鸟类、蜥蜴类、蛇类,大概也包括龟类在内的胚胎,在它们最早的状态中,整个的以及它们各部分的发育方式,都彼此非常相似;它们是这样的相似,事实上我们只能从它们的大小上来区别这些胚胎。我有两种浸在酒精里的小胚胎,我忘记把它们的名称贴上,现在我就完全说不出它们属于哪一纲了。它们可能是蜥蜴或小鸟,或者是很幼小的哺乳动物,这些动物的头和躯干的形成方式是如此完全相似。可是这些胚胎还没有四肢。但是,甚至在发育的最早阶段如果有四肢存在,我们也不能知道什么,因为蜥蜴和哺乳类的脚、鸟类的翅和脚,与人的手和脚一样,都是从同一基本类型中发生出来的。"大多数甲壳类的幼体,在发育的相应阶段中,彼此密切相似,不管成体可能变得怎样不同;许多的其他动物,也是这样。胚胎类似的法则有时直到相当迟的年齿还保持着痕迹：例如，同一属以及近似属的鸟在幼体的羽毛上往往彼此相似；如我们在鸫类的幼体中所看到的斑点羽毛，就是这样。在猫族里，大部分物种在长成时都具有条纹或斑点；狮子和美洲狮（puma）的幼兽也都有清楚易辨的条纹或斑点。我们在植物中也可以偶然地看到同类的事，不过为数不多；例如，金雀花（ulex）的初叶以及假叶金合欢属（Phyllodineous acacias）的初叶，都像豆科植物的通常叶子，是羽状或分裂状的。

同一纲中大不相同的动物的胚胎在构造上彼此相似的各点，往往与它们的生存条件没有直接关系。比方说，在脊椎动物的胚胎中，鳃裂附近的动脉有一特殊的弧状构造，我们不能设想，这种构造与在母体子宫内得到营养的幼小哺乳动物、在巢里孵化出来的鸟卵、在水中的蛙卵所处在的相似生活条件有关系。我们没有理由相信这样的关系，就像我们没有理由相信人的手、蝙蝠的翅膀、海豚的鳍内相似的骨是与相似的生活条件有关系。没有人会设想幼小狮子的条纹或幼小黑鸫鸟的斑点对于这些动物有任何用处。

可是，在胚胎生涯中的任何阶段，如果一种动物是活动的，而且必须为自己找寻食物，情形就有所不同了。活动的时期可以发生在生命中的较早期或较晚期；但是不管它发生在什么时期，则幼体对于生活条件的适应，就会与成体动物一样的完善和美妙。这是以怎样重要的方式实行的，最近卢伯克爵士已经很好地说明了，他是依据它们的生活习性论述很不相同的"目"内某些昆虫的幼虫的密切相似性以及同一"目"的其他昆虫的幼虫的不相似性来说明的。由于这类的适应，近似动物的幼体的相似性有时就大为不明；特别是在发育的不同阶段中发生分工现象时，尤其如此；例如同一幼体在某一阶段必须找寻食物，在另一阶段必须找寻附着的地方。甚至可以举出这样的例子，即近似物种或物种群的幼体彼此之间的差异要大于成体。可是，在大多数情形下，虽然是活动的幼体，也还或多或少密切地遵循着胚胎相似的一般法则。蔓足类提供了一个这类的良好例子；甚至声名赫赫的居维叶也没有看出藤壶是一种甲壳类：但是只要看一下幼虫，就会毫无错误地知道它是甲壳类。蔓足类的两个主要部分也是这样，即有柄蔓足类和无柄蔓足类虽然在外表上大不相同，可是它们的幼虫在所有阶段中却区别很少。

胚胎在发育过程中，其体制也一般有所提高；虽然我知道几乎不可能清楚地确定什么是比较高级的体制，什么是比较低级的体制，但是我还要使用这个说法。大概没有人会反对蝴蝶比毛虫更为高级。可是，在某些情形里，成体动物在等级上必须被认为低于幼虫，如某些寄生的甲壳类就是如此。再来谈一谈蔓足类：在第一阶段中的幼虫有三对运动器官、一个简单的单眼和一个吻状嘴，它们用嘴大量捕食，因为它们要大大增加体积。在第二阶段中，相当于蝶类的蛹期，它们有六对构造精致的游泳腿，一对巨大的复眼和极端复杂的触角；但是它们都有一个闭合的不完全的嘴，不能吃东西：它们的这一阶段的职务就是用它们很发达的感觉器官去寻找、用它们活泼游泳的能力去到达一个适宜的地点，以便附着在上面，而进行它们的最后变态。变态完成之后，它们便永远定居不移动了：于是它们的腿转化成把握器官；它们重新得到一个结构很好的嘴;但是触角没有了,它们的两只眼也转化成细小的、单独的、简单的眼点。在这最后完成的状态中,把蔓足类看作比它们的幼虫状态有较高级的体制或较低级的体制均可。但是在某些属里,幼虫可以发育成具有一般构造的雌雄同体,还可以发育成我所谓的补雄体(complemental males);后者的发育确实是退步了,因为这种雄体只是一个能在短期内生活的囊,除了生殖器官以外,它缺少嘴、胃和其他重要的器官。

我们极其惯常地看到胚胎与成体之间在构造上的差异,所以我们容易把这种差异看作是生长上的必然事情。但是,例如,关于蝙蝠的翅膀或海豚的鳍,在它的任何部分可以判别时,为什么它们的所有部分不立刻显示出适当的比例,是没有什么理由可说的。在某些整个动物群中以及其他群的某些成员中,情形就是这样的,胚胎不管在哪一时期都与成体没有多大差异:例如欧文曾就乌贼的情形指出,"没有变态;头足类的性状远在胚胎发育完成以前就显示出来了"。陆栖贝类和淡水的甲壳类在生出来的时候就具有固有的形状,而这两个大纲的海栖成员都在它们的发生中要经过相当的而且往往是巨大的变化。还有,蜘蛛几乎没有经过任何变态。大多数昆虫的幼虫都要经过一个蠕虫状的阶段,不管它们是活动的和适应于各种不同习性的也好,或者因处于适宜的养料之中或受到亲体的哺育而不活动的也好;但是在某些少数情形里,例如蚜虫,如果我们注意一下赫胥黎教授关于这种昆虫发育的可称赞的绘图,我们几乎不能看到蠕虫状阶段的任何痕迹。

有时只是比较早期的发育阶段没有出现。例如,根据米勒所完成的卓越发现,某些虾形的甲壳类(与对虾属〔Penoeus〕相近似)首先出现的是简单的无节幼体(nauplius-form)①,接着经过两次或多次水蚤期(zoea-stages),再经过糠虾期(mysis-stage),终于获得了它们的成体的构造;在这些甲壳类所属的整个巨大的软甲目(malacostracan)里,现在还不知道有其他成员最先经过无节幼体而发育起来,虽然许多是以水蚤出现的;尽管如此,米勒还举出一些理由来支持他的信念,即如果没有发育上的抑制,一切这等甲壳类都会先以无节幼体出现的。

那么,我们怎样解释胚胎学中的这等事实呢?——即胚胎和成体之间在构造上虽然不是具有普遍的,而只是具有很一般的差异;——同一个体胚胎的最后变得很不相同的并用于不同目的的各种器官在生长早期是相似的;——同一纲里最不相同物种的胚胎或幼体普通是类似的,但不必都如此;——胚胎在卵中或子宫中的时候,往往保存有在生命的那个时期或较后时期对自己并没有什么用处的构造;另一方面,必须为自己的需要而供给食料的幼虫对于周围的条件是完全适应的;——最后,某些幼体在体制的等级上高于它们将要发育成的成体。我相信对于所有这些事实可做如下的解释。

也许因为畸形在很早期影响胚胎,所以普通便以为轻微的变异或个体的差异也必定在同等的早期内出现。在这方面,我们没有证据,而我们所有的证据确实都在相反一面;因为大家都知道,牛、马和各种玩赏动物(fancyanimals)的饲育者在动物出生后的一些时间内不能够确定指出它们的幼体将有什么优点或缺点。

---

① 为甲壳类的一种幼虫,凡甲壳类由卵初发生时,多为此物。——译者

我们对于自己的孩子也清楚地看到这种情形；我们不能说出一个孩子将来是高的或矮的，或者将一定会有什么样容貌。问题不在于每一变异在生命的什么时期发生，而是在于什么时期可以表现出效果。变异的原因可以在生殖的行为以前作用于，并且我相信往往作用于亲体的一方或双方。值得注意的是，只要很幼小的动物还留存在母体的子宫内或卵内，或者只要它受到亲体的营养和保护，那么它的大部分性状无论是在生活的较早时期或较迟时期获得的，对于它都无关紧要。例如，对于一种借着很钩曲的喙来取食的鸟，只要它由亲体哺育，无论它在幼小时是否具有这种形状的喙，是无关紧要的。

在第一章中，我曾经叙述过一种变异不论在什么年龄首先出现于亲代，这种变异就有在后代的相应年龄中重新出现的倾向。某些变异只能在相应年龄中出现；例如，蚕蛾在幼虫、茧或蛹的状态时的特点；或者，牛在充分长成角时的特点，就是这样。但是，就我们所知道的，最初出现的变异无论是在生命的早期或晚期，同样有在后代和亲代的相应年龄中重新出现的倾向。我绝不是说事情总是这样的，并且我能举出变异（就这字的最广义来说）的若干例外，这些变异发生在子代的时期比发生在亲代的时期较早。

这两个原理，即轻微变异一般不是在生命的很早时期发生并且不是在很早时期遗传的，我相信，这解释了上述胚胎学上一切主要事实。但是首先让我们在家养变种中看一看少数相似的事实。某些作者曾经写论文讨论过"狗"，他们主张，长躯猎狗和逗牛狗虽然如此不同，可是实际上它们都是密切近似的变种，都是从同一个野生种传下来的；因此我非常想知道它们的幼狗究有多大差异：饲养者告诉我，幼狗之间的差异和亲代之间的差异完全一样，根据眼睛的判断，这似乎是对的；但在实际测计老狗和六日龄的幼狗时，我发现幼狗并没有获得它们比例差异的全量。还有，人们又告诉我拉车马和赛跑马——这几乎是完全在家养状况下由选择形成的品种——的小马之间的差异与充分成长的马一样；但是把赛跑马和重型拉车马的母马和它们的三日龄小马仔细测计之后，我发现情形并非如此。

因为我们有确实的证据可以证明，鸽的品种是从单独一个野生种传下来的，所以我对孵化后十二小时以内的雏鸽进行了比较；我对野生的亲种、突胸鸽、扇尾鸽、侏儒鸽、排字鸽、龙鸽、传书鸽、翻飞鸽，仔细地测计了（但这里不拟举出具体的材料）喙的比例、嘴的阔度、鼻孔和眼睑的长度、脚的大小和腿的长度。在这些鸽子中，有一些当成长时在喙的长度和形状以及其他性状上以如此异常的方式而彼此不同，以致它们如果见于自然状况下，一定会被列为不同的属。但是把这几个品种的雏鸟排成一列时，虽然它们的大多数刚能够被区别开，可是在上述各要点上的比例差异比起充分成长的鸟却是无比地少了。差异的某些特点——例如嘴的阔度——在雏鸟中几乎不能被觉察出来。但是关于这一法则有一个显著的例外，因为短面翻飞鸽的雏鸟几乎具有成长状态时完全一样的比例，而与野生岩鸽和其他品种的雏鸟有所不同。

上述两个原理说明了这些事实。饲养者们在狗、马、鸽等近乎成长的时期选择它们并进行繁育；他们并不关心所需要的性质是生活的较早期或较晚期获得的，只要充分成长的动物能够具有它们就可以了。刚才所举的例子，特别是鸽的例子，阐明了由人工选择所累积起来的而且给予他的品种以价值的那些表现特征的差异，一般并不出现在生活的很早期，而且这些性状也不是在相应的很早期遗传的。但是，短面翻飞鸽的例子，即刚生下十二小时就具有它的固有性状，证明这不是普遍的规律；因为在这里，表现特征的差异或者必须出现在比一般更早的时期，或者如果不是这样，这种差异必须不是在相应的龄期遗传的，而是在较早的龄期遗传的。

现在让我们应用这两个原理来说明自然状况下的物种。让我们讨论一下鸟类的一个群，它们从某一古代类型传下来，并且通过自然选择为着适应不同的习性发生了变异。于是，由于若干物种的许多轻微的、连续的变异并不是在很早的龄期发生的，而且是在相应的龄期得到遗传的，所以幼体将很少发生变异，并且它们之间的相似远比成体之间的相似更加密切，——正如我们在鸽的品种中所看到的那样。我们可以把这观点引申到大不相同的构造以及整个的纲。例如前肢，遥远的祖先曾经一度把它当作腿用，可以在悠久的变异过程中，在某一类后代中变得适应于作手用；但是按照上述两个原理，前肢在这几个类型的胚胎中不会有大的变异；虽然在每一个类型里成体的前肢彼此差异很大。不管长久连续的使用或不使用在改变任何物种的肢体或其他部分中可以发生什么样的影响，主要是在或者只有在它接近成长而不得不使用它的全部力量来谋生时，才对它发生作用；这样产生的效果将在相应的接近成长的龄期传递给后代。这样，幼体各部分的增强使用或不使用的效果，将不变化，或只有很少的变化。

对某些动物来说，连续变异可以在生命的很早期发生，或者诸级变异可以在比它们第一次出现时更早的龄期得到遗传。在任何一种这等情形中，如我们在短面翻飞鸽所看到的那样，幼体或胚胎就密切地类似成长的亲类型。在某些整个群中或者只在某些亚群中，如乌贼、陆栖贝类、淡水甲壳类、蜘蛛类以及昆虫这一大纲里的某些成员，这是发育的规律。关于这等群的幼体不经过任何变态的终极原因，我们能够看到这是从以下的事情发生的；即由于幼体必须在幼年解决自己的需要，并且由于它们遵循亲代那样的生活习性；因为在这种情况下，它们必须按照亲代的同样方式发生变异，这对于它们的生存几乎是不可缺少的。还有，许多陆栖的和淡水的动物不发生任何变态，而同群的海栖成员却要经过各种不同的变态，关于这一奇特的事实，米勒曾经指出一种动物适应在陆地上或淡水里生活，而不是在海水里生活，这种缓慢的变化过程将由于不经过任何幼体阶段而大大地简化；因为在这样新的和大为改变的生活习性下，很难找到既适于幼体阶段又适于成体阶段而尚未被其他生物所占据或占据得不好的地方。在这种情况下，自然选择将会有利于在愈来愈幼的龄期中逐渐获得的成体构造；于是以前变态的一切痕迹便终于消失了。

另一方面，如果一种动物的幼体遵循着稍微不同于亲类型的生活习性，因而其构造也稍微不同，是有利的话，或者如果一种与亲代已经不同的幼虫再进一步变化，也是有利的话，那么，按照在相应年龄中的遗传原理，幼体或幼虫可以因自然选择而变得愈来愈与亲体不同，以致到任何可以想象的程度。幼虫中的差异也可以与它的发育的连续阶段相关；所以，第一阶段的幼虫可以与第二阶段的幼虫大不相同，许多动物就有这种情形。成体也可以变得适合于那样的地点和习性——即运动器官或感觉器官等在那里都成为无用的了；在这种情形下，变态就退化了。

根据上述，由于幼体在构造上的变化与变异了的生活习性是一致的，再加上在相应的年龄中的遗传，我们就能理解动物所经过的发育阶段何以与它们的成体祖先的原始状态完全不同。大多数最优秀的权威者现在都相信，昆虫的各种幼虫期和蛹期就是这样通过适应而获得的，并不是通过某种古代类型的遗传而获得的。芫菁属（Sitaris）——一种经过某些异常发育阶段的甲虫——的奇异情形大概可以说明这种情况是怎样发生的。它的第一期幼虫形态，据法布尔描写，是一种活泼的微小昆虫，具有六条腿、两根长触角和四只眼睛。这些幼虫在蜂巢里孵化；当雄蜂在春天先于雌蜂羽化出室时，幼虫便跳到它们的身上，以后在雌雄交配时又爬到雌蜂身上。当雌蜂把卵产在蜂的蜜室上面时，芫菁属的幼虫就立刻跳到卵上，并且吃掉它们。之后，它们发生一种完全的变化：它们的眼睛消失了，它们的腿和触角变为残迹的了，并且以蜜为生；所以这时候它们才和昆虫的普通幼虫更加密切类似；最后它们进行进一步转化，终于以完美的甲虫出现。现在，如果有一种昆虫，它的转化就像芫菁的转化那样，并且变成为昆虫的整个新纲的祖先，那么，这个新纲的发育过程大概与我们现存昆虫的发育过程大不相同；而第一期幼虫阶段肯定不会代表任何成体类型和古代类型的先前状态。

另一方面，许多动物的胚胎阶段或幼虫阶段或多或少地向我们完全示明了整个群的祖先的成体状态，这是高度可能的。在甲壳类这个大纲里，彼此极其不同的类型，即吸着性的寄生种类、蔓足类、切甲类（entomostraca），甚至软甲类，最初都是在无节幼体的形态下作为幼虫而出现的；因为这些幼虫在广阔海洋里生活和觅食，并且不适应任何特殊的生活习性，又据米勒所举出的其他理由，大概在某一古远的时期，有一种类似无节幼体的独立的成体动物曾经生存过，以后沿着血统的若干分歧路线，产生了上述巨大的甲壳类的群。还有，根据我们所知道的有关哺乳类、鸟类、鱼类和爬行类的胚胎的知识，这些动物大概是某一古代祖先的变异了的后代，那个古代祖先在成体状态中具有极适于水栖生活的鳃、一个鳔、四只鳍状肢和一条长尾。

因为一切曾经生存过的生物，无论绝灭的和现代的，都能归入少数几个大纲里；因为每一大纲里的一切成员，按照我们的学说，都被微细的级进联结在一起，如果我们的采集是近乎完全的，那么最好的、唯一可能的分类大概是依据谱系；所以血统是博物学者们在"自然系统"的术语下所寻求的互相联系的潜在纽带。按照这个观点，我们便能理解，在大多数博物学者的眼里为什么胚胎的构造在分类上甚至比成体的构造更加重要。在动物的两个或更多的群中，不管它们的构造和习性在成体状态中彼此有多大差异，如果它们经过密切相似的胚胎阶段，我们就可以确定它们都是从一个亲类型传下来的，因而彼此是有密切关系的。这样，胚胎构造中的共同性便暴露了血统的共同性；但是胚胎发育中的不相似性并不证明血统的不一致，因为在两个群的一个群中,发育阶段可能曾被抑制,或者可能由于适应新的生活习性而被大大改变,以致不能再被辨认。甚至在成体发生了极端变异的类群中,起源的共同性往往还会由幼虫的构造揭露出来;例如,我们看到蔓足类虽然在外表上极像贝类,可是根据它们的幼虫就立刻可以知道它们是属于甲壳类这一大纲的。因为胚胎往往可以多少清楚地给我们示明一个群的变异较少的、古代祖先的构造,所以我们能够了解为什么古代的、绝灭的类型的成体状态常和同一纲的现存物种的胚胎相类似。阿加西斯相信这是自然界的普遍法则;我们可以期望此后看到这条法则被证明是真实的。可是,只有在以下的情形下它才能被证明是真实的,即这个群的古代祖先并没有由于在生长的很早期发生连续的变异,也没有由于这等变异在早于它们第一次出现时的较早龄期被遗传而全部湮没。还必须记住,这条法则可能是正确的,但是由于地质记录在时间上扩展得还不够久远,这条法则可能长期地或永远地得不到实证。如果一种古代类型在幼虫状态中适应了某种特殊的生活方式,而且把同一幼虫状态传递给整个群的后代,那么在这种情形下,那条法则也不能严格地有效;因为这等幼虫不会和任何更加古老类型的成体状态相类似。

这样,依我看来,胚胎学上的这些无比重要的事实,按照以下的原理就可以得到解释,那原理是:某一古代祖先的许多后代中的变异,曾出现在生命的不很早的时期,并且曾经遗传在相应的时期。如果我们把胚胎看作一幅图画,虽然多少有些模糊,却反映了同一大纲的一切成员的祖先,或是它的成体状态,或是它的幼体状态,那么胚胎学的重要性就会大大地提高了。

残迹的、萎缩的和不发育的器官

处于这种奇异状态中的器官或部分，带着废弃不用的鲜明印记，在整个自然界中极为常见，甚至可以说是普遍的。不可能举出一种高级动物，它的某一部分不是残迹状态的。例如哺乳类的雄体具有退化的奶头；蛇类的肺有一叶是残迹的；鸟类"小翼羽"(bastard-wing)可以稳妥地被认为是退化，某些物种的整个翅膀的残迹状态是如此显著，以致它不能用于飞翔。鲸鱼胎儿有牙齿，而当它们成长后都没有一个牙齿；或者，未出生的小牛的上颚生有牙齿，可是从来不穿出牙龈，有什么比这更加奇怪的呢？

残迹器官清楚地以各种方式示明了它们的起源和意义。密切近似物种的，甚至同一物种的甲虫，或者具有十分大的和完全的翅，或者只具有残迹的膜，位于牢固合在一起的翅鞘之下；在这等情形里，不可能怀疑那种残迹物就是代表翅的。残迹器官有时还保持着它们的潜在能力：这偶然见于雄性哺乳类的奶头，人们曾看到它们发育得很好而且分泌乳汁。黄牛属（Bos）的乳房也是如此，它们正常有四个发达的奶头和两个残迹的奶头；但是后者在我们家养的奶牛里有时很发达，而且分泌乳汁。关于植物，在同一物种的个体中，花瓣有时是残迹的，有时是发达的。在雌雄异花的某些植物里，科尔路特发现，使雄花具有残迹雌蕊的物种与自然具有很发达雌蕊的雌雄同花的物种进行杂交，在杂种后代中那残迹雌蕊就大大地增大了；这清楚地示明残迹雌蕊和完全雌蕊在性质上是基本相似的。一种动物的各个部分可能是在完全状态中的，而它们在某一意义上则可能是残迹的，因为它们是没有用的：例如普通蝾螈（Salamander）即水蝾螈的蝌蚪，如刘易斯先生所说的，"有鳃，生活在水里；但是山蝾螈（Salamandra atra）则生活在高山上，都产出发育完全的幼体。这种动物从来不在水中生活。可是如果我们剖开怀胎的雌体，我们就会发现在它体内的蝌蚪具有精致的羽状鳃；如果把它们放在水里，它们能像水蝾螈的蝌蚪那样地游泳。显然地，这种水生的体制与这动物的未来生活没有关系，并且也不是对于胚胎条件的适应；它完全与祖先的适应有关系，不过重演了它们祖先发育中的一个阶段而已。"

兼有两种用处的器官，对于一种用处，甚至比较重要的那种用处，可能变为残迹或完全不发育，而对于另一种用处却完全有效。例如，在植物中，雌蕊的功用在于使花粉管达到子房里的胚珠。雌蕊具有一个柱头，为花柱所支持；但是在某些聚合花科的植物中，当然不能受精的雄性小花具有一个残迹的雌蕊，因为它的顶部没有柱头；但是，它的花柱依然很发达，并且以通常的方式被有细毛，用来把周围的、邻接的花药里的花粉刷下。还有，一种器官对于固有的用处可能变为残迹的，而被用于不同的目的：在某些鱼类里，鳔对于漂浮的固有机能似乎变为残迹的了，但是它转变成原始的呼吸器官或肺。还能举出许多相似的事例。

有用的器官，不管它们如何不发达，也不应认为是残迹的，除非我们有理由设想它们以前曾更高度地发达过，它们可能是在一种初生的状态中，正向进一步发达的方向前进。另一方面，残迹器官或者十分没有用处，例如从来没有穿过牙龈的牙齿，或者是几乎没有用处，例如只能当作风篷用的鸵鸟翅膀。因为这种状态的器官在从前更少发育的时候,甚至比现在的用处更少,所以它们以前不可能是通过变异和自然选择而产生出来的,自然选择的作用只在于保存有用的变异。它们是通过遗传的力量部分地被保存下来的,与事物的以前状态有关系。虽然如此,要区别残迹器官和初生器官往往是有困难的;因为我们只能用类推的方法去判断一种器官是否能够进一步地发达,只有它们在能够进一步地发达的情形下,才应该叫作初生的。这种状态的器官总是很稀少的;因为具有这样器官的生物普通会被具有更为完美的同一器官的后继者所排挤,因而它们早就绝灭了。企鹅的翅膀有高度的用处,它可以当作鳍用;所以它可能代表翅膀的初生状态:这并不是说我相信这是事实;它更可能是一种缩小了的器官,为了适应新的机能而发生了变异。另一方面,几维鸟的翅膀是十分无用的,并且确实是残迹的。欧文认为肺鱼的简单的丝状肢是"在高级脊椎动物里,达到充分机能发育的器官的开端";但是按照京特博士最近提出的观点,它们大概是由继续存在的鳍轴构成的,这鳍轴具有不发达的鳍条或侧支。鸭嘴兽的乳腺若与黄牛的乳房相比较,可以看作是初生状态的。某些蔓足类的卵带已不能作为卵的附着物,很不发达,这些就是初生状态的鳃。

同一物种的诸个体中,残迹器官在发育程度上以及其他方面很容易发生变异。在密切近似的物种中,同一器官缩小的程度有时也有很大差异。同一科的雌蛾的翅膀状态很好地例证了这后一事实。残迹器官可能完全萎缩掉;这意味着在某些动物或植物中,有些器官已完全不存在,虽然我们依据类推原希望可以找到它们,而且在畸形个体中的确可以偶然见到它们。例如玄参科

(Scrophulariaceae)的大多数植物,其第五条雄蕊已完全萎缩;可是我们可以断定第五条雄蕊曾经存在过,因为可以在这一科的许多物种中找到它的残迹物,并且这一残迹物有时会完全发育,就像有时我们在普通的金鱼草(snap-dragon)里所看到的那样。当在同一纲的不同成员中追寻任何器官的同源作用时,没有比发现残迹物更为常见的了,或者为了充分理解诸器官的关系,没有比残迹物的发现更为有用的了。欧文所绘的马、黄牛和犀牛的腿骨图很好地示明了这一点。

这是一个重要的事实,即残迹器官,如鲸鱼和反刍类上颚的牙齿,往往见于胚胎,但以后又完全消失了。我相信,这也是一条普遍的法则,即残迹器官,如用相邻器官来比较,则在胚胎里比在成体里要大一些;所以这种器官早期的残迹状态是较不显著的,甚至在任何程度上都不能说是残迹的。因此,成体的残迹器官往往被说成还保留胚胎的状态。

刚才我已举出了有关残迹器官的一些主要事实。当仔细考虑到它们时,无论何人都会感到惊奇;因为它告诉我们大多数部分和器官巧妙地适应于某种用处的同一推理能力,也同等明晰地告诉我们这些残迹的或萎缩的器官是不完全的,无用的。在博物学著作中,一般把残迹器官说成是"为了对称的缘故"或者是为了要"完成自然的设计"而被创造出来的,但这并不是一种解释,而只是事实的复述。这本身就有矛盾:例如王蛇(boa-constrictor)有后肢和骨盆的残迹物,如果说这些骨的保存是为了"完成自然的设计",那么正如魏斯曼教授所发问的,为什么其他的蛇不保存这些骨,它们甚至连这些骨的残迹都没有呢? 如果认为卫星"为了对称的缘故"循着椭圆形轨道绕着行星运行,因为行星是这样绕着太阳运行的,那么对于具有这样主张的天文学者,将作何感想呢?有一位著名的生理学者假定残迹器官是用来排除过剩的或对于系统有害的物质的,他用这个假定来解释残迹器官的存在;但是我们能假定那微小的乳头(papilla)——它往往代表雄花中的雌蕊并且只由细胞组织组成——能够发生这样作用吗?我们能假定以后要消失的、残迹的牙齿把像磷酸钙这样贵重的物质移去可以对于迅速生长的牛胚胎有利益吗?当人的指头被截断时,我们知道在断指上会出现不完全的指甲,如果我相信这些指甲的残迹是为了排除角状物质而发育的,那么就得相信海牛的鳍上的残迹指甲也是为了同样的目的而发育的。

按照伴随着变异的生物由来的观点,残迹器官的起源是比较简单的;并且我们能够在很大程度上理解控制它们不完全发育的法则。在我们的家养生物中,我们有许多残迹器官的例子,——如无尾绵羊品种的尾的残基,——无耳绵羊品种的耳的残迹,——无角牛的品种,据尤亚特说,特别是小牛的下垂的小角的重新出现,——以及花椰菜(cauliflower)的完全花的状态。我们在畸形生物中常常看到各种部分的残迹;但是我怀疑任何这种例子除了示明残迹器官能够产生出来以外,是否能够说明自然状况下的残迹器官的起源;因为衡量证据,可以清楚地示明自然状况下的物种并不发生巨大的、突然的变化。但是我们从我们家养生物的研究中得知,器官的不使用导致了它们的缩小;而且这种结果是遗传的。

不使用大概是器官退化的主要因素。它起初以缓慢的步骤

第十四章 生物的相互亲缘关系：形态学、胚胎学、残迹器官

使器官愈来愈完全地缩小，一直到最后成为残迹的器官，——像栖息在暗洞里的动物眼睛，以及栖息在海洋岛上的鸟类翅膀，就是这样。还有，一种器官在某种条件下是有用的，在其他条件下可能是有害的，例如栖息在开阔小岛上的甲虫的翅膀就是这样；在这种情形下，自然选择将会帮助那种器官缩小，直到它成为无害的和残迹的器官。

在构造上和机能上任何能够由细小阶段完成的变化都在自然选择的势力范围之内；所以一种器官由于生活习性的变化而对于某种目的成为无用或有害时，大概可以被改变而用于另一目的。一种器官大概还可以只保存它的以前的机能之一。原来通过自然选择的帮助而被形成的器官，当变成无用时，可以发生很多变异，因为它们的变异已不再受自然选择的抑制了。所有这些都与我们在自然状况下看到的很相符合。还有，不管在生活的哪一个时期，不使用或选择可以使一种器官缩小，这一般都发生在生物到达成熟期而势必发挥它的全部活动力量的时候，而在相应年龄中发生作用的遗传原理就有一种倾向，使缩小状态的器官在同一成熟年龄中重新出现，但是这一原理对于胚胎状态的器官却很少发生影响。这样我们就能理解，在胚胎期内的残迹器官如与邻接器官相比，前者比较大，而在成体状态中前者就比较小。例如，如果一种成长动物的指在许多世代中由于习性的某种变化而使用得愈来愈少，或者如果一种器官或腺体在机能上使用得愈来愈少，那么我们便可以推论，它在这种动物的成体后代中就要缩小，但是在胚胎中却几乎仍保持它原来的发育标准。

可是还存在着以下的难点。在一种器官已经停止使用因而

大大缩小以后，它怎么能够进一步地缩小，一直到只剩下一点残迹呢？最后它怎么能够完全消失呢？那器官一旦在机能上变成为无用的以后，"不使用"几乎不可能继续产生任何进一步的影响。某种补充的解释在这里是必要的，但我不能提出。比方说，如果能够证明体制的每一部分有这样一种倾向：它向着缩小方面比向着增大方面可以发生更大程度的变异，那么我们就能理解已经变成为无用的一种器官为什么还受不使用的影响而成为残迹的，以致最后完全消失；因为向着缩小方面发生的变异不再受自然选择的抑制。在以前一章里解释过的生长的经济的原理，对于一种无用器官变成为残迹的，或者有作用；根据这一原理，形成任何器官的物质，如果对于所有者没有用处，就要尽可能地被节省。但是这一原理几乎一定只能应用于缩小过程的较早阶段；因为我们无法设想，比方说在雄花中代表雌花雌蕊的并且只由细胞组织形成的一种微小突起，为了节省养料的缘故，能够进一步地缩小或吸收。

最后，不管残迹器官由什么步骤退化到它们现在那样的无用状态，因为它们都是事物先前状态的记录并且完全由遗传的力量被保存下来，——根据分类的系统观点，我们就能理解分类学者在把生物放在自然系统中的适宜地位时，怎么会常常发见残迹器官与生理上高度重要的器官同等地有用。残迹器官可以与一个字中的字母相比，它在发音上已无用，而在拼音上仍旧保存着，但这些字母还可以用作那个字的起源的线索。根据伴随着变异的生物由来的观点，我们可以断言，残迹的、不完全的、无用的或者十分萎缩的器官的存在，对于旧的生物特创说来说，必定是一个难点，但按照本书说明的观点来说，这不仅不是一个特殊的难点甚至是可以预料到的。

提　　要

在这一章里我曾企图示明：在一切时期里，一切生物在群之下还分成群的这样排列，——一切现存生物和绝灭生物被复杂的、放射状的、曲折的亲缘线联结起来而成为少数大纲的这种关系的性质，——博物学者在分类中所遵循的法则和遇到的困难，——那些性状，不管它们具有高度重要性或最少重要性，或像残迹器官那样毫无重要性，如果是稳定的、普遍的，对于它们所给予的评价，——同功的即适应的性状和具有真实亲缘关系的性状之间在价值上的广泛对立；以及其他这类法则；——如果我们承认近似类型有共同的祖先，并且它们通过变异和自然选择而发生变化因而引起绝灭以及性状的分歧，那么，上述一切就是自然的了。在考虑这种分类观点时，应该记住血统这个因素曾被普遍地用来把同一物种的性别、龄期、二型类型以及公认变种分类在一起，不管它们在构造上彼此有多大不同。如果把血统这因素——这是生物相似的一个确知原因，——扩大使用，我们将会理解什么叫作"自然系统"：它是力图按谱系进行排列，用变种、物种、属、科、目和纲等术语来表示所获得的差异诸级。

根据同样的伴随着变异的生物由来学说，"形态学"中的大多数大事就成为可以理解的了，——无论我们去观察同一纲的不同物种在不管有什么用处的同源器官中所表现的同一形式；或者去观察同一个体动物和个体植物中的系列同源和左右同源,都可以得到理解。

根据连续的、微小的变异不一定在或一般不在生活的很早时期发生并且遗传在相应时期的原理,我们就能理解"胚胎学"中的主要事实;即当成熟时在构造上和机能上变得大不相同的同源器官在个体胚胎中是密切类似的;在近似的而显明不同的物种中那些虽然在成体状态中适合于尽可能不同的习性的同源部分或器官是类似的。幼虫是活动的胚胎,它们随着生活习性的变化而多少发生了特殊的变异,并且把它们的变异在相应的很早龄期遗传下去。根据这些同样的原理——并且记住,器官由于不使用或由于自然选择的缩小,一般发生在生物必须解决自己需要的生活时期,同时还要记住,遗传的力量是多么强大,——那么,残迹器官的发生甚至是可以预料的了。根据自然的分类必须按照谱系的观点,就可理解胚胎的性状和残迹器官在分类中的重要性。

最后,这一章中已经讨论过的若干类事实,依我看来,是这样清楚地示明了,栖息在这个世界上的无数的物种、属和科,在它们各自的纲或群的范围之内,都是从共同祖先传下来的,并且都在生物由来的进程中发生了变异,这样,即使没有其他事实或论证的支持,我也会毫不踌躇地采取这个观点。

第十五章　复述和结论

对自然选择学说的异议的复述——支持自然选择学说的一般的和特殊的情况的复述——一般相信物种不变的原因——自然选择学说可以引申到什么程度——自然选择学说的采用对于博物学研究的影响——结束语。

因为全书是一篇绵长的争论，所以把主要的事实和推论简略地复述一遍，可能给予读者一些方便。

我不否认，有许多严重的异议可以提出来反对伴随着变异的生物由来学说，这一学说是以变异和自然选择为依据的。我曾努力使这些异议充分发挥它们的力量。比较复杂的器官和本能的完善化并不依靠超越于，甚至类似于人类理性的方法，而是依靠对于个体有利的无数轻微变异的累积，最初看来，没有什么比这更难使人相信的了。尽管如此，虽然在我们的想象中这好像是一个不可克服的大难点，可是如果我们承认下述的命题，这就不是一个真实的难点，这些命题是：体制的一切部分和本能至少呈现个体差异——生存斗争导致构造上或本能上有利偏差的保存——最后，在每一器官的完善化的状态中有诸级存在，每一级对于它的种类都是有利的。这些命题的正确性，我想，是无可争辩的。

毫无疑问，甚至猜想一下许多器官是通过什么样的中间级进而成善化了的，也有极端困难，特别对于已经大量绝灭了的、不连续的、衰败的生物群来说，更加如此；但是我们看到自然界里有那么多奇异的级进，所以当我们说任何器官或本能，或者整个构造不能通过许多级进的步骤而达到现在的状态时，应该极端地谨慎。必须承认，有特别困难的事例来反对自然选择学说，其中最奇妙的一个就是同一蚁群中有两三种工蚁即不育雌蚁的明确等级；但是，我已经试图阐明这些难点是怎样得到克服的。

物种在第一次杂交中的几乎普遍的不育性，与变种在杂交中的几乎普遍的能育性，形成极其明显的对比，关于这一点我必须请读者参阅第九章末所提出的事实的复述，这些事实，依我看来，决定性地示明了这种不育性不是特殊的禀赋，有如两个不同物种的树木不能嫁接在一起绝不是特殊的禀赋一样；而只是基于杂交物种的生殖系统的差异所发生的偶然事情。我们在使同样两个物种进行互交——即一个物种先用作父本，后用作母本——的结果中所得到的大量差异里，看到上述结论的正确性。从二型和三型的植物的研究加以类推，也可以清楚地导致相同的结论，因为当诸类型非法地结合时，它们便产生少数种子或不产生种子，它们的后代也多少是不育的；而这些类型无疑是同一物种，彼此只在生殖器官和生殖机能上有所差异而已。

变种杂交的能育性及其混种后代的能育性虽然被如此众多的作者们确认是普遍的，但是自从高度权威该特纳和科尔路特举出若干事实以后,这就不能被认为是十分正确的了。被试验过的变种大多数是在家养状况下产生的;而且因为家养状况(我不是单指圈养而言)几乎一定有消除不育性的倾向,根据类推,这种不育性在亲种的杂交中会有影响;所以我们就不应该希望家养状况同样会在它们的变异了的后代杂交中诱起不育性。不育性的这种消除显然有从容许我们的家畜在各种不同环境中自由生育的同一原因而来的;而这又显然是从它们已经逐渐适应于生活条件的经常变化而来的。

有两类平行的事实似乎对于物种第一次杂交的不育性及其杂种后代的不育性提出了许多说明。一方面,有很好的理由可以相信,生活条件的轻微变化会给予一切生物以活力和能育性。我们又知道同一变种的不同个体的杂交以及不同变种的杂交会增加它们后代的数目,并且一定会增加它们的大小和活力。这主要由于进行杂交的类型曾经暴露在多少不同的生活条件下;因为我曾经根据一系列辛劳的实验确定了,如果同一变种的一切个体在若干世代中都处于相同的条件下,那么从杂交而来的好处常常会大事减少或完全消失。这是事实的一面。另一方面,我们知道曾经长期暴露在近乎一致条件下的物种,当在大不相同的新条件之下圈养时,它们或者死亡,或者活着,即使保持完全的健康,也要变成不育的了。对长期暴露在变化不定的条件下的家养生物来说,这种情形并不发生,或者只以轻微的程度发生。因此,当我们看到两个不同物种杂交,由于受孕后不久或在很早的年龄死亡,而所产生的杂种数目稀少时,或者虽然活着而它们多少变得不育时,这种结果极可能是因为这些杂种似乎把两种不同的体制融合在一起,事实上已经遭受到生活条件中的巨大变化。谁能够以明确的方式来解释,比方说,象或狐狸在它的故乡受到圈养时为什么不生育,而家猪或猪在最不相同的条件下为什么还能大量地生育,于是他就能够对以下问题做出确切的答案,即两个不同的物种当杂交时以及它们的杂种后代为什么一般都是多少不育的,而两个家养的变种当杂交时以及它们的混种后代为什么都是完全能育的。

就地理的分布而言,伴随着变异的生物由来学说所遭遇的难点是极其严重的。同一物种的一切个体、同一属或甚至更高级的群的一切物种都是从共同的祖先传下来的;因此,它们现在不管在地球上怎样遥远的和隔离的地点被发现,它们一定是在连续世代的过程中从某一地点迁徙到一切其他地点的。这是怎样发生的,甚至往往连猜测也完全不可能。然而,我们既然有理由相信,某些物种曾经在极长的时间保持同一物种的类型(这时期如以年代来计算是极其长久的),所以不应过分强调同一物种的偶然的广泛散布;为什么这样说呢,因为在很长久的时期里总有良好的机会通过许多方法来进行广泛迁徙的。不连续或中断的分布常常可以由物种在中间地带的绝灭来解释。不能否认,我们对于在现代时期内曾经影响地球的各种气候变化和地理变化的全部范围还是很无知的;而这些变化则往往有利于迁徙。作为一个例证,我曾经企图示明冰期对于同一物种和近似物种在地球上的分布的影响曾是如何的有效。我们对于许多偶然的输送方法还是深刻无知的。至于生活在遥远而隔离的地区的同属的不同物种,因为变异的过程必然是缓慢地进行的,所以迁徙的一切方法在很长的时期里便成为可能；结果同属的物种的广泛散布的难点就在某种程度上减小了。

按照自然选择学说，一定有无数的中间类型曾经存在过，这些中间类型以微细的级进把每一群中的一切物种联结在一起，这些微细的级进就像现存变种那样，因此我们可以问：为什么我们没有在我们的周围看到这些联结的类型呢？为什么一切生物并没有混杂成不能分解的混乱状态呢？关于现存的类型，我们应该记住我们没有权利去希望（除了稀少的例子以外）在它们之间发现直接联结的连锁，我们只能在各个现存类型和某一绝灭的、被排挤掉的类型之间发现这种连锁。如果一个广阔的地区在一个长久时期内曾经保持了连续的状态，并且它的气候和其他生活条件从被某一个物种所占有的区域逐渐不知不觉地变化到为一个密切近似物种所占有的区域，即使在这样的地区内，我们也没有正当的权利去希望在中间地带常常找到中间变种。因为我们有理由相信，每一属中只有少数物种曾经发生变化；其他物种则完全绝灭，而没有留下变异了的后代。在的确发生变化的物种中，只有少数在同一地区内同时发生变化；而且一切变异都是逐渐完成的。我还阐明，起初在中间地带存在的中间变种大概会容易地被任何方面的近似类型所排挤；因为后者由于生存的数目较大，比起生存数目较少的中间变种一般能以较快的速率发生变化和改进；结果中间变种最后就要被排挤掉和消灭掉。

世界上现存生物和绝灭生物之间以及各个连续时期内绝灭物种和更加古老物种之间，都有无数联结的连锁已经绝灭。按照这一学说来看，为什么在每一地质层中没有填满这等连锁类型呢？为什么化石遗物的每一次采集没有为生物类型的逐级过渡和变化提供明显的证据呢？虽然地质学说的研究毫无疑问地揭露了以前曾经存在的许多连锁，把无数的生物类型更加紧密地联结在一起，但是它所提供的过去物种和现存物种之间的无限多的微细级进并不能满足这一学说的要求；这是反对这一学说的许多异议中的最明显的异议。还有，为什么整群的近似物种好像是突然出现在连续的地质诸阶段之中呢？（虽然这常常是一种假象。）虽然我们现在知道，生物早在寒武纪最下层沉积以前的一个无可计算的极古时期就在这个地球上出现了，但是为什么我们在这个系统之下没有发现巨大的地层含有寒武纪化石的祖先遗骸呢？因为，按照这个学说，这样的地层一定在世界历史上的这等古老的和完全未知的时代里，已经沉积于某处了。

我只能根据地质记录比大多数地质学家所相信的更加不完全这一假设来回答上述的问题和异议。一切博物馆内的标本数目与肯定曾经生存过的无数物种的无数世代比较起来，是绝不足道的。任何两个或更多物种的亲类型不会在它的一切性状上都直接地介于它的变异了的后代之间，正如岩鸽在嗉囊和尾方面不直接介于它的后代突胸鸽和扇尾鸽之间一样。如果我们研究两种生物，即使是这研究是周密进行的，除非我们得到大多数的中间连锁，我们就不能辨识一个物种是否是另一变异了的物种的祖先；而且由于地质记录的不完全，我们也没有正当的权利去希望找到这许多连锁。如果有两三个或者甚至更多的联结的类型被发现，它们就会被许多博物学者简单地列为那样多的新物种，如果它们是在不同地质亚层中找到的，不管它们的差异如何轻微，就尤其如此。可以举出无数现存的可疑类型，大概都是变种；但是谁敢说将来会发现如此众多的化石连锁，以致博物学者能够决定这些可疑的类型是否应该叫作变种？只有世界的一小部分曾经作过地质勘探。只有某些纲的生物才能在化石状态中至少以任何大量的数目被保存下来。许多物种一旦形成以后如果永不再进行任何变化，就会绝灭而不留下变异了的后代；而且物种进行变化的时期，虽然以年来计算是长久的，但与物种保持同一类型的时期比较起来，大概还是短的。占优势的和分布广的物种，最常变异，并且变异最多，变种起初又常是地方性的——由于这两个原因，要在任何一个地层里发现中间连锁就比较不容易。地方变种不等到经过相当的变异和改进之后，是不会分布到其他遥远地区的；当它们散布开了，并且在一个地层中被发现的时候，它们看来好像是在那里被突然创造出来似的，于是就被简单地列为新的物种。大多数地层在沉积中是断断续续的；它们延续的时间大概比物种类型的平均延续时间较短。在大多数情形下，连续的地质层都被长久的空白间隔时间所分开；因为含有化石的地质层，其厚度足以抵抗未来的陵蚀作用，按照一般规律，这样的地质层只能在海底下降而有大量沉积物沉积的地方，才能得到堆积。在水平面上升和静止的交替时期，一般是没有地质记录的。在后面这样的时期中，生物类型大概会有更多的变异性；在下降的时期中，大概有更多的绝灭。

关于寒武纪地质层以下缺乏富含化石的地层一点，我只能回到第十章所提出的假说；即，我们的大陆和海洋在长久时期内虽然保持了几乎像现在那样的相对位置，但是我们没有理由去假设永远都是这样的；所以比现在已知的任何地质层更古老得多的地质层可能还埋藏在大洋之下。有人说自从我们这个行星凝固以来所经历的时间，并不足以使生物完成所设想的变化量，这一异议，正如汤普森爵士所极力主张的，大概是曾经提出来的最严重异议之一，关于这一点我只能说：第一，如用年来计算，我们不知道物种以何种速率发生变化；第二，许多哲学家还不愿意承认，我们对于宇宙的和地球内部的构成已有足够的知识，可以用来稳妥地推测地球过去的时间长度。

大家都承认地质记录是不完全的；但是很少人肯承认它的不完全已到了我们学说所需要的那种程度。如果我们观察到足够悠久的长期的间隔时间，地质学说就明白地表明一切物种都变化了；而且它们以学说所要求的那种方式发生变化，因为它们都是缓慢地而且以逐渐的方式发生变化的。我们在连续地质层里的化石遗骸中清楚地看到这种情形，这等地质层中化石遗骸的彼此关系一定远比相隔很远的地质层中的化石遗骸更加密切。

以上就是可以正当提出来反对这个学说的几种主要异议和难点的概要；我现在已经就我所知道的简要地复述了我的回答和解释。多年以来我曾感到这些难点是如此严重，以致不能怀疑它们的分量。但是值得特别注意的是，更加重要的异议与我们公认无知的那些问题有关；而且我们还不知道我们无知到什么程度。我们还不知道在最简单的和最完善的器官之间的一切可能的过渡级进；也不能假装我们已经知道，在悠久岁月里"分布"的各种各样的方法，或者地质记录是怎样的不完全。尽管这几种异议是严重的，但在我的判断中它们绝不足以推翻伴随着后代变异的生物由来学说。

现在让我们谈谈争论的另一方面。在家养状况下,我们看到由变化了的生活条件所引起的或者至少是所激起的大量变异性;但是它经常以这样暧昧的方式发生,以致我们容易把变异认为是自发的。变异性受许多复杂的法则所支配——受相关生长、补偿作用、器官的增强使用和不使用,以及周围条件的一定作用所支配。确定我们的家养生物曾经发生过多少变化,困难很大;但是我们可以稳妥地推论,变异量是大的,而且变异能够长久地遗传下去。只要生活条件保持不变,我们就有理由相信,曾经遗传过许多世代的变异可以继续遗传到几乎无限的世代。另一方面,我们有证据说,一旦发生作用的变异性在家养状况下便可在很久的时期内不会停止;我们还不知道它何时停止过,因为就是最古老的家养生物也会偶尔产生新变种。

变异性实际上不是由人引起的;他只是无意识地把生物放在新的生活条件之下,于是自然就对生物的体制发生作用,而引起它发生变异。但是人能够选择并且确实选择了自然给予他的变异,从而把变异按照任何需要的方式累积起来。这样,他便可以使动物和植物适应他自己的利益或爱好。他可以有计划地这样做,或者可以无意识地这样做,这种无意识选择的方法就是保存对他最有用或最合乎他的爱好的那些个体,但没有改变品种的任何企图。他肯定能够借着在每一连续世代中选择那些除了有训练的眼睛就不能辨识出来的极其微细的个体差异,来大大影响一个品种的性状。这种无意识的选择过程在形成最显著的和最有用的家养品种中曾经起过重大的作用。人所产生的许多品种在很大程度上具有自然物种的状况,这一事实已由许多品种在很大程度上具有自然物种的状况,这一事实已由许多品种究是变种或本来是不同的物种这一难以解决的疑难问题所示明了。

没有理由可以说在家养状况下曾经如此有效地发生了作用的原理为什么不能在自然状况下发生作用。在不断反复发生的生存斗争中有利的个体或族得到生存,从这一点我们看到一种强有力的和经常发生作用的"选择"的形式。一切生物都依照几何级数高度地增加,这必然会引起生存斗争。这种高度的增加率可用计算来证明——许多动物和植物在连续的特殊季节中以及在新地区归化时都会迅速增加,这一点就可证明高度的增加率。产生出来的个体比可能生存的多。天平上的些微之差便可决定哪些个体将生存,哪些个体将死亡——哪些变种或物种将增加数量,哪些将减少数量或最后绝灭。同一物种的个体彼此在各方面进行了最密切的竞争,因此它们之间的斗争一般最为剧烈;同一物种的变种之间的斗争几乎也是同样剧烈的,其次就是同属的物种之间的斗争。另一方面,在自然系统上相距很远的生物之间的斗争也常常是剧烈的。某些个体在任何年龄或任何季节比与其相竞争的个体只要占有最轻微的优势,或者对周围物理条件具有任何轻微程度的较好适应,结果就会改变平衡。

对于雌雄异体的动物,在大多数情形下雄者之间为了占有雌者,就会发生斗争。最强有力的雄者,或与生活条件斗争最成功的雄者,一般会留下最多的后代。但是成功往往取决于雄者具有特别武器,或者防御手段,或者魅力;轻微的优势就会导致胜利。

地质学清楚地表明，各个陆地都曾发生过巨大的物理变化，因此，我们可以预料生物在自然状况下曾经发生变异，有如它们在家养状况下曾经发生变异那样。如果在自然状况下有任何变异的话，那么要说自然选择不曾发生作用，那就是无法解释的事实了。常常有人主张，变异量在自然状况下是一种严格有限制的量，但是这个主张是不能证实的。人，虽然只是作用于外部性状而且其结果是莫测的，却能够在短暂的时期内由累积家养生物的个体差异而产生巨大的结果；并且每一个人都承认物种呈现有个体差异。但是，除了个体差异外，一切博物学者都承认有自然变种存在，这些自然变种被认为有足够的区别而值得在分类学著作中加以记载。没有人曾经在个体差异和轻微变种之间，或者在特征更加明确的变种和亚种之间，以及亚种和物种之间划出任何明显的区别。在分离的大陆上，在同一大陆上而被任何种类的障碍物分开的不同区域，以及在遥远的岛上，有大量的生物类型存在，有些有经验的博物学者把它们列为变种，另一些博物学者竟把它们列为地理族或亚种，还有一些博物学者把它们列为不同的虽然是密切近似的物种！

那么，如果动物和植物的确发生变异，不管其如何轻微或者缓慢，只要这等变异或个体差异在任何方面是有利的，为什么不会通过自然选择即最适者生存而被保存下来和累积起来呢？人既能耐心选择对他有用的变异，为什么在变化着的和复杂的生活条件下有利于自然生物的变异不会经常发生，并且被保存，即被选择呢？对于这种在悠久年代中发生作用并严格检查每一生物的整个体制、构造和习性——助长好的并排除坏的——的力量能够加以限制吗？对于这种缓慢地并美妙地使每一类型适应于最复杂的生活关系的力量，我无法看到有什么限制。甚至如果我们不看得更远，自然选择学说似乎也是高度可信的。我已经尽可能公正地复述了对方提出的难点和异议；现在让我们转来谈一谈支持这个学说的特殊事实和论点罢。

物种只是特征强烈显著的、稳定的变种，而且每一物种首先作为变种而存在，根据这一观点，我们便能理解，在普通假定由特殊创造行为产生出来的物种和公认为由第二性法则产生出来的变种之间，为什么没有一条界线可定。根据这同一观点，我们还能理解在一个属的许多物种曾经产生出来的而且现今仍为繁盛的地区，为什么这些物种要呈现许多变种；因为在形成物种很活跃的地方，按照一般的规律，我们可以预料它还在进行；如果变种是初期的物种，情形就确是这样。还有，大属的物种如果提供较大数量的变种，即初期物种，那么它们在某种程度上就会保持变种的性状；因为它们之间的差异量比小属的物种之间的差异量为小。大属的密切近似物种显然在分布上要受到限制，并且它们在亲缘关系上围绕着其他物种聚成小群——这两方面都和变种相似。根据每一物种都是独立创造的观点，这些关系就是奇特的，但是如果每一物种都是首先作为变种而存在的话，那么这些关系便是可以理解的了。

各个物种都有按照几何级数繁殖率而过度增加数量的倾向；而且各个物种的变异了的后代由于它们在习性上和构造上更加多样化的程度，便能在自然组成中攫取许多大不相同的场所而增加它们的数量，因此自然选择就经常倾向于保存任何一个物种的最分歧的后代。所以在长久连续的变异过程中，同一物种的诸变种所特有的轻微差异便趋于增大而成为同一属的诸物种所特有的较大差异。新的、改进了的变种不可避免地要排除和消灭掉旧的、改进较少的和中间的变种；这样，物种在很大程度上就成为确定的、界限分明的了。每一纲中属于较大群的优势物种有产生新的和优势的类型的倾向；结果每一大群便倾向于变得更大，同时在性状上更加分歧。但是所有的群不能都这样继续增大，因为这世界不能容纳它们，所以比较占优势的类型就要打倒比较不占优势的类型。这种大群继续增大以及性状继续分歧的倾向，加上不可避免的大量绝灭的事情，说明了一切生物类型都是按照群之下又有群来排列的，所有这些群都被包括在曾经自始至终占有优势的少数大纲之内。把一切生物都归在所谓"自然系统"之下的这一伟大事实，如果根据特创说，是完全不能解释的。

自然选择仅能借着轻微的、连续的、有利的变异的累积而发生作用，所以它不能产生巨大的或突然的变化；它只能按照短小的和缓慢的步骤而发生作用。因此，"自然界里没有飞跃"这一格言，已被每次新增加的知识所证实，根据这个学说，它就是可以理解的了。我们能够理解，为什么在整个自然界中可以用几乎无限多样的手段来达到同样的一般目的，因为每一种特点，一旦获得，就可以长久遗传下去，并且已经在许多不同方面变异了的构造势必适应同样的一般目的。总之，我们能够理解，为什么自然界在变异上是浪费的，虽然在革新上是吝啬的。但是如果每一物种都是独立创造出来的话，那么，为什么这应当是自然界的一条法则，就没有人能够解释了。

依我看来，根据这个学说，还有许多其他事实可以得到解释。这是多么奇怪：一种啄木鸟形态的鸟会在地面上捕食昆虫；很少或永不游泳的高地的鹅具有蹼脚；一种像鸫的鸟潜水并吃水中的昆虫；一种海燕具有适于海雀生活的习性和构造！还有无穷尽的其他例子也都是这样的。但是根据以下的观点，即各个物种都经常在力求增加数量，而且自然选择总是在使每一物种的缓慢变异着的后代适应于自然界中未被占据或占据得不好的地方，那么上述事实就不足为奇，甚至是可以料想到的了。

我们能够在某种程度上理解整个自然界中怎么会有这么多的美；因为这大部分是由选择作用所致。按照我们的感觉，美并不是普遍的，如果有人看见过某些毒蛇、某些鱼、某些具有丑恶得像歪扭人脸那样的蝙蝠，他们都会承认这一点。性选择曾经把最灿烂的颜色、优美的样式，和其他装饰物给予雄者，有时也给予许多鸟类、蝴蝶和其他动物的两性。关于鸟类，性选择往往使雄者的鸣声既可取悦于雌者，也可取悦于我们的听觉。花和果实由于它的彩色与绿叶相衬显得很鲜明，因此花就容易地被昆虫看到、被访问和传粉，而且种子也会被鸟类散布开去。某些颜色、声音和形状怎样会给予人类和低于人类的动物以快感，——即最简单的美感在最初是怎样获得的，——我们并不知道，有如我们不知道某些味道和香气最初怎样变成为适意的一样。

因为自然选择由竞争而发生作用，它使各个地方的生物得到适应和改进，这只是对其同位者而言；所以任何一个地方的物种，虽然按照通常的观点被假定是为了那个地区创造出来而特别适应那个地区的，却被从其他地方移来的归化生物所打倒和排挤掉，对此我们不必惊奇。自然界里的一切设计，甚至像人类的眼睛，就我们所能判断的来说，并不是绝对完全的；或者它们有些与我们的适应观念不相容，对此也不必惊奇。蜜蜂的刺，当用来攻击敌人时，会引起蜜蜂自己的死亡；雄蜂为了一次交配而被产生出那么多，交配之后便被它们的不育的姊妹们杀死；枞树花粉的可惊的浪费；后蜂对于它的能育的女儿们所具有的本能仇恨；姬蜂在毛虫的活体内求食；以及其他这类的例子，也不足为奇。从自然选择学说看来，奇怪的事情实际上倒是没有发现更多的缺乏绝对完全化的例子。

支配产生变种的复杂而不甚理解的法则，就我们所能判断的来说，与支配产生明确物种的法则是相同的。在这两种场合里，物理条件似乎产生了某种直接的和确定的效果，但这效果有多大，我们却不能说。这样，当变种进入任何新地点以后，它们有时便取得该地物种所固有的某些性状。对于变种和物种，使用和不使用似乎产生了相当的效果；如果我们看到以下情形，就不可能反驳这一结论。例如，具有不能飞翔的翅膀的大头鸭所处的条件几乎与家鸭相同；穴居的栉鼠有时是盲目的；某些鼹鼠通常是盲目的，而且眼睛上被皮肤遮盖着；栖息在美洲和欧洲暗洞里的许多动物是盲目的。对于变种和物种，相关变异似乎发生了重要作用，因此，当某一部分发生变异时，其他部分也必然要发生变异。对于变种和物种，长久亡失的性状有时会在变种和物种中复现。马属的若干物种以及它们的杂种偶尔会在肩上和腿上出现条纹，根据特创说，这一事实将如何解释呢！如果我们相信这些物种都是从具有条纹的祖先传下的，就像鸽的若干家养品种都是从具有条纹的蓝色岩鸽传下来的那样,那么上述事实的解释将是如何简单呀!

按照每一物种都是独立创造的通常观点,为什么物种的性状,即同属的诸物种彼此相区别的性状比它们所共有的属的性状更多变异呢?比方说,一个属的任何一种花的颜色,为什么当其他物种具有不同颜色的花时,要比当一切物种的花都具有同样颜色时,更加容易地发生变异呢?如果说物种只是特征很显著的变种,而且它们的性状已经高度地变得稳定了,那么我们就能够理解这种事实;因为这些物种从一个共同祖先分支出来以后它们在某些性状上已经发生过变异了,这就是这些物种彼此赖以区别的性状;所以这些性状比在长时期中遗传下来而没有变化的属的性状就更加容易地发生变异。根据特创说,就不能解释在一属的单独一个物种里,以很异常方式发育起来的因而我们可以自然地推想对于那个物种有巨大重要性的器官,为什么显著容易地发生变异;但是,根据我们的观点,自从若干物种由一个共同祖先分支出来以后,这种器官已经进行了大量的变异和变化,因此我们可以预料这种器官一般还要发生变异。但是一种器官,如同蝙蝠的翅膀,可能以最异常的方式发育起来,但是,如果这种器官是许多附属类型所共有的,也就是说,如果它曾是在很长久时期内被遗传下来的,这种器官并不会比其他构造更容易地发生变异;因为在这种情形下,长久连续的自然选择就会使它变为稳定的了。

看一看本能,某些本能虽然很奇异,可是按照连续的、轻微的,而有益的变异之自然选择学说,它们并不比肉体构造提供了更大的难点。这样,我们便能理解为什么自然在赋予同纲的不同动物以若干本能时,是以级进的步骤进行活动的。我曾企图示明级进原理对于蜜蜂可赞美的建筑能力提供了多么重要的解释。在本能的改变中,习性无疑往往发生作用;但它并不是肯定不可缺少的,就像我们在中性昆虫的情形中所看到的那样,中性昆虫并不留下后代遗传有长久连续的习性的效果。根据同属的一切物种都是从一个共同祖先传下来的并且遗传了许多共同性状这一观点,我们便能了解近似物种当处在极不相同的条件之下时,怎么还具有几乎同样的本能;为什么南美洲热带和温带的鸫像不列颠的物种那样地用泥土涂抹它们的巢的内侧。根据本能是通过自然选择而缓慢获得的观点,我们对某些本能并不完全,容易发生错误,而且许多本能会使其他动物蒙受损失,就不必大惊小怪了。

如果物种只是特征很显著的、稳定的变种,我们便能立刻看出为什么它们的杂交后代在类似亲体的程度上和性质上——在由连续杂交而相互吸收方面以及在其他这等情形方面——就像公认的变种杂交后代那样地追随着同样的复杂法则。如果物种是独立创造的,并且变种是通过第二性法则产生出来的,这种类似就成为奇怪的事情了。

如果我们承认地质记录不完全到极端的程度,那么地质记录所提供的事实就强有力地支持了伴随着变异的生物由来学说。新的物种缓慢地在连续的间隔时间内出现;而不同的群经过相等的间隔时间之后所发生的变化量是大不相同的。物种和整个物群的绝灭,在有机世界的历史中起过非常显著的作用,这几乎不可避免地是自然选择原理的结果;因为旧的类型要被新而改进了的类型排挤掉。单独一个物种也好，整群的物种也好，当普通世代的链条一旦断绝时，就不再出现了。优势类型的逐渐散布，以及它们后代的缓慢变异，使得生物类型经过长久的间隔时间以后，看来好像是在整个世界范围内同时发生变化似的。各个地质层的化石遗骸的性状在某种程度上是介于上面地质层和下面地质层的化石遗骸之间的，这一事实可以简单地由它们在系统链条中处于中间地位来解释。一切绝灭生物都能与一切现存生物分类在一起，这一伟大事实是现存生物和绝灭生物都是共同祖先的后代的自然结果。因为物种在它们的由来和变化的悠久过程中一般已在性状上发生了分歧，所以我们便能理解为什么比较古代的类型，或每一群的早期祖先，如此经常地在某种程度上处于现存群之间的位置。总之，现代类型在体制等级上一般被看作比古代类型为高；而且它们必须是较高级的，因为未来发生的、比较改进了的类型在生活斗争中战胜了较老的和改进较少的类型；它们的器官一般也更加专业化，以适于不同机能。这种事实与无数生物尚保存简单的而很少改进的适于简单生活条件的构造是完全一致的；同样地，这与某些类型在系统的各个阶段中为了更好地适于新的、退化的生活习性而在体制上退化了的情形也是一致的。最后，同一大陆的近似类型——如澳洲的有袋类、美洲的贫齿类和其他这类例子——的长久延续的奇异法则也是可以理解的，因为在同一地区里，现存生物和绝灭生物由于系统的关系会是密切近似的。

看一看地理分布，如果我们承认，由于以前的气候变化和地理变化以及由于许多偶然的和未知的散布方法，在悠长的岁月中曾经有过从世界的某一部分到另一部分的大量迁徙，那么根据伴随着变异的生物由来学说，我们便能理解有关"分布"上的大多数主要事实。我们能够理解，为什么生物在整个空间内的分布和在整个时间内的地质演替会有这么动人的平行现象；因为在这两种情形里，生物通常都由世代的纽带所联结，而且变异的方法也是一样的。我们也体会了曾经引起每一个旅行家注意的奇异事实的全部意义，即在同一大陆上，在最不相同的条件下，在炎热和寒冷下，在高山和低地上，在沙漠和沼泽里，每一大纲里的生物大部分是显然相关联的；因为它们都是同一祖先和早期移住者的后代。根据以前迁徙的同一原理，在大多数情形里它与变异相结合，我们借冰期之助，便能理解在最遥远的高山上以及在北温带和南温带中的某些少数植物的同一性，以及许多其他生物的密切近似性；同样地还能理解，虽然被整个热带海洋隔开的北温带和南温带海里的某些生物的密切相似性。虽然两个地区呈现着同一物种所要求的密切相似的物理条件，如果这两个地区在长久时期内是彼此分开的，那么我们对于它们的生物的大不相同就不必大惊小怪；因为，由于生物和生物之间的关系是一切关系中的最重要关系，而且这两个地区在不同时期内会从其他地区或者彼此相互接受不同数量的移住者，所以这两个地区中的生物变异过程就必然是不同的。

依据谱系以后发生变化的这个迁徙的观点，我们便能理解为什么只有少数物种栖息在海洋岛上，而其中为什么有许多物种是特殊的即本地特有的类型。我们清楚地知道那些不能横渡广阔海面的动物群的物种，如蛙类和陆栖哺乳类，为什么不栖息在海洋岛上；另一方面，还可理解，像蝙蝠这些能够横渡海洋的动物，其新而特殊的物种为什么往往见于离开大陆很远的岛上。海洋岛上有蝙蝠的特殊物种存在，却没有一切其他陆栖哺乳类，根据独立创造的学说，这等情形就完全不能得到解释了。

任何两个地区有密切近似的或代表的物种存在，从伴随着变异的生物由来学说的观点看来，是意味着同一亲类型以前曾经在这两个地区栖息过；并且，无论什么地方，如果那里有许多密切近似物种栖息在两个地区，我们必然还会在那里发现两个地区所共有的某些同一物种。无论在什么地方，如果那里有许多密切近似的而区别分明的物种发生，那么同一群的可疑类型和变种也会同样地在那里发生。各个地区的生物必与移入者的最近根源地的生物有关联，这是具有高度一般性的法则。在加拉帕戈斯群岛、胡安·斐尔南德斯群岛（Juar Fernandez）①以及其他美洲岛屿上的几乎所有的植物和动物与邻近的美洲大陆的植物和动物的动人关系中，我们看到这一点；也在佛得角群岛以及其他非洲岛屿上的生物与非洲大陆生物的关系中看到这一点。必须承认，根据特创说，这些事实是得不到解释的。

我们已经看到，一切过去的和现代的生物都可群下分群，而且绝灭的群往往介于现代诸群之间，在这等情形下，它们都可以归入少数的大纲内，这一事实，根据自然选择及其所引起的绝灭和性状分歧的学说，是可以理解的。根据这些同样的原理，我们便能理解，每一纲里的类型的相互亲缘关系为什么是如此复杂和

---

① 在南太平洋，智利以西 400 英里。——译者

曲折的。我们还能理解，为什么某些性状比其他性状在分类上更加有用；——为什么适应的性状虽然对于生物具有高度的重要性，可是在分类上却几乎没有任何重要性；为什么从残迹器官而来的性状，虽然对于生物没有什么用处，可是往往在分类上具有高度的价值；还有，胚胎的性状为什么往往是最有价值的。一切生物的真实的亲缘关系，与它们的适应性的类似相反，是可以归因于遗传或系统的共同性的。"自然系统"是一种依照谱系的排列，依所获得的差异诸级，用变种、物种、属、科等术语来表示的；我们必须由最稳定的性状，不管它们是什么，也不管在生活上多么不重要，去发现系统线。

人的手、蝙蝠的翅膀、海豚的鳍和马的腿都由相似的骨骼构成，——长颈鹿颈和象颈的脊椎数目相同，——以及无数其他的这类事实，依据伴随着缓慢的、微小而连续的变异的生物由来学说，立刻可以得到解释。蝙蝠的翅膀和腿，——螃蟹的颚和腿，——花的花瓣、雄蕊和雌蕊，虽然用于极其不同的目的，但它们的结构样式都相似。这些器官或部分在各个纲的早期祖先中原来是相似的，但以后逐渐发生了变异，根据这样观点，上述的相似性在很大程度上还是可以得到解释的。连续变异不总是在早期年龄中发生，并且它的遗传是在相应的而不是在更早的生活时期；依据这一原理，我们更可清楚地理解，为什么哺乳类、鸟类、爬行类和鱼类的胚胎会如此密切相似，而在成体类型中又如此不相似。呼吸空气的哺乳类或鸟类的胚胎就像必须依靠很发达的鳃来呼吸溶解在水中的空气的鱼类那样地具有鳃裂和弧状动脉，对此我们用不到大惊小怪。

不使用，有时借自然选择之助，往往会使在改变了的生活习性或生活条件下变成无用的器官而缩小；根据这一观点，我们便能理解残迹器官的意义。但是不使用和选择一般是在每一生物到达成熟期并且必须在生存斗争中发挥充分作用的时期，才能对每一生物发生作用，所以对于在早期生活中的器官没有什么影响力；因此那器官在这早期年龄里不会被缩小或成为残迹的。比方说，小牛从一个具有很发达牙齿的早期祖先遗传了牙齿，而它们的牙齿从来不穿出上颚牙床肉；我们可以相信，由于舌和颚或唇通过自然选择变得非常适于吃草，而无须牙齿的帮助，所以成长动物的牙齿在以前就由于不使用而缩小了；可是在小牛中，牙齿却没有受到影响，并且依据遗传在相应年龄的原理，它们从遥远的时期一直遗传到今天。带着毫无用处的鲜明印记的器官，例如小牛胚胎的牙齿或许多甲虫的连合鞘翅下的萎缩翅，竟会如此经常发生，根据每一生物以及它的一切不同部分都是被特别创造出来的观点，这将是多么完全不可理解的事情。可以说"自然"曾经煞费苦心地利用残迹器官、胚胎的以及同源的构造来泄露她的变化的设计，只是我们太盲目了，以致不能理解她的意义。

上述事实和论据使我完全相信，物种在系统的悠久过程中曾经发生变化，对此我已做了复述。这主要是通过对无数连续的、轻微的、有利的变异进行自然选择而实现的；并且以重要的方式借助于器官的使用和不使用的遗传效果；还有不重要的方式，即同不论过去或现在的适应性构造有关，它们的发生依赖外界条件的直接影响，也依赖我们似乎无知的自发变异。看来我以前是低估了在自然选择以外导致构造上永久变化的这种自发变异的频率和价值。但是因为我的结论最近曾被严重地歪曲,并且说我把物种的变异完全归因于自然选择,所以请让我指出,在本书的第一版中,以及在以后的几版中,我曾把下面的话放在最显著的地位——即"绪论"的结尾处:"我相信'自然选择'是变异的最主要的但不是独一无二的手段。"这话并没有发生什么效果。根深蒂固的误解力量是大的;但是科学的历史示明,这种力量幸而不会长久延续。

几乎不能设想,一种虚假的学说会像自然选择学说那样地以如此令人满意的方式解释上述若干大类的事实。最近有人反对说,这是一种不妥当的讨论方法;但是,这是用来判断普通生活事件的方法,并且是最伟大的自然哲学者们所经常使用的方法。光的波动理论就是这样得来的;而地球环绕中轴旋转的信念,直到最近还没有直接的证据。要说科学对于生命的本质或起源这个更高深的问题还没有提出解释,这并不是有力的异议。谁能够解释什么是地心吸力的本质呢?现在没有人会反对遵循地心吸力这个未知因素所得出的结果;尽管列不尼兹(Leibnitz)以前曾经责难牛顿,说他引进了"玄妙的性质和奇迹到哲学里来"。

本书所提出的观点为什么会震动任何人的宗教感情,我看不出有什么好的理由。要想指出这种印象是如何短暂,记住以下情形就够了:人类曾有过最伟大发现,即地心吸力法则,也被列不尼兹抨击为"自然宗教的覆灭,因而推理地也是启示宗教的覆灭"。一位著名的作者兼神学者写信给我说,"他已逐渐觉得,相信'神'创造出一些少数原始类型,它们能够自己发展成其他必要类型,与相信'神'需要一种新的创造作用以补充'神'的法则作用所引起的空虚,同样都是崇高的'神'的观念"。

可以质问,为什么直到最近差不多所有在世的最卓越的博物学者和地质学者都不相信物种的可变性呢。不能主张生物在自然状况下不发生变异;不能证明变异量在悠久年代的过程中是一种有限的量;在物种和特征显著的变种之间未曾有,或者也不能有清楚的界限。不能主张物种杂交必然是不育的,而变种杂交必然是能育的;或者主张不育性是创造的一种特殊禀赋和标志。只要把地球的历史想成是短暂的,几乎不可避免地就要相信物种是不变的产物;而现在我们对于时间的推移已经获得某种概念,我们就不可没有根据地去假定地质的记录是这样完全,以致如果物种曾经有过变异,地质就会向我们提供有关物种变异的明显证据。

但是,我们天然地不愿意承认一个物种会产生其他不同物种的主要原因,在于我们总是不能立即承认巨大变化所经过的步骤,而这些步骤又是我们不知道的。这和下述情形一样:当莱尔最初主张长行的内陆岩壁的形成和巨大山谷的凹下都是由我们现在看到的依然发生作用的因素所致,对此许多地质学者都感到难于承认。思想大概不能掌握即便是一百万年这用语的充分意义;而对于经过几乎无限世代所累积的许多轻微变异,其全部效果如何更是不能综合领会的了。

虽然我完全相信本书在提要的形式下提出来的观点是正确的;但是,富有经验的博物学者的思想在岁月的悠久过程中装满了大量事实,其观点与我的观点直接相反,我并不期望说服他们。在"创造的计划"、"设计的一致"之类的说法下,我们的无知多么容易被荫蔽起来，而且还会只把事实复述一遍就想象自己已经给予了一种解释。无论何人，只要他的性情偏重尚未解释的难点，而不重视许多事实的解释他就必然要反对这个学说。在思想上被赋有很大适应性的并且已经开始怀疑物种不变性的少数博物学者可以受到本书的影响；但是我满怀信心地看着将来，——看着年轻的、后起的博物学者，他们将会没有偏见地去看这个问题的两方面。已被引导到相信物种是可变的人们，无论是谁，如果自觉地去表示他的确信，他就做了好事；因为只有这样，才能把这一问题所深深受到的偏见的重负移去。

几位卓越的博物学者最近发表他们的信念，认为每一属中都有许多公认的物种并不是真实的物种；而认为其他物种才是真实的，就是说，被独立创造出来的，依我看来，这是一个奇怪的结论。他们承认，直到最近还被他们自己认为是特别创造出来的，并且大多数博物学者也是这样看待它们的，因而具有真实物种的一切外部特征的许多类型，是由变异产生的，但是他们拒绝把这同一观点引申到其他稍微不同的类型。虽然如此，他们并不冒充他们能够确定，或者甚至猜测，哪些是被创造出来的生物类型，哪些是由第二性法则产生出来的生物类型。他们在某一种情形下承认变异是真实原因，而在另一种情形下却又断然否认它，而又不指明这两种情形有何区别。总有一天这会被当作奇怪的例子来说明先入之见的盲目性。这些作者对奇迹般的创造行为并不比对通常的生殖感到更大的惊奇。但是他们是否真的相信，在地球历史的无数时期中，某些元素的原子会突然被命令骤然变成活的组织呢？他们相信在每次假定的创造行为中都有一个个体或许多个体产生出来吗？所有无限繁多种类的动物和植物在被创造出来时究竟是卵或种子或充分长成的成体吗？在哺乳类的情形下，它们是带着营养的虚假印记从母体子宫内被创造出来的吗？毫无疑问，相信只有少数生物类型或只有某一生物类型的出现或被创造的人并不能解答这类问题的。几位作者曾主张，相信创造成百万生物与创造一种生物是同样容易的；但是莫波丢伊（Maupertuis）的"最小行为"的哲学格言会引导思想更愿意接受较少的数目；但是肯定地我们不应相信，每一大纲里的无数生物在创造出来时就具有从单独一个祖先传下来的明显的、欺人的印记。

作为事物以前状态的记录，我在以上诸节和其他地方记下了博物学者们相信每一物种都是分别创造的若干语句；我因为这样表达意见而大受责难。但是，毫无疑问，在本书第一版出现时，这是当时一般的信念。我以前向很多博物学者谈论过进化的问题，但从来没有一次遇到过任何同情的赞成。在那个时候大概有某些博物学者的确相信进化，但是他们或者沉默无言，或者叙述得这么模糊以致不容易理解他们所说的意义。现在的情形就完全不同了，几乎每一博物学者都承认伟大的进化原理。尽管如此，还有一些人，他们认为物种曾经通过十分不能解释的方法而突然产生出新的、完全不同的类型；但是，如我力求示明的，大量的证据可以提出来反对承认巨大而突然的变化。就科学的观点而论，为进一步研究着想，相信新的类型以不能理解的方法从旧的、十分不同的类型突然发展出来，比相信物种从尘土创造出来的旧信念，并没有什么优越之处。

可以问，我要把物种变异的学说扩展到多远。这个问题是难于回答的，因为我们所讨论的类型愈是不同，有利于系统一致性的论点的数量就愈少，其说服力也愈弱。但是最有力的论点可以扩展到很远。整个纲的一切成员被一条亲缘关系的连锁联结在一起，一切都能够按群下分群的同一原理来分类。化石遗骸有时有一种倾向，会把现存诸目之间的巨大空隙填充起来。

残迹状态下的器官清楚地示明了，一种早期祖先的这种器官是充分发达的；在某些情形里这意味着它的后代已发生过大量变异。在整个纲里，各种构造都是在同一样式下形成的，而且早期的胚胎彼此密切相似。所以我不能怀疑伴随着变异的生物由来学说把同一大纲或同一界的一切成员都包括在内。我相信动物至多是从四种或五种祖先传下来的，植物是从同样数目或较少数目的祖先传下来的。

类比方法引导我更进一步相信，一切动物和植物都是从某一种原始类型传下来的。但是类比方法可能把我们导入迷途。虽然如此，一切生物在它们的化学成分上、它们的细胞构造上、它们的生长法则上、它们对于有害影响的易感性上都有许多共同之点。我们甚至在以下那样不重要的事实里也能看到这一点，即同一毒质常常同样地影响各种植物和动物；瘿蜂所分泌的毒质能引起野蔷薇或橡树产生畸形。在一切生物中，或者某些最低等的除外，有性生殖似乎在本质上都是相似的。在一切生物中，就现在所知道的来说，最初的胚胞是相同的；所以一切生物都是从共同的根源开始的。如果当我们甚至看一看这两个主要部分——即看一看动物界和植物界——某些低等类型如此具有中间的性质，以致博物学者们争论它们究竟应该属于哪一界。正如阿萨·格雷教授所指出的，"许多低等藻类的孢子和其他生殖体可以说起初在特性上具有动物的生活，以后无可怀疑地具有植物的生活"。所以，依据伴随着性状分歧的自然选择原理，动物和植物从这些低等的中间类型发展出来，并不是不可信的；而且，如果我们承认了这一点，我们必须同样地承认曾经在这地球上生活过的一切生物都是从某一原始类型传下来的。但是这推论主要是以类比方法为根据的，它是否被接受并无关紧要。正如刘易斯先生所主张的，毫无疑问，在生命的黎明期可能就有许多不同的类型发生；但是，倘真如此，则我们便可断定，只有很少数类型曾经遗留下变异了的后代。因为，正如我最近关于每一大界、如"脊椎动物"、"关节动物"等的成员所说的，在它们的胚胎上、同源构造上、残迹构造上，我们都有明显的证据可以证明每一界里的一切成员都是从单独一个祖先传下来的。

我在本书所提出的以及华莱士先生所提出的观点，或者有关物种起源的类似的观点，一旦被普遍接受以后，我们就能够隐约地预见到在博物学中将会发生重大革命。分类学者将能和现在一样地从事劳动；但是他们不会再受到这个或那个类型是否为真实物种这一可怕疑问的不断搅扰。这，我确信并且我根据经验来说，对于各种难点将不是微不足道的解脱。有关的五十个物种的不列颠树莓类（bramble）是否为真实物种这一无休止的争论将会结束。分类学者所做的只是决定（这点并不容易）任何类型是否充分稳定并且能否与其他类型有所区别，而给它下一个定义；如果能够给它下一定义，那就要决定那些差异是否充分重要，值得给以物种的名称。后述一点将远比它现在的情形更加重要；因为任何两个类型的差异，不管如何轻微，如果不被中间诸级把它们混合在一起，大多数博物学者就会认为这两个类型都足以提升到物种的地位。

从此以后，我们将不得不承认物种和特征显著的变种之间的唯一区别是：变种已被知道或被相信现在被中间级进联结起来，而物种却是在以前被这样联结起来的。因此，在不拒绝考虑任何两个类型之间目前存在着中间级进的情况下，我们将被引导更加仔细地去衡量、更加高度地去评价它们之间的实际差异量。十分可能，现在一般被认为只是变种的类型，今后可能被相信值得给以物种的名称；在这种情形下，科学的语言和普通的语言就一致了。总而言之，我们必须用博物学者对待属那样的态度来对待物种，他们承认属只不过是为了方便而做出的人为组合。这或者不是一个愉快的展望；但是，对于物种这一术语的没有发现的、不可能发现的本质，我们至少不会再做徒劳的探索。

博物学的其他更加一般的部门将会大大地引起兴趣。博物学者所用的术语如亲缘关系、关系、模式的同一性、父性、形态学、适应的性状、残迹的和萎缩的器官等等，将不再是隐喻的，而会有它的鲜明的意义。当我们不再像未开化人把船看作是完全不可理解的东西那样地来看生物的时候；当我们把自然界的每一产品看成是都具有悠久历史的时候；当我们把每一种复杂的构造和本能看成是各各对于所有者都有用处的设计的综合，有如任何伟大的机械发明是无数工人的劳动、经验、理性以及甚至错误的综合的时候；当我们这样观察每一生物的时候，博物学的研究将变得——我根据经验来说——多么更加有趣呀！

在变异的原因和法则、相关法则、使用和不使用的效果、外界条件的直接作用等等方面,将会开辟一片广大的、几乎未经前人踏过的研究领域。家养生物的研究在价值上将大大提高。人类培育出来一个新品种,比起在已经记载下来的无数物种中增添一个物种,将会成为一个更加重要、更加有趣的研究课题。我们的分类,就它们所能被安排的来说,将是按谱系进行的;那时它们才能真的显示出所谓"创造的计划"。当我们有一确定目标的时候,分类的规则无疑会变得更加简单。我们没有得到任何谱系或族徽;我们必须依据各种长久遗传下来的性状去发现和追踪自然谱系中的许多分歧的系统线。残迹器官将会确实无误地表明长久亡失的构造的性质。称作异常的,又可以富于幻想地称作活化石的物种和物种群,将帮助我们构成一张古代生物类型的图画。胚胎学往往会给我们揭露出每一大纲内原始类型的构造,不过多少有点模糊而已。

如果我们能够确定同一物种的一切个体以及大多数属的一切密切近似物种,曾经在不很遥远的时期内从第一个祖先传下来,并且从某一诞生地迁移出来;如果我们更好地知道迁移的许多方法,而且依据地质学现在对于以前的气候变化和地平面变化所提出的解释以及今后继续提出的解释,那么我们就确能以令人赞叹的方式追踪出全世界生物的过去迁移情况。甚至在现在,如果把大陆相对两边的海栖生物之间的差异加以比较,而且把大陆上各种生物与其迁移方法显然有关的性质加以比较,那么我们就能对古代的地理状况多少提出一些说明。

地质学这门高尚的科学,由于地质记录的极端不完全而损失了光辉。埋藏着生物遗骸的地壳不应被看作是一个很充实的博物馆,它所收藏的只是偶然的、片段的、贫乏的物品而已。每一含有化石的巨大地质层的堆积应该被看作是由不常遇的有利条件来决定的,并且连续阶段之间的空白间隔应该被看作是极长久的。但是通过以前的和以后的生物类型的比较,我们就能多少可靠地测出这些间隔的持续时间。当我们试图依据生物类型的一般演替,把两个并不含有许多相同物种的地质层看作严格属于同一时期时,必须谨慎。因为物种的产生和绝灭是由于缓慢发生作用的、现今依然存在的原因,而不是由于创造的奇迹行为;并且因为生物变化的一切原因中最重要的原因是一种几乎与变化的或者突然变化的物理条件无关的原因,即生物和生物之间的相互关系,——一种生物的改进会引起其他生物的改进或绝灭;所以,连续地质层的化石中的生物变化量虽不能作为一种尺度来测定实际的时间过程,但大概可以作为一种尺度来测定相对的时间过程。可是,许多物种在集体中可能长时期保持不变,然而在同一时期里,其中若干物种,由于迁徙到新的地区并与外地的同住者进行竞争,可能发生变异;所以我们对于把生物变化作为时间尺度的准确性,不必有过高的评价。

我看到了将来更加重要得多的广阔研究领域。心理学将稳固地建筑在赫伯特·斯潘塞先生所已良好奠定的基础上,即每一智力和智能都是由级进而必然获得的。人类的起源及其历史也将由此得到大量说明。

最卓越的作者们对于每一物种曾被独立创造的观点似乎感到十分满足。依我看来,世界上过去的和现在的生物之产生和绝灭就像决定个体的出生和死亡的原因一样地是由于第二性的原因,这与我们所知道的"造物主"在物质上打下印记的法则更相符合。当我把一切生物不看作是特别的创造物,而看作是远在寒武系第一层沉积下来以前就生活着的某些少数生物的直系后代,依我看来,它们是变得尊贵了。从过去的事实来判断,我们可以稳妥地推想,没有一个现存物种会把它的没有改变的外貌传递到遥远的未来。并且在现今生活的物种很少把任何种类的后代传到极遥远的未来;因为依据一切生物分类的方式看来,每一属的大多数物种以及许多属的一切物种都没有留下后代,而是已经完全绝灭了。展望未来,我们可以预言,最后胜利的并且产生占有优势的新物种的,将是各个纲中较大的优势群的普通的、广泛分布的物种。既然一切现存生物类型都是远在寒武纪以前生存过的生物的直系后代,我们便可肯定,通常的世代演替从来没有一度中断过,而且还可确定,从来没有任何灾变曾使全世界变成荒芜。因此我们可以多少安心地去眺望一个长久的、稳定的未来。因为自然选择只是根据并且为了每一生物的利益而工作,所以一切肉体的和精神的禀赋都有向着完善化前进的倾向。

凝视树木交错的河岸,许多种类的无数植物覆盖其上,群鸟鸣于灌木丛中,各种昆虫飞来飞去,蚯蚓在湿土里爬过,并且默想一下,这些构造精巧的类型,彼此这样相异,并以这样复杂的方式相互依存,而它们都是由于在我们周围发生作用的法则产生出来的,这岂非有趣之事。这些法则,就其最广泛的意义来说,就是伴随着"生殖"的"生长";几乎包含在生殖以内的"遗传";由于生活条件的间接作用和直接作用以及由于使用和不使用所引起的变异：生殖率如此之高以致引起"生存斗争"，因而导致"自然选择"，并引起"性状分歧"和较少改进的类型的"绝灭"。这样，从自然界的战争里，从饥饿和死亡里，我们便能体会到最可赞美的目的，即高级动物的产生，直接随之而至。认为生命及其若干能力原来是由"造物主"注入少数类型或一个类型中去的，而且认为在这个行星按照引力的既定法则继续运行的时候，最美丽的和最奇异的类型从如此简单的始端，过去，曾经而且现今还在进化着；这种观点是极其壮丽的。

修订后记

这个译本第一版，1954年由三联书店出版，距今已三十九年了。其后由三联书店转给商务印书馆，1963年重印一次，1981年后又多次重印，均未进行修订。

第一版问世时，正值我国学习达尔文进化论的高潮，高等学校的生物系、农学院以及中学普遍设立了"达尔文主义"的课程。中学生考大学时，规定要考"达尔文主义"，可见当时在学校中重视进化论教育的程度了。可是，当时讲的是苏联模式的"达尔文主义"，即"所谓米丘林创造性的达尔文主义"。他们认为，达尔文学说中存在着错误和弱点，最主要的是达尔文把马尔萨斯的人口论应用于生物科学，承认生物界存在着"繁殖过剩"，并认为由繁殖过剩所引起的种内斗争是生物进化的主要动力。他们还批判了达尔文的渐进的进化观点以及达尔文所犯的所谓其他唯心主义的错误。

在这种形势下，一切不愿盲从的人自然而然地产生了读一读达尔文原著的要求，特别是希望读一读阐述达尔文全面观点的《物种起源》，看一看达尔文犯的唯心主义的错误究竟是怎么一回事。可是，当时在我国只有一部1918年用文言体翻译出版的《物种原始》(马君武译本),已远远不能适应客观需要。周建人先生虽有一个译本于解放战争期间由香港三联书店出版,但他谦虚地认为自己的译文还不尽善尽美,于是他约我,我又约当时在教育出版社编辑《达尔文主义基础》的方宗熙先生合作,共同重译《物种起源》。

由于客观的迫切需要,我们根据原著内容的三大段落,把译文分为三部分,译完一部分,出版一部分,共为三个分册。在第一版问世时,我们曾明确指出,这是"试译本",就是说当时我们对自己的译文并不十分满意,准备再版时再做修订。但由于连续不断的政治运动,这一愿望始终未得实现。可是三十多年来,无论风里雨里,我一直惦念着这一未圆满完成的工作。周老和宗熙也是如此。周老于去世前曾在《北京晚报》(1982 年 3 月)发表文章说:"我们数人合译的达尔文著《物种起源》,最近又由商务印书馆重新印刷发行了。但在我译的部分有不妥处。我因年迈,已无力重新校订,……但我总觉得心里不安。"一位九十多岁的老人在去世前回顾自己一生时,发出这样的感叹,其心情是可以理解的。宗熙 1984 年去美国讲学前,我曾在北京见到他,他也念念不忘修订这部伟大著作的译文,不料他回国后就溘然逝世了。现在,译者三人中留下尚在人间的只有我一人了;而我也年逾七十,日薄西山了。所以我趁着脑力尚未完全衰退的时候,用了一年时间,对照原著并参阅日文译本对译文进行了一次修订。我已经尽了最大努力,但由于我的生物学水平和文字水平有限,不妥之处恐仍难免,我想将来总会有更好的译本出现的。

当我完成这一工作后,以往的历次政治运动又重新浮现在我的眼前,倘不如此,这部书的修订工作何至于等待这么多年,想起来这是非常可憾之事,但这也是无可奈何之事!

叶笃庄